U0221566

Tea Ceremony 茶艺

初晓恒　刘纪龙　朱建国 / 主编

陈　波　沈　逸　孙培培　杨立锋 / 副主编

ZHEJIANG UNIVERSITY PRESS
浙江大学出版社
·杭州·

图书在版编目（CIP）数据

茶艺/初晓恒，刘纪龙，朱建国主编. —杭州：
浙江大学出版社，2022.9（2024.7重印）
ISBN 978-7-308-21979-2

Ⅰ. ①茶… Ⅱ. ①初… ②刘… ③朱… Ⅲ. ①茶艺—
中国—教材 Ⅳ. ①TS971.21

中国版本图书馆CIP数据核字（2021）第232342号

茶艺

主　编　初晓恒　刘纪龙　朱建国
副主编　陈　波　沈　逸　孙培培　杨立锋

责任编辑	朱　辉　李　晨
责任校对	葛　娟
责任印制	范洪法
封面设计	春天书装
出版发行	浙江大学出版社
	（杭州市天目山路148号　　邮政编码　310007）
	（网址：http://www.zjupress.com）
排　　版	杭州林智广告有限公司
印　　刷	浙江新华数码印务有限公司
开　　本	787mm×1092mm　1/16
印　　张	18
字　　数	461千
版 印 次	2022年9月第1版　2024年7月第3次印刷
书　　号	ISBN 978-7-308-21979-2
定　　价	55.00元

浙江大学出版社市场运营中心联系方式：0571-88925591；http://zjdxcbs.tmall.com

前　言

视频：茶艺宣传片

在茶文化与茶产业之间，系统地从事专业研究与实践，并且在教学与人才培养等方面进行精深探究，这样的锤炼，我已经进行十余年了。在这个过程中我不断成长，心情状态在豁然开朗与陷入困顿之间不断循环，兴致也在盎然与低迷之间不断徘徊。但是不管怎样，对茶的热爱已经在这十余年里深入我的身心，成为我人生喜乐的一个重要组成部分。

在这个过程中，我见证了时间给予我们的积淀与超越的力量，理解了执着与坚持对于我们专业构建与发展的重要性，明白了任何一门学问与技能都要靠多年累积，一个人随着探究的深入在专业与细分领域中不断聚焦，最终会在某一个细分甚至某几个细分的技术与知识领域达到较高境界，一个人在这些细小领域里能有所建树已经非常不容易了。

在这个过程中，我理解了"匠心"与"匠人"所包含的深意，这些也蕴含在我们有关茶的知识与技能之中。随着时间流逝，我也越发能对每一次微小的进步与感悟充满敬意，并对每次微小的认知提升充满敬畏。

在这个过程中，我更明白了能充分详细表述并传递有关茶的知识与技能是一件多么困难的工作。编撰这本《茶艺》教材就是一件非常费心力、体力而且时常让我觉得沮丧失落的工作，因为我需要进行大量的思考，收集整理大量的资料，需要面对很多实践问题的文字转化困难，更加体会到茶世界的浩瀚，以及自己的种种不足。但是，在撰写过程中，我又时常感到庆幸——因为历经 7 年多的实践与思考后，我终于决定编写这部《茶艺》教材，这是对我曾经的阅读与实践的一个非常好的总结与回顾，可以让我在未来习茶、研茶、授茶的道路上有一个非常清晰而明确的指向与参考。同样，我很希望这部辛苦编撰的《茶艺》教材能给爱茶习茶的人带来更多的参考与借鉴，也希望人们在这个阅读与学习的过程中，能体会到茶艺所包含的人文深意、自然和文化知识，以及技术工艺创造与操作思想精髓等。

本教材的编撰主要基于我在 2019 年 1 月被教育部认定的国家精品在线课程——茶艺的设计思路，主要目的是帮助在线学习者能够更全面细致地学习课程相关知识与技能。同时，本教材以新形态教材的形式进行设计，以更好地适应当前学习者的学习要求。

本教材主要有以下几个特点。首先，我们力求通过对茶理论和茶文化的历史文化轨迹的探究，帮助学习者在对我国的泡茶、饮茶实践演变有充分理解与认知，对茶在人文层面的文化积淀与发展有深入认知的基础上，进一步认识茶的自然属性与茶产品的技术工艺发展与变革，进而对茶品的冲泡方法与技术有更深入的了解。其次，我们也对行茶解说与营销技术、品鉴茶汤与饮茶体验等方面进行探究，进一步深入茶的经济与社会消费领域层面，更好地推动茶文化与茶产业发展。最后，我们也得出了泡茶品茶能在当下受到不断推崇与热爱的一个原因，即茶文化中的美学体系，并将其呈现在茶席设计和茶艺美学演释与品饮中。基于此，我们可以这样认为：这部《茶艺》教材并不是简单针对泡茶操作，而是更希望从全面系统的茶文化与茶叶制作基础理论入手，让学习者理解泡茶、品茶的深意与价值，在充分理解泡茶、品茶的美学载体与呈现的基础上，在以后爱茶、品茶的实践中投入更积极与美好的态度，进而提升与完善相关学习内容。

"茶艺"课程是以茶艺认知与操作入门为核心的一体化课程，为本科及中高职相关专业学生、茶文化与茶产业从业者、茶文化爱好者与艺术美学生活研修者，以及茶相关领域从业者等人群，提供有益的学习帮助和指导。通过学习本课程，学习者可以掌握中国传统六大茶类的基本泡茶方法和技巧，在对茶叶知识有一定认知的基础上冲泡出一杯好茶汤，进而提升泡茶、饮茶的艺术美学创新创意能力，从而获得系统的茶艺基本知识与基本泡茶技能；同时，也可以体悟融合儒释道思想的中国茶文化的独特魅力。

课程学习内容围绕着茶文化认知、茶叶基本知识、泡茶操作及品茶、泡茶美学这几个方面来展开：第一部分从赏茶、泡茶和品茶的文化角度进行讲解与介绍，主要包括茶文化历史回顾和茶艺基础认知两个层面；第二部分侧重讲授对常见茶叶的认知与茶叶品质等，主要包括茶区、茶树植物学性状、常见茶品及品质、茶叶基本加工工艺、感官品质识别鉴别方法等内容；第三部分侧重讲授和指导泡茶与品茶操作、泡茶美学与技术，主要包括泡茶的操作规范与技术要求、行茶解说与营销技术、品茶审美体验、茶艺美学操作及创意设计。

因此，针对本教材的学习与使用，我们的建议是结合爱课程平台的国家精品在线课程——茶艺配套使用。在这个过程中，我们希望学习者可以利用自己的泡茶用具在合适的环境里学习，如借助茶艺实训室学习，或通过线上观看了解基本学习内容和操作技巧方法后，利用线下实操指导或分享交流的机会学习；也欢迎学习者与课程主讲教师建立线下交流联系，主讲教师会根据大家的学习需要定期在学习期里开放线下交流渠道，方便缺乏实操条件的学习者进行操作与交流；同时也很希望一些选课院校与机构，可以根据学习者的需要逐步建立更广泛的实践学习场所，从而保证课程的有效实施。

在日常学习中，我们非常希望茶艺课程学习者借助"观—思—练—问—创"，即观看学习平台教学资源—思考课程理论及行业前沿发展动态—练习所示范的操作技能—与指导教师沟通、交流和探讨—创新应用课程所学理论内涵及技能技术，来实现学习目标。

在本教材的撰写过程中，我们借鉴参考了一些作者的研究成果，他们深入而细致的研究为本教材的撰写奠定了坚实的基础，在此诚挚地表示感谢。若对一些作者及其成果的参考致谢存在疏漏，我们诚恳地请求相关作者能与我们联系，以便在下一版中更正、补充。我们也非常乐意能与更多的茶艺探究者共同致力于本教材的完善与提升，希望本教材的编撰起到抛砖引玉的作用。在这个相对艰巨而繁重的编撰过程中，难免会有一些疏漏或失误，以及认知上需要提升的地方，希望读者能够给予热情友善的反馈与交流，在此提出感谢。

衷心希望我们每一个人都能在茶的芬芳里感受到静谧与喜乐，在泡茶、品茶的实践中获得幸福感！

主编：初晓恒（宁波城市职业技术学院）

刘纪龙（宁波春山纪茶文化传播有限公司）

朱建国（宁波城市职业技术学院）

副主编：陈波　沈逸（宁波城市职业技术学院）

副主编：孙培培（浙江农业商贸职业学院）

副主编：杨立锋（宁波卫生职业技术学院）

初晓恒 博士

2021 年 12 月写于宁波春山纪品鉴中心

目 录

导言 学习茶艺的价值与意义

视频：学习茶艺的价值与意义

◎ **学习目标**

1. 掌握中国茶艺的内涵与特点等相关知识。
2. 掌握习茶在当下的价值与意义及具体表现等相关知识。

中国的饮茶习俗已经深深融合在柴米油盐酱醋茶的日常烟火里，饮茶既可以感受到独特温暖的气息，又可以在袅袅娜娜氤氲的茶烟里体会中国传统的智慧、信仰、思维、艺术及审美等。宋代的插花、挂画、点茶与焚香四艺，将雅致而富有情趣的生活向往深深地刻在中国人的身心里，并将所有的嗅觉、味觉、触觉、视觉感官都深深地浸润在中国喝茶品茗的追求里。中国茶文化历经秦汉、三国、魏晋、南北朝、隋、唐、五代十国、宋、元、明、清等朝代的不断推动与完善，不仅成为一种风雅美学艺术及清净、升华自我身心的日常生活形式，更成就了一个重要的茶文化产业。

东方人品茶喝茶向来不单纯是为物质，也不会仅仅追求感官上的愉悦，更多的是将哲学思考与信仰融入其中，由此一杯茶里不仅有形而下，同时也有形而上层次的内容。比如对茶叶品质的要求，对茶器的宜茶要求，甚至对烹煮与品饮方式或环境都有细致要求，在喝茶品茗中追求"致中和"、明心见性及回归自然等人文情趣。

那么，什么是茶艺？在当下学习茶艺的价值与意义又是什么？这也是我们现代人需要认真思考与探索的一个重要问题。

对于茶艺，目前的普遍共识是：茶艺简单讲是"茶"与"艺"的有机结合，是茶人们把日常饮茶的习惯，根据一定规则，通过以审美为核心的艺术方式进行加工，向饮茶人和宾客展现茶的冲、泡和品饮的方式及技巧，把日常的饮茶引入艺术化、精神化的层面，进而提升品饮的境界。茶艺包括茶叶品评技法和对艺术操作手段的鉴赏，以及品茗环境领略等整个品茗意境。在这个过程中，因为一定的哲学、艺术和审美等在内的规则融入，喝茶品茗也与精神修为及高雅品位等相联，进而通过仪式化的系统构建，最终使茶文化成为人类文化的一个重要组成部分。因此，茶艺中饮茶艺术与艺术性饮茶便成为相辅相成的系统构建内容，其中包括选茶、备器、择水、取火、候汤、泡茶、饮茶等程序和技艺。茶艺的六要素为茶、水、火、器、境、艺，六个要素有机协调才能让茶艺达到最佳境界。

茶特殊的自然与人文功能使茶文化在拥有悠久种植历史的中国生根发芽，在喝茶品茶越发成为一种艺术表现载体的背景下，茶艺也越发成为形式和精神的完美结合，在技艺中包含了人们主观的审美情趣和精神寄托，同时也不断融入众多领域的知识与技艺，如书法、绘画、建筑、服饰、饮食、音乐、舞蹈、文学、医药养生等。由此，我们可以得出以下几个论断：

第一，茶艺是一种广泛吸收和借鉴了其他艺术和审美鉴赏形式的文化。不同国家和地区因其特殊的茶文化背景与自身的文化基础，最终造就了丰富多元的茶文化表现形式与内涵，体现了形式和精神的相互统一性。比如，中国民族地区的喝茶品饮方式不同于汉族地区，中国茶文化与东亚其他国家，以及中亚、南亚、东南亚、中东、欧美、非洲等地区的国家也存在不同，有着自身的特色与特质。

第二，茶艺是一种充满情趣、多姿多彩的生活艺术，茶艺也是一种展演和主客互动参与的行为艺术。茶艺不仅可以提高生活品位，品茶的氛围格调等也极大满足了人们对美好的生活的向往与追求，是一种高雅的日常审美生活方式。在日常喝茶过程中，借助自然环境氛围，或是人为有意创设的道具、光影、音乐、字画、舞蹈、景观等，在合理编排程序的基础上，可以获得美好的观赏体验享受。中国人喜欢意趣雅致的生活之美，山水云烟、丝竹花窗、焚香插花、琴声鸟鸣，让人不经意间便会身心沁满馨香、柔和喜悦。从身边平凡的日常生活中发现美并感受美，在喝茶品茗中感受幸福，学会珍惜与感恩，学会更积极热情地生活，等等，都是在喝茶中滋养身心非常重要的内容。这些也体现在当前比较流行的茶艺演示、茶会雅集活动，甚至一些茶文化茶祭活动中。另外，正因为茶艺具有内在生活品位要求，茶馆、茶叶店等也在不断随着时代发展迭代升级，从而涌现出更多各具特色的茶美学空间来满足茶客需求。

第三，茶艺是一种承载哲学民间普及和升华功能的艺术方式。在泡茶、喝茶中，在观看与体验中，修心养性、调整身心、境界提升等也融入了哲学深奥命题的解析与接纳。文人雅士对喝茶品茗的推动作用是巨大的，最主要的表现就是对茶及茶汤的自然属性给予人的神清气爽之感赋予了更丰富的精神内容，逐渐将茶的物质基础与儒释道的审美情趣、哲学追求、技术知识等结合起来，同时又将具体的泡茶过程提炼为系统的程式化操作，将群体泡茶品茗活动进一步符号化、仪式化，最终与人生观结合起来形成茶文化、茶艺、茶道。比如，茶人们借助茶汤的芬芳淡雅、入口略带苦味但余韵回甘的特性，茶叶在开水中通过上下沉浮最后形成可口茶汤的过程，或是从茶树上采摘下来的鲜叶经过搓揉等加工工艺最终形成优质的茶叶的过程等，以这些象征性或拟人性的意象表现天人合一、物我玄会、触处洞然等世界观，提升了喝茶人的思想意识、行为与操守。

在这个基础上，我们提出这样的论断：茶艺是茶道的基础，茶道是茶艺的灵魂与核心。日常泡茶习茶中都蕴含着智慧之道，茶可以养性，因为只有学会沉静内心，才能在细微之处辨别出茶汤中的香气，品尝其独特的滋味。而茶的滋味、香气本身就有不同，人们在分辨鉴赏的过程中，也会进一步理解诸如风骨、坐忘、取舍、轻重缓急、耐心、归心一意、无我而后真我见、恰如其分、观照静寂之美等慧境。泡茶、喝茶的过程也就成为研修人生美的一种方式。人们通过茶叶、茶具等具体的物质可以感悟出与自己、与他人、与物质之间的关系，构建出人与自然、人与社会之间的亲切紧密融合的体系，也会从茶叶带有艺术性的消费体验中上升至感悟超越物质之上的精神之乐。

第四，茶艺是融入知识与操作技术的一项重要技能，茶艺人才是推动茶文化和茶产业发展的一个重要力量。在茶文化产业和茶产业发展中产生了两个重要的职业——茶艺师和评茶员，这也是茶艺内涵在产业实践中的具体应用。其中，茶艺师借助掌握的关于茶叶的知识、冲泡技法等进行茶品销售、推广、冲泡服务等，在茶叶店、茶馆、茶企、休闲消费场所等地都是技能型人才；评茶员在工作中主要是运用感官评定茶叶的色、香、味、形的品质及等级，在茶叶加工制作、茶叶商业交易与经营等方面发挥着重要的作用，因此在茶叶生产、加工、流通、贸易、经营等领域也成为不可或缺的技能型人才。

茶艺师泡好一杯茶既需要具备茶艺师的技能，也需要具备评茶员的技能。评茶员也要具备茶艺师的技能，才能更好地理解茶叶消费与供给之间的需求偏差，提供更好的满足社会消费需求的茶叶。但是两个职业之间也存在侧重领域的不同。茶艺师更侧重在识别茶叶品质与特性的基础上，综合把控泡茶的各影响要素，运用精湛的冲泡技能制出可口美味的茶汤；除此之外，还需要以综合性知识与技能为支撑，比如服务技巧、语言表达能力、仪表礼仪与职业素养、环境或场景设计布置能力、活动组织与实施能力、销售推广技能技术、综合管理运营能力等。评茶员则侧重于茶叶品质鉴别及掌握加工工艺，除此之外也要了解市场营销与推广技术等。

在茶艺学习的过程中，只有深刻了解茶文化的基本知识，才能在各种信息与认知混淆和争鸣之中始终把握茶艺的基本主旨与本质，在了解茶叶知识基础之上泡好一杯茶，在掌握品味茶汤与冲泡技法之后获得更好的体验感，在理解泡茶之美与美学创意之后领悟到生活的美好。茶艺已经成为一个重要的生活艺术表现形式与消费载体，其中也蕴含了更多创业创新的可能。相信茶艺会为茶产业与茶文化产业的发展提供更广阔美好的未来。

 考核指南

基本知识部分考核检验

1. 请讨论分析当下学习茶艺对于个人职业发展有哪些挑战与机遇。
2. 请讨论分析当下学习茶艺对于茶产业、茶行业与茶文化等领域从业人员来说有哪些职业发展与技能转变要求。

模块
一

茶文化认知

第一章　中国古代泡茶饮茶方式演变

◎ **学习目标**

　　1. 了解中国自古以来茶叶制作方式演变状况等相关知识。

　　2. 了解中国自古以来泡茶饮茶方式演变状况等相关知识。

　　中国的制茶方式与品饮方式是随着朝代更迭发展而不断发展的，其中有对茶树生长种植的认知提升、制茶工艺水平的创新与提升、茶叶分类日益增多与完善、冲泡技法不断优化、茶汤茶器偏好演变与美学追求，更是以"茶圣"陆羽为代表的历代茶人不断努力研究探索的结果。

　　我国茶叶的历史常以传说中的神农氏为开端，经历了药用、食用和饮用过程，并推广应用到社会生活的各个层面，比如祭祀、丧葬、婚姻、节日、宗教礼仪、典礼仪式、社交与人际关系、身心调整等。在茶叶的饮用中主要经历了咀嚼鲜叶、生煮羹饮与汤浇覆盖法、煎茶法、点茶法与撮泡法。茶叶的制作有散茶、饼茶之分，从纯手工制作到借助机械制作，从简单到复杂，从种类单一到不断创新，最终形成六大茶类。同时，茶叶贸易与交流又进一步丰富了泡茶品茗的内容，形成了丰富多彩的茶文化和茶产业。

　　泡茶品饮方式是深受茶叶制作方式影响的，二者之间是相辅相成的。茶叶制作方式和冲泡品饮方法的不断完善，也促使人们更加深入地探究和总结相关冲泡程式与技法，使喝茶品茗不仅成为高雅的日常生活方式，更成为一种技艺和美学。

一、中国茶叶制作方式演变

　　世界茶叶种植分布主要在亚洲，中国是亚洲区域内重要的产茶国。中国制茶历史悠久，发源于云南、四川、重庆、贵州、湖北等地，从最初的鲜叶使用，发展到晒青做饼、蒸青制饼、饼散并用、炒青散茶，直至六大茶类产生。

（一）两汉前

　　在两汉之前，人们主要使用茶的鲜叶。茶有解渴、治疗头疼、疏通淤堵、缓解四肢乏累等作用，有很好的治疗舒缓药效。除了烹煮成羹作为药使用，茶叶也常在祭祀、丧葬等活动中使用，同时还被做成茶菜、茶粥，这在我国民族地区的茶俗中可以领略一二。目前，我国云南的景颇族、德昂族还保留有"腌茶"的食用方法。

（二）三国到隋代

三国到隋代期间，人们主要采用制饼晒干的方法制作茶叶。北魏张揖在《广雅》中介绍了煮饮方法，通常也被称为"汤浇覆法"，即先炙烤饼茶，然后捣碾成碎末，放入碗中以沸汤冲泡，并加以佐料。比如葱姜混煮羹饮，还有醒酒之功效。

（三）唐代

到唐代，中国的制茶方式主要是蒸青制饼，也有了炒青的雏形。鲜叶晒过制成的饼茶有很浓重的青涩味，在唐代经过反复的实践，出现了完善的"蒸青法"，就是利用蒸汽破坏鲜叶中酶的活性，让茶叶带有一股清香之气。唐代制茶中蒸青的特点是"畏流其膏"，在制作中要用工具不断翻动茶叶解块，以免茶汁流失，这一点与后来宋代的制茶方式是截然不同的。唐代主要是将饼茶炙烤，然后通过春捣、碾、罗、筛等方式进行煎茶。这个时期饼茶、末茶、粗茶和散茶都有，文献中并没有对这四种成品茶的差异进行详细说明。人们大致认为，粗茶是原料粗老带梗的茶叶，散茶是没有压成饼的茶，末茶是捣成碎末状的茶叶，饼茶则是压成饼状的茶叶，其中唐代社会的主流茶叶是饼茶。刘禹锡的《西山兰若试茶歌》中有一句"斯须炒成满室香"，透露出在唐代已有炒青制作方式萌芽。

（四）宋代

宋代除了沿袭唐代的蒸青制饼技术外，工艺更为精细，尤其是在皇家贡茶的制作中更为突出，出现了以"龙凤团茶"为代表的独特的团饼茶，工艺达到登峰造极的地步。简单地说就是采摘茶芽之后，先浸泡在水中，挑选匀整芽叶进行蒸青，蒸后用冷水清洗，再小榨去水，大榨去茶汁，去汁后放在容器里兑水研磨成粉末，最后入龙凤模具里压饼、烘干。宋代的主流茶叶形态依旧是饼茶，只是皇家贵族等使用的饼茶品级较高，制作工艺更为精致细腻。

在宋代出现了添香茶，促使香片茶和花茶产生。以香入茶最早可以追溯到宋代。当时，士大夫阶层发现茶叶吸收香气的能力很强，开始逐渐往茶里增加龙脑之类的各种香料及鲜花等植物。玩芳味与春焙旋熏逐渐成为一种时尚。

（五）元代

蒙古游牧民族的上层社会对繁复精致的饮茶方式持有一定的兴趣，元代的制茶形态在继承中也有改变。除了宋代的蒸青团茶制作方式外，还出现了蒸青散茶，尤其民间开始以蒸青散茶为主，为后来明代主流茶叶使用方式的全面改革创造了条件。另外，茶叶主流制作方法由饼茶向散茶转移也为后来的炒青茶以及其他茶类的出现奠定了基础。

（六）明代

在明代，因朱元璋认为饼茶制作费时耗工，不利于初建国家发展，下令将饼茶改制为散茶，于是先后出现炒青绿茶、黄茶、白茶和黑茶。而饼茶因为其利于保存与运输等优势，所以依然在边疆民族地区的茶叶贸易中使用。明代的苏州虎丘茶、钱塘龙井茶虽制作得都不错，但在安徽休宁北部松萝山制作的松萝茶凭借其先进的焙制工艺最终成为明朝茶叶制作最时尚的代表，也标志着绿茶炒青工艺的不断成熟，与现代炒青制法已经极为相似，并促使各地制茶工艺竞相创新发展。正是由于绿茶散茶制作工艺的发展，在生产制作中因某些关键工序把握与控制没有形成严格的规范，偶然出现的各种因素使得茶叶成品出现了不同的品质特性，促使其他茶类纷纷出现。黄茶是因在绿茶制作中出现"趁热便贮"导致萎黄，类似于现代黄茶制作工艺中的"堆积闷黄"工艺，逐渐演变出黄茶的制作方式。黑茶则是因为在绿茶杀青叶量多或者火温低时，叶色变黑或者绿茶毛坯堆积后发酵渥堆成黑色，遂逐渐创造生产出来的。黑茶的制作从四川一带逐渐向湖南地区发展。另外，也有人说湖南自唐代起便有渠江薄片黑茶之说。还有说黑茶的出现与茶马交易有关，在茶马交易集散地四川雅安和陕西汉中一带，绿茶茶叶被雨淋湿后被太阳晒干，在湿干转变过程中微生物导致了茶叶的发酵，因为堆积在麻袋中相当于渥堆，于是产生了品质完全不同于最初绿茶的风味，促使了黑茶的出现。关于黑茶最早出现的发端虽然还存在一定的争论探讨，但是不可否定的是绿茶的出现极大地促进和推动了黑茶的生产制作。

在明代，也出现了以日晒为主的白茶制作方法，类似现代白茶的加工工艺。另外，在明代的时候，在宋代花茶制作的基础上，花茶的制作工艺已经逐渐成熟。

（七）清代

在清代，红茶和青茶（也就是乌龙茶）快速发展，至此我国六大茶类获得了巨大发展。在明代花茶制作工艺基础上，清代花茶尤其是茉莉花茶的制作工艺达到鼎盛时期，因其香气亲和力最强，所以也成为寻常百姓家中广泛品饮的一款花茶。红茶被认为是在绿茶和白茶的制作工艺基础上发展而来的。在制作茶叶过程中，人们发现将白茶的日晒工艺代替绿茶的杀青工艺，或晒后趁热用布覆盖，则揉捻后茶叶叶色变红，于是红茶茶类逐渐发展起来。红茶最早是在明代末期从福建崇安（今武夷山）的小种红茶开始，到清代逐渐成熟并达到鼎盛。清代也将明代出现的青茶萌芽推向成熟。尤其在清朝雍正年间，安溪人仿照武夷山茶的制法改进工艺，"炒焙兼施"，最终制成"半青半红"，使乌龙茶的制作得到快速发展。

二、中国品饮茶方式的演变和茶器发展

茶叶除了最初简单通过咀嚼鲜叶的方式以解毒、提神、醒酒等药用外，便是煮羹饮用，这种方式类似于煮菜汤，或类似于用草药进行治疗。

随着生活条件的改善，各种调味料相继被发现和使用，人们也开始探索茶叶煮饮新的方式。这在三国时期张揖的《广雅》中有所体现："荆巴间采茶做饼，成以米膏出之，若饮先炙令色赤，捣末置瓷器中，以汤浇覆之，用姜葱芼之，其饮醒酒，令人不眠。"茶在煮饮过程中添加佐料，形成了独特的风味，提高了饮茶的吸引力。同时，这种饮茶方式对唐代的茶叶品饮方式也产生了很大的影响，唐代痷茶即如出一辙。不过唐代痷茶放的佐料种类更丰富，除了葱姜之外，还常放有枣、橘皮、薄荷、茱萸等，并且也更注重让茶汤沸腾以求口感醇厚、顺滑。

这种煮饮茶的方式也与一些地区的饮食烹饪制作方式很类似，比如云南的烧饵块和四川的冒菜。古人在茶叶品饮实践与食物烹饪方式之间存在相互参考、借鉴、渗透的过程，尤其我国茶叶在使用过程中也经历过食用阶段，在从食用向饮用阶段发展的过程中最终从食物烹饪方式中独立出来。

茶中夹杂他物煮饮的方式在唐宋时期一直都有，虽然不是主流方法，但也相当流行，特别是在民族地区。由此也可以看出，我们茶叶的饮用方式实际上脱胎于食物的烹饪方式，其对明代之前的饮茶方式有着非常重要的影响。从唐代看，即使茶圣陆羽开创出煎茶方式并使之成为主流，但是人们为了通过调味来获得更好的饮品口感，也会在煎茶中放入盐。从宋代看，在制茶方式改变最终形成饼茶之前，也存在因制作过程中茶叶被研磨过细，主流饮茶方式由唐代的煎茶演变为点茶的情况。在宋代茶叶制作过程中，因要浸水泡制和压榨去汁，茶叶的苦涩味虽极大降低，但也导致内质流失，原生香气损失严重，出现香味不显的情况。正因之前有茶中夹杂他物以增加其风味的饮茶方式，所以宋代在茶叶制作中会增加龙脑、檀香、麝香、龙涎等香料，进而也出现了香片茶和花茶。当然，这也与人们自古以来就有以花卉入饮入食的习惯有关。例如，在汉代就出现了菊花酒，宋代开始正式将花卉与饮食相结合，比如在饼中加入桂花和菊花等花卉，在面条里加入百合花和莲花。除此之外，宋代饮品中也出现了沉香水、紫苏饮等香药糖水。中国古代中原地区的饮茶方式也对边疆地区的饮茶方式有巨大的影响，至今保存完好的云南白族"三道茶"品饮方式在一定程度上可以视为对此的传承。由此可见，我国古代这种茶中夹杂其他物质进行煮饮的佐茶方式与调饮方式有异曲同工之妙，都是调整饮品的风味以更好地激发品饮动力，在一定程度上也可以视为现代茶品调饮方式的雏形。

至明代，因饼茶改制为叶茶，散茶成为社会主流形式，在宁王朱权的改革下最终形成延绵至今的瀹饮法。

唐代早期没有专门的饮茶用具，直至陆羽创设了"二十四"茶器，并成为唐代之后饮茶器具演变的重要参考依据，为后世茶器发展奠定了坚实的基础，并产生巨大的影响。我们可以从今天的茶器中看到与陆羽茶器非常相近的形态，可以说陆羽在唐代已经开创了品类丰富的茶器。从陆羽时期开始，人们就一直对茶器的宜茶性有着严谨而认真的追求，因为青睐青瓷，促进了青瓷的巨大发展。宋代促进了黑色茶器建盏的发展。后来伴随着陶瓷制作工艺的发展，尤其是由陶器向瓷器转变的制作技艺的高度发展，最终在明代饮茶方式盛行的历史契机下，促使"景瓷宜陶"的盛况出现，进而使明清时期我国瓷器的发展达到鼎盛，瓷器品种精彩纷呈。

三、冲泡品饮茶的科学性规范、程式设定、研究成果

在茶叶制作及泡茶、喝茶方式的演变中，古代茶人们也不断总结冲泡品饮规律。他们观察后认为，茶汤就是借助开水将茶叶中的精华析解出来的结果，从而总结出茶、水、火、器、境、艺这几个关键影响要素，并构建了茶与水、水与火、茶汤与器具、饮茶情趣与氛围、茶人与修为等要素之间互动关系的内在逻辑，不断归纳、有机协调和控制这些关键要素及相辅相成关系的技术与方法，从而获得更好的茶汤品质，进而获得最佳的身心体验与享受。在这个科学性与人文性结合的过程中，茶人们不断思考、研究、实践，同时不断探索、变革、完善，逐渐形成了科学的泡茶品饮规范、程式设定和研究成果。

除了陆羽撰写了第一本全面介绍茶的专著《茶经》外，自唐代及清代，初步确定的茶书有188种，其中完整的茶书有96种。若以朝代划分，唐和五代有16种，宋元有47种，明代有79种，清代有42种，另有明清间未定朝代的4种。在用水方面的研究，有唐代张又新撰写的《煎茶水记》、明代徐献忠撰写的《水品》、明代田艺蘅撰写的《煮泉小品》、明

代孙大绶所辑的《茶经水辨》等。其中，唐代苏廙撰写的《十六汤品》对汤的品质与把握以及汤对煮茶的影响等进行了深入剖析。在茶器方面，南宋审安老人（本名董真卿）撰写了中国第一部茶具图谱《茶具图赞》，该书绘制并命名了宋代著名茶具12件；明代周高起撰写的《阳羡茗壶系》是中国最早的一部关于紫砂壶的专著，在陶瓷史、紫砂壶史和茶文化史上都有着十分重要的地位和深远的影响。在茶叶制作与品质辨别方面，宋代皇帝赵佶撰写的《大观茶论》对北宋时期蒸青团茶的产地、采制、品质和斗茶风尚等都做了详细记述；宋代黄儒撰写的《品茶要录》在采制茶和辨别茶叶质量方面进行了深入探究。宋代蔡襄撰写的《茶录》对茶叶、茶器和茶汤品饮方法进行了系统的论述，是在陆羽《茶经》之后最具有影响力的茶书专著。明代朱权撰写的《茶谱》是了解明代初期茶叶生产、加工以及品饮状况的重要记录。明代罗廪撰写的《茶解》对茶叶的种植、茶园管理、采制、烹饮、水与器等进行了详细的阐述。明代陆树声撰写的《茶寮记》在品泉、烹点、茶候及茶侣、兴致等方面进行了深入研究。明代许次纾撰写的《茶疏》也是一部优秀的综合性茶书专著，对茶的生长环境、制茶工序与方法、烹茶技巧、汲泉择水、用茶礼俗、饮茶场所及佳客等方面进行了探讨。

由此可见，中国泡茶品茗的历史也是充满着科学性与专业性探索的历程。伴随着茶叶种植、加工和饮用方式等不断演进提升，古代先人们在喝茶品饮中不断完善相关知识与技能，不断探究提升品质的因素与方法，在进行大量深入系统的研究的基础上，提炼出了可供分享与依据的操作程式与规范，并形成了众多丰硕的文字成果。同时，在这一过程中品茶品茗也从未局限在其自然属性方面，而是将视野投到品茶品茗中的趣味、审美、风雅、修为与精神提升层面，进而上升到道与哲学范畴。所有的这些都是建立在一个又一个经济强盛、拥有高度审美风尚的朝代背景之下的。也正是伴随着中国传统文化不断构建、超越与完善，中国才最终形成了茶文化的美好意境，以及通过品茶品茗使人精神得以不断丰盈、充实而喜乐。

 考核指南

基本知识部分考核检验

　1. 请简述中国茶叶制作发展主要历程及特点。

　2. 请简述中国泡茶方式演变主要阶段及特点。

习题

　1. 三国至隋代，我国茶叶制作方式主要是（　　　）。

　2. 宋代，我国茶叶制作方式主要是（　　　）。

　3.（　　　）代，我国六大茶类基本形成。

视频：唐代泡
茶饮茶方式

第一节　唐代泡茶饮茶方式

◎ 学习目标

1. 了解唐代茶文化发展背景、特点等相关知识。
2. 了解中国茶文化的儒释道融合特征等相关知识。
3. 了解中国唐代茶叶主要类型及特点。
4. 了解中国唐代煎茶方式与特点。
5. 了解中国唐代主要品饮茶品方式及特点。
6. 了解唐代茶文化国际化交流情况等知识。
7. 了解唐代主要贡茶及特点。
8. 了解唐代主要煎茶用具及特点。

在中国茶文化史上，四川地区被认为是茶树栽培、茶叶制作和饮用较早的地方。茶文化从巴蜀不断向长安、洛阳等地传播，沿着长江又不断向中下游地区推行，最终逐渐被传播到南方各地。唐代茶区进一步扩大，已遍及今天的四川、陕西、湖北、云南、广西、贵州、湖南、广东、福建、江西、浙江、江苏、安徽、河南等地，产区基本已经广泛存在于相当于今天四大茶区的华南茶区、西南茶区、江南茶区及江北茶区的大部分地区，基本与我国近代茶区相当。同时，喝茶品茗的发轫及兴起时期也被公认为是在唐代。这主要基于以下两点原因。

一方面，唐代国力强盛、经济繁荣，一个重要结果是促进了茶叶生产，并使唐代茶叶制作开始逐渐从粗放转向精细，茶叶品质不断提升，饮茶习俗也开始全面扩大，茶叶及茶文化开始向域外传播。在贞观年间，文成公主嫁给吐蕃松赞干布，带去了茶叶及喝茶方式；在贞元年间，出现了茶马互市；随着日本派出遣唐使来交流与学习，中国的茶叶、品饮方式等传入日本。

另一方面，在唐代，中国传统文化中的儒教、道教得到进一步发展，外来的佛教经过南北朝时期的发展也变得更为盛行。饮茶因可以止渴、镇定驱睡、养心利于思考等功效与宗教结下了不解之缘，从而也在寺庙和道观周边广泛种植茶树、制作茶叶、饮用茶水，并通过香客进一步得到传播。唐代也是一个开放的、思想融合的多元化文化时代。在儒释道思想的不断融合中，佛教禅宗的专注于一境的轻安、观照、明净修行理念，道家羽化成仙的浪漫主义气质，儒家学者细腻而妙笔生花的文采与审美追求等不断渗透，最终为品味茶汤的自然属性与寄托精神、折射的意向需求等有机融合创造了条件。唐代社会办茶会、写茶诗、品茶论道和以茶会友也蔚然成风。每年4月皇宫会举办盛大的"清明茶宴"，同时，唐代帝王也将皇家华丽的宫廷茶器作为供佛法器，用以表示其虔诚礼佛的心愿。比如，后世出土的法门寺地宫秘色瓷茶器就是唐僖宗的御用品，在迎奉佛祖真身舍利中作为国宝重器成为供奉用品。法门寺发现的唐代皇家茶具也是目前世界上发现时代最早、等级最高的宫廷用具，主要包括烘焙、碾罗、贮藏、烹煮、饮茶等，品种完备，数量繁多，制作精美绝伦，不仅表现了唐代匠人的超凡技艺，也映射出唐代饮茶风尚的风靡及茶文化所达到的超高境界。

唐代煮饮之风的盛行，也为陆羽等人总结前人饮茶经验、开创饮茶新风尚提供了历史的契机与可行性。

一、唐代制茶方式

在唐代，茶叶主要是蒸青饼茶、散茶和末茶。目前，通过对史料记载的推测，初步断定蒸青饼茶最早出现在隋唐时期，是在原始饼茶的基础上创造出来的。唐代的蒸青饼茶制作将其不断精细化，为后世茶叶制作的发展奠定了坚实的基础，并提供了重要的参考依据。根据对唐代茶叶制作古籍资料的研究，学者们通常认为其主要工序为：采茶—摊放—蒸叶—捣茶—拍茶（压模成型）—穿孔（脱模）—焙茶（初烘、再烘直至干燥）—串茶—藏茶（封茶），如图1-1所示。

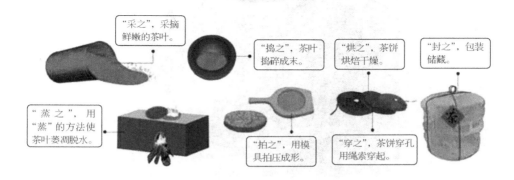

图 1-1　唐代制茶工序示意

唐代制茶工艺可以简单理解为：首先将春天采摘下来鲜嫩的茶树叶片进行软化熟化，就是摊平放在蒸笼笼屉里，用高温沸水去蒸，使鲜叶的叶片和梗慢慢地变软。之后，在其未凉前进行捣茶，就是迅速地把蒸软的叶片和嫩茎放在大臼里用杵棍捣碎、捣烂，捣得越细越好。然后将其倒入茶模里用力拍，进行塑形，使茶饼尽可能紧实平整。当时唐代制作茶饼的模子形状很多，如圆形、方形或花形，通常用的是铁质的模具。压好后的茶饼要小心地将其从模具中脱出，在竹篾编制的类似"匾"的上面排列好，晾干并穿孔，目的是便于烘干以及烘干后穿成串。茶叶焙火很重要，避免因内含水分过多而变质。焙火在茶叶制作中是非常重要的环节，焙火方式有点像现代烧烤的烤串，将一块块茶饼串在一根细竹棍上在焙茶架上进行烘焙。最后，焙干的茶饼用软绳串起来，核算好数量就可以封藏留待使用了。唐代将茶串在一起便于计算数量，在今天云南七子饼茶包装上也可以看到类似的情形：每块七子饼茶357克，一提基本是7饼，那么就知道一提七子饼茶的分量是2.5千克。唐代在制茶时非常注重贮存，创造出除掉湿气的贮存用具，其基本式样是用竹片编成框架，四周都糊有纸张，竹架底部中间还可以埋藏熟灰，方便吸收潮气，同时在贮藏的时候注重单独存放。

我们现在看到的唐代的茶饼图片以小而薄的圆茶饼居多，但是陆羽在《茶经》里提到的茶饼外观却多种多样，有的像唐代胡人的靴子有皱缩感，有的像浮云屈曲盘旋，有的像轻风拂水的涟漪，也有膏土型、霜荷型的，等等。

二、唐代品饮茶器

目前收集到的最早提到"茶具"的史料是西汉辞赋家王褒的《僮约》，但是直至唐代茶具才最终从酒食器具中分离出来。在这一分离过程中，两汉时期、魏晋南北朝时期也起了重要的传承作用。

1990 年，在湖州出土了一件东汉晚期的青瓷罍（见图 1-2），这个青瓷罍也被认定为中国在东汉晚期开始出现专用茶具的标志。通过对该器具的研究，发现这个青瓷罍基本有两种用途，一种是储茶用，另一种是淹茶用。

图 1-2　东汉晚期的青瓷罍

在魏晋南北朝时期，南朝出现了青瓷托盏，带托的青釉盏与承托以釉相粘连，造型古朴（见图 1-3）。三国时期，还出现了一种盛水、注水的汤瓶，它造型讲究，壶嘴是标准的抛物线型，出水口圆且细小，出水有力，落水准确。但是这时候的茶具依然和酒器、食器混用，比如南朝青瓷五盅盘既作为酒器，又作为茶器。在中国茶文化的发展历史中，两汉到魏晋南北朝大致被认为是中国利用茶的起始阶段，这一时期也是青瓷烧造技术日趋成熟的阶段，所以器具以青瓷制品为主。另外，通过对这个时期的社会习俗的研究也可以看出，客来敬茶已经成为社会交往礼仪，茶具开始出现分离态势。这个时候已经出现专用煮茶鼎，喝茶的碗也偏好选择用饼足、底部露胎的广口碗。魏晋南北朝时期出现的托盏为后来唐代茶盏的出现与创新奠定了基础，三国时期出现的汤瓶也最终经过隋代改进成为更加精美的鸡首汤瓶（见图 1-4），可以视为后来执瓶、茶壶出现的重要范本。

唐代时期饮茶极为普遍，这也带动了茶具的发展，特别是当时我国陶瓷业的兴起为茶具发展提供了良好的技术背景。在唐代瓷器普遍是青色的越瓷和以白瓷为主的邢瓷。青瓷从两汉时期就开始烧制，白瓷是在隋朝才烧制成功，所以当时烧制技术还不如青瓷成熟的白瓷被陆羽认为难以映衬茶汤颜色，也在相当时期内影响了白瓷的发展。唐代时期已经出现茶瓶，也被称为注子、偏提等，可视为现代茶壶的雏形，也就是陆羽在谈及淹茶时用的"瓶缶"。这时候的茶瓶作用和茶壶一样，一般都是在初唐时期使用，大多数是和当时的酒注混用，还不是专门的茶具。唐初发展起来的茶瓶是用来代替笨重的"鼎"或"镬"。唐代煎茶用不到壶类器具，壶的概念还没有形成，直到晚唐点茶法出现，需要用壶代替釜来盛水，并向盏中注水，才出现了用茶瓶或汤瓶来注水。宋代汤瓶如图1-5所示。也正是通过不断改进完善，执壶才最终形成，成了小而轻的专用注水工具。到了明代才有"茶壶"一词，并沿用至今。

图1-3　茶盏

图1-4　鸡首汤瓶

图1-5　宋代汤瓶

　　陆羽选择利用已有器具，或是通过改良、设计与创造，最终形成完整的饮茶用具系列，并成为后世茶具制作和创造的重要范本。唐代茶具设计制作十分注重茶具的专业化和配套化，不仅注重使用功能，也注重质地精良和器型的美观，使其具有很强的审美性。同时，不仅发展瓷质茶具，也对外来工艺和材料兼容并蓄。因陆羽从小深受佛教熏陶，后来又具有浓郁的儒家思想，对道教文化也深有研究，所以这些文化特质也在他创设的煎茶用具中充分体现出来。

　　陆羽创设适于烹茶品饮的茶具系列主要为二十四式器具，大体可以细分为以下八类（见图1-6）。

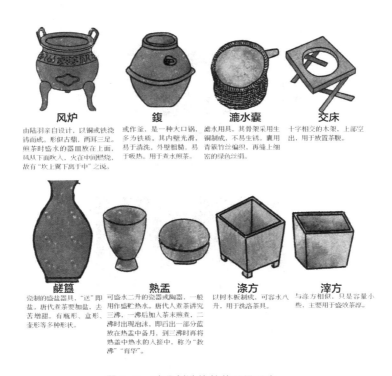

风炉
由陆羽亲自设计，以铜或铁烧铸而成。形似古鼎，两耳三足。煎茶时盛水的器皿放在上面，风从下面吹入，火在中间燃烧，故有"坎上巽下离于中"之说。

鍑
或作釜，是一种大口锅，多为铁质。其内壁光滑，易于清洗，外壁粗糙，易于吸热。用于煮水煎茶。

漉水囊
滤水用具。其骨架采用生铜制成，不易生锈。囊用青篾丝编织，再缝上细密的绿色丝绢。

交床
十字相交的木架，上部空出，用于放置茶鍑。

鹾簋
瓷制的盛盐器具，"鹾"即盐。唐代煮茶要加盐，去苦增甜。有瓶形、盒形、盒形等多种形状。

熟盂
可盛水二升的瓷器或陶器，一般用作盛贮热水。唐代人煮茶讲究三沸，一沸后加入茶末煎煮，二沸时出现泡沫，即舀出一部分盛放在熟盂中备用，到三沸时再将熟盂中热水的入接中，称为"救沸""育华"。

涤方
以椒木板制成，可容水八升，用于洗涤茶具。

滓方
与涤方相似，只是容量小些，主要用于盛废茶滓。

图1-6　陆羽创造的煎茶用具示意

　　第一类是生火用具：生火煮茶用的风炉，灰承，装炭用的筥（类似竹篓），碎炭用的炭挝，夹炭入炉的火筴（也俗称火筷子）。古人煮茶用的火炉、风炉是炭炉，唐代以来称之为"茶灶"，人们在读书、下棋时都喜欢与茶灶相傍，是日常必备之物。

　　第二类是煮茶用具：煮水烹茶用的釜（也有称为鍑），交床（放釜的架子），竹筴（煮茶时环击汤心以利于激发茶性）。竹筴通常用竹子、桃木、柳木、蒲葵木、柿心木等制作，大约一尺长，两端常用银片包起。有时也会用匕代替竹筴。银片包裹两头是为了结实耐用。日本茶道一直使用的烧水用的茶釜，也被认为是日本传统茶道发端于唐代煎茶法的一个重要表征。

　　第三类是烤茶、碾茶和量茶用具：烤茶用的夹，茶烤热后用以储存从而防止香气外溢的纸囊，碾碎饼茶的碾，方便收起茶末的拂末，用以筛茶末的细眼筛子罗，煮茶前贮存待用茶末的合，外形类似现代汤匙并用以量茶的则。罗、合、则三者的使用方法是：用罗筛末后，用则把茶末放入合中，然后用合贮存。则也用作煎茶时投茶末所用的量具。规格档次比较高的罗大致分内外两层，中间夹有罗网，屉面有拉手，通常由盖、罗、屉、罗架、器座组成。烤茶用的夹材质通常为小青竹，因为烤茶时小青竹中的水分与香气可以同时烤出，散发出来的竹香可增进茶的滋味。

在唐代，将茶饼裹在纸里捣碎后，也有不用茶碾而用茶臼来研成茶末的（见图1-7至图1-10）。茶臼的出现可以追溯至三国时期，到宋代茶臼的使用变得更加普遍。在研茶工具的发展进程中，基本使用过程可以归纳为臼—碾—磨。茶臼在中国各地都有很多出土，材质以陶土烧制较多，茶臼表面或内壁等分，并在其中分布有网状或其他形式的错刻斜线等。茶臼样式也非常之多。邢窑白瓷在唐代兴盛期备受喜欢，特别是一种釉色晶莹洁白（或乳白），叩击有金石声的薄胎白瓷器，陆羽称之为"类银""类雪"，文人雅士们誉之为"白玉缸"。

图1-7 唐代白瓷茶臼

图1-8 茶臼

图 1-9　唐代青绿釉带流茶臼

图 1-10　北宋景德镇窑清白釉茶臼

第四类是盛水、滤水和取用水的用具：用于贮放生水的水方，类似现在过滤茶渣具有滤网功能的漉水囊，杓水用的竹瓢，盛放热水或热茶汤、茶沫的盉。其中，水方的容量为一斗，大约 20 升，唐代每升大约为现在的 600 毫升。唐代煎茶的时候对茶汤品质非常讲究，尤其认为沫饽对茶汤品质有着重要影响，将从釜中舀出的第一碗茶汤称为"隽永"，认为是最好的茶汤物质，放在熟盉中作为止沸和育华使用。在唐代茶汤中，薄的叫沫，厚的称为饽，细轻的叫汤花。由此可见，陆羽创设的茶具都是与煎茶环节和过程有密切关系的，他在创设茶具的过程中更注重的是茶汤品质与器具使用的专业性、合理性、有效性。

第五类是放盐和取盐的用具：用于盛放盐的鹾簋，勺盐花用的揭。揭通常用竹子制作，与鹾簋搭配使用。这与唐代主流煎茶方式有关，在煮茶的时候需要放适量的盐作为佐料同茶末一起在釜里煮。

第六类是饮茶用具：喝茶用的碗、茶盏或杯。唐代喝茶用具基本以碗为多。通过对唐代茶碗考古考证看出，当时茶碗的容积大约为350毫升，将100～200毫升倒入其中，茶汤大概占容积的二分之一，体现在水位上差不多是三分之二，是比较适合饮用的茶量。所以现在说的"茶倒七分满"很可能来自于唐代的遗风。

第七类是装茶具的用具：贮碗的畚，贮存所有茶具的都篮，用于摆放陈列茶具的具列。都篮因能装下全部器具而得名，在饮茶完毕用于收贮所有茶具。

第八类为清洁用具：贮水清洗用具涤方，用于汇聚各种沉渣的滓方，擦拭器具的巾，用于刷刮的扎。扎通常用茱萸、木夹和棕榈皮捆扎成刷状，或将棕榈皮一头扎紧套入竹管中做成笔状，用以清洁品饮后的茶具，类似现在的养壶笔。涤方的制作方法同水方，可装八升水。唐代的巾如同现代泡茶中使用的茶巾，通常以粗绸布制成，大约两尺长。

茶器的发展和当时社会技术发展水平有密切关系，并主要体现在茶器的材质和器型上。同时茶器从一开始出现就不是单纯视为简单的物质存在，而是与各个历史时期的主流审美观点息息相关。我们可以看出，自隋唐以来，茶器用具的演变是由泡茶品饮功能需求所引导，基于各个历史时期的技术水平为支撑，以国家力量介入为推动契机，在文人雅士审美思想规范下，得以不断发展。从中国茶具发展的历史中，也可以看出品饮茶的一个重要特点，即喝茶品茶一开始就是以茶为载体的精神艺术活动，茶具设计制作的合理性、精美性、艺术性就是这一特点的重要体现。因而，从唐代茶文化之风兴起开始，茶器就一直伴随着各个朝代品饮茶发展而不断创新发展，最终形成了丰富灿烂的中国陶瓷文化历史。

唐代宫廷茶具在材质选择上，倾向于富贵与珍稀，如鎏金银器具、琉璃茶碗以及清澈透亮的青釉或黄釉的秘色茶碗等，都是典型专用茶具，非常考究（见图1-11至图1-13）。唐代琉璃器都来自于东罗马和伊斯兰地区，这些器具也体现了唐代丝绸之路贸易的繁荣，以及中国茶文化的中西文化交融历史。

图1-11 法门寺出土唐代宫廷茶器

图 1-12　素面淡黄色琉璃茶盏和茶托

图 1-13　菱形双环纹深直筒琉璃杯

三、唐代饮茶方式

唐代的饮茶方式是多样化的，既有前朝的汤浇覆法，也有陆羽改革后的煎茶法，到唐代晚期还出现了点茶的饮用方式。

（一）煮茶法

与前朝方式相同，就是把茶叶（主要是饼茶）在火上烤后敲碎，磨成末倒入釜里，加入葱、姜、大枣、橘皮等佐料，在沸水里一起煮（如图1-14所示）。

（二）痷茶

唐代的痷茶可视作是在煮茶法基础上产生的一种简化版的品饮方式，就是经过一系列处理后将捣碎的茶末放在类似瓶子或细口瓦器的"瓶缶"里，注入沸水浸泡后饮用。"痷"字原意为半

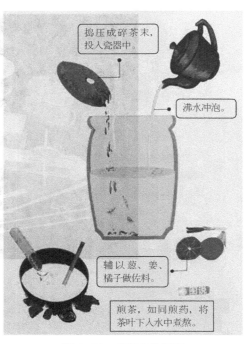

捣压成碎茶末，投入瓷器中。

沸水冲泡。

辅以葱、姜、橘子做佐料。

煎茶，如同煎药，将茶叶下入水中煮熬。

图 1-14　唐代煮茶示意

卧半起的疾病，这里指夹生茶的意思。在唐代，痷茶在民间和宫廷中都会使用。

（三）煎茶法

到了陆羽时代，他认为汤浇覆法有点像沟渠中的弃水，不是一种好的品饮茶方式。他提倡清饮，开创了煎茶品饮时代。

煎茶依然使用饼茶，通过炙、碾、罗三道工序制成细末状茶末，再择水煎茶。在煎茶中要注意三个环节：在煮水第一沸也就是初沸的时候，釜里的水因受热出现鱼目蟹眼般的气泡并微微有声，这个关口要放盐进去调味；在釜中热水气泡像涌泉连珠的第二沸的时候，瓢出一碗茶汤沫饽备用；同时不断用竹筴或包有银片的勺搅动、环击汤心，量茶末投入汤心，待茶汤沸腾如波涛的第三沸的时候再育华。三沸止，茶汤就煮好了。将釜放到交床上，分茶汤到各个茶碗，舀出茶汤到碗里时务必使沫饽均匀。从唐代就开始的分汤均匀是一种茶礼表现，直至今日依然是品饮茶分汤中的一项重要规范。

与南北朝时期饮茶不同，唐代单纯用盐取代了其他所有调味料，并在煎茶中开始注重不同水质、沸水程度对茶汤质量的影响，茶碗釉色与茶汤颜色是否相宜等，使泡茶饮茶以其过程的严谨性、科学性和合理性为基础，要求茶、水、火和器之间"四合其美"，更侧重茶汤的品质、煎茶的技艺性和品饮茶的情趣意趣性。唐代煎茶一开始并没有把仪式、程式与精神性修为等融入其中，所形成的程序最初是为了探索和建立科学合理的煎茶环节与过程，以及获得更好品质的茶汤。从陆羽之后，唐代茶人开始逐渐追求茶叶制作的精致，并讲究用水的清洁甘洌、活火的使用，以及饮茶环境的雅致清幽。

陆羽煎茶是非常讲究的。在用水方面，讲究山水为上，最好选取乳泉石池漫流之水，并用滤水囊过滤、澄清，去掉杂质，放在水方里，然后把瓢或勺放在水方上面待用。在煎茶中也倡导用活火，也就是用有火焰的木炭火烧水煎茶。另外，染有其他味道的木头和朽木等都不能用，以免影响茶汤味道。烤茶的时候需用文火，而且要不停翻动，等到烤出有类似蛤蟆背上的小疙瘩状的凸起时，再离火五寸，一直烤到茶香散发出来，然后趁热用纸袋贮藏，避免茶香散发。在煎茶中，掌握釜里水的"三沸"是重中之重的关键环节，这就是所谓的"候汤最难"。因为水温过低则茶味很淡，水温太高则有点苦涩，被认为"水老"了。茶汤贵新鲜，要趁刚刚煎完就饮茶，这时候有"珍鲜馥烈"之感，茶的芬芳香气非常鲜醇、浓烈。

在复制唐代煎茶的过程中，现代茶学专家姚国坤指出了其中三个关键环节：第一，烤茶是煎茶一个重要阶段，烤茶时务必要注意控制茶饼距离火的远近、仔细观察茶色的变化和精准把控烤茶恰到好处的时间，这样烤过的茶饼就香高味正；第二，在饼茶冷却后再敲碎，碾茶的时候也要适度，筛茶的时候要选出粗细适中的茶颗粒，这样煮出来的茶汤才会清明、茶味纯正、没有苦涩感；第三，煎茶时候要把握火候，注意茶、水、盐三者比例，初沸温度选择在 86 摄氏度到 88 摄氏度之间比较好，在击搅茶汤时要有节奏地向同一方向搅水，出现漩涡的时候投入合适比例的盐，第三沸停止的时候要及时把釜端下来。

四、唐代泡茶饮茶特点与风尚

唐代有众多在儒、释、道方面有深厚造诣的茶人，他们在陆羽开创的煎茶法之上，又把煎茶品饮体悟、感受等不断与精神层面融合在一起，推动了茶文化的繁盛发展。

中唐时期的皎然和尚写了一首著名的茶诗《饮茶歌诮崔石使君》，其中最为有名的三句诗词为："一饮涤昏寐，情思爽朗满天地；再饮清我神，忽如飞雨洒轻尘；三饮便得道，何须苦心破烦恼。"皎然在诗中艺术化地提出了品饮茶后的三个体验层次，可视为煮茶与饮茶之中也蕴含着"道"，在这个过程中经过顿悟、醒悟可以提升人的修为与认知，从而也使饮茶的精神享受开始蒙上了浓厚的宗教色彩。由此，后人认为"茶道"一词最早提出者就是皎然。同时，皎然也是陆羽最重要的密切交往的朋友之一。茶人们不断升华着陆羽所追求的品茶艺术性与皎然所追求的品茶艺术哲理性，二者的精妙之处也最终使茶文化从唐代开始便不断被推向崭新的高度。

唐代卢仝撰写的《七碗茶歌》，诗中对品饮茶的审美和精神情趣描述形象，时至今日依然感召很多茶人不断体悟感受着品饮茶的极致境界。这首茶诗也融合了佛教和道教的思想追求，进一步证明了中国儒家、佛家和道家在品饮茶上都找到了一致的精神指向与共鸣，茶在儒释道之间的文化信仰上都是相同的，从而也最终使中国茶文化呈现出儒释道一体的特质。

在中唐时期还有一个著名茶人常鲁，现在也时常被称为现代茶艺的祖师爷。常鲁与陆羽在唐代都享有盛名，我们现在常听到或说的茶的别称"涤烦子"就出自他。他对陆羽煎茶方法有着深厚的研究与实践，模仿其中的饮茶形式并加以艺术化，使之更加适合表演，形成一套更具有观赏艺术价值的煎茶程序。后来，常鲁的这种在煎茶品饮中讲究特定的服饰、程式、茶具和讲解等，也被陆羽所借鉴，进而推动了唐代泡茶饮茶风尚的流行，也促使中国饮茶时的精神追求与品茗技艺开始结合起来，为中国茶文化的最终形成赋予了重要内容与奠定了坚实的基础。唐代的品饮茶成为一项表演艺术形式后虽然没有成为社会的主流形式，但也对品饮茶的艺术化发展起了很大的推动作用。

常鲁是中国历史上第一位见于文献的表演型品饮茶的代表，目前越来越多的研究人员开始视其为中国茶道表演家或茶艺大师，也将其视为现代茶艺的祖师爷。一些学者对有关常鲁的历史记载史料进行研究，指出从记载的常鲁演示时经常穿戴的衣帽来看，他应该是一个道士。中国茶文化在最初形成过程中，道家对其影响最大，儒家次之，佛教又次之。后来随着佛教影响力不断增强，茶禅之风盛行，茶与佛教之间的关系因"禅茶一味"观念普遍被接受，更为凸显。从目前史料看，唐代没有一套较为完整的以文字系统形式记录的"煎茶技艺"流传下来，所见到的只是散落于各种典籍中的零散记载，这种状况或许和中国传统观念里重道而不重艺的思想有关，在之后的宋代及其他朝代也都呈现出这样的情形。

在陆羽之后，唐代基本形成了以饮茶为乐、以饮茶为雅、以饮茶修性、以饮茶裨益身心的社会饮茶风尚，客来敬茶风气也更加流行，以至于到宋代几乎出现了全面兴旺的景象，茶舞、茶歌、茶画、茶俗、茶事活动等蔚然成风。唐代也成为中国茶文化发展的发轫阶段，对中国茶文化的发展产生了深远的影响。同时，在这一时期茶叶及茶文化也开始向边疆地区、民族地区和周边国家等不断传播。

考核指南

基本知识部分考核检验

1. 请简述唐代茶文化的主要特点及代表人物。
2. 请简述唐代饮茶方式——煮茶、煎茶、痷茶。
3. 请简述唐代煎茶宫廷用具名称及主要用途。
4. 请简述唐代煎茶过程及注意事项。
5. 请简述唐代与日本之间的茶文化交流情况。
6. 请简述唐代茶叶发展情况。

习题

1. 中国茶圣是（　　　）。
2. 撰写《七碗茶歌》的作者是（　　　）。
3. 中国第一个提出茶道这一词语的是（　　　），在他撰写的一首（　　　）诗中。
4. 陆羽撰写的著名著作是（　　　）。
5. 陆羽创造（　　　）种茶器具。
6. 唐代主要制茶工序有（　　　）。
7. 唐代茶叶杀青方式主要是（　　　）。
8. 唐代煎茶煮水有（　　　）沸。
9. 在唐代，当锅内的水煮到出现鱼眼大的气泡，并微微有沸水声时，是第（　　　）沸。

第二节　宋代泡茶饮茶方式

视频：宋代泡
茶饮茶方式

◎ **学习目标**

1. 了解宋代茶文化发展背景、特点等相关知识。
2. 了解宋代制茶工艺及点茶用具.技艺等相关知识。
3. 了解宋代斗茶与茶百戏等相关知识。
4. 了解宋代美学发展与"四艺"等相关知识。
5. 了解宋代茶文化与其他国家之间的文化交流等相关知识。
6. 了解宋代茶文化的主要特点及对后世的影响。

贡茶制度在我国中唐时期就开始实行，经过五代十国后，到了宋代发展到极致。唐朝时的贡茶院设在今日浙江省湖州市，最初建于公元 770 元。初唐的茶叶制作中，在茶叶命名方面还不像宋代这么成熟，当时上报给朝廷比较有名的茶叶也仅仅被称为"顾渚佳茗"，待陆羽到湖州后才在《茶经》中将其正名为"顾渚紫笋"。自宋代开始到现代，茶名越来越丰富（见图 1-15）。

我国著名气象学家竺可桢曾推测，处于中国第三个温暖时期的隋唐，当时的平均气温要比魏晋南北朝高出 3℃，唐代天宝以后到五代的几百年间，中国气候有向寒冷转变的特点，北宋中期气候又向温暖方向转变，但公元 1271 年到 1296 年又是一段寒冷时期。因此，在宋代，位于唐代贡茶院所在的宜兴、长兴等地，出现春天茶树发芽推迟、不能保证贡茶进京的情况，因此茶叶生产重地开始南移至茶叶内质好、采制时间早的福建建州建安县（今福建省南平市建瓯市）。建茶以当时的福建建安县北苑凤凰山一带为主体产茶区，其代表的北苑贡茶闻名于世，出现了北苑官焙茶园，以至于后来成为中国团茶、饼茶制作的主要技术中心。

在历史上，北苑贡茶与南唐有关。由于唐代末年寒冬与雨灾相继而来，也会在春秋时节出现霜冻，而南唐君主都是懂茶爱茶之人，因此在南唐时代就开始南移到福建制作北苑茶，在 946 年由金陵禁苑北苑使管理建州贡茶，设立供君主享用的"龙焙"。到了宋朝，北苑的名称沿袭了下来。正因为宋代贡茶院所在地正式转移，在相当大的程度上改变了茶叶制作方式，在探寻更适应茶叶品质特点的饮用方式的过程中，使唐代主流的煎茶品饮方式发生转变，同时借助对晚唐时期出现的点茶品饮方式的不断提升完善，最终形成宋代主流的点茶品饮方式。

图 1-15　唐代顾渚贡茶院遗址

宋朝时期的茶叶制作以团饼为主，这是因为宋徽宗赵佶嗜茶又具有高超的艺术技能和鉴赏能力，在皇家饼茶加工的每个工艺程序中都追求精益求精，带动宋代团饼茶制作技艺达到登峰造极的程度，工艺也相对繁琐。从基于唐代以来形成的普通研膏串饼茶发展到表面光滑的蜡面茶，并在茶饼上面饰以精品图案，直至"龙园胜雪"茶，蒸青团饼达到顶极。

宋代茶叶制作不断精益求精的过程，也逐渐促发形成了豪华极致的宫廷茶文化和贵族士大夫雅致的茶文化，为宋代茶饮的艺术化追求提供了坚实的基础。同时，众多文人雅士的直接参与拓宽了茶文化的接受层面，宋代形成了广泛普及的品饮茶风尚，从分等级的宫廷用茶到兴趣盎然的民间用茶，渗透在社会阶层日常生活和礼仪习俗各个层面中，比如搬家、婚嫁等方面。随着宋代饮茶的普及，特别是普通百姓加入到饮茶行列中，当时的淮南、荆湖、湖北和江南一带已经开始大量生产散茶，宋代基本上处于中国茶类生产由团茶向散茶制作转变的阶段。正因为宋代制茶方式改变，使中国从宋代开始摆脱上古传统的烹饮茶习惯，佐茶法逐渐淡出主流品饮方式，取而代之的是对清饮的追求，直至明清进一步演变，最终形成现代饮茶方式。

宋代茶文化不仅继承了唐代前人注重的品饮茶中的技艺性与精神意趣性，在技艺借助全民化"斗茶"方式的普及与点茶操作技艺提升的基础上，使文人介入茶文化活动成为一种日常状态，更把儒家内省观念渗透到茶饮中，并热衷于在众多文学作品和茶的学术专题中既深又专地探究品饮茶的各个方面，茶事也逐渐成为与文学、艺术等精神文化直接相关的活动。由于众多文人士大夫佛道皆通，在宋代品饮茶中进一步融入儒释道精神，并集中突出展现了宋代在品饮茶中的生活情调、美学追求以及精神境界，这与宋代"抑武佑文"政策以及经济富裕、市民文化繁荣等大背景有着密切关系。在宋代，弈棋、鼓琴、插花、焚香、咏诗、书法、绘画、博古、点茶等一起成为文人雅玩和市井风俗，苏轼、梅尧臣、黄庭坚等皆是大茶人。

茶在唐代之后更呈现出一种文化载体和精神象征的态势，丰富了我国茶文化的内容，使之最终成为传统文化中一个重要经典文化的构成部分。宋代整体茶文化体现出闲情逸致、风雅优容、淡雅明净等气质。同唐代煎茶一样，宋代点茶注重茶、水、火与器具的调和，但相对唐代品饮茶追求情趣意趣方面来说，更追求自然、风物和山水意蕴交融，继唐代之后又进一步奠定了我国茶文化发展的独特基调。

一、宋代制茶工艺

由于宋代皇家贡茶产地由浙江南移到福建，建茶相对于长兴的大唐贡茶院所在地茶叶来说有"茶味远而力厚"的特点，按唐代制茶法会"色味重浊"，所以宋代对制茶方式进行了改革。其中一个重要环节就是"榨茶"，这与唐代制茶工艺恰恰相反，也就是"去膏必尽"，要求把蒸好的茶淋上几遍水后先经小榨去水，再入大榨榨干茶的汁液。另外，宋代制茶要求研得越细越好，这也是区别于唐代制茶工艺之处。另外，宋代成品茶也加工出千姿百态的精巧形状，不仅有方形、圆形，还有扇形、环形、玉珏、玉圭、月牙、花瓣等复杂造型。茶饼重量为"八饼重一斤"或"二十饼重一斤"。

目前，关于宋茶茶味问题还存在疑问，历史资料并没有记载有关宋茶茶味的明确表述，还需要科学探索给予进一步解答。目前一种说法为，由于采摘过于精嫩的茶树鲜叶，再经由一系列大榨、小榨等复杂工艺，制作出来的宋茶虽然大都去掉了苦涩味，但物极必反，也不免让茶味所剩无几。也正因为如此，宋代制茶中会添加沉香、龙脑香等以增加茶香。另外一种说法是，宋茶的味道是乳香味，经过恰到好处的制作后宋茶茶香四溢，喝起来有种清爽之感。宋代建州民间制茶从来不加香料，但是史料显示会对贡茶"微以龙脑和膏"，目的是助力茶的香气。后来由于宋徽宗更喜欢茶的真香特性，宣和初年开始贡茶便不添加龙脑等香料。所以，宋茶茶味究竟如何还需要进一步科学探究。

在唐代饼茶制作经验基础上，宋代专供皇家使用的贡茶制作开始向精细方向发展，并且所使用茶树鲜叶越来越细嫩，制作出来的茶饼也越来越小巧，茶饼上还印有图案，图案也越发精致。在北宋太平兴国初年，北苑刻制龙凤图案的模型制成龙凤团茶，之后又先后制成诸如小龙团茶、密云龙、瑞云祥龙、龙园胜雪、五彩祥云、小龙凤团茶等茶饼样式。大小团茶也分为不同等级，分别为龙茶、凤茶、京铤、的乳、石乳、头金、白乳、蜡面、头骨、次骨（见图1-16至图1-18）。宋代制茶获得的成就与四位贡茶使有着重要关系：丁谓、蔡襄、郑可简和贾青。通过对宋茶制作过程史料的研究，我们基本得出宋代皇家制茶工艺可以归纳为以下几个主要环节：采茶—拣茶—蒸茶—压茶—研茶—造茶—过黄。

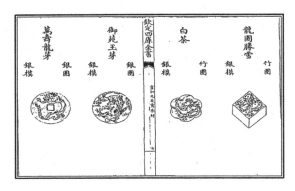

图1-16　宋代皇家专用的北苑龙园胜雪等团茶图案

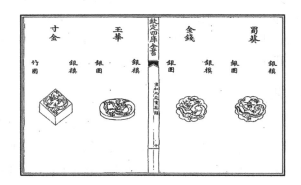

图1-17　宋代皇家专用的北苑寸金等团茶图案

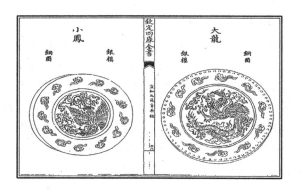

图1-18　宋代皇家专用的北苑大龙、小凤团茶图案

宋代采茶讲究时辰，以每天凌晨3点至5点为最佳，宋人认为此时茶芽肥厚滋润。采摘后要进行拣茶，也就是把采摘的茶芽按种类、品质等重新分类，通常以针细般的水芽为芽中珍品。不同的茶芽味道和品质不一样，宋茶在制作中对原材料分等是非常细致的。

之后，开始蒸茶。首先要将茶芽上的灰尘等杂质用清水洗干净，然后再在蒸笼里隔水蒸。蒸茶讲究恰到好处，这个工艺程序将决定最后成品茶的茶色品级以及滋味状况。若茶蒸不熟则会有桃仁一样的草木异味，茶的气味也会发酸。

接下来是压榨。压榨分小榨和大榨两个环节，待蒸好的茶芽用水冷却后，放在小榨床中榨干水分，再在大榨床中榨压去汁液，中间还需要反复搓揉榨压，以使茶的味道香浓。

压茶后用杵和臼进行研磨，品级越高的茶研磨的次数也要越多，研好的茶要均匀、光滑、没有粗块。

最后，就是将茶泥放入模具中定型，进行造茶和过黄。所谓的过黄就是干燥烘焙，烘焙好的茶叶还需要用扇子快速扇动，以便迅速降温，避免烘焙过度。

至此，整个制茶流程才算结束。

二、宋代点茶用具

茶筅又称竹筅，是点茶的专用工具，黑色建盏则是点茶专用碗，这是宋代点茶相对唐代煎茶独创出来的两个专门用具。

南宋《茶具图赞》一书中将竹筅称为"竺副帅"，由此可以看出其在点茶中起到的重要作用。宋代点茶不同于煎茶，沫饽是在煮中生产，重在用竹筅搅动使其形成丰富的泡沫，由此开辟了宋代点茶独特审美的新时代，也为斗茶和分茶的形成与发展奠定了良好的基础。宋代竹筅究竟有多少类型，目前并没有史料进行说明，另外由于竹容易腐朽，也无相关出土文物可以作为参考，我们只能从日本抹茶用竹筅以及中国少量传世的绘画或出土的墓壁画中略窥一二（见图1-19至图1-22）。

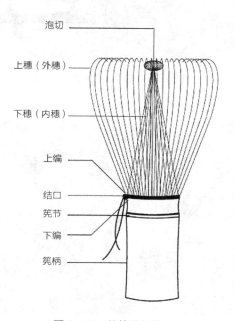

图 1-19 茶筅的结构

图 1-20　南宋王立伏墓壁画《点茶图》茶筅

图 1-21　南宋刘松年《撵茶图》(局部)茶筅

图 1-22　南宋《斗浆图》(局部)茶筅

宋代点茶击拂要求有力，最初用的是茶匙（见图1-23），但由于唐代煎茶使用的竹筴和茶匙不能满足点茶需要，到宋徽宗的时候开始使用茶筅。从茶匙到茶筅有一个慢慢过渡的阶段。五代时期，点茶法逐渐盛行，原先煎茶中主要用来量取茶末的茶匙（或称茶则、茶匕，其中"匕"是古人勺、匙之类的取食器具，后代的羹匙由它演变而来，因此茶匕也视为茶匙）增加了击拂茶汤的功能，"击拂"本身也与煎茶中单纯的"搅拌"有所区别。茶匙的主要功能由"取量"转化为"击拂"，但因与宋代人点茶"击拂"功能要求有差距，逐渐被代替，仅仅具有"量取"茶粉的功用。从唐代到宋代，我国一直有丰富的竹资源，同时竹制技术也不断发展，在日常百姓家庭洗刷厨房的用具中，类似的竹刷或是筅帚很常见，这为点茶中精致的茶筅最终形成奠定了重要的物质基础和范本。目前，这种类似宋代点茶茶筅的各式样竹制"筅帚"（状似俗称"小扫把"的用具）依然可以在江南一带农村地区看到。

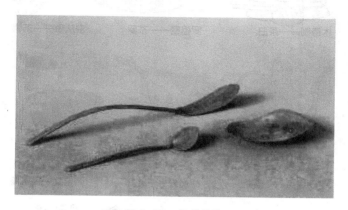

图1-23　宋代茶匙

除茶筅外，宋代点茶用具中还有独特的黑色建盏。它与唐代煎茶用具有很大不同，这在一定程度上与陆羽所倡导的宜茶色性的品饮茶用具选择有关。因为宋代点茶崇尚茶沫鲜白汤花，以纯白色为上，所以宋瓷中黑色茶碗最为兴盛。另外，宋代点茶需要击拂茶汤，也使点茶茶碗要有一定容积才能满足这种需要，其基本口径在10～12厘米，造型一般以敛口和敞口两种为多见。

宋代主要点茶用具如下图1-24所示。

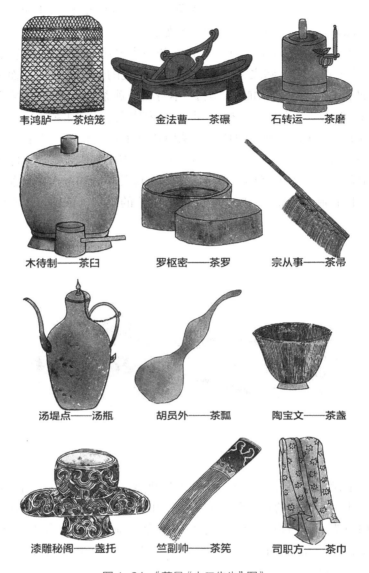

图 1-24 《茶具"十二先生"图》

宋代煮茶依旧用风炉或茶炉，煮水用釜提梁类锅（可视为釜的改进）或者是汤瓶（执壶）。釜已经不是主流煮水用具，以汤瓶为主。汤瓶不仅可以煮水，还可以盛水注汤，是点茶最重要的器具之一，形制也十分讲究。汤瓶制作的关键在于汤瓶的嘴，点茶要求出汤的颈口圆而小，这样比较好控制水流流速和力量，不破坏点茶的汤花，注水时也不能有滴沥状况，有点类似今天的手冲咖啡萃取用的手冲壶要求。由于汤瓶瓶身不透明，需要像煎茶一样辨别水烧开的情况，有一项技术就是依据水烧开前后沸腾程度不同激发出来的声音也不一样，用"听声辨水"了解水开的情况，从而不至于水老或水嫩。南宋的时候，罗大经和其好友李金南将煮汤火候功夫精辟地提炼为"背二涉三"，就是用刚过二沸略到三沸之时的开水点茶最为出色。宋代认为汤瓶最好要有利于快速让水煮开，在点茶注开水入建盏的时候落水点又能比较精准，不容易偏离，所以喜欢汤瓶小一些，从而在注水时对急缓曲直的水流把控得心应手。

建盏是宋代点茶主要器具，点茶是在建盏中进行的。宋代建盏基本改变了唐代煎茶中使用的与生活食器"碗"相似的茶碗或茶瓯形制，开始从食器中脱离出来。有考古学家认为建盏的烧造年代始于北宋，也有专家认为在晚唐五代时期就有建盏。建盏盛行于南宋，并在元初停止烧制或者废除烧制，以福建建阳窑茶盏最为著名。建盏盏形小而口大，盏壁外撇似翻转的斗笠，利于击拂，方便品饮时吸入茶汤和茶沫，也利于茶香的显现和散发。建盏器型和釉色非常适合于宋代点茶观汤色、气泡或水痕等，黑色的建盏与白色汤花的点茶形成鲜明的对比，所以在宋代品饮茶中备受推崇。但是伴随着点茶品饮方式的更迭，制作建盏的记录典籍也慢慢消失殆尽，建盏从繁华走向落寞、消亡，直至如今重新探索试验建盏的烧制技艺。在烧制建盏的时候，釉液（釉泪、釉滴珠）在一定的温度下自然流淌形成各种纹线，也成就了建盏窑器的独特特色，比如兔毫盏、油滴斑纹、鹧鸪斑、曜变等。黑色建盏深受日韩茶道喜爱，其中曜变天目、油滴建盏等南宋珍品被日本视为国家级茶道文物，在日本茶人中享有盛誉。

盏托的作用主要是在品茶时使热茶不烫手，避免产生因茶水外溢导致不慎被烫的意外，进而使品茶举止更雅致端庄。盏托开始使用的时间可以追溯至晋代。在隋代人们使用盏托相对较少，他们喜欢将几个碗或酒杯一起放在一个大托盘里。到中晚唐，盏托基本定型，并且盏托还分大小及不同样式。唐代的盏托一般都比较矮，多呈圆形，中间有托口，板沿大多比较宽。盏托也有船型，所以也被称为"盏舟""盏船"。北宋时期的盏托形式特点是圈足，托面上的支圈明显加高很多，但是仍然中心不通空，之后才逐渐发展成盏托中心是通空的样式特点。到了明清时期，叶茶兴起，盏托也根据所使用的器具形制而发生了根本的变化。在品饮茶中，品茶用具与盏托配套使用，既具有审美性也具有隔热和防倾倒的实际功能，从中可以看到茶人讲究的生活品位。

唐代煎茶大多使用纸囊贮存烘焙过的茶叶，以保持茶香。宋代人则开始用盖罐贮存茶叶以保证其良好品质，这与唐代茶人不同，也是我们现代泡茶器具中茶叶罐最先的雏形。罐子上加盖即为盖罐，瓷器盖罐始见于东汉，历代都有烧造，而且造型丰富，只不过在发展过程中每个朝代盖罐都有自己的特点。宋代人喜欢用瓷瓶贮存散茶，也喜欢用瓷罂装碾好的茶末。罂与缶类似，都是一种小口鼓腹的罐子，其中一部分茶罂传到日本后就演变为"茶入"。茶入是日本人点浓茶时盛放茶粉的小罐，从唐代传入的茶入被称为"唐物茶入"。在日本茶道中通常还会用一个绸缎布袋包裹茶入，称为"仕覆袋"，用以保护茶入。

因为从煎茶转变到点茶，用竹策（竹筷子、竹荚）、银匙等匙箸工具击拂茶汤形成泡沫比较费力，最终宋代发明了独特的茶筅点茶用具，并传到日本，演变成日本抹茶道的重要用具。

三、宋代点茶程序及方法

点茶品饮方法通常被认为源自晚唐，经由五代传至北宋，然后逐渐发展起来，最终成为调点上品茶时主要的品饮方式，对日本和韩国茶文化影响最深。点茶制作过程可以简单地归纳为用沸水冲泡茶粉。首先要用沸水将建盏烫热，否则点茶时茶粉不能浮动上来，会影响最终点茶品质。其次，趁着建盏还有热度时赶紧拨入茶粉，最好用活水，将其烧到二沸刚过还不及三沸的时候，用执壶注入少量沸水，均匀调和茶粉为膏。再次，一手执有封盖的小茶瓶，平稳地进行注水；另一手用竹筅击拂汤面使之产生沫饽，直至茶汤表面浮涌出稳定持久的泡沫为止。

在点茶沫饽产生的过程中，也会出现茶沫咬盏挂杯的现象，甚至幻化出花草虫鱼等图案，但须臾即散，这些击拂过程中产生的现象也为后来宋代品饮茶中逐渐游乐化的"斗茶"和艺术化的"分茶"的产生创造了条件。其中，宋代点茶汤色崇尚白色，使用黑色的建盏以斗色斗浮为主的斗茶，是在蔡襄撰写《茶录》后才在宋代全面广泛流行开来的。

宋代点茶时形成了这样的观念：调膏点茶之前需用热水烫盏，烫盏有利于激发茶香，并且可以使茶沫上浮，有助于增强点茶效果。这个观念在之后的明代直至今日都依然有重要影响，被奉为重要的一个操作环节，同时也被日本茶道、韩国茶礼所认同、采纳。

相对于唐代，宋代在制茶的时候一般都会把茶叶焙到熟透，所以在点茶前无须进行烤茶。同时，宋代也不喜欢在点茶的时候放盐，目的是追求茶的真味，这在一定程度上也与宋代制茶工艺有关，经过复杂的榨汁之后，茶叶的苦涩味已经大大减少，不需要用盐去调味。新茶通常无须烤炙，但是对于老茶饼来说则需要烤茶处理，也就是先在干净的容器里用开水将陈年茶饼浸渍一会儿，再将茶饼表面的膏油刮去一两层，再用茶夹夹住茶饼在微火上烤炙到干爽，之后即可使用。宋代品饮茶注重滋味，全面完美的滋味包括甘、香、重、滑。

在宋代，点茶高手也被称为"三昧手"，有三个操作要点，即调膏状况、是否注水有节奏、是否具有丰富的判断经验且能根据点茶情况调整茶筅击拂汤面的能力。虽然宋代流传下来有蔡襄撰写的著名茶书《茶录》以及宋徽宗撰写的《大观茶论》，其中对点茶方法有所论述，但是具体操作方法则尚无充足的史料供后人明确与掌握，所以现在茶人还处于仿宋点茶的探究中。

在宋代点茶中，为了将茶叶快速有力地研碎成粉末，避免影响到茶色的洁白，把唐代的茶碾变为茶磨，类似今天磨豆浆的石磨。另外，宋代点茶要求最终点茶的茶粉务必是"极细"程度，甚至有时为了追求"绝细"程度把磨好的茶粉放入罗绢做的筛网中，但总体上还是要求碎茶磨到恰到好处即可，太细则茶粉容易上浮，略粗则茶沫不够细腻，缺乏紧密细致感。点茶时要求茶粉能形成细微泡沫并浮起来，并且茶粉能随着沸水注入而轻泛或轻浮。

同唐代一样，宋代品饮茶讲究用水品质，倾向于取用流动的"活水"，但是不似唐代那么苛求，注重水质的"清、轻、甘、洁"。

在宋代点茶中，一般每个建盏用茶是一钱左右。宋徽宗认为点茶中注汤击拂七次比较好，每一次击拂要求使用的力度和方式都不一样，并依据经验判断茶粉与水调和后的浓度，茶沫清、轻、重、浊适中就好，直到浓度适中、乳花汹涌则点茶就可结束。同样是点茶高手的蔡襄则认为，相对于注入的沸水，经击拂后茶沫上升到建盏四分程度的时候就可以了，不要去管击拂次数，最终整盏茶汤茶沫达到建盏盏壁六分处就好。由此可见，关于点茶中用茶筅击拂茶汤的方法和要求等也是因人而定，并没有统一规范和要求（见图1-25）。

在宋代，点茶方式主要有两种：一种是直接在茶盏中点饮；另外一种是在茶盆中点好，饮用的时候用勺舀在建盏中饮用（见图1-26与图1-27）。

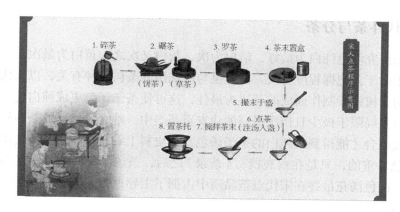

图 1-25　宋人点茶程序示意图

图 1-26　宋代刘松年《撵茶图》（局部）宋代点茶方式

图 1-27　宋代宋徽宗《文会图》（局部）宋代点茶方式

四、宋代斗茶与分茶

宋代点茶讲究汤色纯白为最好，清白为次，灰白又次之，黄白为最次。茶汤汤色与茶叶制作过程中的工艺把握程度有关，另外也与所选用的茶树品种有关，以宋代当时非常珍稀的、白色的茶树鲜叶制作而成的茶饼为最佳，这可使茶汤汤色更成纯白色，而纯白或极白的茶叶都只是局限于极少且档次最高的建安贡茶当中。唯有最优质的茶树鲜叶与精湛的加工工艺完美结合才能得到最纯白的茶汤汤色。从史料上看，宋代点茶所使用的茶叶其实是白色和绿色并重的，只是在蔡襄撰写《茶录》之后，茶汤汤花尚白观念日益扩大，经由宋徽宗推崇，白色汤花最终在宋代点茶品质中占据了主导地位。

（一）斗茶

宋代点茶技艺是不断追求极致的，除了茶汤汤色与滋味外，还要求茶汤击拂出来的沫饽要能浮起凝立，呈现"咬盏"的状态，这也进一步对击拂而出的沫饽品质状况有了更高要求，从而在品饮茶汤过程中，在宋代人对汤色、沫饽品质比对较量中，促使群体饮茶中娱乐性活动的出现，并成为一个新的、遍及全国的品饮茶娱乐性竞技活动"斗茶"。斗茶的开展极大地推动了宋代整体制茶技术与点茶操作技能的提升。

宋代的斗茶也被称为斗茗、茗战，从史料可见，最初的斗茶早在唐末五代初期就形成了，是流行于福建地区的地方性习俗，最终流行于宋代。事实上，这种习俗出现也受唐代时社会较大范围内的"争早斗新"的茶叶消费时尚影响。伴随着宋代强大的市民文化发展，以及社会经济文化的高度繁荣发展，斗茶最终成为全民一直雅玩并从中获得极大的娱乐满足，同时又具有强烈的胜负性、趣味性和挑战性等娱乐、竞技色彩的活动。

宋代斗茶的核心在于以茶叶品质高下来论胜负，茶味和茶香是斗茶的基础，而茶叶品质状况则是借助点茶中沫饽的"色"与"浮"情况较量得出胜负评判结果：以汤色白、沫饽出现时间早和沫饽能够长久贴在建盏内壁上为胜，沫饽先破灭成茶水者为负。另外，宋代世俗社会斗茶的核心有时也可能侧重在对茶汤滋味、茶香等方面的比较，并不一定通过汤色和汤花咬盏等情况进行判断。

从以下茶画中，我们可以分明感受到宋代社会斗茶的状况（图1-28至图1-31）。

图1-28　明代仇英《斗茶图》（局部）

图 1-29　宋代刘松年《斗茶图》

图 1-30　宋代刘松年《茗园赌市图》

图 1-31　宋代佚名《斗茶图》

（二）分茶

在斗茶的促发下，最终形成宋代点茶技艺的最高峰——分茶。分茶又被称为"茶百戏""汤戏""水丹青"，即在点茶过程中，可在茶汤中形成文字和图案的技艺。这精湛的技艺在当时的宋代社会往往被认为是茶匠具有"通神"或非凡的水平，这在相当大程度上也与当时宋代社会整体的书法绘画技艺能力状况有关，从中也可以看出宋代社会具有极高的文化艺术鉴赏水准。在以宋徽宗为代表的文人雅士和僧人们的极力推崇下，分茶技艺将茶汤艺术视觉美感创意创造推向了极致，可惜这一技艺并没有被古代茶人们详细记载与传承，以至于时至今日分茶技艺基本失传。从史料看，唐代就有"分茶"一词，但是指的是将在釜里煎好的茶汤等量酌分到茶碗中。宋代的分茶，指的是超越一般点茶的技艺，是可以将茶汤表面的茶沫瞬间幻化成各种文字、形状，以及瑰丽的花鸟鱼虫、山水草木等各种图案，这些图案恰如妙手丹青之作，故也被称为"水丹青"。

即使在宋代点茶技术已经达到最辉煌时期，分茶也是一项极难掌握的神奇技艺。分茶需要茶人自身具备极强的书法绘画技能、注汤与运筅能力，掌握并累积丰富的点茶技术操作经验，以及能运筹帷幄地驾驭点茶过程中可能出现的各种随机状况。因此，分茶可谓是茶人精妙的综合素养与技能作用的结果，也最终决定了其是极少数熟练掌握者才能具有的特殊技艺。分茶技艺在宋代文人士大夫们中非常受推崇，构成了他们日常生活方式中一项非常具有闲情逸致情调与品位的高雅娱乐活动。

宋代之后分茶走向衰落，元明的时候还在史料上偶有提及，到清代这项技艺就彻底消失了。除了明朝推崇的叶茶使用方式导致品饮茶方式改变之外，其主要原因还在于：点茶最初是宋代官宦文人点饰蜡面茶的专门技艺，后来在民间日常生活中逐渐泛化，而茶饼的高昂费用和品质要求造成其最终消解。对于包括市民阶层在内的整个社会的品茶人来说，不仅好的茶饼费用高昂，要获得高品质的茶饼也极其困难，或者是根本不可能，那么结果就是既不能获得最好的点茶品饮上的享受，又因为没有好的茶饼而不能使点茶技艺的呈现效果达到最佳。如此，最终导致整个社会对点茶或分茶失去兴趣，对分茶技艺也不免产生内在的消解作用。加之在元代，文人整体的社会地位急剧下降，文人雅玩的点茶和分茶技艺就失去了主体。到明代，在改革废除饼茶制作而颁布国家命令的契机之下，点茶和分茶技艺就基本呈现湮灭不传的情况。

五、宋代其他玩茶及品饮方式

宋代除了有"斗茶"这一玩茶娱乐方式之外，还有"绣茶"。"绣茶"是宫廷内的秘玩艺术，是一种只供观赏的玩茶方式，是对装帧装饰精美的茶饼艺术品的欣赏。北苑贡茶运到宫中后，在一些活动中，有的茶饼会被专门的能工巧匠装饰，除了镀金外，还会装饰成用五色韵果簇拥的龙凤的样式。这种技艺除了在宫廷内可见外，其他场合是极罕见的。宋代皇家团饼茶本身就刻有龙、凤、祥云、花草等图案，从宋代开始，不同品类、品级、图案及装饰的茶叶也成为阶级和地位等的象征。因此，从这个角度看，"绣茶"也可以视为宋代茶饼制作发展过程中，茶饼表面图案艺术性追求这一制茶工艺在审美上的进一步升华。

除了技艺要求极高的分茶之外，还出现了"漏影春"这一玩茶方法。这种方式大致出现在五代或唐末，到宋代成为一种时尚的品饮茶方式。其方式是用绣纸剪出镂空的艺术形状，将镂纸贴在茶盏上，渗茶后把镂纸去掉，形成花式图案。制作精巧者还会在上面用荔枝肉做成叶子，用松子、银杏果之类的为蕊，形成更立体、更具有美学视觉享受的图案。在品饮茶时，沸汤点搅，可以先欣赏图案再品饮。

在宋代，除点茶这种主流的品饮茶方式之外，还有煎茶与泡茶。煎茶法是唐代品饮茶方式的遗存。而用沸水冲泡茶叶的泡茶则是在南宋后期开始出现的，代表宋代饮茶方式开始出现简化的趋势。至宋末元初开始在民间相对常见，这也为后来明代饮茶方式的变革奠定了社会文化生活基础。此外，北宋陈师道还记载了当时苏、吴一带的烹茶法，就是将茶叶放入茶瓶里煎煮，注意火候，等茶汤沸腾到出现如蟹眼状的气泡，茶汤呈现淡黄色，茶汤香气也开始馥郁醇香的时候就可以喝了。这种方法也被称为壶泡法。而当时流行在杭州一带的烹茶法与吴地有所不同，是在烹茶的时候将茶叶放置在茶瓯里，然后用沸水直接浸泡，这种方法也被称为撮泡法。

可以看出，各个朝代主流的品饮茶方式不是一蹴而就的，而是在已有品饮茶方式的基础上，借助关键因素的促发，最终成为当时社会主流的品饮茶方式；也存在多元化的品饮茶方式，只不过并不是社会品饮茶方式中最突出的特征与表现形式。此外，在宋代，饼茶与散茶都大量存在，这也是形成多元化品饮茶方式最重要的基础。

宋代饮品统称为"凉水"，"凉水"可由多种原料制成，茶水只是"凉水"中的一种，在宋代茶肆中有很多种"凉水"可卖。由此，宋代茶饮也主要分为两类，一类是茶叶点泡而成，另一类则是混合茶饮。混合茶饮就是将茶叶与其他杂物混合在一起，擂碎后，或冲泡或煎煮而成，有点类似土家族的擂茶，可被视为隋唐前后的"汤浇覆法"的饮茶遗风。

在中国制茶史上，宋代精工细作的"龙凤团茶"把制茶工艺进一步推向新的高度，同时也把制作精品茶叶作为一种技艺追求，最终使茶叶本身成为一项重要的审美内容。宋代饼茶造型为后世制茶提供了重要范本，也将审美拓宽到了对茶饼造型的欣赏上。在现代紧压茶制作中，茶型也是非常丰富并不断创新具有特色的。在茶文化史上，宋代饮茶技艺形成了自身鲜明的文化特色，也进一步丰富了茶文化的内涵和具体表现，成为架构唐代和明代以及近现代品饮茶方式之间的重要过渡阶段。由于在宫廷、寺庙、文人雅聚中品饮茶成为风尚，茶宴也逐步盛行。与此同时，随着市民文化中品饮茶这一日常生活方式的日益普及与流行，也促使茶馆、茶楼、茶亭、茶坊、茶肆、茶居甚至流动茶摊等，在宋代社会开始兴盛。

总之，宋代品饮茶的方式技艺更加细致、更加注重感官审美倾向，也追求闲适逸情、趣味与娱乐性，并在市井风俗与高雅文人中，使品饮茶习俗全面深入到各个社会阶层的生活中，让点茶、分茶等成为被全社会高度认可的、可与书法等技艺相提并论的一门专门技能。同时，也使品饮茶更成为追求内省，探求人生价值观，以及进行精神追求等的重要物质媒介。

🍵 考核指南

基本知识部分考核检验

1. 请简述宋代茶文化主要特点。
2. 请简述宋代贡茶发展情况。
3. 请简述宋代茶叶制作和饮用特点。
4. 请简述宋代饮茶中出现的点茶与玩茶方式的主要特点。
5. 请简述宋代斗茶及分茶或茶百戏的主要特点及方式。
6. 请简述宋代点茶的主要过程与用具。
7. 请简述宋代茶百戏的消亡原因。
8. 请简述宋代制茶的主要工艺及特点。
9. 请简述宋代点茶的特点与对后世的影响。

习题

1. （　　　）撰写了《大观茶论》。
2. 茶筅独创于（　　　）朝。
3. 宋代（　　　）茶代表了精细制茶工艺。
4. 点茶准备阶段需做的工序有（　　　）。
5. 点茶进行阶段需做的工序有（　　　）。
6. 分茶又称为（　　　）。
7. 除点茶、斗茶以及分茶外，宋代另外两种主要玩茶方式为（　　　）。
8. 宋代斗茶的基本方式是通过（　　　）来品鉴的。
9. 宋代主要制茶工序有（　　　）。
10. 宋代主要点茶程序是（　　　）。
11. 宋代高明的点茶能手被称为（　　　）。
12. 《茶录》的作者是（　　　）。
13. 宋代分茶也被称为（　　　）。
14. 宋时，斗茶茶沫尚（　　　）色。
15. 宋代茶盏以福建（　　　）窑之茶盏最为著名。

第三节 明清泡茶饮茶方式

视频：明清泡
茶饮茶方式

◎ **学习目标**

1. 了解明清茶文化发展背景、特点等相关知识。
2. 了解明代代制茶工艺及泡茶用具、技艺等相关知识。
3. 了解明代品茶美学主要特点。
4. 了解明代茶叶变革缘由及代表人物。
5. 了解明清茶叶主要类别及特点。

在唐代社会流行的茶饮用茶品主要是饼茶，宋代贡茶也主要采用团饼茶的制作方式，但散茶在宋代民间茶饮中已经得到了普及。元代社会，追求雅致点茶遗风的贵族士大夫基本使用饼茶，但在民间使用的散茶数量相对宋代增多了。明初贡茶中仍有福建的团饼，宋代点茶遗风也依然普遍存在于贵族文人雅士的茶饮方式中。

明太祖洪武二十四年（1391 年）是中国茶文化史和制茶史上的重大转折点，那年 9 月朱元璋下令废止龙团饼茶，要求以散茶方式制作茶叶，茶叶加工工艺不再像宋代那样破坏叶片本身结构，而主要是经过晾晒、搓揉、锅中焙火等环节进行制作，然后贮存在瓷罐或锡罐中备用。正是因为在全国范围内的自上而下彻底改变品饮茶叶形状，明朝饮茶方式产生重大变革，开启了崭新的主流品饮茶方式，对茶器偏好演变与制作工艺发展、后世品饮方式沿袭、泡茶技艺探究、品饮茶精神特征追求、茶叶制作工艺、茶叶品质辨别、风味与其形成剖析等，都有着极其深刻的影响。

叶茶散茶在明代社会的广泛使用也促发形成了相对唐宋来说简便的泡茶技法，简单说就是将一定量的茶叶投放到盖碗或壶里，用沸水冲泡，旋即就可以饮用，也因此进一步让饮茶成为日常生活中一个重要组成部分，明代时就有"人不可一日无茶"之说。

清代基本沿袭了明代的撮泡法品饮茶方式，直至延续到现在。清代，在我国南方广东、福建等地还存有唐宋品饮茶遗风，盛行的功夫茶饮茶方式也带动了专门的饮茶器具发展，比如煎水用的小口瓷腹白泥铫，细白泥制成、截筒状、高约 40 厘米的茶炉等。在煮水过程中也使用木炭，因而也使用炭夹、羽扇等。在投茶冲泡前常在棉纸上炙烤茶叶，然后再进行投茶。

明代饮茶方式的改变，也促使茶器从宋元主流的黑釉建盏茶器转向白瓷和青花瓷、紫砂壶等，其根本原因是它们能更好衬托茶汤颜色。明清基于白瓷制作基础，陶瓷制作技艺创新也获得前所未有的良好发展契机。功夫茶更喜欢用明代之后出现并盛行的紫砂陶壶做主要冲泡器具，以及小如核桃、薄如蛋壳的白瓷或青花瓷茶瓯（茶杯）。在明清以青花为代表的茶器获得发展的同时，也出现了众多的紫砂壶制作名家和陶瓷制作名家，诸如龚春、时大彬、陈鸣远等，最终也形成了一定的流派，并使陶瓷制作和鉴赏逐渐形成了一门独立的艺术。中国茶器也对世界其他国家和地区有着重要吸引力和影响力。

继宋代之后，明清茶寮、茶馆等也获得进一步发展，特别是在清代时期，茶馆如雨后春笋般蓬勃发展。根据史料统计，清末上海已经有 66 家茶馆，北京有名的茶馆也有 30 多个。茶馆的主要空间功能有饮茶场所、点心饮食兼饮茶场所、饮茶兼听书娱乐与信息交流场所、饮茶兼社交与休息场所、饮茶兼有赌博性质的场所。在饮茶之外，也兼有充当"纠纷裁判"场所功能性质，甚至作为辅助家庭生活空间与资源材料补充的场所功能，等等。由此可见，明清时期的饮茶风尚日益成为平民日常生活方式基本组成部分之一。

明清时期，更加注重饮茶艺术性追求是中国茶文化一个显著的特质，茶人更加有意识地追求泡茶时自然环境美和品饮氛围营造等，并更追求品茶体验与感受，将品饮茶环境追求推向极致。然而，同唐宋一样，明清在品饮茶方面虽然倡导追求其内在技法机理和操作程序的规范性、科学性，提炼形成了对具体操作环节要点的规范与要求，但是始终在社会生活中没有形成一套完整、严密、严格、系统的饮茶仪式或规范遵循要求。在品饮茶环境方面，清静的山林、质朴的篱笆村郭、清溪、松涛等自然环境，也常常是明代品饮茶选择场所所在。在深刻的品饮茶体悟中，时人总结出"一人得神、二人得趣、三人得味"等品饮茶的至高精神，现在读起来依然令茶人们心生向往，并产生无限的憧憬与想象。产生这种特质的原因主要在于以下几方面。

第一，在经历唐宋社会发展高峰后，最终积淀出一个文化集大成的明代。

第二，明代品饮茶所借助的物质基础发展得更加坚实。明代茶叶产地进一步扩大，在茶园中也注重茶树栽培繁殖新技术。史料显示，制茶工艺不断创新提高，采用了先进的育苗移栽技术，到清代康熙年间已有了茶树插枝繁殖技术，对一些名贵的茶树品种还开始采用了压条繁殖方法。在茶园管理方面，更注重耕作施肥，也更讲究精细，注重掌握茶树生物学特性和采摘技术提升等。相对于唐宋，茶叶品质也越发精良，名茶众多，仅明代黄一正的《事物绀珠》一书中就记录了 97 种茶名，出现了诸如松萝茶、龙井茶、虎丘茶、阳羡茶、天池茶、天目茶、六安茶、雁荡茶、武夷茶、日铸茶等众多在当时很有影响的茶叶。这些名茶受到广大品茶人的普遍欢迎。同时，好茶也不再仅仅局限于皇家贵族和士大夫文人雅士手中，从而更具有广泛的民众支持基础。

第三，明代时期中国古代的文学艺术也出现平民化与世俗化趋势，从而进一步带动明代整个社会饮茶新风尚的形成，文学艺术空前繁荣。

第四，明代茶文化始终没有在社会品饮茶习俗中形成系统、严格遵守的品饮茶规范要求，主要也与明代社会思想统治状况有关。明代在强化君权的同时，还实行了高度的文化专制来严密控制士大夫文人的思想，并且严厉地压制异端和持不同政见者。"隐逸"是中国文化一个重要表现，可追溯道家思想对社会生活的影响，发端于先秦，几乎贯穿了中国古代整个社会发展过程。元末明初和明末清初的社会动荡时期，都引发了隐逸文化高峰的出现。针对明朝的社会思想统治政策，隐逸思想也非常盛行。在明初呈现出不合作姿态、以道自高的隐逸特点，到洪武之后则是以"太平逸民"式的抱道以隐，后来发展为追求精神圆融的"市隐"思想，以及治生之道等，既有遗民悲怆的亡国之痛，也融入了生命的反抗精神。在明代中后期，高尚其事的隐居生活也逐渐从求其意志所在的精神追求向世俗化和日常化转化，从而表现出一种圆融自得、平和的心态，追求心静如水、精神清虚、不拘形迹、快然自足等特点，以追求日常化情味的自适和快乐为核心，但是骨子里依然遵循儒家伦理。在明代晚期，士人呈现出更向往精神的解脱和狂放式自由的特点。明代社会形成的这种广泛愿意寻找一种优雅的隐逸方式来寄托个人情意的"通隐"文化心理，极大地影响了中国明清茶文化的特质表现，并对后世茶文化精神气质体现方面产生了深远影响。

明代在泡茶中体现出了当时社会所追求的平淡、端庄、质朴、自然、温厚和娴雅等特点，这也是当时社会的精神追求在撮泡茶中的具体体现。同时，明代茶人将对这种精神特质的偏好体现在对茶器形制和材质的追求中。

除此之外，明代是继汉、唐、宋后中国古代又一个黄金发展时期，文化灿烂繁荣，经济也不断发展，极大推动形成了中国茶文化的其他特质。在唐宋之后，明代也不断与日本、朝鲜半岛之间进行文化交流。据统计，日本派出过遣明使，朝鲜在李朝时代初年也向明代派遣使者大约有 300 多次。此外，明朝也开始与西方等国家进行文化交流，对外贸易不断提升。1405 年至 1433 年，郑和曾奉使先后七次下西洋，在唐代以来形成的丝绸之路、东亚海上之路等的茶叶、茶器等贸易和茶文化交流基础上，进一步更深入地开拓了海上茶路，通过这条途径使中国茶文化的影响力开始遍及欧美。

一、元代及明初品饮茶方式

在中国古代茶文化发展史上，元代茶文化基本起着承上启下的作用，本身并没有形成鲜明的特质。元代饮茶方式普遍认为呈现典型的过渡时期特征，即由宋代追求极致雅致的点茶方式向明代叶茶撮泡法过渡。

这主要是由元代社会两个重要背景决定的。

第一，元代贵族等上流社会依然向往唐宋品饮茶的雅致方法，因此也让唐宋品饮茶方式或遗风在元代得以很好保存与延续。元朝皇帝饮茶的明确记载是始于武宗海山，元代还设有专门的官廷掌管内廷茶叶的供需消费。在元代，饼茶主要是给皇家贵族享用的，民间则以散茶为主。

关于元代品饮茶方式的史料大都基于辽代墓室壁画。

在内蒙古赤峰市元宝山区沙子山 2 号墓壁画中，我们可以看到一幅《茶道图》（见图 1-32）。这幅壁画不仅生动地再现了元代饮茶习俗的场面，同时也反映出在元代社会品饮茶具有一定的演艺观赏娱乐性质，可视为唐代常鲁烹茶艺术化流程与展示方法的遗风。壁画描绘了 4 个人物。桌前一跪着女子在拨炭，并用执壶来烧水。桌后三个人合作一同完成茶汤制作，左侧一女子手托一个茶盏，中间男子双手执壶向茶盏内注水，右侧一女子一手端碗、一手用荚在搅拌。

图 1-32 《茶道图》

1993 年，在河北省张家口市宣化区下八里村 7 号辽墓壁画中，出土了 4 个孩子躲在柜子后面嬉乐偷看点茶的《童嬉图》，该壁画真切地反映了辽代晚期点茶用具和方法（见图 1-33）。

图 1-33 《童嬉图》

在河北宣化下八里村韩师训墓出土了一幅《妇人饮茶听曲图》，图中一个老妇人在端杯饮茶听琴师弹琴，桌上摆有茶点。从中可以看出，在元代社会娱乐时喝茶品饮是一项休闲内容（见图 1-34）。

图 1-34 《妇人饮茶听曲图》

在河北宣化下八里村张恭诱墓中出土了两幅壁画，一幅为《煮汤图》，一幅为《备茶图》（见图 1-35、图 1-36）。

图 1-35 《煮汤图》（局部）

图 1-36 《备茶图》

第二，在元代，中原传统文化的地位开始衰退，蒙古人的生活习性与中原日常生活方式出现碰撞和融合。因文化等原因，少数民族对中原地区的品饮茶方式不能完全接受。13世纪初蒙古人主要的饮品是马奶酒，还饮用各种家畜的奶。伴随着蒙古人向金朝统治下的农业区扩展，饮茶风气很盛的金朝人对蒙古人产生了一定影响。元朝建立后，蒙古人逐渐对品饮茶产生了兴趣，因为茶作为一种止渴、消食的饮品比较适合以肉食为主的蒙古人日常生活需要。

中下层蒙古人大都喜欢在品饮茶时不将茶叶研磨成茶粉，而是直接用沸水冲泡或煎煮，散茶得以进一步普遍化使用，散茶的消费生产也越来越占有重要的地位。元代名茶不断发展，北苑茶、武夷茶、阳线茶、日铸茶、范殿帅茶等都是非常有名的茶。基于宋代做香茶的习俗，元代进一步推动了花茶的加工制作，花茶制作方法不断完备并普及化。元代的花茶加工呈现品种较为多样的特点，菊花、茉莉、木樨、素馨、芍药、莲花等都开始入茶，且其中的清玩意义远大于品味意义，促发了文人隐士清玩的新形式不断涌现，进而增加了品饮茶中对风雅和趣味的追求。

在河北宣化下八里村张世古墓里出土的两幅壁画，一幅《瀹茶敬茶图》和一幅《将进茶图》，将煮茶奉茶场景描绘得非常细腻（见图 1-37、图 1-38）。

图 1-37 《瀹茶敬茶图》（局部）

图 1-38 《将进茶图》（局部）

另外，蒙古人入主中原后，除了吸收汉族的饮茶方式特点之外，也结合本民族文化特点，形成了在茶中配加特殊佐料从而具有蒙古特色的饮茶方式，其中最主要的特点就是加酥油。元代民间形成了一种酥签茶，做法是将酥油在容器中溶化，倒入茶末搅匀，加沸水，搅成稀膏状，并打散分布在茶盆里，再注入沸水，最后分到茶碗里喝，其中茶和酥油的比例要看品饮茶人数而定。茶中加酥油的喝茶方式也是藏族最具典型性的特点，两个民族共同的喝茶方式特点也许是因为藏族地区和蒙古族地区接壤，两个民族之间存在着文化交流与民族贸易等互动。

值得注意的是，元代已经在唐宋基础上进一步完善并形成了一套完整的管理茶叶的办法。比如元代开始有被称为"茶户"的专门经营茶的商户，国家也设有榷茶都转运司作为专门管理茶的机构，商贩销运茶时需要出示"茶引"作为购买凭证，零售茶也要有"茶由"照帖。

元代开始较为普遍用直接焙干的茶叶进行煎煮饮用，虽然也常外加其他杂物，但也为明代饮茶方式变革奠定了坚实的社会文化基础，在这个意义上，我们也可以视元代是明代撮泡法的发端。元代品饮茶历史虽然不长，但是也有自身的品饮茶特点和茶叶制作技术特色，为明清时期茶文化兴旺发展打下了重要基础。

如前所说，1391 年是中国茶文化史上一个重大转折点。由于茶农与茶工深受剥削，且不时引发小规模暴乱，朱元璋认为贡饼茶制作方式劳民伤财，下令废止饼茶，改为进献芽茶，也就是散茶。朱元璋由此被视为对宋代点茶品饮方式进行变革的发起人。

在朱元璋之后，惠帝朱允炆继位，后来成为永乐帝的朱棣胁迫宁王朱权起兵，发动"靖难之役"推翻了朱允炆，又将朱权软禁在江西南昌。朱权精于史学，也旁通释老，才华横溢。朱权在南昌期间整日喝茶、鼓琴、读书，不问世事。朱权对用叶茶进行品饮茶的方式开展了深入系统的探索，改革了传统的品饮茶方法和茶具，开创了瀹饮清饮法的风气之先，同时著述了《茶谱》，为后世产生一套简便新颖的烹饮方式奠定了基础。

二、明代品饮茶方式

明代主要的冲泡茶方式就是直接拿去芽叶的散茶，投放到冲泡容器里，瀹水即饮，即瀹饮法。瀹的意思为煮、浸渍的意思，可以理解为明代的喝茶方式就是用沸水冲泡茶，即我们今天习以为常的泡茶方法。明清时期沏泡散茶盛行，成为饮茶的主流形态，饮茶自明朝开始进入到广泛的散茶法时期，并延续至今。

（一）朱权泡茶程序与《茶谱》

朱权探索的泡茶程序具有一定的过渡变革范式意义，为最终明清时期简洁专业泡茶方法的形成奠定了坚实的基础，其主要思想和观点记录在所撰写的《茶谱》中。《茶谱》全书约为 2000 字，内容分为品茶、收茶、点茶、熏香茶法、茶炉、茶灶、茶磨、茶碾、茶罗、茶架、茶匙、茶瓯、茶瓶、茶筅、煎汤法和品水。虽然在唐代民间就有用散茶冲泡的形式，被陆羽称为"痷茶"，但是在中国茶文化史上，朱权是以文字记载"泡茶"的第一人。

在《茶谱》一书中，他倡导采用保持本味、本色的茶叶，不要杂以其他香气，或在饼茶表面装饰金彩等。这为后来明清茶器继承创新发展奠定了坚实的理论基础，对真香本味的追求也促使后来利于保持茶味与茶香的紫砂陶茶壶兴起。朱权主张在品饮茶时最好用瓷石茶壶，尺寸要小，最好高五寸，腹高三寸，壶颈长二寸，嘴长为七寸；茶杯最好用江西白瓷的茶杯，注入茶汤比较宜茶色。到明代永乐年间，瓷壶的制作就比较兴盛了。

在泡茶程序中，朱权还构想了一些行茶的仪式，将精神层面的追求加进泡茶品茶之中，比如设案焚香，寄寓通灵天地之意。他还创造了一件新茶具"茶灶"，炉身以藤包扎，后盛行用竹包扎。该设计是受炼丹鼎的启发，明代人称其为"苦节君"，寓意逆境守节之意。同时，朱权在烹饮茶的时候，也特别强调求真、求美、求自然的品饮要求，这也与他同时具备儒释道思想于一身有关，对明清及后世品饮茶的精神气质特色形成与定格有巨大影响。

（二）明清泡茶过程

明清泡茶法主要包括备器、选水、取火、候汤和品饮五大环节。如果说陆羽撰写的《茶经》中的煎茶过程在唐代品饮茶方面极具时代指引意义的话，那么明代许次纾撰写的《茶疏》无疑是当时最被认可的泡茶规范。该书对以下方面进行了深入阐述：泽水、贮水、舀水、煮水器、火候、烹点、候汤、瓯注、荡涤、饮啜、论客、茶所、洗茶、饮时、宜辍、不宜用、不宜近、良友、出游、权宜、宜节等。

《茶疏·烹点》中记载了明代晚期的泡茶方式，主要过程为：注水—投茶—倒盂—返壶—倒出品饮。即把茶叶拿在手中，先把开水倒入茶壶中，旋即将茶叶投入壶中，再把盖子盖上，等待差不多呼吸三次的间隔时间，把茶汤全部倒入到一个瓷盂里，再把茶汤倒入茶壶里，然后就可以倒出茶汤招呼客人了。这样冲泡好的茶汤香气与韵味俱佳，茶汤中的茶叶也会尽可能沉淀而不至于倒入到茶碗里。这种泡茶方法对现在泡茶程序也有深刻影响。我们现在泡茶通常也是先用热水温茶壶，投茶，然后摇壶激荡以便激发茶香，在一个茶盂和茶壶中将茶汤倒来倒去，让茶叶充分浸泡，同时也可以让茶叶下沉到茶壶底部，冲泡的茶汤也相对滋味醇厚，香气浓郁，更加滑润。

许次纾倡导茶具务必要精心呵护，保持清洁，仔细陈放，否则会影响下次茶汤冲泡的滋味与香气。这种及时清洁和用好茶具保养的观念至今依然有着重要的规范意义。同时，许次纾认为喝茶的时候每次入口要量小，方可更好品味，正如我们今日在品茶时经常提及的"茶品三口，方得其味"。

明朝后期比较著名的茶书还有张源撰著的《茶录》，其与《茶疏》一起被后世视为奠定明清泡茶方法的重要论著。张源的《茶录》对以下内容进行了系统阐述：藏茶、火候、汤辨、泡法、投茶、饮茶、品泉、贮水、茶具、茶道等。另外，其他比较著名的茶书还有程用宾撰写的《茶录》、罗廪撰写的《茶解》、冯可宾撰写的《岕茶笺》、冒襄撰写的《岕茶汇抄》、徐珂采录的《清稗类钞》，这些重要茶书也进一步补充、发展和完善了明清泡茶法。

晚明时期形成的"文士茶"也颇有特色，尤其以"吴中四杰"文徵明、唐寅、祝允明和徐祯卿为代表，开创了明代"文士茶"新局面。他们都是在琴棋书画上具有高超艺术能力，并在仕途上怀才不遇的大文人，同时又都嗜好品饮茶。他们在品饮茶时更加强调自然环境的选择和审美氛围的营造，并在绘画中进行充分反映。抚琴声、烹茶声、泉声、风声等融为一体，在青山或茅屋中，茶人置身于自然之中，成为契合自然、回归自然的重要媒介与美的呈现载体。

在清代，茶叶种植和交易更加自由，茶也越来越深入到百姓日常生活中，品饮茶进一步平民化且更为普及，成为日常生活中的主要饮品。由此，清代品饮茶方式不断演化成便于民间日常品饮使用。清代饮茶法相对于明代进一步简化，主要过程为：投茶—注水—品饮—再注水—再品饮—重复到味淡。可以说，清代泡茶方法基本上与现代方式一样了。茶文化伴随"康乾盛世"一度非常兴盛，但是到了晚清、近代、民国，受国家经济、政治等发展环境制约与影响，茶文化发展一度衰落。目前随着中国经济、社会和文化全面繁荣，茶文化发展又重现繁荣，活跃于社会各个层面。

三、明清茶文化特点与品饮茶社会风尚

明代及之后的饮茶主要呈现出特别注重意境与氛围的特点。

这可追溯至朱权所倡导的观念。朱权指出，品饮茶的最高境界是这样的情形：在泉石之间，或在松竹之下，或是对着明月并被清风轻抚，或者是坐在明亮的窗户下，与客人轻谈慢语探讨人生哲理、参悟天地自然与万物的奥妙，这个时候品饮茶的人心里清净而无杂念，呈现出自然而有精神的神态。朱权向往的品饮茶至高境界无疑是儒释道一体在人精神气质上的体现，也对明代及之后的品饮茶社会风尚和明清时期中国茶文化发展特点有着极其深远的影响。

明代初期社会不够安定，很多饱学的文人雅士寄情于山水或琴棋书画，而茶正可融入其中。

此外，明朝各代皇帝都或多或少有个共同特点，那就是信奉道教。因此，在目前很多流传下来的明清茶画中，高人隐士烹茶品著的生活情趣便成为一个重要主题，这种品饮茶中的精神气质也得以让后人看到。

明代在品饮茶中出现独具特色与韵味的"风雅"。不同于唐宋，明代格外注重将自然中美的要素融入其中，比较偏爱山、石、松、竹、烟、泉、云、风、鹤等。明代也更注重

当时品饮茶的环境，认为在清静的山林、简朴的柴房茅屋、清泉、松涛等无喧闹嘈杂之声的环境里最好。同时，在品饮茶环境中有更具体、明确化的要求与规范，并更精益求精，对中国茶文化饮茶艺术发展有着巨大的贡献，在一定程度上也对日本茶道中"一期一会"观念的形成有重要影响。

明代在品饮茶环境方面不断追求，还出现了专供品饮茶使用的茶寮，使茶事有了固定的场所和空间。茶寮的发明和设计是对中国茶文化发展的一个重要贡献，也为清代茶馆、茶肆等进一步普及化发展奠定了重要基础。

明代对环境追求主要体现在以下几个方面：饮茶场所的营造、茶寮的构建、茶侣的选择与构成、伺茶童子表现与技术要求、饮茶宜忌等。尤其提出了"宜辍""不宜用""不宜近"等规范，以及"十三宜"和"七不宜"等要求。陆树声还在他著作的《茶寮记》中特别推荐了十二种饮茶的理想环境，诸如凉台、静室、明窗、曲江、僧寮、道院、松风、竹月、晏坐（即安坐或闲坐）、行吟、清谈、把卷。冯可宾提出的"十三宜"也给现代人提供了重要的品饮环境选择借鉴：品茶时要处于"无事"状态才能悠然自得，要有好的可以畅谈的茶友分享，要在优雅让人心平气和的空间里或者能闲庭信步的地方品茶，亦或是在精美雅致的建筑里品饮茶，品饮茶期间也适合同时泼墨、吟诗，在睡觉醒来、酒足饭饱或早起后喝茶最舒适，在喝茶的时候也可佐以茶点增加情致，在品饮茶的时候要专注用心，要在品饮茶的时候有一定的鉴赏力，在旁边的伺茶童子技术要好且在烹饮中能做到得心应手。

在晚明时期，文人们对品饮之境的追求又不断有新的突破，讲究"至精至美"之境，其极致之境就是"道"。张源在《茶录》中提出这样的观点：茶中有内蕴之神，体现在茶叶外面则是色、香、味的表现。在烹饮茶的时候，要做到纯任自然，质朴求真，玄微适度，中正冲和，那么就可以在品饮茶中寻得"道"的真谛。因此，在品味茶汤的时候，我们要仔细品尝茶汤之美，能品出茶的真味，眼睛也要仔细观察茶汤汤色，体味细品茶汤滋味，用鼻子认真辨别闻茶香，耳朵也要时刻注意辨别煮水之声，经常用手摩挲茶器，不断达到完美的精神境界。清初戏曲作家和声律家张大复曾说，要通过饮茶达到一种精神上的愉悦，一种清心悦神、超凡脱俗的心境，最终达到超然物外、情致高洁的化境，一种"天人合一"的境界。这也说明在明清时期中国茶文化呈现出更加深刻、自觉的"茶道"的精神追求。

清代文人品饮茶喜欢静品默赏，同时在这种静观慢饮中达到一种忘我的精神"纯美"之境。在《清稗类钞》中记载了不同阶层的品茶活动，相对于文人雅士，平民百姓在茶肆中更喜欢坐着饮用，或者躺在长椅上喝茶，或者边喝茶边与好友聊天畅谈，或有的自备茶叶在茶馆里买水饮茶，也有八旗子弟提着鸟笼饮茶休憩，或者边饮茶边杂谈，等等。由此可见，茶馆、茶肆等在清代数量非常多，喝茶品茗已经与日常生活密切融合在一起。

在明清很多茶画中，饮茶方式，品饮中的风雅、隐逸清静之态等经常可见。比如，明代文徵明的《惠山茶会图》，描绘了清明时节文徵明与好友王守、蔡羽等结伴游览无锡惠山，在亭下品茶、吟诗的美好意境（见图1-39）。明代陈洪绶所画的《闲话宫事图》，用简约清丽的笔墨，勾勒出石、瓶尊、白梅营造出来的雅致静谧的品饮茶环境（见图1-40）。清代金廷标所绘的《品泉图》也不由让人心生向往，在晨雾、溪流与秋日山林映衬下，品茶人一身飘飘欲仙的秀骨清风姿态被描绘得精妙绝伦（见图1-41）。从这些茶画中我们也可以看出，明清文人雅士们继承了唐宋茶人们在饮茶中的精神追求特质，并不断将其推向新的精神高度与境界中。

图 1-39　《惠山茶会图》（局部）

图 1-40　《闲话宫事图》局部

图 1-41　《品泉图》

四、明清茶器的新变革及多元化发展

伴随着明清品饮茶方法改为瀹饮法，用雪白的茶盏衬托青翠的茶叶激发品饮茶的天趣在当时也是一种风尚。从宜茶色、利于茶汤品质等角度出发，景德镇白瓷和江苏宜兴紫砂壶得到发展，形成"景瓷宜陶"这一明清时期陶瓷史上发展的盛况。

明代在我国制瓷史上占有重要地位。基于宋元技术基础，尤其是明初在江西景德镇珠山设立了专门为皇家烧造瓷器的"御窑厂"后，瓷器迅速发展，质量不断精益求精，式样也不断翻新。景德镇成为全国瓷业中心。在明代，中国茶器开始走向海外，非常受西方喜爱。

从史料来看，白瓷在北朝时期开始出现，在隋代烧制成功并逐渐形成成熟的烧制技术。唐代白釉瓷器虽然没有成为当时煎茶用器的主流，但是也获得了很大发展。邢窑白瓷在唐代达到繁荣期，釉色素雅、优美，有"似雪类银"的美誉。在五代和宋代出现了定窑白瓷，在元代出现了枢府釉（卵白釉）瓷。随着明清对白瓷制作茶器的不断追求，明代永乐年间出现了甜白釉瓷器，清代出现了德化窑象牙白白釉瓷器。在白瓷制作基础上，又先后出现了彩绘瓷、青花瓷、两彩瓷器、三彩瓷器、斗彩瓷器、五彩瓷器、素彩瓷器、色釉瓷器、粉彩瓷器、珐琅彩瓷器等。

明清时期的紫砂壶制作工艺也不断提高，名家辈出，诸如邵大亨、杨彭年与杨风年兄妹等。同时，还形成了以陈鸣远为代表的创新技艺流派，将制壶技艺与雕刻融为一体，比如梅干壶、包袱壶、番瓜壶等，使紫砂壶气韵生动、独具匠心，除了实用功能外，还具有丰富的文化艺术性。另外，陈曼生参与开创的"十八壶式"也非常新颖别致，将书画和文字镌刻在紫砂壶上，相映成趣的艺术风格为紫砂壶制作开创了新风，进一步增添了其文化意蕴。在乾隆年间，还出现了粉彩紫砂壶。时至今日，紫砂壶依然是现代人泡茶品饮中非常受欢迎的器具。

在清代康熙年间，盖碗这种茶器最盛行，成为清代宫廷中惯以使用的茶器。盖碗由盖、碗、托三部分组成，因为便于端接和品饮，也迅速被民间所接受。

除此之外，从明清开始，中国茶具制作所采用的材质也越发丰富，比如福州的脱胎漆茶具、四川的竹编茶具、海南的贝壳和椰子茶具等纷纷开始出现，且自成风格，最终使明清茶器异彩纷呈，造就了中国茶器史上一个辉煌时代。

 考核指南

基本知识部分考核检验

1. 请简述元代茶文化主要特点。

2. 请简述明清茶文化特点。

3. 请简述明清中国茶叶生产制作特点。

4. 请简述对于明清茶文化变革有举足轻重地位的历史人物相关情况及时代背景。

5. 请简述明清泡茶饮茶方式。

6. 请简述明清中国茶具发展情况。

7. 请简述明代茶文化审美主要特点。

习题

1. 与前代茶人相比，明代后期的（　　　）茶叶颇具特色。

2. 吴中四杰指的是（　　　）。

3. （　　　）撰写了《茶录》。

4. 明朝之后，主要兴起的是（　　　）瓷。

5. 明代，（　　　）的紫砂壶开始兴起。

6. （　　　）撰写了《茶疏》。

第二章 儒释道对中国茶文化的推动

视频:儒释道
对中国茶文化
的推动

◎ **学习目标**

1. 了解儒家茶文化发展背景、特点等相关知识。
2. 了解佛家茶文化发展背景、特点等相关知识。
3. 了解道家茶文化发展背景、特点等相关知识。
4. 了解"禅茶一味"或"茶禅一味"的内涵等相关知识。
5. 了解中国文化与茶文化之间相辅相成的关系与相关知识。

"文化"一词有狭义和广义解读。狭义的文化被界定为是凝结在物质中又游离于物质之外的人类长期创造形成的产物,主要包括风土人情、习俗伦理、思维方式、价值观念、审美情趣、精神图腾、生活方式、行为规范、艺术文化和科学技术等。广义的文化被界定为三个层次,物质文化、制度文化和心理文化,物质文化是显性文化,制度文化和心理文化是隐性文化。在人的日常生活中,内心的精神和修为就是文化的重要体现。

在对"文化"与"人"的关系探讨中,人们基本认同这样的观点:文化是人类的属性,文化也是人类群体认同的核心,也就是所谓的行而化文、文而化之、文而成人、文以载道。在人的一生中,文化所依附的精神内核通过"文而化之"赋予人一种精神气质,并让其逐渐成长。文化与人的关系也可以简单地用水和鱼的关系进行比拟,人就像鱼一样游弋在文化之水中。

同样,伴随着品饮茶行为的不断产生与发展,茶文化也不断丰富其内容。在人类长期的饮茶实践中,涉及的文化艺术领域非常宽泛,最终形成了包括品饮茶方式、茶书、茶德、茶俗、茶宴、茶会、茶馆、茶诗、茶歌、茶舞、茶食、茶药、茶乐等在内的多姿多彩的茶文化。一个国家或地区茶文化的发展必定受到该国家或地区传统文化的深刻影响,同时也必定会与外来文化产生互动与融合。中国传统文化的一个重要表现就是儒释道一体化,因此中国茶文化也必然存在儒释道一体的特点,并最终体现在茶人道德品格、艺术鉴赏、人生境界、信仰信念等诸多方面上。

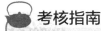

考核指南

基本知识部分考核检验

1.请分析探讨中国儒释道思想在生活中的具体体现。

第一节　儒家对中国茶文化的推动

儒家在发展中不断淳风化俗，以一种平和、儒雅、谦恭的积极入世态度成为中国文化重要思想核心。在中国茶文化发展中，儒家思想也始终在品饮茶发展过程中处于主导地位，贯穿于日常生活中。从史料记载上看，中国古代各个时期的著名茶人本身也大多是有儒家或仕途背景，并尊奉儒家思想。

茶文化与儒家思想之间能互通并融合，是以茶性为基础的。从儒家角度看，茶属于中正平和之物，烹煮产生的恬淡芬芳可令人陶醉其中。同时，出于山林间的茶叶其茶性也具有清、寒、洁、净等特点，借助品饮茶品尝微苦甘甜，也能基于茶叶、煎煮茶汤过程、品饮茶心灵感受等角度，进行深入的自然和人文的思考，在形而上的哲学命题与论断不断升华后，进一步将茶叶不断进行人格化比附，使茶成为平和、冲淡、闲洁、节俭、淡泊、朴素、廉洁等的化身，最终让茶成为净化心灵的高洁象征之物。以茶雅志，品饮茶也便成为是一件非常高雅之事。在品饮茶过程中，强调以茶作为沟通自然与心灵的媒介，将自然与人文融合在一起，追求"天人合一"的理想境界，以及平和、淡定、温暖、通达的心灵境界，以茶励志、重视秩序与礼制，寄托积极的人生态度等。文人雅士常将茶叶作为陶冶情操、修养心境的重要日常佳品，并将修身、齐家、治国、平天下的哲理蕴含在日常品茗之中。

儒家对中国茶文化的影响与推动主要体现在以下三个方面。

一、儒家"中庸"思想融入茶文化，并成为重要核心内容

中国儒家讲求"中庸"之道，在沟通中不断创造和谐，体现出清醒、达观、热情、亲和与包容的特点，也就是将中国茶文化的主调确定为欢快的格调，将儒家"中庸"的表现特质温、良、恭、让等精神注入其中。

儒家的"中庸"思想在品饮茶各方面具体表现为"适度"。茶人必须要将自己的精神状态调整到"平和"之态，行为动作没有偏激，进退有节，待人以礼。在茶叶制作中讲究各个制茶环节恰到好处，在取投茶叶的时候也有量取之器，在烹煮茶过程中讲求水、火、器、茶、人、境有机统一、和谐，在煎汤候汤中也强调准确把握从而使茶汤能调至太和，等等。基本上将儒家思想映射到从采茶到品饮一系列环节中，形成"中庸""守一""和谐""完善"的品饮茶原则与规范。另外，"中庸"思想也体现在茶器设计制作中。熟读儒家经典又身具儒家情怀的陆羽吸取儒家经典《易经》的"中"的思想，在其创造的二十四器中均有体现：如煮茶的风炉就将"中"的原则和阴阳五行思想融合在一起，希望通过水、

火、茶三者相生相助，以茶协调五行，以达到一种和谐中和状态。

在茶人们不断追求"恰到好处"的过程中，也将"中庸""适度"思想通过讲究"仁礼"升华到了"和"的境界。在中国儒家文化精神中，礼与仁的关系是一个重要方面，并且认为"礼"是"仁"外在的恰当表现。"敬"是儒家茶文化中的重要范畴，比如客来敬茶，在待客奉茶的时候，讲究谦和、尊长之礼。民间茶风普及，体现在诸如"婚俗茶礼""祭神祀祖茶俗"中等。茶被人们视为崇高的道德象征，在日常生活中成为具有重要象征性的物品之一，儒家文化崇尚的"礼仪"也借助日常茶礼进一步表现出来。茶礼内涵已经超出茶本身的物质价值范畴，在一定程度上茶成为嫁娶中诸多礼节的代名词，以茶做聘礼也具有特殊儒家文化意义。用茶叶祭祀神祖在中国古代也是一种民俗，可追溯至两晋南北朝时期，在中国人的祖先崇拜中，儒教讲究"慎终追远"，这也是一种"敬"的表现。在20世纪70年代长沙马王堆出土的西汉古墓中，还可见茶作为丧者的随葬物。

在品饮茶的过程中，中庸之道和中和精神一直被儒家茶人自觉贯彻着，茶作为淳厚高贵之物，茶人茶事也需纯净平和，成为追求某种哲理境界和审美情趣的化身所在。

二、儒家思想中的"天人合一"思想融入茶文化中

在中国哲学思想中，对于"天人合一"儒释道各家均有阐述，是中国传统文化的一个基本问题。它强调的是天、地、人，以及人与社会、自然之间的关系。儒家的"天人合一"思想可追溯至殷周时期，到了春秋战国时期，各个学派也开始构建各自的天人观，其中儒家学派的天人观构成了"天人合一"的主脉。到了汉代，董仲舒在前人的基础上建立了"天人感应"的完整理论体系。到了宋代，"天人合一"思想进一步成熟。从治国理政角度看，古人认为天象与人事相对应，且相互感应。从养生角度看，中国古人认为天体是一个大宇宙，人体是一个小宇宙，人应该遵循天理、与天合一才能安康。另外，宋明之际，一些理学家认为"天人合一"思想也倡导人与自然合一。

儒家"天人合一"思想在审美中衍生为倡导以"静观"的方式，在审美中让"物"与"我"融合为一体。品茶可以让人心生宁静、娴静的智慧静穆之感，茶人们也在品饮茶中追求和谐恬淡的心境，在这个过程里使人格达到完美境界。

由此，"茶"字也被茶人解读为"人在草木间"，而与茶接触、品饮茶也是"天人合一"的境界。儒家"天人合一"思想在茶器制作设计中也有所体现。以盖碗为例，儒家天、地、人观念融入其中，把盖碗的碗盖称为"天"，把碗身称为"人"，把碗托称为"地"，当把盖碗托在手里的时候，也实现了天、地、人的合一。在茶器与茶汤相匹配的选择上，更讲究茶器的形状、颜色与茶叶品类、汤色相适宜，故古代品饮选择和审美也非常注重"宜茶色"、冲泡适合性等问题。

茶人们追求"静观"与从容宁静的"天人合一"精神，也体现在中国茶画中。明代的徐渭在《煎茶七类》中指出，品饮茶比较适合花鸟间、绿藓苍苔、红妆抱雪、船头吹火、竹里飘烟、清流白云等，这些也体现了中国文人对"天人合一"境界的追求。这些背景物等因为隐喻的共通产生了意象的相似，通过意象也构成了茶境文化趣味与审美导向，松竹、兰石、水云、月色等这些人格象征物也构成了文人品茗的精神追求表意系统。

明代唐寅的《事茗图》（见图2-1）中描绘了参天古树下，数间茅屋中，文人雅士瀹茶、读书、闲居、悠游山水间的情形，整个画面逸情惬意、宁静清丽。

图2-1 《事茗图》

明代文嘉的《山静日长图》（见图2-2）描绘了"山静日长"的意境，表现晚明文士在饮茶中参悟人生和天地宇宙的玄机，从而达到一种清心悦神和超凡脱俗的境界。

图2-2 《山静日长图》（局部）

明代仇英的《烹茶论画图轴》（见图2-3）描绘了颇具生活情趣的汲水煮茶情形，画面意境清旷。

图2-3 《烹茶论画图轴》

三、儒家思想中的"廉洁""俭素""质朴"等融入茶文化中

儒家重视人格修养，讲求"君子"德行和"出淤泥而不染"的高洁品性。茶人借助儒家对"风骨"的追求，通过"观照"和内省，不断规范和修炼身心。在品饮茶中茶人也非常注重"清"的超凡脱俗、冲淡自然的美学意境。陆羽在《茶经》中提出茶味至寒，最适合精行俭德的人饮用。茶在唐代兴起之初，就被赋予了一种人格理想，成为茶人精神追求的写照。宋徽宗在《大观茶论》中也说茶"致清导和""闲和宁静""韵高致远"，认为茶禀清，具有和、淡、洁、韵、静之性，饮茶最终也会致清导和。当代茶圣吴觉农也曾说过"茶性无邪，故君子爱之"的话。由此可见，儒家人格思想与茶文化精神追求深深融合在一起。

高度的个人修养和不断的精神修为追求，也将茶与茶人深深联系在一起。唐代末年，刘贞亮提出的《茶德》更是对后来饮茶风尚的形成有直接作用，而其主要精神也是以儒家为中心的。他对茶事有自己的独到理解，提出喝茶的好处，也就是茶之"十德"的说法，即：用茶来散闷气、用茶来驱睡气、用茶来养生气、用茶来除疠气、用茶来利礼仁、用茶来表敬意、用茶来品尝滋味、用茶来养身体、用茶来雅心、品茶来修行。儒家茶人认为品饮茶可以自省、审己，进而达到良好的身心境界，从而在品饮茶中不断注入哲学命题探索与解读升华，最终形成了具有完整思想逻辑线索的精神思想之路。儒家以自己的"茶德"作为内在核心精神指引，在品饮茶的发展中不断进行价值观与行为模式的探究，进而对茶人们思维和行为方式等起到了重要引导与升华作用。

不仅是文人士大夫层面讲究以茶提升修为，市井乡间的普通民众也深受儒家思想影响，茶的高洁、朴素、廉俭、平和的性质深入人心，最终成为全社会的普遍基本认知和共识。

一杯清茶，形成并体现了儒家"和合"的精神特质，中庸和适度形成"和"，"天人合一"形成天、地、人三者之精神信念的"合融"，在陶冶性情中，在芬芳的茶汤里，不断升华着茶人的思想品格和精神境界，使儒家的醇风化俗得以最终实现。

 考核指南

基本知识部分考核检验

请简述并举例说明儒家文化在茶文化中的具体体现。

习题

1. 民间习俗中，江南婚俗中有"三茶礼"，其中订婚时叫（　　　）。

2. （　　　）在其《集古录》中记述了"茶肆"把陆羽当作神来祀奉的故事。

3. 刘贞亮茶"十德"中的（　　　）和（　　　）可视为儒家茶礼的核心。

第二节　佛家对中国茶文化的推动

　　佛教是后传入中国的宗教，相对于儒、道两家来说佛家品饮茶的历史晚了很多，有明确记载的僧人饮茶年代是晋代。茶因其清淡、止渴、清神等功能，让佛教徒们在打坐的时候能够提神而受到青睐。寺院大都产茶，寺院里以茶礼佛的历史故事也很多。大概从唐代百丈禅师《百丈清规》制度开始，寺院对用茶开始有了新的规范，茶不仅用作佛前供茶，也有灵前供奉、祖前供奉等。随着佛教在中国的传播与发展，寺院也进一步建立起品饮茶的规范，同时大量文人雅士也逐渐与僧侣结交，最终形成"茶禅一味"的独特茶文化内容。

一、寺院茶树种植与茶叶制作

　　茶与佛教之间建立关联还要从佛教发展的历程来追溯。隋代时期，高僧禅宗四祖道信提倡大家从事劳动，开垦荒地，通过劳作来解决吃饭的问题，同时也把劳作视为坐禅最根本的报障以及修行中一个重要组成部分。这个倡导为后来佛教发展提供了重要经济保障，在禅宗乃至佛教史上也是一件具有革命意义的创举。到唐代，百丈怀海禅师通过制定《百丈清规》（也称为《禅门规式》）对佛门劳作方式进行了深入的推广，后来各朝代寺院也在不断完善修订。在元代，朝廷颁令了《敕修百丈清规》，从而使"农禅并重"方式得以确立。寺院栽茶、制茶大规模兴起。同时，在带动香客品饮茶的过程中，以及在寺院僧人与文人以茶为媒介进行的各种互动中，僧人形成"以茶敬客"方式，最终促进并推动了寺院饮茶之风盛行。在茶与佛教的相辅相成中，佛家对中国茶文化发展起到了重要的推动作用。

　　在中国茶叶发展历史上，很多著名的茶叶都与寺院有关。比如，浙江普陀寺、安徽九华山寺院等都有色味俱佳的名茶。四川雅安蒙山生产的"蒙山茶"，人们称之为"仙茶"，被认为是由西汉甘露寺普惠禅师培育的。宋元以后，福建武夷寺僧人制作武夷岩茶技艺高超，制作的"寿星眉""莲子心""风味龙须"三种名茶享有盛誉。政和七年被宋徽宗赐名为"径山能仁禅寺"的径山寺也是著名的佛茶所在地，寺中僧人法钦早在唐代就已经亲植茶树，饮茶之风极盛。江苏洞庭山水月院僧人曾制作"水月茶"，该茶是现在皖南制作的"屯绿茶"的前身。明代隆庆年间，僧人大方制茶技法精妙，成就了至今名扬四海的"大方茶"。另外，浙江云和惠明寺僧人种植的"惠明茶"、云南大理感通寺制作的"感通茶"、浙江天台山佛寺制作的"罗汉供茶"、浙江法镜寺制作的"香林茶"等，都是非常著名的佛茶。在我国茶树种植与茶叶加工制作技术的发展上，佛教禅宗起着非常重要的作用，其结果便是许多名茶往往出自禅林寺院。

二、禅僧与文人唱和茶事

　　翻开中国史书可以看到，古代士大夫大多数是文人，尤其是在重文轻武的宋朝更为普遍。中国古代文人的特点是以文字为媒介，尤为擅长吟诗作赋，而且大都精通书法、绘画、琴棋等，艺术造诣颇高，甚至有些人还身兼多种高超才艺。所以，历代大诗人、大画家、大书法家绝大多数同时在政治阶层中担任或曾担任过官员，有一些人在科考中怀才不遇而没有走上仕途，少量的则是有治世的才华但隐逸在民间不愿意从政。在中国古代，饮茶是文人墨客的一种高雅行为，在他们的休闲娱乐与精神生活中扮演着重要角色，发挥着独特作用。在中国茶文化发展史上，正是这些文人参与其中，才不断丰富着茶文化内容。在中国古代，大多数一流的诗人和画家基本都参与到茶品饮中，从李白、刘禹锡、白居易到范仲淹、米芾、黄庭坚、苏轼等。

禅宗在发展的过程中与中国本土文化建立了相亲相容的关系，既能满足中国文人追求超脱、寻找高雅玄妙情趣的需要，同时又因为充满机锋的禅林法语而备受文人的青睐。尤其是在一些特定的历史时期里，文人士大夫试图在禅宗里找到一处精神栖息之所，与禅产生了共鸣，禅宗佛家与文人唱和茶事的过程，也体现在禅茶诗、禅茶画里，不断丰富着茶文化的审美意境和内容构成。

文人们频繁地与僧侣们交往，建立了深厚的感情，也在潜移默化里将诗词演变为悟禅明性的手段，并借助、依托茶这一媒介进行诗禅双修。禅茶诗、禅茶画的兴起体现了文人雅士的格物情怀，也将诗词、水墨、日常、禅意与茶情等完美结合在一起，诗以导情，禅以敛情，互相为用。很多文人在禅诗里追求一种无忧无虑、安闲平静的心情。比如，生活在中唐时期的白居易，毕生奉佛，受禅宗思想影响很深，在日常生活中也参禅悟道，并学习佛学义理，通过大量的禅诗来阐发感想。他对茶的兴趣十分浓厚，一首《食后》描述了食后睡起捧瓯饮茶的自在情景，在今日读来依然可以让后人感受到茶给予人的精神快慰与享受。晚唐杜牧在《题禅院》诗中描绘了参禅品茶让人在对年华和过往的感怀中淡泊心境，诗意旷达而境界清幽。北宋的苏轼也是一位大茶人，一生写过近百首咏茶诗词，可以说苏轼的一生都是浸泡在诗意的茶香里。苏轼一生过着富贵与贫苦、囹圄、流放交织的生活，期间自觉地接受了佛禅思想并融会贯通，将佛禅融入自己的诗词创作中，使得诗更具有深邃的精神境界和更为洒脱的人生情怀，给予其一种平淡和淡定的精神，让他能始终秉承乐观超然的态度。苏轼有名的茶诗很多，比如《汲江煎茶》《试院煎茶》《月兔茶》等。南宋杜耒撰写的一首诗《寒夜》把茶中禅意描绘得清新隽永，令人回味无穷。与此同时，僧人也在与文人交往的过程中不断习诗，绘画技艺也非常高超，创作了大量非常优秀的禅茶诗与禅茶画。

文人们在进行禅茶诗创作的同时，也绘画了大量非常优秀的禅茶画作。

明代杜堇绘画的《梅下横琴图》（见图 2-4）展现了士人在山坡平台上抚琴赏梅品茗的情景，不仅表达了文人在自然中品茗的高雅情趣，而且也描绘了超然世外的禅境。

图 2-4 《梅下横琴图》

清代叶欣绘画的《山水图（之六）》（见图 2-5）布局空旷、墨色淡雅。一文士用书席地而坐，向天际望去，一童子泡好茶向他走来。整个画面景致悠远，有着淡远以至于无的禅味在其中。

图 2-5 《山水图（之六）》

明代孙克弘绘画的《销闲清课图》（见图 2-6）中可以看到当时文人雅士生活之清雅。茂林之下，三人款话，两个童子在烹茗，呈现出令人向往的清幽之禅境。

图 2-6 《销闲清课图》（局部）

三、寺院茶宴

最早的茶宴原型被认为出于东晋，当时吴兴太守陆纳认为世风过于奢侈，力倡以茶代酒，并设茶宴招待将军谢安。同时期的大将军桓温也提倡节俭，每次设宴都只提供一些茶果而已，以茶代酒。后来这种以茶代酒宴请宾客的宴会，被称为茶宴。唐代饮茶之风盛行，中唐正式记载了茶宴。天宝十年（751 年），进士钱起曾与赵莒一块选择在竹林办茶宴，以茶代酒，洗净尘心，在蝉鸣声中谈到夕阳西下，并写下一首《与赵莒茶宴》。在诗中，诗人用白描的手法写出在翠竹下饮紫笋茶，饮过之后茶兴甚浓浑然忘我的啜茗雅境。

在不断兴起的民间茶宴基础上，寺院结合自身佛教仪轨，逐渐形成了寺院茶礼。在宋代，不少皇帝在修建禅寺、钦赐袈裟与锡杖的庆典上，或是祈祷会时，会举办盛大的茶宴，从而推动寺院茶宴不断发展。随着茶在禅门中发展，"茶鼓""茶堂""茶头""施茶僧""茶宴""茶礼"等也逐渐出现了。尤其是寺院茶礼，作为佛教茶道已经融入寺院生活的仪轨中，将日常的"以茶待客"礼仪之道逐渐地演变为一整套庄重的，有专职人员、严格等级、固定严谨程式和不同规模的茶礼仪式，并成为禅事活动中不可分割的重要组成部分。其中，寺院茶宴就属于礼仪茶会，是寺院茶事礼仪，展现寺院品饮茶的规范程式。茶文化历史中记载的最有名的寺院茶宴是径山茶宴。径山寺禅茶文化可追溯至唐代，僧人举行茶宴时礼佛参禅，并制定了独特礼仪，到了宋代，其影响已经覆盖江南地区。

通常，举办茶宴的大致流程是这样的：在寺院举办茶宴的时候，众佛门弟子围坐"茶堂"，仪式主要分为点茶、献茶、闻香、观色、尝味、叙谊。点茶是先由主持亲自冲点香茗"佛茶"，以示敬意。献茶是由寺院僧人们依次将香茗奉献给来宾。赴宴者接过茶后，先打开茶碗盖闻香，再举碗观赏茶汤汤色，而后才启口品尝茶汤滋味。茶过三巡后，开始评品茶香、茶色，并盛赞主人品行。最后才是论佛诵经，谈事叙谊。

作为中国禅门清规和茶会礼仪结合的典范，径山茶宴主要包括张茶榜、击茶鼓、恭请入堂、上香礼佛、煎汤点茶、行盏分茶、说偈吃茶、谢茶退堂等十多道仪式程序，宾主或师徒之间用"参话头"的形式问答交谈，机锋偈语，慧光灵现。径山茶宴是我国寺院茶宴的经典样式，展现了幽静雅致的佛门品饮茶境界。

佛教禅宗所开创的茶宴美的境界，对中国茶文化产生深远影响，具有独特韵味的"茶禅一味"文化现象也就此兴起了。

四、茶禅一味

近年来，随着我国茶事文化的推动，"茶禅一味"或"禅茶一味"成为茶文化发展中一个受到关注与讨论的热点话题。"禅茶"一词从字面上看体现了禅和茶的并列关系，但也可解读为是"禅寺茶礼"的简称，或是来自于禅寺僧人制作的茶品，又或是借饮茶而习禅、参禅。"禅茶一味"和"茶禅一味"的内涵及二者关系还在讨论中，尚未得到统一的认知，目前大多观点认为"禅茶一味"和"茶禅一味"二词基本上都是以借茶参禅为主体核心内涵，可互相表述。

"茶禅一味"的蕴意基础首先在于茶的人文赋予本质特征和审美趣味。茶树生长在崇山峻岭之中，不断吸纳纯净天地灵气，因而超凡脱俗。茶性有素雅淡泊，不吐艳，不诱人的特性。茶叶的"甘苦""清净""素淡""放达"等特性能与禅道紧密衔接起来。其次，饮茶的心理机制、生理功能与禅事也可以有机结合起来。禅院每天上午、下午、晚上要都喝茶，因为打坐的时候容易上火，寺庙清规里面就有饮茶，尤其在逢年过节时大家更要聚在一起喝茶。禅宗逐渐形成的庄严肃穆的茶礼茶宴具有高超的审美思想、审美趣味和艺术境界，对茶文化的传播和兴盛有重要推进作用，并直接促成了品饮茶中禅悟之法的流行。再次，禅门僧侣饮茶修行与文人思想、生活方式有共通之处。在禅宗看来，悟道是在极为平常的生活中自然见道。真正深通禅机者，往往是听任自然、自在无碍的，例如要睡就睡，要坐就坐，热了就找凉处，冷了就向热处，佛法就是世间法，平常心是道，一旦豁然明朗和贯通，便就是达到道的境界。"道"可称为中国哲学的最高范畴，"道"即"礼"，相当于宗法等级社会中统治阶级的政治思想和以"仁义"为核心的道德规范。明代王明阳指出"道生于心""道即心"，强调个体主观精神在"道"形成中的重要作用。中国古代士人在文化传统心态和生活行为整体格调上是有近佛"禅悟"倾向的，尤其宋代文人更呈现出强烈的"外儒内佛"现象。因此，人在茶、禅以及自然的妙契中，不断寻找快乐自足，从而得鱼忘筌，体现出中国人独有的"乐生"精神，饮茶参禅的风气就更为普遍了。这种茶禅融合饮茶之风在古代中国也传入日本、韩国等其他国家或地区。

当禅宗将日常生活中最常见的茶与宗教最为内在的了悟或顿悟精神结合起来的时候，实质上就已经创立并开辟了一种新的文化形式与道路。"茶禅一味"意蕴可以视为，在禅境中以茶为媒介，借茶性悟禅意，借禅理参茶道，从而形成特殊的心性修养形式。其目的就在于通过强化当下之觉照，实现从迷到悟、从俗到雅的转变，让修行者通过品饮茶把禅意体悟入心，体会人与自然的和谐共生，使自身精神得到开释与寄托，从而修心养性，达到灵魂的诗意境界。"茶禅一味"对于普通饮茶大众来说，是茶和禅在哲学层面的交会，其中"禅"是习茶参悟的途径方式，主要指"生活禅"的修行方式，并在饮茶中将禅法落实于生活中，将信仰落实于生活中，同时也将修行落实于当下行为里。

"茶禅一味"的意蕴主要体现在以下三个层面。

第一个层面为思想内核。在我国茶文化中，"禅茶一味"的思想内核是儒、释、道合一的思想精华体现，品饮茶中获得的意境或身心体验里，既有佛家的淡泊节操，道家的浪漫超然，也有儒家的治世机缘。"天人合一"的哲学思想与意境使品饮茶更有神韵。

第二个层面为美学表象。我国"禅茶一味"美学体验在于体的是境，体现为外境、意境、心境、人境。外境，指品饮所处的环境；心境，指品饮人心中的境界；人境，是一起品茶的人及品茶人在品饮过程中所营造出来的氛围；意境则主要指在品饮过程及环境中所营造出的静动、虚实等方面的情与景致感受。

第三个层面为行为方式。"茶禅一味"需要有确定的品饮和冲泡程式、要求，帮助参与者达到一味的交会，因此在实践中需要有严格规定的程序和仪轨规范。

我国"茶禅一味"的意蕴具有宽泛的内涵，在实践中基于不同侧重的意蕴层次及内容等的选择，"茶禅一味"最终呈现形式也会出现无限创新的可能。茶事实践中，"茶禅一味"是建立在喝茶基础上的心理意志修炼，更倡导在喝茶中注重学会"感悟"，获得体悟。所谓的"茶禅一味"讲究意境，在类似禅定的清新淡雅的环境氛围中，能让人感悟到至深的哲学理念，也可以借助茶事中的观色品味等程序、仪式升华感受。另外，值得注意的是"禅茶一体"不能离开真实的修行功夫而流于哲理思辨的学问，须把禅茶的功夫及禅茶的成就带到日常生活中。

基于此，我们也可以进一步构建"茶禅一味"日常茶事实践方式模式，如图2-7所示。

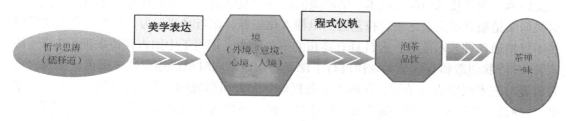

图2-7　"茶禅一味"日常茶事实践方式模式

即以哲学思辨（儒释道）思想为核心，通过美学艺术表达手段，使参与"茶禅一味"茶事活动的人进入"境"的境界，其中境界又包含外境、意境、心境、人境几个层面；同时，借助茶事活动中的程式仪轨规范，通过具体的泡茶活动，参与茶事活动者品饮身心体验，最终实现茶禅一味的目标。

因此，在"茶禅一味"意蕴及其茶事实践实施中应该注意这些方面：在品饮茶的过程中，需要融入一定的哲学思辨及思想认知，并且通过一定规范的程式仪轨，使其内在思想得以外化，并使参与者体悟；"茶禅一味"虽然是一种生活禅，但具有美学外向，其表达需要借一定的美学表达形式及要素加以物化，其物化程度的高低实际上也是对其中哲学思辨理解程度把握的评判；"茶禅一味"具有一定的生活禅修行在里面，因此需要不断地练习，并且需要一定的时间磨砺才可以达到修行功夫；"禅茶一味"的发展不应该仅仅流于形式，要更注重其内涵与本质；"茶禅一味"是可以体验和体悟的心理修炼形式，没有体悟与启迪练习的茶修，其最终的学习结果是不具有生活禅的价值与意义的。

由此可见，除了寺院出好茶之外，禅院吸引茶人的另外一个重要原因是禅宗思想与中国士大夫在思想精神互动中构建了比较深厚的关系，从而使其浸染中国思想文化也比较深。寺院品饮茶之风盛行，极大推动了饮茶习俗的推广与传播，禅宗也得以将佛教教义与思想等向民间进行普及，这也构成了中国茶文化重要思想精神之一。寺院饮茶将"境界"、佛法教义等哲思、环境氛围等融入品饮茶过程中，不断促使独特的禅意品饮茶艺术格调与韵味形成，禅茶精神与禅境美学范畴逐渐融入民间品饮茶意境与艺术美学环境的追求中。与此同时，禅院饮茶之风盛行也逐渐在品饮茶基础上形成了一系列茶礼、茶宴等具有较高审美趣味的活动形式，极大丰富了中国茶文化内涵。

禅宗在发展的过程中也借鉴了道家的思想与修行模式，形成了以直觉观照、沉思默想、自悟等为特征的参禅方式，以活参、顿悟等为特色的领悟方式。借助茶，禅宗形成了大量类似"吃茶去"一样著名的禅林法语，其自然深刻、凝练浓缩、富含禅机、风雅智慧的阐释方式，也为当时社会广泛接受。禅宗茶事倡导于平常体验处"悟"的独特修行方式，正是在"悟"这一点上，融入极其平常、自然且可以经常性或频繁地进行的日常茶事活动中。茶与禅有了深刻紧密的共同之处，禅宗思想解读与传播以茶为媒介实现了日常化和哲理化同步，这是一种智慧性的创造，并体现在品饮茶各个方面。基于这种真实深刻的精神体验性活动，茶人们更愿意从品茗中探寻禅宗精髓，也进一步深化了茶与禅宗之间深厚的思想基础构架，进而促使"茶禅一味"观念生成。

禅茶不断融合，茶人们在品饮中观色品味，通过茶事和茶性来体悟佛性，不断进行精神探索并达到一种纯粹的美的禅意意境，这也与文人雅士和禅宗高僧们自身极高的艺术人文修养、泡茶技术与制茶技术、清纯淡泊心情以及审美鉴赏能力有关。比如，五代十国时吴僧文精通煮水烹茶之道，技艺达到出神入化境界，在当时被誉为"汤神"；唐代高僧皎然不仅精通各种艺术能力，而且具有高超的审美能力，撰写了中国古代诗歌理论专著《诗式》，对诗歌创造和鉴赏基本规律进行了深刻的探讨，同时也描述了许多优美、深邃、富有哲理与艺术吸引力的茶境。在佛教不断提炼、完善而形成的各类"行茶仪式"美学升华里，"禅茶一味"或"茶禅一味"最终使茶从去睡、止渴等过渡到入静涤烦，再到成为"自悟"的媒介，最终成为至真至美、超凡脱俗、摆脱世间疾苦、达到终极幸福的一种人生境界追求。

因此，"禅茶一味"是一个话语蕴藉的意象，是味在禅茶之外的美学命题。茶与禅的结合使其成为一种充满生机而不受外在束缚的"无的宗教"，最终"茶禅一味"中所蕴含的新智慧境界也成就了它根本性的文化意义所在。

 考核指南

基本知识部分考核检验

1. 请简述禅与茶的结合点。

2. 请简述寺庙茶礼及其特点。

3. 请简述佛教如何在中国茶文化中具体体现，结合举例进行分析说明。

4. 请收集两个在中国或世界历史上有名的茶宴活动，并简述其举办的背景、意义与对后世的影响。

第三节　道家对中国茶文化的推动

在中国，茶的种植和制作历史中，茶树的发现、茶叶的制作与品饮与中国本土道教有着密切的关系，道家对中国茶文化的发展有着极其久远而深刻的影响。

中国古代品饮茶之风盛行最初与道教的倡导有很大关系。道教讲究长生不老和飞天成仙，所以在日常修炼的时候特别讲究静坐息心和无思无虑等，茶有提神之功能，道教弟子在修行中常常品饮茶汤。西汉时期的《食忌》中就有关于长期饮茶可以羽化成仙的说法。南朝齐梁时期的道教学者陶弘景在他的《杂录》中说过类似的话：品饮茶可以让人轻身换骨，以前丹丘子就服用过茶汤，并且也给余姚的樵夫虞洪指点过佳茗所在的地方。茶圣陆羽在《茶经》中也写过余姚瀑布山是仙茗所在之地。由此可见，道家对茶这种自然之物早就已经有了深刻的认识，并将品饮茶与追求精神生活联系在一起。唐代卢仝撰写的《七碗茶歌》被誉为中国第一首茶诗，诗中的"七碗吃不得也，唯觉两腋习习清风生"把喝了七碗茶之后羽化成仙的意境描绘得引人入胜。这首诗在一定程度上也说明茶性与道家本性有着高度的契合，像道家般借茶力而羽化成仙也是茶人们的向往。魏晋南北朝时期是一个充满着狂热求仙风尚的年代，这种将茶视为成仙灵药的观念也促进品饮茶的风尚在民间的深入流行。

道家讲究"隐逸"，在日常中体现出虚静恬淡、淡泊超逸的心志，追求"自然"的理念。茶生于天地之间，采天地之灵气、汲日月之精华，来源于自然，茶性被认为是清淡幽雅，并且在品饮茶时一般也选高山流水之处，这便与道家思想有了契合基础。因此，道家十分喜欢茶，不断有人成为"茶隐"，栽种茶树、制作茶叶、品饮茶汤等也自然成为了道士们的日常乐事，"茶隐"一词也把茶与隐逸联系在一起了。同时，道家也会以茶待客，以茶作为祷告、祭献、斋戒的供品。

一方面，"静和"最早出现在成书于东汉时期的道家经典中，道教在品饮茶中呈现心无杂念的清与淡的意境，对中国茶文化独特意蕴产生深远影响。陆羽曾说茶最适合"精行俭德"的人，这也是将道家思想观念融入茶事中。道教亲近、回归自然，寄情于山水、忘情于山水且心融于山水，将"天人合一"哲学思想融入品饮茶意境中，在自然中达到"物我两玄"的妙境，这种独特意境也映射在品饮茶的环境氛围中。元好问的《茗饮》一诗就是品饮茶时达到"天人合一"的具体写照，在人化自然的境界中，才能在煮水声中更好倾听自然的声音，自己才能更好接近并契合自然，最终在品饮茶中彻悟天道。另一方面，道家"乐生"，把大自然的一草一木、一山一石等都视为可爱而亲切之物，使茶与茶具也呈现人化的特色，比如对茶有许多拟人化的昵称，"君子""公子""清友""苦口师""涤凡子"等，平添了品茶独特的情趣。

在中国古代茶画中，我们也可以进一步感受茶与道家的关联。

元代画家所绘的《扁舟做晚图卷》（见图 2-8）描绘了在山水自然间，水边泊一扁舟，一个老翁抚琴、轻摇羽扇，一个童子弓腰烹茶的情形，整个画面很有道家的清丽飘逸之感。

图 2-8 《扁舟傲睨图卷》

明代画家所绘的《品茶图》（见图 2-9）。描绘了三个文人自在地坐在松树林荫下，品茗、读书和吹奏乐器之趣，有一种得半日清闲可抵十年尘梦之清幽感。

图 2-9 《品茶图》

明代唐寅所绘的《煮茶图》（见图 2-10）有唐代卢仝撰写的《七碗茶歌》的品茶意境，在松山里，茅草屋内外烹茶、静坐中都散发着淡淡的静和之美。

图 2-10　《煮茶图》（局部）

明代陈洪绶绘画的《仕女人物图》（见图 2-11）中，石几前有一个文士捻须啜茗，目光淡定，旁边一佳丽手持梅花，相伴于侧，呈现道心韵事、恬淡超然之天乐意境。

图 2-11　《仕女人物图》

清代萧云从绘的《石磴摊书图》（见图 2-12）描绘了两位高士盘坐在青山秀水之中，高谈阔论，一童子挥扇煮茗以满足两位高士品饮茶的嗜好。因前一晚下过雨，山间瀑布状如飞向丹霄的长袖，松树下的燕子不时还在可爱地叫唤着，两栋茅舍静静依偎在山中，整个画面散发着道家逍遥自在之感。

图 2-12 《石磴摊书图》

道家以其清净无为、自然而然的态度追求着虚静清幽的喜乐之境，其鲜明的虚静恬淡、任性自适和隐逸思想也深刻地影响着中国茶文化的特色与意境韵味。各个道观大都自产自用自己的"道茶"，游离于社会生活之外品享着自然意趣。道家独特的品饮茶的美的意境不时吸引着在精神上拥有超然之心的世俗茶人，使他们以自适心境参与其中，感悟隐逸的精神格调。道家让饮茶既基于平凡的现实生活，又使茶人在品饮茶过程中，在营造的各色"小隐""中隐""大隐"艺术环境氛围里，不断在精神意境中超越现实，让道家纯任自然的品茶之乐不断滋润升华着美好日常生活。

 考核指南

基本知识部分考核检验

1. 请简述道家思想如何在中国茶文化中具体体现，举例进行分析说明。

2. 请简述并举例说明道家文化与茶文化的契合点。

3. 请简述中国茶文化儒释道合一的内涵。

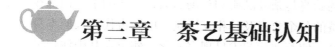

第三章　茶艺基础认知

视频：我国茶文
化人文与精神
性特征溯源

视频：泡茶美学
解析

◎ **学习目标**

1. 了解关于茶圣陆羽的生平背景等相关知识。
2. 了解《茶经》著作内容及要点等相关知识。
3. 了解中国茶文化知识与技能基本层次划分及相关内容。
4. 了解中国泡茶基本规范与要求。
5. 了解日本、韩国和英国茶文化基本要点等相关知识。
6. 了解中国茶叶及茶文化在世界范围内的传播路径与特点等知识。

翻开史书我们可以看到，寺庙里长大的陆羽本身对儒教和道教思想也有一定的追求，同时身边亲密的儒、释、道茶友们也对其产生了深刻影响。茶圣陆羽撰写的中国第一本茶书《茶经》，形成一套系统的茶学理论、包括品饮茶方法及关于茶性的认知等，不仅奠定了中国茶学及茶文化理论基础，而且也把诸家思想的精华及文人气质、艺术思想等渗透其中，最终在品饮中将精神寓于茶汤中，使品饮茶从一开始就不只是物质层面的，这种思想具有划时代的意义。

唐朝是以僧人、道士、文人为主体的茶文化历史特色，在品饮茶中从一开始便注重品饮后的体验、感受与人的精神气质，同时基于儒释道不断融合的文化背景之下，茶人们也不断尝试探索新的茶艺程式与品饮茶的艺术化。宋代，则是在唐代品饮茶的主流人群基础上不断进行上下拓展，一方面向上发展，形成以宋徽宗为代表的具有奢华、深邃艺术格调的宫廷茶文化，另一方面向下深入到民间市井，在市民文化不断发达的背景下，形成浓郁的民间茶文化和民间斗茶之风。宋代品饮茶是趣味、娱乐、艺术进一步融合的阶段，品饮茶中儒释道精神进一步融入其中，并开始注重"四艺"综合的品饮茶艺术氛围格调营造。在元、明、清时期，中国茶人开始更倾向于追求将精神与自然契合融为一体，以茶明志的倾向也越发明显，儒释道精神一体化已经深刻体现在品饮茶艺术氛围中，也开始对品饮茶氛围格调进行极致追求。

从中国茶文化史发展中，我们也可以看出，不同时代的艺术旨趣具有其独特之处，尤其表现在对茶器器型、环境等要求上。从唐代一直到现在，我们中国茶文化始终体现"重心轻形"的特点，在儒家、道家、佛家，以及三者融合之间，不断地寻找趣味、精神寄托与身心修炼。

同时，从唐代开始，处于核心地位的始终是茶叶品质和茶汤品质，历代的茶人们都在不断对茶汤品质进行深入探究，注重品茶的各个要素及其相互影响。中国古代茶人们本身的社会艺术修养极高，普及化程度也很高，使茶文化艺术呈现多元化，侧重在其中体现融合了追求自然与"天人合一"美学和哲学观念的精神境界。这不像日本茶道更重凸显佛教禅宗精神，也不像英国下午茶更侧重是贵族化生活休闲方式的重要文化体现。

在古代中国，我国的经济、文化和社会方面的发展非常繁荣，具有巨大的影响力。在唐、宋、元、明、清时期，中国不断通过陆上之路、海上之路、茶马古道和万里茶路等，建立与世界其他国家之间茶与茶文化交流、传播的通道，使得喝茶习惯、方式及茶文化发展等受到了深远影响。中国现代泡茶方式是建立在兼收并蓄、继承与发展的基础上，目前在喝茶中进行修身修心也成为茶文化的一个重要组成部分，如何保持和体现中国茶文化特色也不可避免地成为新一代茶人的使命。

第一节　陆羽与中国茶文化精神

陆羽生活的唐代时期正处于把发展茶叶生产作为重要内容之一，以解决安史之乱对国家发展造成的困境。当时社会品饮茶之风也随之兴盛，茶不仅成为人们最佳的饮品，也深受朝廷、贵族、士大夫等文人雅士们青睐，加上抑酒扬茶的禁酒政策也导致民间百姓对茶叶的消费量增加。陆羽的一生与茶机缘很深，把陆羽抚养成人的竟陵龙盖寺（后改称西塔寺）智积禅师也非常喜欢饮茶，在禅修之余，也经常给徒弟们讲解煮茶，因此年幼的陆羽在七岁的时候便能煮出一手好茶。在陆羽离开寺庙的时候，在湖州遇到很多具有深厚艺术与人文修养的茶友们给予他莫大的关怀。加之当时的湖州文化、经济繁荣，自然条件优越，饮茶风气较浓，茶叶出产丰富，最终促使陆羽在早年时期就撰写出《茶经》的初稿，同时也对中国茶文化精神的形成奠定了坚实的基础。

一、陆羽

陆羽（733—804年）于安史之乱后浪迹江湖，于唐肃宗上元元年（760年）来到浙江湖州，时年28岁，在湖州苕溪（位于径山寺附近）结庐寓居先后达34年之久，其中在50岁到60岁离开湖州，前后历时几十年，完成世界上第一部茶书专著《茶经》，贞元二十年（804年）在湖州病逝，终年72岁。鄙夷权贵、热爱自然和坚持正义是后人对陆羽一生的评价与写照。

陆羽不愿意皈依佛门，20岁的时候离开寺院，到一个戏班子学习演戏，天宝五年（746年）竟陵太守李齐物欣赏他的才能和抱负，并推荐陆羽到隐居于天门山的邹夫子那里学习，在天宝十一年（752年）左右与贬为竟陵司马的礼部郎中崔国辅相识，两人经常品茶鉴水、谈诗论文。天宝十三年（754年），陆羽出游巴山峡川考察茶事，一路上，他逢山驻马采茶，遇泉便下马品水，并不断进行记录。天宝十四年（755年）夏天，陆羽回到竟陵，在东冈村定居整理出游所得，深入研究茶学，并开始酝酿撰写一本关于茶的专著。天宝十五年（756 年），由于安史之乱，关中难民蜂拥南下，陆羽也开始过江。乾元元年（758年），陆羽来到今日江苏南京，寄居栖霞寺，钻研茶事。上元元年（760 年）陆羽从栖霞寺来到今浙江湖州吴兴苕溪，隐居山间，经常独行野外中，采茶寻觅泉水，然后品评茶水。永泰元年（765 年），陆羽根据实地考察和多年资料研究所得，在杭州径山脚下写出《茶经》初稿。建中元年（780 年），陆羽完成《茶经》最终撰写。建中二年（781 年）后，陆羽开始名闻朝野，唐德宗也赏识其才，诏拜他为"太子文学""太常寺太祝"，他都不愿意去就职。建中四年（783 年），陆羽移居江西上饶。贞元元年（785 年），与唐代诗人孟郊在上饶相会。贞元八年（792 年），陆羽返回湖州。贞元十年（794 年），陆羽又移居苏州，住在虎丘山引水种茶。贞元十五年（799 年），年已古稀的陆羽又回到湖州，安度其晚年。

陆羽在湖州期间，结识了一大批文人雅士，如时任湖州刺史同时也是著名书法家的颜真卿、诗画技艺均高超的寺院主持皎然高僧、女道士李季兰、诗人潘述、皇甫曾与皇甫冉兄弟、孟郊、张志和等，他们经常一起品茗论道、吟诗唱和。

贞元三年（787 年），大书法家"草圣"怀素与陆羽相识并结交，怀素对大自然的神奇美妙倍感兴趣，后来便将自然造化之妙借鉴到了书法创作中，他也曾经与颜真卿谈到了这种自然的妙用。在各种书体中，后人认为怀素的草书是受法度约束最少的，是最能抒情写意、最便于张扬个性的一种书体，真正做到了"随心所欲而不逾矩"，达到了"法"与"情"、形式与内容完美结合的最高境界，陆羽还亲自为怀素写下了《僧怀素传》；陆羽初到江南，结识了时任无锡县尉的皇甫冉，皇甫冉出身于状元，是当时的名士，诗人皇甫兄弟同样对茶有特殊爱好，为陆羽的茶事活动提供了许多帮助。唐代大诗人张志和，号玄真子，是颜真卿的密友，隐居在湖州期间，与颜真卿、皎然、陆羽交往密切。张志和博学多才，诗、词、歌、画俱佳，为山川隐逸，著作玄妙，被后世传为神仙中人。在湖州，陆羽也还结识了女道人李季兰（李冶），她也成了陆羽的徒弟。陆羽、皎然在苕溪组织诗会，李冶是重要成员，三人经常同游，品茗唱和。

其中，给予陆羽帮助最大的两位分别是颜真卿和皎然，帮助陆羽建立了青塘别业和苕溪草堂，使他能安心停驻在湖州，他们之间建立了亦师亦友的深厚情感，三癸亭是他们经常交往的友情见证。

在陆羽隐居湖州 12 年后，颜真卿被贬为湖州刺史，其间主持编纂了《韵海镜缘》。聚集了陆羽、皎然、张志和等大批文人雅士，一同游宴唱和，搜集查验历代茶事，对茶来作了补缺，在中国茶文化史上留下重要一笔。

作为高僧大德的皎然在佛学方面造诣很高，皎然（720—804 年）为湖州人，俗姓谢，字清昼，是中国山水创世诗人谢灵运的后代，皎然也是唐代最有名的诗僧、茶僧，在诗画创作理论研究中也有很高的造诣，倡导诗画意境呈现从"象忘神遇"到"造境"的独特特色。皎然在茶学等很多方面也有很深刻的思考、见地与实践，具有较深厚的知识，对栽种茶树、制作茶叶，以及品饮茶方面都非常精通，中国"茶道"二字就出现在他的诗作《饮茶歌诮崔石使君》。皎然认为品饮茶作为生活中一项技能，只有上升为道，才是茶最高的境界，这个观点也体现在他的一首《饮茶歌送郑容》诗中。陆羽大约在唐肃宗至德二年（757 年）前后来到吴兴，结识皎然，并被他邀请住在杼山妙喜寺。皎然在生活中给予陆羽很多帮助，两人成为忘年之交。皎然在今天的长兴顾渚山辟有茶园，其亲自指导生产、经营，也供给陆羽做研究用，后成为唐代茶贡院。皎然也常将这些茶学知识写在诗中，比如他撰写的诗

《顾渚行寄裴方舟》，诗中把种茶、采摘茶叶和制作茶叶的内容写的非常详细。

皎然在陆羽撰写《茶经》的过程中给予了很多指导，在陆羽晚年追忆与皎然友情的诗中，也尊之为师。比如，在品饮茶物质与精神的关系方面，皎然认为好茶是茶道的载体，能有助于饮茶者专注于茶味，进而摒弃杂念。品茶过程中既讲究茶器也要注重心灵感受，饮茶要脱离俗相，进入禅悟境界，最终上升到物我交融的茶道境界。从皎然的境界追求角度看，作为高僧的皎然佛学基础非常深厚，对佛理的理解与研究也非常的深刻，所以他的茶道中也处处不着痕迹地显示出禅机，引禅入茶，以茶弘禅。

由此可见，陆羽自小生活在湖北茶乡，抚养他长大的禅师培养了陆羽对茶浓厚的兴趣。拥有中国历史上最早皇家贡茶院、人文荟萃、饮茶风尚浓厚的湖州为陆羽提供了丰富的给养，当时唐代的湖州儒释道思想自由并存、自然交融，也为他撰写《茶经》提供了有力的文化支撑，使陆羽自然地把茶与艺术结为一体，最终成就了茶学专著《茶经》虽然基于茶叶物质，但最终又升华为精神的格调与境界。

二、《茶经》及历史影响

《茶经》是我国第一部全面系统地论述茶和茶事的专著，也是世界上第一部茶学百科全书，它完整地涉及了茶史、茶学、茶文化的全部内容，为后世茶与茶文化发展奠定了坚实的基础。《茶经》用客观科学的态度总结了唐代及之前与茶相关的知识，深入地探究了品饮茶要旨与妙趣，使茶事成为了专门的学问。陆羽之所以被尊称为茶圣也是因为他首次系统论述了关于茶的综合性知识，涉及到植物学、生态学、生物学、选种栽培学、植物生理学、生化学、药理学、制茶学、审评学、地理学、水文学、民俗学、史学、文学等多种学科知识。陆羽开创了我国及世界为茶著书的先河，从此以后，历朝历代的茶人们也开始了有关茶各方面的探索，并撰写各种茶书，形成了丰富的茶文化内容。后人也对《茶经》不断进行补充和详解，很早《茶经》便被传到国外，1911年时，日本茶祖荣西禅师将其介绍到日本，写成《吃茶养生记》，使茶学在日本得到广泛传播。目前，《茶经》已经被翻译成各种语言版本，其影响也已经扩大到世界各国。

在著写《茶经》时，陆羽明确了"茶"字写法，将茶叶从药用、食用功能明确转向"饮用"功能，并力图通过提高茶叶制作品质、改进完善煎茶程序、提高煎茶技术来提升茶汤品质，倡导"清饮"为最佳的饮茶方式。自《茶经》问世后，唐代品饮茶风气开始盛行，也开创了中国饮茶风气，中国茶文化在唐代得以兴起，伴随着繁荣发展，也将茶与茶文化推广、传播向世界。

《茶经》中，陆羽对茶树的原产地、茶树形态特征、适宜的生态环境及茶树栽培、茶叶采摘加工方法、制茶工具、饮茶器具、茶叶产地分布和品质鉴定等，都做了深入的描述和深刻细致的分析，共分三卷十节，约7000字。除此之外，陆羽还从人文科学角度探讨了饮茶艺术，将饮茶活动与儒释道精神结合在一起，也促使三种思想在以后茶文化发展中不断融合，并最终融为一体。同时，陆羽还将饮茶活动视为精行俭德之人陶冶情操的手段，强调茶人的品格和思想情操，陆羽本人正是他所倡导的这种行事精细、认真、勤奋、求实、简朴高尚、淡泊、纯正的茶人典范。所以，在《茶经》中，陆羽也从一开始便将品饮茶的基调定格为从物质走向精神文化，品饮茶本身就是一种精神活动。在元代，画家赵原还特意描绘了一幅《陆羽烹茶图》（见图3-1），以此表现陆羽一生安于清贫、精行俭德的高士风范。该画描绘了深远寂静的山水之间，陆羽置身于草阁之中，一位烹茶童子拥炉烹茶，画面清逸秀美，茅舍朴实无华，水面辽阔清澈，树木挺拔茂密，看过让人舒爽畅然，以茶养德、以茶养廉之精神气质跃然纸上。唐末刘贞亮撰写的《茶十德》也是陆羽所倡导的茶对人的品德修养益处的具体体现，并将其扩大到和静待人的观念之中。中国首创的《茶德》观念也不断获得发展，在唐宋时代传入日本和朝鲜后，也对其产生巨大影响。

图 3-1　元代赵原《陆羽烹茶图》

《茶经》上卷包括三部分内容，一之源：讲述茶的起源及茶的形状、名称和品质；二之具，谈的是采茶、制茶的工具；三之造，论述茶叶的种类和采制方法。中卷是四之器，介绍煎茶、品饮茶的器具。下卷分为六部分，五之煮部分讲解煎茶的方法、各地水质的品第；六之饮，讲解品饮茶的风习及历史；七之事，征引历代文献，叙述古今有关茶的故事；八之出，探讨的是各地所产茶叶的优劣；九之略，阐述在深山、野外寺院、泉边、洞边、岩洞里等特殊环境，制作茶叶或是煎茶中可以省略哪些过程和茶具等；十之图，教人用绢分写《茶经》全文，并将其悬挂，以便随时可以研习、领悟及应用。

从《茶经》内容中可以看出，陆羽的品饮茶中包括茶叶制作、烤茶、碾茶、罗茶、赏茶、备器、用火、选水、煎茶、分茶、觅境、茶礼在内的完整程式，注重茶叶的色、香、味、形，以及茶、水火、器等之间的"中和之美"，将"精行俭德"茶人精神与美学精神相结合，将饮茶提升到具有美学思想的艺术高度，《茶经》一书也具有开创性、转折性和示范性意义。陆羽反对流俗奢侈的品饮茶形式，虽然在《茶经》撰写中借鉴了常伯熊煎茶和品饮茶流程，但对于常所代表的注重形式和艺术表达的品饮茶的形式，并非采取全部认同的态度，而是选择将中国茶文化从一开始就建立在儒家君子精神的气质之上。中国茶文化从一开始就建立在儒家君子精神气质之上。

三、中国茶文化精神

中国茶文化思想源自道家，核心是儒家，发展却在佛家的禅宗。儒释道一体融合化思想隐喻在茶的认知系统中，借茶明志、咏性、说理、论道等，使茶在品饮的时候最终超越了物质属性，让人获得美的享受，产生哲学思维，品饮茶体验也从感官上升到哲学和美学的层面，品饮茶也继而成为儒释道思想的重要载体与独特表现方式。

中国茶文化在发展中呈现"重心轻形"的独特性，始终没有形成严密系统的日常饮茶规范，最终品饮茶也可以视为一种见性功夫的日常生活方式和人生哲学，是一种反映生活方式和情趣的重要审美表现，最终让品饮茶也成为了茶人一种内醒的、追求丰富、率真、自然而真实生命表达的行为模式。

在古代名人中，素有"以佛修心，以老治身，以儒治世"之说，儒家以茶修德，倡导中庸和谐，以及修身、齐家、治国、平天下；道家以茶修心，追求宁静、淡泊，以及修仙成道、羽化成仙；佛家以茶修性，追求明心见性，实现顿悟与觉悟。儒家以"静"为本，强调以虚静之态作为人与自然万物沟通的渠道，审美观主张闲和、严静、趣远、冲淡闲洁的高逸境界；佛教"禅"字便有"静虑"之意，讲究通过入定、静虑方式来追求顿悟，以静坐方式排除一切杂念，其美学观主张空灵静寂的禅境；道家把"静"看作是人与生俱来的本质特征，精虚则明，明则通，借助"心斋"和"坐忘"修行来实现，道家把"入静"视为一种功夫和一种修养，其审美观也主张自然、纯粹、淡泊的道境。儒家强调"中和""中庸"精神，"中"就是不偏不倚，倡导人与人、人与自然，人与自己之间和谐统一。"和"也是道家的重要思想，追求融入自然之中，达到物我两忘和天人合一的和美境界。佛家也倡导冲淡平和之心，让人清心寡欲不生杂念。道家讲究"无为""无欲""无争"，也提出"和合"辩证思想，认为万物皆一且相互作用。所以，三家都体现了和谐与平静的精神追求，进而也体现在了中国茶文化精神气质上。

在"静""和"基础上，中国茶文化也体现出"雅"的神韵。"雅"是儒家文化中一个重要概念，"雅"是一种高尚、美好、规范和正确的综合内涵。道家和佛家也讲究雅，道家的"清"和佛家的"静"呈现的风韵都与雅密切相连。

中国茶文化特点虽未归纳为统一的表述，但是其"和""静""雅""真""净""淡""悦"等特质，也让我们理解了中国茶文化内涵的博大精深特点，它包含深邃的中庸、含蓄、温暖、平和、柔韧等特质，把中国智慧与思想融入一杯茶汤中，深含在儒释道哲理里，也蕴含在琴、棋、书、画、诗、花之美好中，更蕴含在人间温暖的烟火之中，它神秘、空灵、淡定、含蓄、执着、智慧、清醒永远散发着迷人的光芒，吸引着后人不断去探寻与思考。

 考核指南

基本知识部分考核检验

1. 请简述唐代茶圣陆羽所著《茶经》的历史意义与价值。
2. 请简述唐代茶圣陆羽所著的《茶经》的主要内容。
3. 请简述唐代茶圣陆羽撰写《茶经》的时代背景。
4. 请简述中国茶文化的特点。

习题

1.《茶经》共分三卷十节，约（　　　　）字。
2.《茶经》的（　　　　）当中论述茶叶的种类和采制方法。
3. 对陆羽著就的《茶经》帮助最大的两位：一位是（　　　），另一位（　　　），更是良师益友。
4. 陆羽暂居在（　　　），完成了世界第一部茶学专著《茶经》。

5. 唐代茶圣陆羽所著的《茶经》上卷内容分别是（　　　　　）。
6. 唐代茶圣陆羽所著的《茶经》中卷内容分别是（　　　　　）。
7. 唐代茶圣陆羽所著的《茶经》下卷内容分别是（　　　　　）。

第二节　茶艺层次结构

在我国茶文化历史中，自唐朝已经形成三种品饮茶形式，分别是以皎然为代表的以茶求思类，陆羽为代表的以茶求技类，以常伯熊为代表的以茶求美类，为后世我国茶人研究和茶艺系统创建提供了非常好的范例。

在我国茶艺内涵基本达成共识，通常认为"茶艺"一词是20世纪70年代由台湾茶文化界首先创造出来的，用以概括品茶艺术的内涵，包括茶叶品评技法和艺术操作手段的鉴赏，以及整个品茶过程所体现的美好意境，是人们在长期饮茶活动中形成的特殊文化现象。尽管茶艺这个词出现比较晚，但茶艺活动历史悠久，文化底蕴深厚，它包括：选茗、择水、烹茶技术、茶具艺术、环境的选择创造等一系列内容，茶艺背景是衬托主题思想的重要手段。

茶艺，主要体现为泡茶的技艺和品尝的艺术。其中，又以泡茶的技艺为主体，品茶是茶艺的最后环节，只有在品尝中体会各种感受和遐想，产生审美的愉悦，才有可能进入诗化的境界，达到哲理的高度，最终升华为茶道。因此，茶艺也通常被概括为：日常生活的艺术化和审美化。中国茶道是在茶艺操作过程中经常和人生处世哲学结合起来，成为茶人们的行为准则和道德要求。

中国在茶文化发展中具有举足轻重的地位，也是世界最早及最重要的茶叶生产国，并且茶文化历史及文化成果可谓浩如烟海，但从整体上来说，尚未建立如同日本茶道"和、静、清、寂"言简意赅、广泛公认遵循的茶道核心价值观和内涵。目前，随着品饮茶逐渐成为我国休闲行业及休闲生活的一项重要活动内容，对于茶艺内涵及其构成要素、及相互关系等问题也开始格外被关注，尤其对茶馆、茶艺馆之类的休闲场所设计及发展来说，将有着非常重要的指导意义。

茶艺的内核为特定的烹茶技术和过程，内延为艺术化的表现过程，外延为思想或信仰的开示方式。在茶艺内核及内外延结构划分基础上，确定茶艺构成要素及层次结构建构系统。可以分为三个主要层次：冲泡技法——冲泡美学设计——冲泡美学设计哲学（处世哲学），并进一步对应于我们通常所称的三种概念：茶技——茶艺——茶道（见图3-2）。

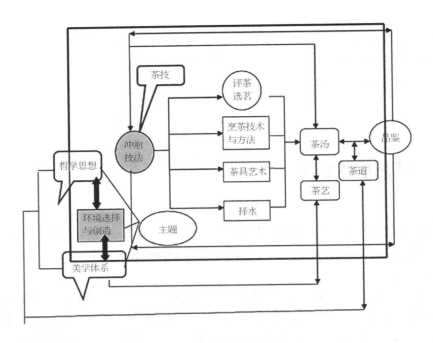

图 3-2　茶艺构成要素及层次结构

冲泡美学设计哲学具有比较强的抽象性，需要不同媒介与渠道来演绎和阐释，比如建筑空间、陈设设计、用具设计、音乐、舞蹈、书画、花道、香道、琴道等，从而形成了茶艺深厚的综合文化特质。冲泡美学设计中所涉及的哲学复杂与深厚程度，也成为衡量其冲泡美学设计复杂与深厚程度的一个重要视角，可以浅显至感官刺激与影响，也可以深刻到直指心灵。

在品饮茶实践中，可以脱离冲泡美学设计，直接将哲学部分演变为心灵智慧与精神思想的觉悟，并投射到单纯的茶汤中，形成茶汤与心灵世界之间直接的映射，无关乎感官和外在形式上的美学，也无须借助任何媒介，而直指心灵智慧，讲究"一叶知秋，以小见大，以有形见无形"。在这个层面上可以认为，茶汤完全脱离了其本身的价值，以处世哲学的思辨存在而成为一种精神或信仰的载体。

品饮茶境界主要有三重：茶技——茶艺——茶道，这三者之间的关系是相互依存，也相互构建的，三者都以茶汤为载体，体现了茶及茶汤从具象到抽象，从物质到精神的递进关系，其中茶技是基础，茶艺主要体现特定地域社会群体的美学体系，茶道主要体现特定地域社会群体的哲学体系与思考，并最终演化成为人类可以栖息、净化、躲避、禅悟的心灵寄托。

一、茶技

体现为如何冲泡一杯好茶汤，主要包括四个要素：烹茶技术与方法，茶具艺术，择水，评茶选茗。茶技主要体现在冲泡技法方面，并最主要关注茶汤品质和茶汤鉴赏，其中以茶汤品质为核心。在实践中，烹茶技术与方法可以形成一个相对固定、科学的操作程式，以保证稳定地冲泡出一杯好茶，并使之也可以成为一种可以学习和借鉴的模式。因此，在实践中，冲泡茶操作程式也是茶技存在的形式，也是茶艺的基础。

值得注意的是，烹茶技术与方法、茶具艺术、评茶选茗等，也深受地域文化、经济条件、时尚等影响，可以演绎成不同地域民俗的烹茶茶技，不同民族的烹茶茶技、不同茶类的烹茶茶技、不同社会阶层及不同时代的烹茶茶技。

二、茶艺

在特定美学体系指导下构建一定的饮茶环境空间，并在一定的环境主题氛围下品饮与鉴赏茶技，便体现为茶艺样态，它也包括两个方面内容：独立的茶技和冲泡茶美学设计两个方面。在实践中，这两个构成内容之间的关系是，冲泡茶美学依附于茶技基础之上，茶技可以独立于冲泡茶美学设计而存在。冲泡美学设计在当前实践中，更多体现在所谓的"茶席"，即仅仅关注茶席设计本身，与茶汤品质等无关，仅与品饮鉴赏茶汤周遭环境对品饮情感、氛围等影响有关，茶席设计的精巧性也突显出独具匠心的主题设计，其灵魂便是审美哲学。

由此可见，茶席体现了主体人的审美意向和偏好。茶事活动融合了人的主观审美追求，反映了人的内心追求。因此，茶艺本身也带有一种能与人类心灵相契合的精神指引和启发性，但对于实践来说，茶艺本身更注重视觉和感官的品茶体验，通过直观刺激品茶人视觉和感官来指向主体人的精神。

可以这样进一步界定"茶艺"，即茶技程式的艺术性体现，是主体人对烹茶与品饮茶等相关各要素综合性艺术设计的结果，具有强烈的视觉和联想体验性。茶艺所蕴含的美学设计思想往往通过一定的主题，并借助媒介来体现，突出体现为茶具选择、冲泡程式与茶具匹配、茶桌及陈设选择、音乐、服饰装扮、空间氛围与色彩营造等几个要素。

三、茶道

在茶艺基础上，深化冲泡美学设计的结果演变为哲学思想的茶汤，最终成为饮茶的极致境界——茶道，茶道也可以简单地被认为茶汤中所蕴含的哲学与智慧。茶汤最终成为人类哲学与智慧的滋养地，也具有一定历史发展的偶然与必然性，从喝茶养生和天然可口美味的清醒饮料这一角度看，其成为思想载体具有偶然性，但从茶叶天然植物本性看，其自然、纯净、宁静的本性，以及成为佛家、儒家、道家所推崇的饮品来看，其成为思想载体具有必然性，并最终与下述词语相关，比如"坐忘""无我""独坐""禅茶一味"等。

当然不可否认地是，对于自然存在的茶叶本身来说，其茶汤中所蕴含的哲学与智慧必定是主体人的意志体现。因此，茶道也不可避免地成为人为之道的载体，体现了某一流派具体的思想观念。在这个基础上，也可以认为茶道必然以流派或特定国家文化演绎方式存在。由此可知，某一流派或某一地域茶道文化内涵的影响力与价值，也就有相当强的构建性，其构建的系统性、完备性、启发性、号召性，也必将成为其存在与发展内在的生命力与动力，也由此可以推演出这样的论断：茶道是通过某一具体烹茶、品饮等程式来最终呈现出来的哲学系统，也只有通过完备系统的程式构建的茶道，才具有历史传承性和丰厚性。

随着一个国家、社会和文化的发展，尤其是受经济发展的影响，茶道的存在价值也会有兴起、兴盛和衰弱周期，这主要与茶道本身蕴含的思想内容与社会思想发展协调拟合度相关，但最终所蕴含的内在思想价值规律的反映度，以及人类精神存在规律反映度，在相当程度上也最终决定了其存在的寿命，并且只要人类存在，思想必将存在，那么茶道本身的存在具有的思想性也决定了其具有相对永恒性，伴随着兴起——兴盛——衰弱轮回的周期现象。茶道的存在依托于茶汤的存在，它可以简单的茶汤——茶道模式呈现，可以茶技——茶道模式呈现，也可以茶技——茶艺——茶道模式呈现。

在实践中，茶道呈现的模式主要与主体人所欲表现和反映的思想有关，更可以简单地说茶道呈现模式，是其思想反映选择的具体方式的结果，重在哲学与智慧的反映，而不太在意其呈现方式，因而茶道呈现本身并不是单一和固定的方式，而是具有丰富的路径及选择，从而也更具有主体人独特的个人印记，进而成为一种可以流传的典故与偈语。

目前我国茶文化在茶技方面不断累积了丰富的经验，在冲泡美学创新性方面还有待再进一步形成鲜明、独特的中国茶文化特色。一方面，这主要在茶器、相关用具的创新设计与生产方面，还需要进一步加强。另一方面，关键在于需要进一步提升冲泡美学理念设计与实现等方面的系统构建，茶艺之美才能得以更深入、鲜明地体现。因此，在未来茶艺发展中，构建茶艺核心系统，尤其内外延含义及表现形式与系统方面，则是重中之重的焦点。

在品饮茶实践中，我们还应该注意以下几个方面内容：

第一，茶艺也是一种视觉媒介的文化载体和感官感知对象方式。在实践中，茶艺不单纯只是一种肉眼和感官可以感知对象的方式，也蕴涵着主体由内而外的理解，蕴涵着某种或某些世界普遍存在的意向。人类的视线聚焦不仅凝聚某一事物的呈现过程，同时也使之成为一个凝聚了时间看得见的空间系统，把时间和空间化为这个系统中的组成元素。于是，人们对茶艺的外在，不仅赋予了它看得见的空间形态，同时还可以看见时间发展的轨迹，即历史。因此，文化载体问题也进一步表明了，茶艺本身是一种特定的文化呈现和感知方式。

第二，茶艺是一种特殊的微空间文化类型，需要注重其中的文化挖掘及塑造。我们也应该将茶艺系统展现的过程视为，通过话语、哲学思想及有限意义域等，构建有形空间的一种再现过程。借助通过精神性空间塑造，使之投射到品茶人的经验世界。品饮茶的空间也是一种有内容的、异质性的、叙事结构的情境空间，最终促发形成茶艺品鉴过程的吸引力。所构建出来的品饮茶空间特征，具有社会、心理、生物和物理直观感觉性特征，且充满"意味""感情"。因此，在实践中，茶艺营造的氛围环境体现的是一种物质的、精神的，及社会的综合文化空间，让品饮茶参与者透过所设计的环境氛围，不断游走于真实的或想象的、具体的或抽象的、实在的或隐喻的文化边缘。在实践中，茶艺也成为一种舞台文化、环境文化、人类行为文化，或是社会活动文化等的一种特定反映形式。

第三，在茶艺美学中，冲泡美学及哲学设计本身具有一定的内在逻辑性。在实践中，茶艺哲学逻辑主要体现为茶艺视觉形式内部的逻辑关系，包括表层视觉形式和深层视觉形式的关系。在深层视觉形式中也能够形成各种形式语法的关系，比如视觉形式建构中主客体之间的关系、视觉形式与历史文化的关系等，各种逻辑之间也呈现出一个动态的相辅相成的关系。正如日本茶道中紧密地融入了具有本国特色的审美意识和精神，如幽玄和物哀等，在简单技法中融入了信仰信念。所以，日本茶道不再是单纯的服务，更成为一种美丽的艺术、仪式，一种社会发展的文化推动力，甚至上升为一个国家文化的象征。任何感动人心的行为中一定蕴涵着审美哲学思想，只有深刻了解一个国家、地区审美及精神信仰，才可以在相关茶艺系统展现的过程中真正了解其背后蕴涵的精神原动力。中国的茶艺实践中必定融入自身独特的审美和精神哲学系统，才能更好地传承与发扬茶文化，而这一点正是这个时代赋予我们茶人的一个重要的历史发展使命。

 考核指南

基本知识部分考核检验

　　请简述中国茶艺主要层次及内容，以及在实践中的具体体现。

第三节　中国现代创新冲泡茶操作基本要求

　　我们从目前的资料和研究中可以看到，无论唐代陆羽的煎茶法、宋代的点茶和明清的瀹饮法都非常重视科学的泡茶技法、茶器茶汤的相宜性与茶汤品质及品茗环境。虽然唐代的常伯熊通过茶艺演绎形式体现品饮茶的风雅，史料中也出现过在日常生活中欣赏茶艺表演的记载，但茶艺的演绎形式从来不是我国品饮茶中的主流形态，在茶书中没有记载太多关注泡茶人姿态，以及在整个品饮茶流程中对茶人的形态要求等内容。中国茶文化有儒释道一体化的特点，不特别讲究泡茶的每个动作与姿态细节，也不太注重品饮茶的门派与流派之别。中国茶文化体现了独特品的饮茶美学意蕴，中国古代雅致美学审美令茶文化本身具有了摄人心魄的美好意境，茶人们不断进行品饮茶本身的审美趣味与高度的追求，更注重意境与氛围之美，以及身心愉悦的品饮茶体验，追求神游、精神与天地契合的境界，这也是中国与其他国家或地区品饮茶特色不同所在。

　　目前，中国现代冲泡茶操作或行茶法是基于明代瀹饮法上进行演化的，创新性地形成了以玻璃杯、盖碗和小壶等为主冲泡器具的完整冲泡流程，进而形成特定茶类的可参考行茶方法。中国现代创新冲泡茶操作流程具有多元化的行茶法方案选择，这主要是因为中国茶类丰富，茶叶品种繁多，在泡茶实践中存在"看茶泡茶"的技术要求，才能保证在每次的茶品冲泡中获得最佳茶汤品质与风味体验，这也是中国冲泡茶非常独特的特点，也是与其他国家或地区冲泡茶操作存在差异的一个重要表现。中国泡茶人技术水准与功力也着重体现在这个方面，从而也使"茶艺师"职业本身也最终成为具有重要要求的技术技能。

　　在中国现代创新行茶过程中，也注重将品饮茶从物质上升到精神层面，使品饮茶成为时下一种日常生活思想、美学、艺术的重要载体形式。在行茶中，也融入茶人身心调整与修为的功能特性，这也是综合了我国古代茶文化精华，以及其他国家与地区品饮茶的特点，形成了兼容并包的茶文化特征。

　　在构建中国现代创新行茶法中，也基于这样的思路：行茶法是以泡茶、奉茶和品茶为主要内容，其整个过程由一些具体的操作环节构成，不同茶类具有一套完整的规范流程与呈现形式，在行茶中也体现出审美性、创造性。行茶法也是茶人与品饮者沟通交流的过程，所以在整个冲泡过程中，有些泡茶人也会通过优美的语言，表述与讲解茶品，有时也会借助适当的肢体动作等体现茶的韵味与特点，茶人演绎姿态及恰当的肢体动作也体现了其素养与人文气质功力的高低。行茶中，茶人能清晰表达出表情、目光、姿态、动作等"体态语言"是非常重要的。茶人的举手投足、表情、神态等能充分展现茶的韵味，无疑能更好地让观赏者理解泡茶中的动作所表达的具体含义，让观赏者能更好地感悟博大精深的文化气质，这些都有助于提升茶及茶文化传播的质量与效果。行茶过程中，茶人也格外需要体现优雅、柔和、温和的行茶姿态，礼貌恭谨的礼仪风度，茶汤与茶人之美合而为一的高超技艺。

一、现代茶艺创新操作中整体姿态要求

冲泡茶操作是以饮茶为契机的综合文化活动，并与传统文化相融合。日本茶道和韩国茶礼均源于中国古代品饮茶文化，在发展演变中不断融入了自己本民族的文化特质。日本茶道具体操作体现为"清、静、和、寂"，注重空、寂、玄妙和悟的特性，对茶的浓淡、水的质地、水温高低、火候大小，以及泡茶程式、动作、场地等均有严格要求，将宗教、哲学、艺术、道德、美学等融为一体，在细节追求中不断超越极致。韩国"茶礼"凸显茶人"中正"的精神气质，注重礼节、饮茶规范与程序。中国历代品饮茶的精神气质先后呈现出不同的文化特色，汉晋古朴，唐代华丽精简，宋代优雅、趣味、元代精致、粗犷，明清淡雅精巧、古朴厚重，现代品饮茶在借鉴参考日本茶道与韩国茶礼的基础上，不断形成自己的规范要求，尤其注重体现茶人身心调整与修为特性的泡茶操作实践。

在中国现代创新泡茶操作中茶人首先应该能体现美的愉悦，最终体现为"优雅"状态，茶人的优雅状态是茶冲泡神态、体态、动作、表达、风格、气度等的具体综合呈现，优雅的行茶姿态与自然流畅的行茶手法能呈现茶艺内涵及特征，进而陶冶并提升茶人的精神气质。在具体的冲泡茶实践中，要求茶人要神情专注、动作规范、服装仪态等符合泡茶规范，讲究环境布置与器具和谐搭配等，品饮茶操作过程有完整连贯的程序，在泡茶操作中要体现出规矩性、艺术感与仪式感。因为中国儒释道一体化思想也体现在茶艺中，在冲泡茶的操作中，茶人能体现出道法自然、天人合一、无我、温暖、从容、有情等优雅状态就可称为最佳境界，在此基础上也逐渐形成重视茶人姿态的优雅美感、高超优美的泡茶技法、完美的茶汤品质、深邃的演绎主题及形式等在内的综合冲泡茶操作表演形式，即为茶艺表演。

在中国冲泡茶实践中，风格呈多样化发展，或典雅、或活泼、或清新、或韵味悠长，但还是以优雅的行茶姿态为主流审美标准。在冲泡茶操作中要忌讳舍本逐末，避免表现夸张动作，重表演而轻茶技。

茶人需要具备良好的动作协调性，泡茶动作要圆润、圆活、柔和。茶人的神情要体现为宁静、自然，让品茶人能感受到一股恬淡、宁静和平缓气息。用轻柔的语音、语调和语气对茶艺氛围与主题表达等进行解释和说明。在整个操作中要始终呈现发自内心的淡淡的微笑，操作中避免出现不和谐、多余或嘈杂声，多用微笑、眼神和手势进行示意，整个空间氛围呈现"静"的意蕴，尽可能让品茶人达到物我两忘的美好精神境界中。

茶人姿势、表情，以及举手投足间要体现沉静、果断、内敛、优雅的气质。茶人借助自己外在的精神气质来展示美好的内心世界，在泡茶操作中，茶人要体现出与特定环境氛

围和意境相和谐的精神气质，内心世界的状态与品饮茶环境氛围要相一致，进而共同带动品茶人进入茶境。在操作中体态既要放松，同时也要体现出庄重与恭谨之心，具体体现在站、立、行、坐、蹲等各种姿态中。我国创新冲泡茶操作虽然没有对动作、操作手法存在完全一致的要求，但每个动作和操作环节特别讲究规范和舒展，操作手法讲究细腻优美，拿取物品要体现出"举重若轻"或"举轻若重"之感，在放下物品的时候，要给人以用心、尊敬之感，等等。

在冲泡茶的整个过程中，整体氛围要综合诠释出美、和、静、雅、真、敬、悦等特点。中国现代创新冲泡茶操作讲究整体意境和效果，在操作中整套动作流程要连贯自然，一气呵成。在动作中，要注意把握节奏，高、低、快、慢、轻、重、缓、急，意境与韵味的虚实结合等都应完美体现，尤其要在停顿留白与连绵动作之间形成美的遐想。

二、现代茶艺创新操作中整体姿态训练

茶人优雅的泡茶姿态是需要长时间训练的结果，是茶人终其一生不断严格要求与自律的结果，最终形成了外在美与内在美的统一，并在娴熟的冲泡茶中充分彰显茶艺韵味。中国有很多类似的妙语可以给它做一个很好的概括：心由境造、境由心生、境随心转。而相由心生，一方面说明冲泡茶优美的姿态是长期研习的结果，另外也正好说明了泡茶操作中，蕴含调整身心与进行修为作用的原因所在。在训练中，我们要注意以下方面的学习：

第一，注重体态训练。泡茶体态体现在站、立、行、坐、跪等方面，也表现在礼仪动作表达上，比如鞠躬礼、伸掌礼、端与捧的手法等，还体现在心、眼、手、身动作的协调一致上。同时，也体现在匀称健美的身姿上。因此，在用手表达礼节时，伸手或躬身等要动作轻柔，动作做的到位且意思表达清晰，气韵含而不露凝于动作中，手柔臂弯，规范适度。站姿要稳健优美，行姿是站姿的延续，以站姿为基础，行走时尽量遵循一条直线形成，跨度合适，在转弯处做直角停顿后再重新起步，在行走中要体现出茶人的动态美感。良好的坐姿要体现头正肩平，身体放松，给人以自然而恭谨端庄的状态。跪姿为蹲身和跪坐，蹲身时注意臀部下沉至合适位置，让身体处于合适的高度，且呈现出稳定而优美的姿态。在跪坐中尤其要注意保持挺直优雅的上半身姿态，给人整体身姿轻盈而流畅之感。因此，在体态训练中，注重身体各部分美的表现力，尤其是要纠正和改变不良的身体姿态，切记不要形成不良姿态操作习惯。整个操作中，身体体态也要体现出一定的柔韧性和协调性。通过长期系统的体态或形体训练，也可以培养茶人优雅脱俗的气质。

第二，注重泡茶技法基本功练习。冲泡茶中要注意基本功训练，在良好的技能展现基础上才能更好体现优雅、舒适、得体的冲泡茶姿态，比如，提壶、注水、翻杯等动作。在操作中，每个具体动作不仅要准确，而且要给人含蓄、内敛之感，动作幅度也要控制得恰到好处，才能体现出轻盈之感。在提壶动作中，茶人要根据壶与把的位置关系，壶的轻重状态等，熟练练习不同的提壶方式与控制能力。在注水技法中，要娴熟练习控流方法，水线、流速等务必准确到位，不同水流的转换控制也要熟稔于身心之中。在翻杯的时候，手腕的柔韧与灵活性要有机融为一体，力量大小把握要拿捏到位，一组翻杯动作也要连贯有序。在泡茶的过程中，要全神贯注，专注一心，在训练中也要排除杂念，让动作与周边音乐融为一体，最终形成美的韵味。因此，在日常冲泡茶训练中要反复练习各种技法的基本动作，并细心体会，揣摩其中要点。

在冲泡茶基本功的训练过程中也可以分为几个阶段，有侧重性地进行强化训练。首先是在基本动作标准规范基础上，强化基本体态具体内容的分解训练，每个动作环节进行大量的反复训练，达到熟稔于心，熟稔于手。其次，熟能生巧，不断揣摩技术要点，由熟练达到气韵生动，意味深长的艺术境界。再次，训练操作动作与流程演绎达到精致的程度，在融入茶人个人素养与人文的基础上，不断超越与融合，进一步融入美学要素，使冲泡茶操作进入审美境界。

第三，茶人要不断增加知识的深度和广度，不断提高专业自信度，进而提升整个冲泡茶的优雅姿态意境之美。在冲泡茶中，茶人体现出来的优雅气质，也是内外兼修的结果，是良好的性情品格、审美鉴赏和人文技能等综合素质与能力的体现。中国有句古话，腹有诗书气自华，知识让茶人拥有了独特的精神气质。茶艺是综合性的艺术，茶人在日常训练中也要格外注重文化修养，也要多参加实践活动，在分享交流中不断提升自己在冲泡茶方面的知识与技能，进而提升自己优雅的泡茶姿态。

第四，注重训练中的持之以恒精神。冲泡茶艺术优雅之美借助茶人的身体动作为媒介来完成，在简单的泡茶用具和动作语言中能体现茶人深厚的技艺功力，并同时体现出良好的人文气质与意境，这不是茶人一蹴而就的结果，这必定是茶人长期学习、积累和训练的结果。在优雅的冲泡茶行茶姿态中，在无声的冲泡茶审美意境里，带给品饮者无限、甚至感动至深的美的意境，也是一个茶人至高的追求，其中必定包含了一个茶人持之以恒的信念。

三、现代茶艺创新操作核心姿态要素

在行茶中，泡茶过程及动作或方式等所涉及茶人姿态表现点的方面非常多，但在茶人的所有表现中，专注是现代茶艺创新操作姿态中最核心的要素，全身心投入泡茶中也是一个茶人行茶中最美瞬间的体现。专注于泡茶是泡茶一杯好茶的前提，也是泡好一杯好喝茶汤的关键所在，更是茶人优雅姿态得以呈现的最关键要素。

在茶与人交互中，专注可以让茶人去仔细观察一款茶叶的性状，感受其内涵物质的状态，评估其各种浸水方式后，种种可能呈现的茶汤品质，从而可以及时确定最佳冲泡方案。专注是一种富有吸引力和感染力的神情，也是一种严谨认真的精神状态，同时也是茶人沉静情愫与正中平衡境界的集中体现。茶人可以借助专注引领品饮者进入到其所营造的茶的意境，并感悟其中的"美"。在泡茶中，茶人姿态自然放松、端正平衡，动作舒缓笃定，节奏坚定而从容。整个过程中，茶人的动作收放自如，不拖泥带水，迂回舒缓气韵益然，利落中尽显淡泊而不失温暖，这就是茶人最美的专注姿态。

茶人的专注还体现在具体操作动作的细节中，比如茶人认真对待所使用的全部器具，诸如茶器花纹务必朝向客人；将每个动作都做的细腻到位，比如茶斟七分满，微笑亲切而贴心，注目和伸掌都规范而恭谨，等等。由此，茶人以优美专注的姿态也赋予了茶以及品饮茶灵魂，在优雅的举手投足间，将中国人特有的清淡、飘逸、恬静、明净和自然的人文气息传递出来，在一杯茶的芬芳里，让所有品饮者得以洗涤、共鸣与升华。

泡茶专注优雅之美的关键或是基本要领，首先在于拿取用具的施力运用上，其中施力点在手腕，但要发轫于心。因此，茶人最美的优雅专注姿态也是长期研习的结果，甚至需要终其一生的磨砺，才能在冲泡茶操作中体现出感人至深的美好。

在行茶操作中，动作要敏捷规范，既要体现出节律感和飘逸感，也要令操作动作能一次性就准确到位。冲泡茶操作也是茶人心理修炼的过程，刻板的一招一式对抗着茶人们内心的浮躁、焦虑和烦恼。专注使茶事活动始终都能处于关注过程本身，以及过程所带来的美好与快乐之中。借助在泡茶中连绵、柔韧和圆润的动作，营造出专注的品饮茶环境氛围，让沉浸在其中的茶人们得以不断丰富对生命意义的认知，进而提升了对当下的关注意识，以及内心的平和喜悦状态。在专注优雅而富有感动、感染人心力量的冲泡茶中，茶人们也最终升华了自己生活的美好视角，更呈现出美妙的冲泡茶意境，最终达到忘忧的茶道境界。

因此，在优雅专注冲泡茶中，我们应力图达到这样的一种状态：不急不躁、不温不火，款步有声，舒缓有序，一弯浅笑，万千深情，安然自若，温暖如初（见图3-3）。

图3-3　泡茶姿态

 考核指南

基本知识部分考核检验

1. 请简述日中韩在行茶时茶人姿态方面主要特点与区别。
2. 请简述中国目前社会行茶实践中，在茶人操作动作和姿态等方面有什么要求。

第四节　日本茶道、韩国茶礼与英国下午茶

一、日本茶道

纵观中国茶文化大体特质是以关注茶叶质量、茶味茶汤品质、泡茶技术与方法、泡茶审美意境、泡茶器具适宜性，以及茶与精神、心灵与趣味的契合等综合方面。但总体上，

除特殊环境场所的泡茶品茗，比如寺庙等宗教场所，特定或重要仪式泡茶品茗要求，如皇家仪式等外，大多数情况下茶文化活动依然与其他艺术文化追求与探索相类似，泡茶品茗过程中基本呈现出的是重心轻形、宁静高远的特征，尤其对日常泡茶品茗的仪式、规范等缺乏系统严密的要求，以融入了儒释道各自内在精神的、自在追求的雅致清幽为整体茶文化特征。

相对中国茶文化来看，日本茶道完成了从风雅游艺到系统严密，讲究"宾主举止"规范与审美意境的过程，并借助"仪式"形式，以严格的"四规七则"将宗教精神与审美文化紧密地融合在一起，尤其侧重对佛教精神与境界的追求。

在日本，生活艺术有升华为"道"的历史特质，其中最为著名的有茶道、花道、香道、书道、剑道等，进而也上升为哲学高度。另外，这在一定程度上与日本茶文化的兴起与推动主要源于僧人背景有关，最终也形成了借助在一杯茶汤里注重体会、展示、探索生命与信仰的种种形式和表达。同时，也不断出现并形成以茶人命名风格为代表的、具有较大影响力与代表性的审美取向追求。中国茶文化特性始终还是自由的，并具有可呈现多种氛围意境的样式，活泼的、欢悦的、娱乐或技艺的、恬湛幽深的、闲适从容的，等等。因此，在中国当下茶文化发展与对外交流中，我们也切忌把其等同为恭敬严谨的仪式，而逐渐淡化或遗忘了中国茶文化本身的特点，如何在当下继承并发展好中国茶文化是一个非常重要的课题，同时也是一个非常值得思考探讨与交流分享的重要课题。

（一）日本茶道大家

日本的茶道形成了相对系统的传承关系，在继承与探索创造中基本上一脉相传，并且不断推动，最终大成，成为国家文化一个重要的具有鲜明特征的部分，这也与日本茶道在发展中对具有影响力的茶人发自内心地尊重、效仿、学习与突破的集体行为与观念特性有关。

在日本茶道发展史中，三个最具有影响力和代表性的茶人村田珠光、武野绍鸥、千利休始终都是禅宗的践行者。因此，在这个意义上说，中国茶文化发展始终与日本茶道有着不同的行为、文化和审美等追求，在未来中国茶文化发展中，这个核心问题也始终值得我们关注。

村田珠光（1422—1502）在日本茶道历史中被认为是茶道鼻祖，他曾经是奈良城名寺的僧侣，跟随一休宗纯和尚，最终大彻大悟，悟出"茶禅一味"的境界，至此，茶道与禅宗之间便开始建立了密不可分的关系。珠光的茶汤作为草庵"遒劲枯高"的审美风格，一开始就注重精神本位，要求主人尽可能诚心敬客，客人则要敬畏且学会欣赏主人的行茶审美、技艺、努力与付出，需要秉承"一期一会"的心情参加茶室活动。进而，珠光也建立了与日本风物更契合的、具有内部装饰规范的草庵茶室。

另外，珠光之前的茶室入口分为身份高的人使用的宽敞"贵人门"和跟随下人们膝行而入的"窝身门"，珠光、利休等茶师逐步消除区分，最终只保留了"窝身门"进出。

武野绍鸥（1502—1555）被视为中兴名人，其老师藤田宗理是珠光的弟子。武野绍鸥在31岁时曾剃度出家，从此号"绍鸥"，他精通歌道、茶道，并把连歌中素淡、纯净和典雅的审美思想导入了茶道，并借助各种茶道器物或其他方面艺术美学将抽象的美的意识具象化出来，最终开创出了新的茶风。如果说珠光强调茶事时人们内心的精神状态，那么正因为绍鸥出色的艺术鉴赏能力，不仅能看出茶器的来历与美学价值，同时更能从平凡的器具中发现美，从而为具有日本茶道文化特色的，系统茶器具的形成与完善奠定了坚实的基础。除此之外，绍鸥在饮茶方面也尤其强调静静地小口品茶，但最后一定要一饮而尽，不留残渣的方式，这种方式一直到今日也依然如此，将珠光注重内在精神的茶道进一步推延，茶道并非单纯的点茶，茶道需集中于内心，并将客人的心意放在首位，尽可能超然物外和超脱尘世而生活，更要求茶人们不要过多关注茶器具等外在物品，而是要不断潜心钻研茶道，也要通晓佛事或隐居生活。

在继承珠光茶风的同时，也最终完成了对珠光茶道的改革与完善，通过连歌"枯而寒"的意境第一次提出了"侘茶"，其定义与精神、美学意境，也内显着诚实、坦率、正直、慷慨、慈爱、谦卑、简朴、谨慎与不骄的作风，进而也最终体现在其崇尚的茶室装饰与内在布局位置等方面，比如泥土稻草成为内部墙壁质地、参考中国古代阴阳学说创立了茶道位置图，设计各种器具井然有序位置的规范，推动与之相适应与匹配的茶道器具创造等，也极大增加了茶道的规范化与艺术的哲学内涵。除此之外，绍鸥最大的贡献也在于提出了这样一个理念：喝茶时专注于内心感受，一个人如果希望做出好茶汤，那么他生活的各个方面都须得纯净。

千利休（1522—1591）是日本茶道文化大成者，被日本人称为"茶圣"。千利休是武野的弟子，本名是田中与四郎，因削发为僧改名为宗易。千利休在晚年彻底贯彻了草庵的侘茶风格，奠定了日本茶道"和、敬、清、寂"的思想基础，认为去掉茶事中为形式而存在的形式，用心促进人与人之间的心灵交流才是真正的茶道。他也与绍鸥一样，致力于倡导真心对待客人，在为客人着想的过程中，才能实现真正的茶道。

在目前相关的研究资料中，存在诸多关键部分被一带而过，寥寥数语没有细致分析与阐述的问题，比如：日本茶道发展到第一代茶室宗师珠光时代有贵门和窑门进出之分，而一直到千利休时代才统一改为窑门进出，那么就出来这样几个关键问题值得探讨：

第一个问题，千利休是如何说服织田信长和丰臣秀吉接受窑门进出的？

第二个问题，撇开茶道之说，我们中国帝王也仅限于宗祖和佛祖、天地神灵面前跪下叩拜之说，那么在日本，对于一个视为统治者来说，在一个属下千利休大茶人面前，织田信长和丰田秀吉内心是将此窑门跪行视作怎样的行为，才能欣然接受？

第三个问题，千利休最终成为日本茶道史上最顶峰的集大成者，与妙喜庵的最终落成也一定有着重要联系，因为茶室代表着茶人一种文化思想载体的最终极彰显与系统化的生成表达作用。因此千利休设计的妙喜庵茶室思想及最终形成过程究竟如何？千利休的妙喜庵设计是否在古代也有相关参考借鉴的建筑范本？

中国无论是在古代文化还是在泡茶饮茶方面都对日本有着重要的影响，纵观日本茶道（抹茶道）操作整个流程，与佛家参拜过程非常相似，日本茶室的龛最初本来就是供佛所用，上面有茶挂和插花，日本茶道入茶室前也有净手净口之动作，跟寺庙朝拜有一样的价值和意义。陕西西安法门寺地宫密室供奉佛祖真身佛骨舍利白玉灵帐的设计，与日本千利休设计的妙喜庵茶室存在着异曲同工之处，另外，千利休的自杀从古至今依然有不同的解读与探究，丰臣秀吉与千利休之间彼此关系也成为一个永远探究的问题。由此，也会引发就两国在某些思想观念方面是否也存在着类似的思考探究。

第一，从法门寺地宫密室设计结构来看，宝鸡法门寺地宫打开了佛教和盛唐王朝的宝藏，是世界上迄今为止发现的年代最久远、规模最大、等级最高的佛塔地宫，面积仅有31.48平方米，地宫密室狭小的入口大约80厘米高，洞口里若无光便一片幽暗，要通过一段十余米细长低矮的通道，才能抵达舍利宝函存放处，人若往里走务必跪行即躬身爬行或跪行，皇帝进此也要跪式爬行方可瞻礼珍贵佛祖真骨舍利，里面除了佛祖舍利外，还有2499件珍宝存放。

第二，从日本千利休的妙喜庵茶室设计来看，该茶室又称作"待庵"，是日本茶道宗师千利休所创建的草庵风格的茶室，也是他唯一留下来的一座只有两张半榻榻米大小的喝茶之所。在如此狭小的茶室，宾主之间的行为只能坦诚相见，无法掩饰。也正因如此，一切举止都必须得宜、完美，喝茶唯有如同修行般不断精进方可达到最佳境界。茶室的入口仅仅只是一个洞口即窝行门，无论是皇亲国戚还是寻常百姓，凡进茶室者皆需屈膝卑躬，低下头钻进茶室，当年丰臣秀吉等也只能如此爬进爬出。茶室门口有刀架，即便是被武士视为生命的刀，到此也必须解下。在严谨无装饰的茶室中，唯有简单的插花和禅意的茶挂两件东西是必不可少。当客人弯下腰钻进茶室时，一抬头，在空无一物的空间里，只见到一朵花，和一点洒在花瓣上的阳光，旁边是一句简单的禅语书法，这是一种无须说明或是过多言语，即可感受一切的禅意。

从第一点和第二点综合来看，以及从法门寺地宫密室入口正对的皇家从地宫外部进入地宫内部密室的台阶来看，日本茶庭至茶室入口飞石，在一定程度上也可视为法门寺地宫密室皇家帝王从外入内，从外部空间经过长长的阶梯台阶。进入到地宫的人，需要躬身直直向下行走，然后直接抵达地宫密室矮矮的80多厘米高密室门口，然后跪行最终抵达密室佛祖舍利灵帐。

第三，西安法门寺在佛教僧徒们中的地位是至高无上的，有"关中塔庙始祖"之称，虽然我们早已经知道天台国清寺、余杭径山寺、宁波天童寺和阿育王寺等对日本茶道形成有非常重要的影响，但日本众多僧人曾云集隋唐长安，以及昔日作为唐代长安"皇家寺院"的法门寺一定对日本茶道有更重要的影响。

第四，从法门寺供奉着世界唯一的释迦牟尼指骨舍利以及作为唐代最重要的皇家寺院来看，唐代200多年间，先后有高宗、武后、中宗、肃宗、德宗、宪宗、懿宗和僖宗八位皇帝六迎二送供养佛指舍利。每次迎送皇帝顶礼膜拜，声势浩大，朝野轰动，等级之高，绝无仅有。

据史载供养佛指舍利法门寺地宫密室"三十年一开，则岁丰人和"，可干戈平息，国泰民安，风调雨顺。咸通十五年（874年）正月四日，唐僖宗李儇最后一次送还佛骨时，按照佛教仪轨，将佛指舍利及数千件稀世珍宝一同封入塔下地宫，用唐密曼荼罗结坛供养。唐代诸帝笃信佛法，对舍利虔诚供养，寺院大小乘并弘，显密圆融，使法门寺成为皇家寺院及举世仰望的佛教圣地。佛塔被誉为"护国真身宝塔"。由此可以推论，也唯有法门寺地宫密室可以让大唐皇帝跪行按照佛教仪轨虔诚供养，唐代皇帝尚能如此，也许这也是千利休能说服织田信长和丰田秀吉接受窝门，躬身跪行一个重要原因所在。

最后，从目前宗教的教堂或清真寺建筑等来看，神圣感、崇高感以及幽深神秘历是信徒身心得以净化归从的一个重要建筑风格，法门寺地宫密室建筑特点具备上述氛围和建筑风格，法门寺地宫密室很可能就代表着东方佛教信仰中最神圣庄严的建筑样式。

日本茶道从最初萌发到奠定日本茶文化历史的茶道宗师千利休的集大成时代，从未真正离开过中国文化的思想轨迹与给养，茶挂与中国文人书法绘画之间有着密切关系，在宋代就有所谓的茶挂，中国书法与绘画本身就富含人生哲理和社会哲思意义，重视意趣表达，这也是中国文人最重要的辉煌成就所在；日本的连歌、和歌也与中国诗歌也有着深刻联系，还有独特优美富有哲思的中国诗词歌赋本身就极其具有画面感，富有情感，中国讲究诗情画意，故书画中通常都会体现诗词歌赋的意境。另外，日本的茶点也与唐果子和南蛮果子有着深厚的渊源。从这个角度上说，日本茶道的整个流程、茶室设计、茶道风格与美学、茶点茶器等从日本茶道萌发到集大成，自始至终都未曾远离中国文化的轨迹。

在当下，中国茶文化与日本茶道有着截然不同的特点与表现，当代茶人不可混淆二者区别，应该对文化有负责的态度和使命感。日本茶道在一定意义上就是将禅宗思想与泡茶品茗有机结合在一起的茶文化，对佛家参礼部分的吸收占非常高的比例，且体现在具体一言一行的操作中，并在身体力行的实践中获得身心的超越，在美学与人文温情中获得生活的力量与修行。中国茶文化中的泡茶品茗，无论是唐代煎茶、宋代点茶还是明代刻板严谨的瀹饮法虽说都是在于追求内在的法和道，从来没有对日常喝茶品茗的人有什么行为举止的严格要求。正由于中国古代人秉承儒家思想，对自身身心有着严格要求，唐代煎茶、宋代点茶、明代瀹饮茶对茶汤品质都有认真的科学探究与严格的实践结果比较，但从未像日本茶道一样对整个过程甚至每个细微之处都有着明确仪轨章制和要求。中国的茶文化无论是唐代煎茶、宋代点茶还是明代瀹饮法，简单说就是在艺术与审美中最终获得了身心的跳脱，是在内心深刻诚恳自省与外在洒脱浪漫的过程中，换句话说是在内于禅外于愉悦散淡中完成了与宿命的和解，以及与理想的憧憬和坚定。同时，也最终体现了儒释道一体在喝茶品茗中的实现。我们中国茶文化在当下能彰显出其本身具有的独特气质，且在不断发展中，也应保持其本身的魅力与格制。

（二）日本茶室、茶道具与和果子

日本的茶室是千利休以及众多茶人精神与思想追求的集中展现，透过建筑和装饰符号彰显其"侘茶"的内在精神。

日本茶室布局、装饰等与禅院有着深刻联系，包括有茶室本身、水屋、甬道与门廊，室内面积一般都在五六平方米，强调内外素淡纯净，茶室铺有榻榻米，茶人根据榻榻米纹路，画出阴线和阳线，按照阴阳五行之道决定各种道具的位置、步伐、人与器之间的关系，并设有点茶席、客人席、脚踏席、地炉席等（见图3-4）。茶室内通常装饰有一个壁龛，宽约3米，高约1.7米，内常挂有画轴或字幅，也有插着花的花瓶，也时常会有香炉。客人入茶室必先面对壁龛，首席客人所坐之处背后即为壁龛。室内通常靠窗户采光，在主人点茶位置有墙底窗、壁龛之侧也有壁龛窗，屋顶也开设一天窗，在半明半暗之中尽显幽寂。装饰品的设置要符合茶室的主题，也要有美感，注重超越物质美感本身，并认为真正的美只能通过从精神上完善那些不完善的事物才能得到。茶室的功能中心往往是地炉，地炉通常只在11月至来年的4月使用，其余时间都会用榻榻米盖住。以地炉为中心，左边是水屋，水屋是放茶具和清洁茶具的所在，是主人准备茶事活动和收拾茶道具的地方。同时，日本茶室也体现着日本建筑本身的审美情趣与意味——清雅天趣（见图3-5）。

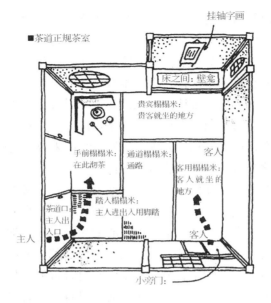

图 3-4　日本传统茶室构造示意图

图 3-5　日本传统茶室示意图

日本茶室茶庭又称为露地，通常完整的茶庭分为内与外两个部分，又称之为内露地与外露地，有一重露地、三重露地等特殊形式，营造寂静和顿悟的氛围，以枯山水为其庭院景观艺术风格特色。其中，外露地设置是供客人整理衣冠仪容的地方，设置有厕所、休息处等设施；内露地设置有休息处、厕所、蹲踞和茶室等。两者之间是一道篱笆墙，中间是一扇被称为中潜的竹门。茶庭通常设计成流线布局，相关的踏石、蹲踞、石灯笼以及植物等景观元素设计也都遵循这一规则。茶庭里设置不同的门，在一定程度上也代表着世俗世界与精神世界的分断，茶道也是人们洗涤精神灵魂的一个重要方式。

踏石设置的目的是让客人的鞋子保持不受各种可能影响而干净整洁，以便更好地参加茶道活动。其铺设和摆放的方法有很多类型，有的还借鉴中国园林设计理念，通过制造视觉感觉或障碍等，体现一定的审美或设计思想，步行小路要以人的步距为参照依据，指向茶室的方向，且体现一定韵律和美感，来访客人务必按照规定路线前行，不可随意走动。

石灯笼源自佛教的献灯，有不同形状样式，但其主要作用是照明和添景。蹲踞是茶庭中必不可少的景观元素，也有供客人洗手、漱口的实际功能。另外，水也是茶庭里不可缺少的元素。

日本茶道用器具可分为四类：接待用器具、茶席用器具、院内用器具及清洗茶器用器具。其中，接待用器具和茶席用器具是同客人直接见面的器具即包含有鉴赏性，为真正的茶器；而院内用器具和清洗器具用具不是真正的茶器。茶席与茶道礼法用具主要包括：釜（釜水壶）、茶地炉（下沉式炉膛）、水壶、盖置、香盒、灰器、炭斗、茶碗、茶叶罐、抽绳袋、茶勺、勺支架、茶勺、建水、茶巾、冷水容器、茶筅、袱纱、餐巾纸、古帛纱、折叠风扇等。另外，在茶道过程中使用的怀石料理器具包括：折敷（木质托盘）、碗、向付、八寸、烤物钵、酒器等。

日本和果子是日本的糕点，也深受中国古代糕饼制作技艺影响，和果子基本上是依附于茶道并作为佐茶的茶食，但伴随日本茶道漫长发展过程，也在融入了自身文化和民族精神特色，创作题材灵感非常丰富，注重形、色、味及名字。在造型上花式繁多，其外观的多样性也令人叹为观止，造型栩栩如生，且内涵常与风物与季节氛围等相关，在命名上也非常风雅，比如朝露、福梅、若竹、寒牡丹、干枝、雪轮、水仙、日出、万寿、丹顶、火焰等，这也是日本茶文化精致化的一个重要体现。

和果子以红豆馅、白豆沙馅为主，也有抹茶馅，季节性馅料则有栗子、山芋、梅子、柿子等，通常使用面粉、糯米等。根据水分含量和保质期，可分为生果子、半生果子、干果子；按用途划分也可分为：并生果子、上生果子、茶席果子、式果子、蒔果子和工艺果子（见图3-6）。

图3-6　日本和果子

二、韩国茶礼

在韩国泡茶喝茶的常称为韩国茶礼或茶仪，受到中国儒家的礼制和中庸思想影响，"中正"是其茶礼的基本精神，创建该精神的是禅师张意恂（1786-1866），倡导善良、简朴廉洁、诚挚等精神信念。韩国茶礼以和、静为根本精神，包括：和、敬、俭、真。韩国茶礼侧重于礼仪，强调茶的亲和、礼敬、欢快，同时贯彻于各阶层的茶礼之中，作为民族的文化精神一个重要组成部分。茶礼的整个过程，从环境、茶室陈设、书画、茶具造型与排列，到投茶、注茶、茶点、吃茶等均有严格的规范与程序，力求给人清净、休闲、高雅和文明之感。

韩国在新罗时代饮茶之风已经兴起，在公元 7 世纪兴盛并流行于民间，在韩国茶文化发展历程中曾兴盛一时。由于古代朝鲜半岛长期是中原王朝的属国，并与北方民族、日本列岛之间有频繁的交流与冲突，近代又受到资本主义列强的侵略与文化渗透，地区文化在经常不平稳的发展环境下也必然会受到冲击，因此韩国茶礼的发展也受到一定阻碍与限制。20 世纪 80 年代，韩国的茶文化开始复兴每年的 5 月 25 日被定义为韩国的"茶日"，茶日活动有成人茶礼、高丽五行茶礼及新罗茶礼等表演。

韩国茶礼源于中国古代的饮茶习俗，并融禅宗文化、儒家与道教的伦理道德，以及韩国传统礼节于一体，早在新罗时期朝廷的宗庙祭礼和佛教仪式中就运用过茶礼。韩国的茶礼按茶叶类型划分主要有：末茶法、饼茶法、钱茶法、叶茶法四种。

在高丽时期，朝鲜半岛已把茶礼推广到朝廷、官府、僧俗等阶层。最初的韩国饮茶与中国唐代喝茶方式类似，把茶放入石锅里，用柴火煮后饮用；之后也经历过中国宋代点茶类似的方式，就是把膏茶磨成茶末后，把汤罐里烧开的水倒进茶碗，用茶匙或茶筅搅拌成乳化状后饮用。到高丽末期，有把茶叶泡在盛开水的茶罐里再饮的泡茶方法。当时的高丽朝廷举办茶礼大约有：燃灯会、八关会、迎北朝诏使茶礼、太子诞生祝贺茶礼、太子分封茶礼、分封王子、王姬的茶礼、公主出嫁的茶礼、宴请群臣酒席仪式中的茶礼等。另外，高丽时期的佛教茶礼则表现为禅宗茶礼。

高丽（韩国）五行茶礼是古代茶祭的一种仪式，其形式与日本茶道相似，内容基本是对茶的冲泡与品饮，是韩国最高层次的茶礼，参加者众多、规模宏大且内涵丰富。茶叶在古高丽时期历来是"功德祭"和"祈雨祭"必备的祭品。五行茶礼祭坛的设置通常为：在洁白的帐篷下，有八只绘有鲜艳花卉的屏风，正中张挂着用汉文繁体字书写的"茶圣炎帝神农氏神位"的条幅，条幅下的长桌上铺有白布，长桌前放置小圆台三只，中间一只小圆台上放青瓷茶碗一只，其茶礼核心是祭扫韩国崇敬的中国炎帝神农氏。

三、英国下午茶

英国下午茶可追溯到 17 世纪，渐渐成为人们的休闲方式，下午茶因其形成背景与进行方式，也时常被列为介乎午餐与晚餐之间的餐饮方式之一。英国维多利亚时代，因贵族礼节繁复且需要穿着正装的"party"通常是在晚上举行，中餐之后距离晚餐时间又长，也经常会有百无聊赖或是饥饿难耐的时候，另外对于贵族阶层尤其是女性来说，午后的空闲时间比较多，因此为下午茶的出现创造了可能。

英国下午茶具有社交与娱乐消遣性，源于能享受到中国茶的皇家和贵族阶层。1662年嫁给英王查理二世的葡萄牙公主，人称"饮茶皇后"的凯瑟琳带动了下午茶的发展，此后玛丽二世以及安妮女王也都热衷于推广茶文化。因此，茶与精致的点心，以及高贵时尚的瓷器与银制餐具，高雅优越的情调、再加上惬意休闲的午后氛围，这一行为立即在当时贵族社交圈内蔚然成风，并成为高贵的象征，英国下午茶一直到今天仍然以其"优雅自在"为特色，并成为正统的"英国红茶文化"茶文化活动。从贵族阶层到民间，英国午后三、四点钟开始的下午茶得到了广泛接受与热爱，并成为日常一个重要的生活形式。英国人的喝茶时间除了在下午，也有清早刚起床的"床前茶"、早餐茶、工作间歇的"工休茶"、晚餐前大约五六点钟之间，有肉食冷盘和正式茶点的"HighTea"，就寝前的"离别茶"。此外，英国还有名目繁多的茶宴（Tea — Party）、花园茶会（Tea in garden）以及周末远足的野餐茶会（Picnic Tea）。

英国下午茶从最初贵族家庭中用高级优雅茶具来享用茶与点心，渐渐演变为招待友人欢聚的社交茶会，进而也衍生出相应的礼节，最终形成了一门综合的西方代表品饮茶艺术形式，也形成了相应的特色、规范和要求。

喝下午茶最正统的时间是下午四点钟，就是俗称的"Low Tea"；务必在家中最优雅舒适的环境中举办，通常是客厅或花园中。女主人在众人面前开启装有茶叶的宝箱，并开启茶叶罐，以显示茶叶的金贵，配以由女主人提前亲手调制好的丰富的冷热点心，并由女主人亲自为客人服务，非不得已才不会请女佣协助以表对客人的尊重。欣赏并使用精美精致的茶具也是其中的重要环节，其中有细瓷杯碟或银质茶具包括：茶壶、过滤网、茶盘、茶匙、茶刀、三层点心架、饼干夹、糖罐、奶盅罐、水果盘、切柠檬器。在缺乏阳光的英国，晶莹剔透、银光闪闪的下午茶用具会让人格外欢悦。除此之外，空间中最好有悠扬轻松的音乐佐茶，宾主要穿着得体，务必盛装或正装；品尝点心时要细细品尝，交谈要低声细语，举止要仪态万方、彬彬有礼。时至今日，不少英国人即使是一个人也要穿戴正式、整齐地享受下午茶，一招一式、一点一滴，绝不含糊敷衍，在任由时光变换里感受体味曾经的风尚（见图3-7）。

如今，下午茶也成为怀有轻松自在心情与知心好友共度一段优雅、自在时光的放松方式与文化符号，也成为具有一定品味与经济能力的身份象征。因此，下午茶也开始在休闲产业商业消费中得到了不断推广与发展。

图3-7　英式下午茶

英国人在品用下午茶的时候，好的茶品、音乐、心情必不可少，其中享用美味点心、欣赏精致的茶器与品茶是非常重要的三个环节。通常要在茶里加入牛奶和糖，同时佐以饼干和甜点等。英国下午茶的精巧和贵族气息也体现在三层架的点心上，纯英式点心是正统英式下午茶的格调彰显所在。点心架第一层通常放置咸味的各式火腿、芝士等风味的三明治；第二层和第三层通常摆放着甜点，第二层多为些许甜味的甜点为最佳，比如草莓塔，以及随心搭配的泡芙、饼干或巧克力等，以放传统英式点心松饼为最多，并配有果酱、奶油；第三层甜点也没有固定形式，一般为蛋糕及甜腻厚重的水果塔，或其他随心搭配的合适点心。其中，只有一口大小、上面缀有鱼子酱和小酸黄瓜的甜点、手制饼干，以及可以和奶油或果酱一起吃的英式松饼（scone）等最为经典。

在品用点心的时候，需由下往上开始吃，由咸到甜，由淡到重。稍微带点咸味的茶点可以让味蕾舒醒帮助更好品味食物的真味与美味，再啜饮几口芬芳四溢的红茶后，吃上一点带有果酱、奶油或些许甜味的茶点可以让口腔慢慢散发甜感，进而最后再品用浓厚的甜食。英国下午茶的点心也呈现小巧玲珑风味各异的样式，宛如一件件精雕细琢的艺术品，令人在雅趣与欣赏中流连忘返。英国茶叶分类比较细致，比如说下午专用茶、早餐茶等，那么在下午茶中最早基本使用中国茶，后来主要为大吉岭与伯爵茶、锡兰茶等。除了在喝茶时要有优雅的用品用具摆设、使用丰富的茶点外，在饮用时正确的冲泡方式也非常重要，一般直接冲泡茶叶，再用茶漏过滤掉茶渣，再倒入杯中饮用。若要加奶，那务必先放奶再放茶。在吃松饼的时候，通常是先涂果酱、再涂奶油，吃完一口再涂下一口。

由此可见，英国下午茶也是彰显着绅士淑女风范的礼仪，正是因为在下午茶发展中同样融入了严谨的态度才最终使其成为世界上最重要的茶文化之一。另外，正统英式维多利亚下午茶繁荣时期也是英国综合实力最强盛的时代，在这个时代，文化艺术蓬勃发展，人们更愿意追求艺术文化的内涵及精致的生活品位，正是这些内在的重要因素才深刻地促使英国下午茶得以繁荣与发展。

在此基础上，我们也可以深刻地理解到：中国茶文化与日本、韩国以及英国茶文化发展的背景、推动者、内涵与特征、性质与方式等有着明显的差异。因此，在当下以及未来中国茶文化发展中，我们也应致力于发展出自己的特色，使中国茶文化焕发出更强大的生机与影响力。

 考核指南

基本知识部分考核检验

1. 请简述日本茶道主要代表人物及对茶道发展的影响。

2. 请简述韩国茶礼主要内涵及特点。

3. 请简述英国下午茶主要特点及产生背景。

操作技能部分

设计一个酒店大堂下午茶产品并撰写一个下午茶活动策划方案。

第五节　中国茶文化跨文化交流与发展

中国茶及茶文化在发展的过程中，出现了向内与向外的传播路线，对中国不同地区之间及世界其他国家的茶产业及茶文化发展等均产生了深远的影响。

在国内，我国茶及茶文化经历了一条由西向东和向南扩散传播的路线。目前，绝大多数学者都认同这样的观点：在秦统一巴蜀后，品饮茶才开始从巴蜀之地慢慢进行传播，在西汉时期，成都一带不仅形成了最早的茶叶集散中心，也开始出现了专门的饮茶用具。顺江而下，茶最先传播到东部和南部，西汉时期茶的生产已经传播到与湖南、广东、江西毗邻的地区。三国两晋时期，荆楚地区开始逐渐取代巴蜀的地位，成为中国茶文化发展的主要地域所在。在经历了五胡乱华、西晋南渡，南京开始成为当时南方的政治文化中心后，加快了我国茶叶向东南推移的趋势，东南地区的茶叶种植由浙西扩展到今日温州、宁波沿海一带，品饮茶之风开始在贵族士大夫中盛行。在南朝的时候，长江下游宜兴一带的茶叶也十分有名。隋唐时期，茶叶重心东移的趋势越发显著。在唐代，长江中下游的江南地区开始正式成为我国古代茶叶产制中心，在今江西东北部、浙江西部和安徽南部一带茶叶发展已尤为突出，湖州紫笋茶和常州阳羡茶被列为贡茶，唐代当时的茶叶产区范围基本上已经接近我国近代茶区状况。在五代及宋朝初年，我国南部茶叶发展更为迅速，成为宋代茶叶制作中心，福建建安茶成为贡茶，福建南部和广东岭南一带的茶业发展则呈现更加活跃和蓬勃的态势，宋代茶区与现代茶区范围已经非常接近。

中国茶及茶文化在对外传播方面，主要是通过陆路和海陆进行，出现了以下三条路线：

第一，通过茶马古道向西南传播至印度、非洲等地。历史上茶马古道以三条大道为主线，辅之以众多的支线、辅线构成的道路系统，是一个庞大的交通网络，向外延伸至南亚、西亚、中亚、东南亚，远达欧洲。茶马古道兴于唐宋，盛于明清，陕西茶商在其中起了重要作用。茶马古道分陕甘、陕康藏、滇藏等三条主要路线，连接川滇藏，延伸入不丹、尼泊尔、印度境内，直到抵达西亚、西非红海海岸。茶叶具有分解释放和防止燥热的作用，而边疆又多产良马，古代中国的朝廷与西南边疆之间互补性的茶马交易应运而生，进而促使形成茶马古道，它也成为中国古丝绸之路的主要路线之一。茶马古道在云南境内的起点就是唐朝时期南诏政权的首府大理，因而大理也是茶马贸易十分重要的枢纽和市场。大量的主要来自云南、四川的茶叶，以及少量来自于中国其他地区的茶叶，通过茶马古道到达西藏后，经喜马拉雅山口运往不丹、印度加尔各答、尼泊尔，行销欧亚。

第二，通过丝绸之路，向西经由新疆传播至中亚。十世纪时，蒙古商队将中国茶砖经由西伯利亚带到中亚以远。在西方，最早从中国输入茶叶的是今日的俄罗斯，史料显示，俄罗斯人听闻茶的时间应为 1567 年。宋代的时候，蒙古人开始饮茶，在元代时期，蒙古人远征，创建了横跨欧亚的大帝国，蒙古骑兵随身携带的茶砖引起当地人的好奇，中亚也开始饮用茶叶。在蒙古大帝国分裂后，游牧民族的饮茶习惯在中亚和西伯利亚固定下来，并迅速在阿拉伯半岛传播开来。明清之际，茶商通过新疆的丝绸之路，翻越帕尔米高原，源源不断地把茶叶输往各个国家。

第三，通过万里茶路向北传播到今天的蒙古和俄罗斯，以及广大的欧洲地区。清康熙帝在位的 1679 年，中俄两国还签订了关于俄国长期从中国进口茶叶的协定。雍正六年（1728 年），中俄正式签订《恰克图条约》。

万里茶路的起点为福建武夷山下梅村，武夷山下梅、湖北羊楼洞和宜昌五峰渔阳关、江西修水、安徽祁门、湖南安化、四川雅安等地均是中俄万里茶路的茶叶重要产地。其中晋商常氏在其中起了重要作用，在与下梅邹氏达成协议后，将武夷茶远销欧洲，开辟了辉煌的万里茶路，下梅村也是武夷茶外销的集散地。

中俄万里茶路主要在湖北汉口借道汉水北上，经过河南、陕西，越过大漠，中国茶商出长城后，经过乌兰巴托，抵达俄国的恰克图，进而进入莫斯科、圣彼得堡，贯通亚欧。历史上，万里茶路主要有三条商路，一条是从汉口出发，经汉水到河南，至张家口或呼和浩特，再分销蒙古和俄国；另外一条是汉口至上海，转运天津，再到恰克图，之后转输西伯利亚。第三条商路是京汉铁路通车后，由汉口运至华北，再由驼队输往蒙古和西伯利亚。

这三条商路都形成了直达欧洲腹地的国际性茶叶商路，汉口压制的青砖、米砖、花砖等各式砖茶远销国外，贸易兴盛，汉口也成为中国近代砖茶工业的诞生地、世界砖茶之都。中国茶叶在俄国社会受到普遍欢迎，茶叶贸易日趋繁荣，迄今为止，曾经的俄国所在地区的茶叶消费量依旧很大。万里茶路持续了将近 200 年，在 20 世纪初逐渐落寞，它是我国中原文明与欧洲文明的一条重要的交通线和融汇点。

清代末年，宁波茶厂厂长刘峻周（本名刘兆彭，1870—1939）还应邀以专家身份带技工去格鲁吉亚种茶，后来他还担任苏联政府国营茶厂的经理。1901 年，刘峻周获得沙皇奖励，1924 年被苏联政府授予劳动红旗勋章，他的儿子刘泽荣也曾被列宁会见过三次。格鲁吉亚所产的"老（刘）茶"就是以刘峻周的姓氏命名的，当地人也称之为高加索的"中国茶王"。

中国茶及茶文化是通过佛教借助海上茶路向东传播到日本与朝鲜等地。6 世纪中叶，朝鲜半岛的茶种是由华严宗智异禅师在朝鲜建华严寺时传入的，到 7 世纪初，饮茶之风已经遍及全朝鲜。永贞元年（805 年）日本遣唐僧最澄与永忠等一起从今宁波地区启程归国，从浙江天台山带去了茶种，并把品饮茶文化带回日本，在嵯峨天皇（810–824，年号弘仁）时期，还出现"弘仁茶风"。宋朝时，日本留学僧人荣西于 1168 年、1187 年两次渡海来宋，归国时将中国的茶种带回日本，并种植成功，晚年的时候还写了《吃茶养生记》，介绍了宋朝的蒸青茶制作方法和品饮方法。在荣西等人的大力推动下，饮茶之风在日本的僧人和贵族中再度兴起，并且也不断向下层社会扩散。

北宋时期，重新编订的《禅苑清规》以及此后多次修订的禅林规式中，均有多处有关禅苑茶礼（宴）的规定，如以茶汤宴请首座及远来尊宿，或招待大众，或为新任方丈升座等的礼仪规范。在禅苑中还设有"茶寮""茶堂"，专职供茶的僧人"茶头""施茶僧"，设于法堂内的"茶鼓"等项，"茶宴"之风在禅林及士林更为流行。古代中国茶宴以禅林茶宴最具有代表性，其中最有影响力的就是径山茶宴。自唐代以来，由于每年春季，僧侣们经常在寺内举行茶宴，谈佛论经，逐渐形成了一套颇为讲究的茶宴礼仪，该茶宴有严格的程序和郑重的仪式。径山茶宴是寺院接待贵客上宾时的一种大堂茶会，也是一种独特的以茶敬客的庄重礼仪形式。南宋开庆元年（1259年），日本高僧南浦昭明禅师来径山求佛法，将径山茶宴仪式传回日本；日本曹洞宗开山祖希玄道元（1200—1253）入宋求法，也曾登临径山问道，回国后制定了《永平清规》，根据径山茶宴礼法，对吃茶、行茶、大座茶汤等茶礼都做了详细规定，成为日本茶道之源。

中国古代的"茶宴"除了对日本茶道产生深刻影响外，也对怀石料理也有巨大影响。

"茶宴"一词最早出现于公元453年南朝宋人山谦之的《吴兴记》一书，茶宴又名茶会、汤社、茗社，是以茶代酒做宴，宴请款待宾客之举，兴于唐代，盛于宋代。茶宴之道追求清俭淡雅，除品茶外，也辅以点心、水果等茶食。当时的茶宴主要分为四种，一种是清饮，就是在花间竹林里等场所，一起欢聚且以茶代酒。第二种就是寺院举办的大型茶宴，例如喇嘛寺茶会、径山茶宴等。宋代时期，武夷山一些寺院也流行举办茶宴，一些社会名流往往都会慕名前往。明代，朱熹居住在五夫的时候，与住持圆悟交往很好，也常和友人在开善寺赴茶宴，品茶吟诗，谈经论法。第三种，就是在茶季的时候，在茶叶产地举办的品茶歌舞会等，其中以产贡茶闻名的顾渚山茶宴、品尝和审定贡茶的境会亭茶宴规模最大，最为有名，这种茶宴历代不绝。另外，就是宫廷贵族茶宴，气氛相对来说也比较肃穆庄严，礼节也相当严格。

从日本茶道形式看，也可以将其视为一种茶主人与客人一起品饮茶的形式，也可以看作一种以茶会方式进行的品饮茶形式。最初日本僧人在茶道前享用小食用以免除茶醉，后逐渐演变为饮茶前奉上简单的饮食，怀石料理即茶会料理。后来受到上流社会推崇，越来越讲究食物的精美、程式和礼仪。怀石料理吸收了茶道文化典雅之美，早期称之为会席料理，发展至后期以"怀石"取代"会席"。怀石料理逐从听禅茶点开始，形成"不以香气诱人，更以神思为境"为特色，同时也发挥了日本料理取材新鲜的特长，将日本美食发挥得淋漓尽致。怀石料理重视季节感的同时，也最大限度利用食材的色泽、香气和味道。除了材料外，怀石料理还追求由食器、座席、庭园、挂轴画、花瓶等所塑造的空间美。

第五，从明朝郑和下西洋开始，茶叶通过海上茶路南传至中南半岛，并向非洲、欧洲和美洲进行传播。明代三宝太监郑和于公元1405—1433年，曾先后七次奉使远涉重洋到达中南半岛、南洋群岛，以及孟加拉国、印度、斯里兰卡、阿拉伯半岛等地，最远曾到达非洲东海岸和红海沿岸。在郑和七次下西洋所到之处，进行了包括茶叶、瓷器在内的中国货物和各国货物之间的交换，对东南亚和东非的饮茶风俗起到了重要推动作用。福建长乐太平港是郑和下西洋的舟师驻泊地和开洋起点，郑和船队中也有很多船员水手来自福建，有些福建人后来就留在了东南亚，成为明朝以后的一代福建华侨，这些华侨也进一步将中国饮茶的习惯、种茶和制茶的技术带到东南亚各国，把中国茶文化传播到海外，至今影响着这些国家和地区的饮茶风俗。据记载，郑和客死于今天的印度，而他主要经过的东南亚地区，如今已经将他的形象神化，并深深烙印在历史记忆中。在东南亚还流传着许多与郑和有关的传说，在泰国、印尼、马来西亚等地，还举行着关于郑和的不同形式的宗教仪式和庆祝活动，这些仪式和庆典也在历史演化中，逐渐延续下来成为当地的习俗。

早在1515年，葡萄牙商船就开始与中国有茶叶贸易往来，1560年前后取道威尼斯进入到欧洲。1610年，荷兰东印度公司的荷兰船首航从爪哇岛运中国茶到欧洲，并且已经开始定期运送茶叶。18世纪中叶，英国东印度公司开始抓住茶叶受欢迎的商机。1832年，东印度公司获得茶叶贸易的垄断地位，也正式拉开了近代中国茶及茶文化传播至西方的历史帷幕。19 世纪中叶，英国掀起了茶叶帆船快运竞赛，从中国厦门或上海、福州出发抵达泰晤士河港口。从 1859 年开始，英国着手建造运茶快船，之后的 10 年间，至少有 26 艘帆船下水。每到春天，当中国出产的新茶开始出货的时候，便会举行运茶快船的竞选赛，夺得第一名的船只有奖金奖励。

由此可见，茶叶是通过陆路和海路两条路线共同抵达欧洲的，并对世界历史发展也产生了深刻影响。欧洲人是通过意大利一位叫拉木学的学者，从 16 世纪开始获知茶叶的，拉木学在 1559 年出版了一部书，上面记载了波斯人关于中国茶用水烹煮后可以治疗多种疾病的说法。大约在 1610 年，荷兰人最早将茶叶输入欧洲，饮茶随之而起，荷兰也是最早兴起饮茶之风的欧洲国家。16 世纪末到 17 世纪初，英国人开始认识茶叶，在 17 世纪中期，饮茶在荷兰已经很流行了，茶叶已通过各种途径输入英国，但是价格非常高昂，当时茶叶在英国社会也是属于稀罕物，十分珍贵，自此后一直持续相当长的时间里，茶叶都被视为高贵奢华的象征。茶叶最初在英国也曾被作为药物，后葡萄牙公主凯瑟琳嫁给英国国王查理二世后，在她的倡导推动下，饮茶成为英国时尚之风。英国人开始从 17 世纪大规模移居北美，到 18 世纪末前半期，形成了十三个英属殖民地，不仅带来了饮茶的习惯，而且也开始了茶叶贸易。由于茶叶逐渐成为北美殖民地居民的一项重要日用消费品，也构成了英国政府一项重要的税收来源，1773 年英国议会通过了《茶税法》，该法也引起了北美殖民地人民的强烈不满，于 1773 年 12 月 16 日夜发动了"波士顿倾茶事件"，就此成为了美国独立战争的导火线，1775 年美国独立战争爆发，并于 1776 年宣布脱离英国独立，英国于 1783 年承认美国成为独立国。

 考核指南

基本知识部分考核检验

1. 请简述历史上中国茶文化面向世界传播的主要特点及路径。
2. 请简述茶马古道形成背景与意义。
3. 请简述万里茶路形成背景及路线。

模块 二

茶叶基本知识

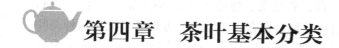 第四章　茶叶基本分类

视频：茶树植物
学特性及茶叶
分类

◎ **学习目标**

1. 茶树植物学特征及生长环境需求等相关知识。
2. 中国茶叶分类及加工工艺特点情况等相关知识。
3. 中国六大茶类比较著名代表茶叶及加工品质特点等相关知识。

　　中国早在 4700 年前就开始栽培和利用茶树，茶树是山茶科、山茶属，最早生长在中国西南地区。目前大多数学者均认为茶树原产于中国的云贵川高原。现在云贵高原依然有许多野生大茶树，分布非常广，数量也非常多，以北纬 20 度线附近居多，并沿着北回归线向北两侧扩散，云南江河两岸都是驯化栽培茶树的主要基地，四川属于茶树起源地区，种茶的历史也最为悠久，有最早人工栽培茶树的记载，西汉时期就已在蒙山进行人工种植茶树，成为茶叶生产中心，所以四川也是当时中国政治中心陕西的重要茶叶供给地，并通过开辟的川陕交通线路将茶种带到陕西，进而沿着汉水流域逐渐进入到河南，河南也因此成为古老的北方茶区之一，之后扩大到长江、闽江和珠江流域等地区。

　　中国古代最早制茶叶往往如同制作大多数中草药那样，晒干后收藏使用，晒干的茶树鲜叶虽然草青气重，但也具有一种类似白茶的特殊迷人风味。一直到三国时期（220—264），才开始进行制饼烘干。这期间有时出于保存的目的，会在制作好的茶饼表面糊上米糕，或者用蜡封起来，喝的时候再剥掉外层。中国茶叶加工制作经历了非常漫长的演化，尤其是从茶树的鲜叶晒干到唐代的蒸青团茶这段时期。通过制造饼茶的实践，认识到饼茶的青草气味太浓，因此大量针对去掉青草味的制茶实践，最终发明了蒸青制作茶叶的方法。在宋代，又产生了蒸叶后尽快用冷水冲洗以保持绿色，去掉茶汁苦涩味的压榨法，现在制作蒸青绿茶的时候，将冷水改为冷风进行降温处理。印度在制作绿茶时会挤掉一部分叶汁，也是借鉴了我国古代的制茶方法。从宋代到元代将近三百多年中，蒸青团茶又进一步改为蒸青散茶为主的制茶方法，具体操作就是茶树鲜叶蒸后不再被搓揉而是直接进行烘干。到 12 世纪末，对制茶中的用火工艺掌握越来越精熟，通过利用干热制茶方法，将蒸青散茶改为可以获得茶叶优良风味的炒青茶。从 1368 年明朝到 1700 年清朝前后，大概也经历了三年多，我国制茶工艺的发展非常迅速，已经形成各种茶类而且花式齐全。如今，中国制茶已经进入到欣欣向荣的产业大发展时期。

当今大部分茶叶品种在清朝时就已经能够生产制作，出现诸多以产地命名的历史名茶。比如：武夷岩茶、西湖龙井、涌溪火青、鹿苑茶、恩施玉露、敬亭绿雪、富阳岩顶、严州苞茶、峨眉白芽、舒城兰花、徽州松萝、贵定云雾、湄潭眉尖等是诸多花色品种茶叶中有独特风格的珍品。1915 年巴拿马万国博览会还诞生出了第一个版本的"中国十大名茶"，分别是：西湖龙井、碧螺春、信阳毛尖、君山银针、黄山毛峰、武夷岩茶、祁门红茶、都匀毛尖、铁观音和六安瓜片。1959 年进行的中国"十大名茶"评比，是认同度比较高的版本，其中有新晋的庐山云雾茶。如今，中国名茶已经形成了名优荟萃、异彩纷呈的局面。自 2010 年起，浙江大学 CARD 中国农业品牌研究中心联合中国茶叶研究所主办的《中国茶叶》杂志、浙江大学茶叶研究所等，持续发布"中国茶叶区域公用品牌价值评估》研究，其中前十名品牌茶叶名称每年都不断发生变化，显示着各地茶叶制作工艺在竞合中也不断提升着茶叶品质。同时，每年全国各地茶的产区、相关机构也不断举办各类茶叶品质评比会，通过创新超越不断产生出新的名优茶叶品牌。

由此可见，名优茶早已深入日常品饮茶生活，其与产地、茶叶品类划分、历史文化等相关的知识，也引起冲泡人极大的兴趣。茶叶因其不同的茶树品种、制作工艺技术、不同土壤气候产区等，使成茶在色、香、味、形等方面各具风物气韵，也让爱茶者深深痴迷其中，不断探寻冲泡出一杯美味茶汤的方法与技术。

第一节　茶树及植物学特性

茶树是常绿多年生木本植物，茶树的植物学名称最早是由瑞典植物学家林奈定名，1950 年中国植物学家钱崇澍根据国际命名法的有关要求，确定 camellia sinenisis(L.) O.Kuntze 为茶树学名，并一直使用，延续至今。茶树的植物学分类地位如下：植物界、种子植物门、被子植物亚门、双子叶植物纲、原始花被亚纲、山茶目、山茶科、山茶亚科、山茶族、山茶属、茶种。茶树主要分布在热带和亚热带地区，在南纬 45° 与北纬 38° 间都可以种植，主要集中在南纬 16° 至北纬 30° 之间。

茶树喜欢温暖湿润的气候，喜光耐阴，尤其适合于在漫射光下生长，早晚有雾，利于保证茶青品质，因此年降水量要在 1500 毫升以上，分布均匀，相对湿度保持在 85% 的地区较适合茶树生长。此外，茶树适合长在土质疏松、土层较厚、排水透气状况良好的微酸性土壤中，土壤酸碱度（PH）值在 4.5 ~ 5.5 最佳。通常在气温 10℃以上时茶树芽头就开始萌动，18 ~ 25℃为最适合生长温度。茶树种植时期在每年 11 月至次年 3 月下旬之间，雨季前后时均可种植。中国茶学家庄晚芳等将茶树分为 2 个亚种 7 个变种，分别是云南亚种和武夷亚种。其中，云南亚种包括云南变种、川黔变种、皋芦变种和阿萨姆变种，武夷亚种包括武夷变种、江南变种和不孕变种。在古人发现、驯化和利用野生茶树后，茶树经过世代繁衍，长期经受着各种生态条件影响，以及持续不断地人工驯化和选择后，逐渐形成今天的茶树资源。

茶树良好的生长发育状况是保证茶叶优质生产制作的基础。在茶叶生产中，需要选育有较强适应性、抗逆性和适制性的优良茶树品种或品系，来提供优质制茶鲜叶原材料。不同的茶树品种其鲜叶内所含的主要成分有所区别，诸如主要成分氨基酸、咖啡碱、茶多酚、果胶物质和糖类等的含量差异，最终也在很大程度上决定了某些成品茶的色香味形等品质。茶树品种按繁育方式划分为有性繁殖系品种和无性繁殖系品种两大类。茶树与其他作物一样，对环境有一定要求，其中光、热、水等气象因子对其生长发育影响尤为重要。因此，在一定地区原产或选育成茶树品种后，引种到其他地区也可能会出现不适应性。因此，针对抵御其生存生态条件状况能力大小，茶树又可以分为不同抗逆性强弱的品种。通过对茶树越冬腋芽萌发过程中早晚不同的状况进行划分，也可以分为特早生型、早生型、中生型和晚生型。

茶树品种分类普遍采用的是将树型、叶片大小和发芽至少三个要素作为重要依据。茶树品种命名大体有八种方式：第一，以品种产地命名，比如产于浙江省淳安县的鸠坑种、产于黄山市的黄山种等；第二，以品种形象命名，如叶似柳叶的柳叶种等；第三，以叶片大小命名，如小叶种等；第四，以发芽时段命名，如清明早、不知春等；第五，以芽叶或叶片色泽和茸毛多少来命名，如紫芽茶、白毛茶等；第六，根据产地并结合芽叶性状来命名，如芽色银白的福鼎大白茶等；第七，按品种特点来命名，如抗寒性较好的迎霜；第八，冠以地名或单位并加以编号的新品种，如中国农业科学院茶叶研究所育成的新品种，龙井43等。

目前，我国主要地方茶树品种有适宜在长江以南地区推广的福鼎大白茶、政和白大茶，适宜闽、粤地区的毛蟹、铁观音、梅占、福建水仙、大叶乌龙、广东水仙、乐昌白毛茶、凌乐白毛茶，适合种植在云南地区的勐库大叶茶、凤庆大叶种、勐海大叶茶，适于江浙的乌牛早、智仁早等。

国家级茶树品种主要有福鼎毫茶、福安大白茶、黄山种、宜兴种、鸠坑种、英红1号、龙井长叶、信阳10号、龙井43、槠叶齐、八仙茶、黔湄701、桂红4号、浙农113等、云茶1号等。1984年，国家茶树良种审定委员会认定30个国家品种，1987年认定了22个无性系品种，1994年审定了24个无性系品种，2001年出版的《中国茶树品种志》一书中总结归纳我国茶树品种为77个中国审（认）品种，119个省审（认）品种，34个选育品种，114个地方品种，21个名丛品种，4个珍稀品种。2003年，国家审（认）定的品种为96个。2018年，农业农村部完成了茶树品种首次登记，有592个品种，茶树品种的丰富为优质茶叶生产制作也提供了充分的物质基础。目前，我国茶树品种的数量和多样性居世界之首，国家级审（认）品种已多达134个，省级审（认）品种也超200个。

在正常情况下，它的生物学年龄可以从几十年至千年以上，茶树的经济学年龄则在20年至50年左右。茶树从种子萌发开始，到树体老死为止，一般可分为四个生物学年龄期：幼苗期、幼年期、成年期和衰老期。

茶树植株由根、茎、叶、花、果实和种子等器官组成，各个器官相辅相成，共同促进茶树生长发育。其中，茶树的叶子是我们制作成品茶的主要部分。根、茎和叶子为茶树的营养器官，主要负责植株吸收水分及营养物质。花、果实和种子为生殖器官，主要负责繁衍后代。

图 4-1 茶树植物学结构示意

一、茶树树型

根据茶树在自然生长情况下，植株可以达到的高度，以及其分枝习性，茶树树型主要分为主干明显且植株高大的乔木型、基部主干明显的小乔木型和主干不明显的灌木型，我国茶树树型分布也受生态环境作用而呈现一定的分布规律。地理位置经纬度、海拔、土壤、降雨量、日照时间及强度等，都极大地影响着茶树生长、茶树适制茶类状况及茶叶制作的品质。从植物生长地域角度看，在我国两广的五岭至云南之间存在一条热带植物分界线，在这条线以南是北半球中热带植物的主要生长区域，若往北推进，则茶树树型一般就从乔木型变为小乔木型，进而再变为灌木型，茶树的叶片也会从大逐渐变小。因此，在北纬33°以南，东经98°以东近似长方形地带中，我国茶树主要种植区由西南往东北，呈现出由乔木演变为灌木，植株不断矮化，叶片也逐渐变小，抗性增强，多酚类物质呈现渐减趋势。

乔木型　　　　　　　　小乔木型　　　　　　　　灌木型

图 4-2 茶树树形示意

乔木类型的茶树品种多分布在温暖湿润的西南和华南地区，在云贵川一带，早期野生茶树驯化一些古老类型的栽培种中依然保持着乔木的性状和特性。乔木型茶树品种资源为云南大叶种，在北纬25°以南的地区都取得了比较好的收成，目前已经从云南推广至广东、广西、四川、贵州、湖南、福建、江西，以及浙江南部。乔木型茶树通常抗寒性较差，叶片大，芽头粗大，内含多酚类物质较高，适宜制作滋味浓强的红茶。

小乔木型茶树较集中分布在福建、广东、广西、湖南和江西等地，区域适应性和茶类适制性较广，栽种的最著名的茶树品种为福鼎大白茶等。

灌木型茶树主要分布在我国茶区的中部、东部和北部，栽种的最有名的茶树品种为祁门种、鸠坑种、湄潭苔茶、楮叶种等。其中，我国茶园中种植的灌木型茶树品种最多，抗逆性强，地理分布广，茶树叶片小，适制茶类较广。

二、茶树根、茎、花、果实和种子

茶树根系主要由主根、侧根、吸收根和根毛组成，其主要作用是固定茶树植株、贮藏和疏导养料、水分和无机盐作用。茎是茶树连接根与花、果和叶的轴状结构，主干和枝条构成茶树树冠骨架。

茶芽分叶芽（营养芽）和花芽两种，叶芽发育成条，花芽发育成花。叶芽依据着生部位可分为定芽和不定芽。不定芽是在树茎及根茎处非叶腋部位长出的芽。定芽分为顶芽和叶芽，其中顶芽是生长在枝条顶端的芽，腋芽是生长在枝条叶腋的芽。花芽和叶芽同时着生于叶腋间，茶花的花芽比较饱满，整体偏圆一些，花芽长得越大就越圆，而叶芽相对比较瘦长一些，叶芽长得越大便越瘦长。

图4-3　茶树定芽和不定芽示意

花芽一般有 1～5 个，甚至更多，花轴短而粗，属假总状花序，有单生、对生和丛生三种。茶花为两性花，由花柄、花萼、花冠、雄蕊和雌蕊 5 部分组成。茶花花冠为白色，也有少数呈粉红色，由 5～9 片发育不一致的花瓣组成。茶树花芽从 6 月开始成长分化到花芽真正成形，我国大部分茶区的茶树开花期为 8 月至翌年 1、2 月，开花的旺盛期在 10 月下旬至 11 月中下旬，花期一般在 12 月下旬结束。茶树开花过程也伴随着茶果的生长成熟，到 10 月中旬的时候，授粉较早的茶花便开始结果。

图 4-4　茶花示意

　　茶树花期过后，继续生长结出果实，茶果为蒴果，包括果壳和种子两部分。茶果果皮未成熟时为绿色，成熟后变为棕绿色或绿褐色。果皮光滑，厚度不一，薄的成熟早，厚的成熟晚。茶果形状和大小与茶果内种子有关，着生一粒种子时其果为球形，二粒种子时，其果为肾形，三粒种子时，其果呈三角形；四粒种子时，其果为正方形；五粒种子时，其果似梅花形。茶籽是茶树的种子，由种皮和种胚两部分构成，种皮又分为外种皮和内种皮。茶籽大多数为棕褐色或黑褐色，形状有近球形、半球形和肾形三种，以近球形居多，半球形次之，肾形在西南少数民族品种中有发现。

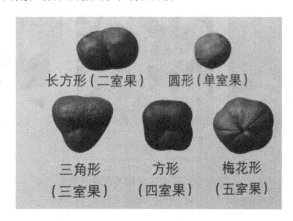

图 4-5　茶树茶果示意

　　茶树枝条按其着生位置可分为主干和侧枝，枝条按照分枝角度不同，可分为直立状、半开张状和开张或披张状态三种茶树树冠类型。

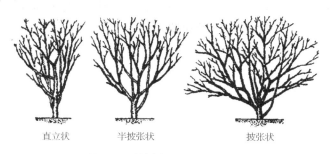

图 4-6　茶树分枝角度类型示意

三、茶树叶片

茶树叶片可分为鳞片、鱼叶和真叶三种。冬芽在发育过程中，通常外部包有 3～5 片鳞片，能减少水分散发，并有一定的御寒作用，随着茶芽成长，鳞片首先脱落。鱼叶是发育不完全的叶片，每轮新梢基部一般有 1～3 片，但夏秋梢也可能会没有生长鱼叶。真叶是发育完全的叶片，一般为椭圆形或长椭圆形形态，也有为卵形、倒卵形、圆形和披针形。

图 4-7　茶树鳞片和鱼叶示意

图 4-8　茶树叶形示意

茶树品种按成熟叶片大小可分为特大叶品种、大叶品种、中叶品种和小叶品种四类。乔木类茶树叶片长度变化范围在 10～26 厘米之间，多数品种叶长在 14 厘米以上，叶片较薄。小乔木类型茶树大多数品种叶片长度在 10～14 厘米之间。灌木型茶树叶片较小，叶长在 2.2～14 厘米之间，大多数品种叶片长度在 10 厘米以下。其中，成熟叶长度在 10 厘米以上的，称为大叶种；5～10 厘米之间的，称为中叶种；5～6 厘米以下的，称为小叶种。鲜叶叶片厚度在 0.2 毫米左右，通常叶片比薄的质量好，称之为肥厚。柔软度较好的叶片，相对内含物质也比较丰富。茶叶香气主要是在茎梗上部和嫩叶的主脉里。

茶树叶片主脉明显，呈网状。由主脉分为侧脉，侧脉又分出细脉，侧脉与主脉呈 45 度左右的角度向叶缘延伸，到叶缘三分之二处，呈弧形向上弯曲，并与上一侧脉连接，组成一个闭合的网状输导系统，这是茶树叶片的重要特征之一。茶树叶缘有锯齿，叶片基部没有锯齿，锯齿呈鹰嘴状，一般为 16 ～ 32 对。茶树叶片上有茸毛，一般称为"毫"，也是它的主要特征，一般鲜嫩的叶片上茸毛也相对比较多。

叶尖
叶片
叶缘
主脉
侧脉
叶基
叶柄

图 4-9　茶树叶片结构示意

除了茶树叶形有所不同外，茶树叶片的叶尖尖凹形态也是茶树分类的重要依据之一，主要分为急尖、渐尖、钝尖和圆尖等。另外，茶树叶片叶面也有平滑、隆起之分；叶缘形状也有平展和波浪形之分。

急尖　　渐尖　　钝尖　　圆尖

图 4-10　茶树叶片叶尖形态示意

平　　微隆起　　隆起

图 4-11　茶树叶片叶面形态示意

图4-12　茶树叶片叶缘形态示意

　　茶树叶片叶色有淡绿色、绿色、浓绿色、黄绿色和紫绿色等，鲜叶颜色与制茶品质也有很大关系，且不同叶色的鲜叶茶叶适制性也存在不同。通常来说，深绿色鲜叶比较适宜做绿茶，浅绿色和紫色鲜叶更适合做红茶。目前，随着茶树领域育种专家的努力探索，已经培育形成彩色茶树，彩色茶树的叶色的形成在于内在光合色素和品质成分等代谢产物有所不同。基本形成绿色系、白化系、紫化系和复色系等4大色系。其中，绿色系、白化系、紫化系为基本色系。紫化系又分为黑色、紫色、红色、橙色等4个亚系，白化系分为黄色、白色等2个亚系。复色系分为三色复色和二色复色。另外，每个亚系不同种质叶色还有一定差异，在该色系范围内递次分布成不同的色阶组成，如黄白色、金黄色、黄色、黄绿色等色阶组成了一组黄色系叶色序列。

图4-13　茶树叶片色泽示意

　　茶叶的色香味品质与鲜叶内含有化学成分的多寡及其制茶过程中产物变化有关，鲜叶中含有多种化学元素，主要成分为水、多酚类化合物、蛋白质和氨基酸、酶、糖类、芳香物质、色素、生物碱。其中，氨基酸与儿茶素的含量和组合等决定了茶叶的鲜爽度，可溶性糖和果胶决定了茶叶的甜味、黏稠度、浓厚感。茶多酚具有较强的苦涩感，咖啡碱和花青素具有苦味，等等。

依据茶树芽叶展开程度不同，有一芽一叶初展、一芽两叶初展、一芽三叶初展等。当嫩梢生长成熟，出现驻芽的鲜叶叫"开面叶"，此时采摘的茶叶叶片标准有小开面、中开面和大开面之分。茶叶采摘的好坏不仅关系到茶叶质量、产量和经济效益，还关系到茶树的生长发育和经济寿命的长短。

在茶叶制作实践中，依据所制作茶类茶品在新梢嫩度、品质、产量因素等方面要求，来确定茶叶采摘的标准，大致可分为四种采摘标准，即：细嫩采、适中采、特种采、成熟采。在采摘鲜叶过程中，也要注意合理采摘，把握好采摘芽叶的规定标准、新梢上留叶数量和时间长短，以及采摘次数等，做到采养结合，兼顾数量和质量，兼顾当前和长远利益。

由此可见，茶树芽叶肥瘦、大小、叶色、叶质柔软程度、叶片厚薄、茸毛多少等对于茶叶适制性和品质有非常重要的关系，其叶片中所含有的化学成分含量和组成，也将决定茶叶色香味的重要表现。不同的茶类茶品在采摘、制作中，对茶树叶片形状等也有严格要求。茶树鲜叶和成品茶的品质与自然生态环境密切相关，成品茶认知度也与其所在区域历史人文因素有很强的关联性。目前，国家已制定"农产品地理标志"管理办法，对优质的特色农产品进行地理标志保护。

 考核指南

基本知识部分考核检验

1. 请简述茶树主要植物学器官构成及主要特点。
2. 请简述茶树起源及生长环境特点与要求。
3. 请简述我国茶树主要树种及其特点。
4. 请分辨并说明下图茶树叶片与其他树叶叶片异同之处。

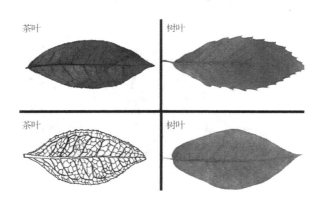

图4-14 茶树叶片与其他树叶叶片示意

考核指南

习题

1. 茶树叶形也可以进一步分为（　　　　　）。
2. 披针形茶树叶片，长宽比为（　　　　　）。
3. 茶树叶片的叶尖尖凹形态，也成为茶树分类重要依据之一，主要分为（　　　　　）。
4. 茶树叶片分为（　　　　）三种。
5. 茶树叶片叶缘一般（　　　　）对锯齿。
6. 茶树按分枝部位不同，可分为（　　　　）三种类型。

第二节　茶叶分类方法

我们见到的茶叶，通常是将茶树鲜叶经过萎凋、发酵、揉捻、干燥等一系列工艺，加工制作而成。从茶树上摘下来的鲜叶称为茶青，从制作茶叶工艺角度看，从任何一个茶树上采摘下鲜叶后，依据不同的制作方式都可以制成一种成品茶。但是事实上，不同的茶树品种有其"适制性"，这是千百年来茶农不断实践总结出来的宝贵经验。我们可以看到，即使将茶树适制性因素考虑在内，茶叶因产地、季节、制作工艺、形状、雅名等不同，在实践中也必将会形成非常丰富的茶类与茶品。因此，为了分辨与比较不同茶类和茶品品质的异同，也需要分门别类建立有条理的系统。

一、中国茶叶分类方法

目前，中国茶叶分类尚无统一的方法，主要分类方法有以下几个：

（一）按照生产季节划分，可分为春茶、夏茶、秋茶和冬茶。通常将清明至小满节气间生产的茶称为春茶，小满至小暑间的为夏茶，小暑至寒露间的为秋茶。由于气候转凉，冬茶新梢内含物质堆积增多，滋味醇厚，香气也比较浓烈，冬茶集中在寒露、霜降、立冬和小雪四个节气进行采摘制作。春茶也可以按时间先后细分为头春茶、二春茶、三春茶；也可以结合重要节气进行划分，将春茶分为明前茶和雨前茶。

（二）茶叶按照加工过程也可分为毛茶和精制茶。中国传统的制茶方法分初制和精制两个过程，初制就是将采摘下来的鲜叶通过一系列制作工序制成干毛茶的过程。茶叶初制形成的茶叶产品，称为毛茶。对干毛茶进一步加工整理，包括分选、风选、复火切断、拣别、匀堆、装箱等过程，最终茶叶达到整齐一致，符合不同等级商品茶规格要求，此时的茶叶称为精制茶（精茶）。实践中，我们通常也把经过精制工艺达到产品标准的各等级茶叶称为商品茶，国家规定各种商品茶必须有茶叶产品标准。但现今市场上也有把经过简单拣分、整理后的毛茶拿到市场上进行交易的不当行为。在茶叶制作过程中，若以制作好的茶叶为原料进行再加工，形成的茶品便成为再加工茶，比如茉莉花茶、紧压茶等。若用茶的鲜叶、成品茶叶为原料，或是用茶叶、茶厂的废次品、下脚料为原料，利用相应的加工技术和手段生产出的茶制品，则被称为深加工茶产品，其可能是以茶为主体，也可能是以其他物质为主体，如速溶茶、茶酒、茶饮料，各种茶化工品、茶医药品等。

（三）按照茶叶销路分类，一般分为外销茶、内销茶、边销茶和侨销茶。

（四）按照茶叶生产地区进行分类，比如，四川红茶、印度阿萨姆红茶等。

（五）按照茶叶制作方式划分，可以将茶叶分为红茶、绿茶、乌龙茶（青茶）、白茶、黄茶和黑茶六大类，它们与再加工茶类一同构成了完整的中国茶类系统。

在实践中，我们不能把以保健茶或药用茶形态出现的非茶之茶列入茶叶范畴，它们通常以某些植物茎叶或花作为主料，再加入少量茶叶或其他食物做调料调配而成，比如人参茶、绞股蓝茶等；也不能把当零食消遣的青豆茶、锅巴茶等列入茶叶范畴。

目前，我国普遍采取的茶叶基本分类方法较为直观、清楚，是茶学专家陈椽提出的"六大茶类分类法"，他从茶叶品质的系统性和制法的系统性角度确定茶叶分类依据，这种分类方法包含了日本按发酵程度分类的方法，同时也兼顾了茶叶的制作工艺、呈现的茶汤状况，得到国内外茶业界广泛认同。

由此可见，茶树鲜叶通过不同的制作工序或工艺加工之后，形成了不同的茶类，这就是形成不同茶类的关键所在，制茶技术最重要在于形成不同茶类茶叶生化品质优异表现。

绿茶是不发酵茶，以绿叶绿汤为基本特征，制作的基本工序为杀青、揉捻和干燥，其关键工序是杀青，也是绿茶茶类制法的主要特点。所谓杀青就是采取高温破坏酶的作用，制止催化黄烷醇类的氧化作用。杀青使茶叶保持绿色，同时利用高温也可以去除青草气，形成茶香，还利用鲜叶高温失水，让叶子变柔软，利于揉捻或做型。杀青在制作中把握要恰当，避免出现红或黄叶。通常杀青方法有炒热杀青和蒸热杀青。揉捻是借助揉捻机挤压茶叶叶片，使叶片细胞破裂，叶汁附于叶表，因而经过揉捻的茶叶相对来说较容易溶出内含物质。干燥就是用锅子或烘干机、炭笼进行，绿茶在干燥中也可以同时进行做形，比如碧螺春茶。另外，揉捻工艺也是曲条形和直条形绿茶的做形方法。按照杀青、干燥方式主要分为四类：炒青、蒸青、烘青和晒青。绿茶茶品的一个突出特点就是形状类型丰富，有圆条形、扁条形、片形、针形、尖形、圆球形等。全国绿茶生产制作范围较广，主要有黄山毛峰、安吉白茶、竹叶青、江山绿牡丹、英山云雾、华顶云雾等。

红茶是全发酵茶，主要特征是红汤红叶，是茶多酚在多酚氧化作用下氧化聚合形成茶黄色和茶红素的结果。红茶基本加工工艺为萎凋、揉捻或揉切、发酵和干燥，发酵是保证红茶品质的关键环节，发酵程度要把握得恰到好处。红茶主要分小种红茶、工夫红茶和红碎茶三种类型。小种红茶产于福建崇安县星村镇桐木关村，又称星村小种。另外，也有用工夫红茶熏烟而成的，称为烟小种。红茶制作生产在全国范围较广，工夫红茶主要有闽红工夫茶、川红工夫茶、宁红工夫茶、坦洋工夫茶、白琳工夫茶、政和工夫茶、浮梁工夫茶等。

黄茶是轻微发酵茶类，以黄汤黄叶为基本特点。黄茶制作基本工序为杀青、揉捻或做形、闷黄和干燥，关键工序是闷黄。古代的时候黄茶主要有两种类型，一种是茶树品种原因导致的芽叶发黄，也被称为黄茶，比如叶色翠绿泛黄的白岳黄茶、绿中显出嫩黄的莫干黄芽，实际上还是属于绿茶类，另外一种，就是制作工艺中有闷黄工序。闷黄工序也称为渥闷、堆闷，现代的黄茶主要指具有闷黄工序制成的茶叶。黄茶制作的闷黄不只是发生在一道工序中，而是在不同工序及环节进行多次"闷黄"，逐步发生"湿热黄变"，以促进黄茶品质形成。黄茶类主要有君山银针、北港毛尖、沩山毛尖、四川蒙顶黄芽、湖北远安鹿苑茶、广东大青叶、安徽霍山黄芽等。黄茶分为黄芽茶，如君山银针、蒙顶黄芽；黄小茶，如北港毛尖；黄大茶，如霍山黄大茶。

白茶是我国福建的特种茶类之一，属于轻微发酵茶，主要基本工序为萎凋和干燥。以大白茶品种制成的白茶称为"大白"，以水仙品种制成的称为"水仙白"，以当地菜茶群体品种制成的统称为"小白"。近代白茶已经有二百多年历史，1796年清嘉庆元年就已经开始制作白茶，以菜茶品种制作的白茶相对瘦小，后政和铁山乡人改种植大白茶，于1890年即光绪十五年用大白茶制作银针试销成功。白牡丹始创于福建建阳县水吉镇。白茶制作中不搓不揉，成茶满披白毫。按鲜叶嫩度不同制成的成茶，可分为白毫银针、白牡丹、贡眉和寿眉。白茶也分为白芽茶（如白毫银针）和白叶茶（如白牡丹、贡茶）。

青茶的品种花色众多，以乌龙茶树品种采制的茶叶称为乌龙茶，为半发酵茶，发酵度为10%～70%，是中国特产，主要分布在我国福建省、广东省和台湾省。以水仙品种采制的茶叶称为水仙，以铁观音品种采制的称为铁观音。青茶主要制作工序为萎凋、做青、炒青、揉捻和烘干，做青是特有或标志性的制作工序，也是青茶品质特征形成的关键工序。做青的目的和作用为：第一，进行走水，也经常被称为还阳和退青，促进茎梗中的水分和可溶物质向叶肉细胞内输送，增加叶片内有效成分含量；第二，做青过程中，也让叶片边缘细胞发生损伤，使其在一定条件下进行发酵；第三，做青过程中也发生萎凋现象，内含物也发生化学变化。因此，以走水为基础，鲜叶也发生叶缘红变和萎凋的化学变化，三者共同作用形成青茶独特的风味。其中，闽南乌龙茶发酵比较轻，其代表茶有铁观音、漳平水仙等；闽北乌龙茶代表茶，如武夷岩茶等；广东乌龙茶代表茶，如凤凰单丛等；台湾代表茶，如冻顶乌龙茶等。

黑茶为后发酵茶，也是我国特有的茶类，生产历史悠久。黑茶加工主要工序为杀青、揉捻、渥堆、干燥筛分和蒸压，黑茶成品繁多，不同黑茶制作工艺和压造成型的方法有所不同，但黑茶都有渥堆变色的过程，主要制作工序为渥堆。为了运输方便，黑茶通常是用各种毛茶拼配后，经蒸压处理形成各种形状。成品茶主要有湖南的天尖、贡尖、生尖、黑砖茶、花砖茶、特制茯砖茶等；湖北青砖茶，广西六堡茶，四川的南路边茶和西路边茶，以及云南的各类紧压普洱茶、沱茶等。

六大茶类制作的工艺如下图4-15所示。

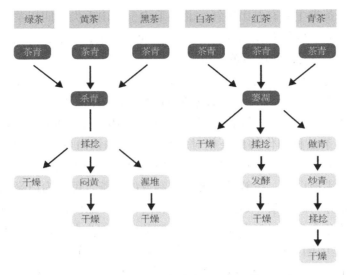

图 4-15　六大茶类制作工艺示意

二、国外红茶种类划分方法

　　红茶是国外饮用较多的茶叶类型，在长期饮用中也逐渐形成了比较严格的分类分级制度，根据红茶茶叶采摘的部位，依据采摘茶树叶片老嫩以及成品茶大小等形态，进行分级分类（见图 4-16）。国外红茶分级分类其目的也在于方便匹配，因为制作中比较强调拼配，而匹配讲究所有批次味道的一致性，并也方便把控茶叶外形的一致，从而使最后匹配出来的茶叶基本达到一致协调的状态，也使茶叶品质能保持比较一致的稳定状态。

　　国际红茶分类分级，等级通常是由各具代表意义的大写英文字母串联而成，并形成不同的级别意义，但并不是指茶叶品级高低，而是达标茶叶的大小和形状。在冲泡红茶的时候，尺寸较大的茶叶，散发的香气比较长，显现的汤色颜色相对较深。若茶叶大小混合在一起，就比较难以确定冲泡方法，所以在茶叶出厂之前，要根据茶叶大小和形状，以及红茶分级标准来进行筛分。

　　其中，P 代表白毫 (Pekoe)；O 代表橙黄（Orange），是形容茶叶上带有的橙黄色颜色或光泽，或者是带有白色茸毛的鲜叶，揉捻过程中渗出的汁液发酵后形成的金毫，后来成为等级用字。另外，也有认为与荷兰贵族最早品饮红茶有关，强调茶叶的品质与高贵。B代表碎茶（Broken），F 有两种含义，排列在前的 F 的英文全拼为 Flowery，代表新芽带有的香气像花香一样的意思，排列在后的 F 代表片茶（Fanning）。D 代表末茶（Dust）。

　　OP (Orange Pekoe)，通常指叶片较长而完整的茶叶，不带芽。OP 常被翻译为橙白毫，但橙白毫既不是品名，也不是味道的名称。

　　FOP（Flowery Orange Pekoe），有较多芽叶的红茶。

　　FOP1（Flowery Orange Pekoe1），有较多芽叶的红茶顶级品。

　　GFOP（Golden Flowery Orange Pekoe），G 是 "golden" 的意思，含有金黄芽叶的红茶。

　　TGFOP（Tippy Golden Flowery Orange Pekoe），Tippy 是精选，相对于 G.F.O.P. 含芽量略高一些，茶叶品质也更好一些。

　　FTGFOP（Fine Tippy Golden Flowery Orange Pekoe），F 是 "fine" 的意思，代表含有较

多金黄芽叶的红茶。

SFTGFOP（Special Fine Tippy Golden Flowery Orange Pekoe）代表品质更好的红茶茶品，"Tippy"指取茶叶的心芽部分，碎成细小的尖尖的形状。

另外，全叶茶筛选后所留下的碎茶也进行了进一步的等级区分，在叶茶前面加入了字母B（Broken），形成以下碎茶等级分类：BP（Broken Pekoe）细碎白毫，BOP（Broken Orange Pekoe）较细碎的橙白毫，FBOP（Flowery Broken Orange Pekoe）含有较多细碎芽叶的红茶，GBOP（Golden Broken Orange Pekoe）含有细碎金黄芽叶的红茶，BOP1（Broken Orange Pekoe1）切碎后的叶片较长且完整的茶叶顶级品，BP1（Broken Pekoe1）细碎白毫顶级品，等等。

在碎茶基础上进一步筛选，就会留下细切碎状的片茶茶叶F（Fanning）和粉末状等级的茶叶D（Dust）。C.T.C.（Crush Tear Curl）则是1毫米不到的圆形小颗粒状茶叶，经常以袋泡装为主要包装形式。

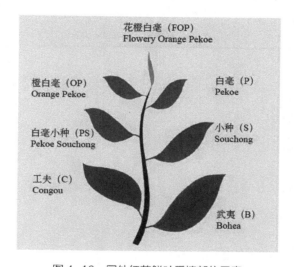

图4-16　国外红茶鲜叶采摘部位示意

 考核指南

基本知识部分考核检验

1. 请简述中国六大茶类分类标准及分类状况。

2. 请简述中国六大茶类主要特点及代表茶品，以及主要加工工艺。

习题

1. 乌龙茶中，闽北乌龙茶代表茶为（　　）。
2. 绿茶按杀青与干燥方式进行划分，可分为四种类型（　　）。
3. 黄茶主要分为三种类型为（　　）。
4. 白茶主要加工制作工艺为（　　）。
5. 萃取茶属于（　　）茶类。
6. 绿茶加工基本主要工序是（　　）。
7. 白茶加工基本主要工序是（　　）。
8. 红茶加工基本主要工序是（　　）。
9. 黄茶加工基本主要工序是（　　）。
10. 乌龙茶（青茶）的关键工序是（　　）。
11. 黑茶加工关键工序是（　　）。

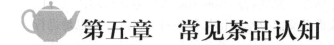

第五章 常见茶品认知

视频：茶区与主要茶品

◎ **学习目标**

1. 绿茶类分类及常见绿茶茶品等相关知识。
2. 红茶类分类及常见红茶茶品等相关知识。
3. 白茶类分类及常见白茶茶品等相关知识。
4. 黄茶类分类及常见黄茶茶品等相关知识。
5. 青茶类分类及常见青茶茶品等相关知识。
6. 黑茶类分类及常见黑茶茶品等相关知识。
7. 常见花茶茶品等相关知识。
8. 常见国外茶品等相关知识。
9. 茶品推介等相关知识。

咖啡、可可和茶是世界三大饮料，大约三分之一人口在饮茶。目前，东起东经 122°的台湾东部海岸，西至东经 95° 的西藏自治区易贡乡，南至南纬 18° 的海南省三亚市榆林港，北到北纬 37° 的山东省荣成市，共有 21 个省（市、区），大约 900 多个县、市产茶，全世界茶园总面积大约为 500 万公顷，每年生产制作的各茶类中茶叶名称繁多且还不断出现大量新创茶品。

从茶叶制作来看，绿茶、黄茶和黑茶都主要是从杀青工序开始，白茶、青茶和红茶都主要以萎凋工序开始，在六大茶类基本制法和品质基础上，可以演变出无数各具特色的花样。以中国茶叶来看，每个茶类都具有非常悠久的种植、生产制作和品饮历史，分布地域也较为广泛。不同地域气候、地形地貌、历史人文、风俗风物特色等，不断孕育了不同茶品独特气韵和人文魅力。在长期发展中，不同茶类也形成不同的制作工艺类型，在共性中又进一步形成具有鲜明区隔的亚类个性，进而也逐渐形成各自大量各具特色的茶品代表。通常，我们识别一款特定茶类的茶叶，首先要对其所属茶类整体茶品特点有所了解，然后具体可以进一步观察了解其干茶外形、色泽，以及冲泡后的香气、汤色、滋味和叶底等品质要素表现，进而从该茶整体呈现的风味特色和其产地、工艺制作等相关情况进行综合把握。因此，认识常见茶品，并知道它们的名称、产地、品质特性等就有了非常重要的意义。另外，对于一个冲泡人来说，认识并了解茶品也是冲泡出一杯好茶汤非常必要的前提。

目前，市场上茶品非常丰富，茶品介绍也是茶艺师一项重要的工作内容和技能要求。茶品介绍主要是传达一款特定茶品的产品属性、品质特点和冲泡品饮可能获得的体验等内容，进而达到茶品被了解、认知、接纳或借助交流分享获得某种共鸣等目的，这也是进行茶叶商业销售或推广等的一个重要手段或途径。实践中，茶艺师对一款茶品的介绍大体可以从以下几个方面入手：

通常茶艺师首先会介绍自己的名字或身份，与对方打招呼等。接下来，会简单介绍该款茶品品名及所属的茶类、茶品历史制作及发展情况。扼要概述制作该款茶品的茶企情况，比如茶企名称、品牌、理念与定位、发展历史及影响力等；茶叶鲜叶和茶树品种情况在很大程度上决定了一款茶品的品质，茶艺师也说常会着重介绍制作该款茶品所采用鲜叶原料的来源等情况，主要包括选用制作茶树品种名称及特色、茶树生长的自然地理与人文环境、茶树种植及加工、管理情况，等等。茶品介绍的核心内容是该款茶品品质主要特色，主要包括：干茶外形、色泽、匀整度和匀净度，以及冲泡后汤色、香气、滋味和叶底等。在茶品介绍中，也会挑选重点来介绍下该类茶叶或该款茶品的品饮体验，或关键功效，或品饮禁忌等。最后，作为结束语，其中可以使用推介对方购买或尝试品饮等推销语。当然，上述的角度与内容也可以根据实际情况或需要，进行适当删增或顺序等的调整，只要能达到介绍或交流目的就可以了，但一般情况下，茶品品名和品质特点等内容往往都是必须要有的，这些是了解一款茶品最基本的核心内容所在。

茶品介绍在实践中也是一种对茶品知识和信息沟通分享的过程，茶品介绍中需要借助茶艺师恰当的语言、肢体动作和表情神态等，才能达到良好沟通、互动分享的目标。因此，在实践中我们也需要在茶品介绍表达中注意以下一些事项：

在介绍过程中，听、说、问三种行为都要出现，这三者行为表现的比例也要合适。在茶品分享中，要敏感了解到对方感兴趣或交流意图所在，了解其内心活动，要时刻注意对方对茶品感兴趣的点或最想获得的茶品信息所在，只有最先有效交流这些方面，才可能使整个介绍、沟通达到良好的互动效果和取得满意结果。茶艺师也需要具备思维缜密、删繁就简和高度概括的表达能力。在交流中，尽可能语言表述具有逻辑性，用简单明了的语言把尽可能多的信息有效传递给对方，尽力做到要言不烦，切中要害。

同时，茶艺师的神情仪态也要尽可能做到令人觉得真诚、舒适，体现较强亲和力，并用令人愉悦而舒适的语音、语调与语速进行互动，尽可能做到说话中体现抑扬顿挫的音色，让对方觉得风趣、生动，进而也可以拉近双方情感和距离。在茶品介绍中，茶艺师也要善于利用丰富的动作、表情、手势和眼神等自然而富有吸引力的肢体语言，善于用目光进行交流互动。在进行茶品介绍的时候，恰当的手势可以吸引对方注意力，表达需要强调的内容，也可以增加交流沟通的深度。另外，目光交流也在信息传递中发挥重要作用，不要不停眨眼，也不要眼神飘忽不定，或是目光呆板，这样会让人产生不信任感。注视他人时，应以对方面部中心为圆心，以肩部为半径，将目光交流范围集中在这个区域里，始终保持目光接触，用目光会意，从而使整个交谈充满融洽和尊重的意味。茶艺师也要注意自己的身体姿态，注意自己的站姿、坐姿和行走姿态等，容易被人接受的站姿是两脚与肩同宽，脚尖朝向前，或呈丁字步。最为重要的是，在整个茶品介绍过程中，茶艺师自然友善的微笑可以营造良好的沟通氛围，微笑是最美丽、温暖、柔和充满情感力量的语言，面露平和欢愉的微笑也会给茶品介绍过程添几分温馨之感，让茶艺师充满魅力。

由此可见，茶艺师需要通过一定训练，才能熟练自如地进行茶品介绍，让丰富而繁多的茶品走进更多爱茶人的日常生活中。

第一节　绿茶及常见茶品

绿茶是历史上出现最早的茶类，也是我国的主要基本茶类之一，我国绿茶的制作范围非常广泛，凡是种植茶叶的地区都生产制作绿茶，每年产量、国内消费量和国际出口量均位居六大茶类之首。绿茶在加工中较多地保留了鲜叶内有益的内含物质，也具有一定的日常品饮保健功效，比如生津止渴、利尿解毒、增强免疫、抵抗辐射、杀菌消炎，以及固齿防龋等。

一、绿茶基本分类及茶品总体特点

常见的绿茶命名主要有三种方式，根据成品茶形状进行命名，比如形状似瓜子的"六安瓜片"、形似笋壳的"顾渚紫笋"、形似直立针状的"安化松针"等；根据产地进行命名的，比如英山云雾、普陀佛茶、黄山毛峰、径山茶等；根据绿茶香气特点进行命名，比如浙江温州泰顺的"三杯香"、四川蒙顶山一带的"蒙顶甘露"，以及产于安徽舒城、桐城、庐江、岳西一带的"舒城兰花"，等等。

绿茶按杀青和干燥方式等工艺不同，可分为炒青绿茶、烘青绿茶、蒸青绿茶和晒青绿茶。其中，用锅炒的方式进行干燥而制成的绿茶，称为炒青绿茶。以烘焙方式进行干燥制成的绿茶，称为烘青绿茶。用高温蒸汽杀青而制成的绿茶，称为蒸青绿茶。

（一）炒青绿茶

因为制作工艺和方法或手法不同，最终成品茶也形成不同的形状，比如长条形、圆珠形、扁平形、针形、螺形、片形、尖形、眉形、兰花形、雀舌形等。所以，炒青茶往往精制后又细分为被称为眉茶的长炒青茶、外形紧实的圆炒青茶和外形扁平的扁炒青茶。另外，还有因制作工艺在最后干燥部分，由炒改为烘干则称为特种炒青。

长炒青绿茶成品花色主要有特珍、珍眉、贡熙、雨茶、茶芯、珍眉、秀眉等。优质长炒青品质特征总体为：外形条索细嫩、紧结、有锋苗、色泽绿润。内质体现为香气高鲜，汤色绿明，滋味浓爽，富有收敛性，叶底嫩匀、绿而明亮。长炒青代表茶主要有：婺绿炒青、屯绿炒青、遂绿炒青、温绿炒青、杭绿炒青、湘绿炒青、黔绿炒青。

圆炒青茶因为产地和采制方法不同，又分为历史上集中于绍兴平水镇精制和贸易的平炒青、产于浙江省嵊州市泉岗的泉岗辉白，以及产于安徽泾县、具有自然兰花香的涌溪火青等。平炒青茶主要产于浙江嵊州、新昌、上虞等地，精制后成品花色有珠茶、雨茶、秀眉等。优质圆炒青绿茶品质特征总体为：外形圆结、形似珍珠，色泽深绿油润。冲泡后，汤色黄绿，常有栗香、滋味浓厚、叶底深绿壮实。

优质眉茶和珠茶是我国主要出口大宗绿茶，优质眉茶品质特点为：条索细秀如眉，色泽绿润起霜、栗香香气高而持久，滋味鲜浓有回甘，汤色绿亮，叶底嫩绿匀齐；优质珠茶品质特点为圆结重实、色泽灰绿起霜、香味浓厚、汤色与叶底稍黄。

我国扁炒青因产地和制作方法不同，主要分为龙井、旗枪和大方三种。龙井主要产于杭州和新昌等地区，主要有三大产区：钱塘产区、越州产区和西湖产区。旗枪主要产于杭州余杭、富阳、萧山等市（区），它与龙井茶相比个体瘦长，光洁度稍差。大方茶主要产于安徽省歙县和浙江临安与淳安毗邻地区，其中歙县老竹大方最为有名。扁炒青特别强调扁平外形，干茶不带茸毛，注重色泽鲜绿程度，茶叶大小一致。

在茶叶制作中，整个工艺虽然是以炒为主，但因采摘鲜叶太细嫩，为了保持芽叶完整，在成品茶快干燥时，改为烘干而成，这种制茶工艺也被称为特种炒青。特种炒青茶的代表茶主要有信阳毛尖、洞庭碧螺春、古丈毛尖、都匀毛尖、安化松针、蒙顶甘露等。但相对烘青绿茶来说，炒青绿茶干茶条索更紧实且身骨重，汤味更浓，香气更高。少数炒青绿茶品质特优。

（二）烘青绿茶

烘青绿茶是用烘笼或烘干机进行烘干的，烘青毛茶因香气不如炒青高，但适合与许多香花植物的香气配合，形成协调的香型。因此，非常适合做再加工茶类花茶的茶坯，茶香以清鲜带花香为上品。其中，普通烘青绿茶有闽烘青、浙烘青、徽烘青、苏烘青等，特种烘青主要有黄山毛峰、太平猴魁、华顶云雾、高桥银峰等名优茶。优质烘青绿茶总体品质特点为，条索紧直、完整，显露锋毫，色泽深绿油润。冲泡后，香气清高、汤色清澈明亮，滋味鲜醇，叶底匀整绿亮。

（三）蒸青绿茶

在制茶中，利用蒸汽来破坏茶树鲜叶中酶的活性进行杀青，形成的成品茶具有干茶色泽翠绿、汤色碧绿、叶底鲜绿"三绿"品质特点，用蒸汽杀青而成的绿茶被称为蒸青绿茶，香清味醇的蒸青茶也是我国唐宋时期的主流茶品。总体来说，蒸青绿茶香气易带青气且较闷，涩味也易较重，不及炒青鲜爽。蒸青茶滋味以浓厚、新鲜、甘滑调和，有清鲜海藻味为好。目前，我国蒸青绿茶大部分外形制作成针状，最主要的蒸青绿茶茶品是产于湖北恩施的恩施玉露茶，以及产于浙江、福建和安徽三省的中国煎茶。优质蒸青绿茶整体呈现的品质特点为紧直、平伏、锋苗好、香气清高、滋味甘醇，汤色和叶底均黄绿明亮。

（四）晒青绿茶

晒青绿茶主要产在湖南、湖北、广东、广西、四川、云南和贵州等省，在制茶中主要是利用日光进行晒干工艺，其茶品特点是香味中有"日晒味"，产量最高的为川青、黔青、滇青、桂青、鄂青等，其中云南大叶种的滇青茶品质为最佳。晒青绿茶茶品品质为色泽深绿、墨绿或黑褐，汤色橙黄。优质的晒青绿茶一般条索肥壮多毫，色泽深绿，香味较浓，收敛性强。晒青绿茶总体品质不及炒青绿茶和烘青绿茶，晒青绿茶用于边销和侨销较多，粗老居多，茶叶含梗也较多，其中"大叶青"品质最低。

二、常见绿茶茶品

（一）西湖龙井

西湖龙井茶为绿茶名茶之冠，具有色绿、香郁、味甘、形美的品质特色。至今已有1200多年制作历史，最早可追溯至唐代，以西湖龙井命名则始于宋代，北宋时期龙井茶区已初具规模，经过百年来的发展，闻名于元代，盛于明清。主要因其产于浙江省杭州市西湖龙井村周围的群山，而得名，并以龙井狮峰一带、龙井和翁家山一带、云栖和五云山一带、虎跑一带和梅家坞一带为最。西湖龙井茶为扁炒青茶，主要制作工艺为青锅、回潮和辉锅三个阶段。制作西湖龙井的主要茶树品种为龙井群体种、龙井长叶、龙井43号，制作西湖龙井茶需要茶青芽叶饱满、叶子呈初展水平。其中，狮峰龙井茶以其色泽黄嫩、高香持久的特点被誉为龙井茶中的最佳茶品。优质的西湖龙井茶品质特点为：外形挺直尖削、扁平光滑、匀齐洁净，色泽绿中显黄；冲泡后，香气清高持久，带有豆香和兰花香。汤色杏绿明亮、滋味鲜爽、叶底黄绿。

西湖龙井茶是人、自然和文化三者的完美结合，清明前采制的龙井茶，美称"女儿红"。手工炒制龙井茶制作手法复杂，依据不同鲜叶原料和不同炒制阶段形成了十大手法，分别为：抖、搭、捺、拓、甩、扣、挺、抓、压、磨。北宋时期，高僧辩才法师曾与苏东坡等在龙井狮峰山脚下寿圣寺品茗吟诗。清朝时期乾隆六下江南，就有四次来到西湖龙井茶区，盛赞西湖龙井茶，还曾到龙井村狮峰山下的胡公庙品尝西湖龙井茶，并把胡公庙前的18棵茶树封为"御茶"。毛泽东主席、周恩来总理也非常喜欢西湖龙井茶，常用西湖龙井茶来招待外宾。狮峰龙井茶优异的品质与其种植区独特的地形地貌有密切关系，龙井村的西北面北高峰、狮子峰和天竺峰形成一道天然屏障，既挡住了西北寒风的侵袭，又易使春夏季的东南风进入山谷，自然优越的小气候环境为西湖龙井茶提供了得天独厚的环境优势，也造就西湖龙井茶独特气韵的品质特征。如今的龙井村已经成为著名的特色自然乡村村落景区，龙井村内旅游资源丰富，御茶园、胡公庙、九溪十八涧、老龙井等景点点缀其中。

（二）碧螺春

碧螺春茶是绿茶中卷曲茶的代表之一，产于江苏省苏州市洞庭山一带，又名洞庭碧螺春茶，是中国十大名茶之一，早在唐朝就已经是贡茶，已有千年历史。碧螺春得名于清朝康熙皇帝，最初碧螺春在当地民间被称为洞庭茶，又叫"吓煞人香"，康熙品尝后觉得其汤色碧绿，外形卷曲为螺，便题名为碧螺春。碧螺春为炒青茶，主要制作工序为杀青、揉捻、搓团显毫、干燥。碧螺春茶被誉为形美、色佳、香浓、味醇，特级碧螺春品质特点是细秀卷曲如螺、披毫、匀整洁净、隐绿鲜润，冲泡后香气浓郁、清香袭人，滋味鲜爽甘醇，汤色绿明清澈，叶底柔软匀整、嫩绿明亮。因为在产茶当地，经常进行茶、果间种，在茶园中经常种植桃树、李树、杏树、柿子树、橘子树、石榴树等，茶吸果香，碧螺春也具有天然独特的花果韵。

关于碧螺春茶也有很多美丽的传说，给碧螺春茶也平添了很多吸引力，令碧螺春茶充满更多的人文色彩，也让喝茶人对它充满好奇与向往。相传在太湖洞庭山上，有一个美丽的女子叫碧螺，美丽善良，并且唱歌甜美。有一个叫阿祥的年轻渔民经常听到碧螺的歌声，不禁心生暗恋。一天，太湖里的一只恶龙想把碧螺劫走，阿祥于是跟恶龙斗了七天七夜，战胜了恶龙，自己也奄奄一息。碧螺细心地照料着阿祥，每天寻觅并采摘药草为阿祥治病。有一次她来到湖边，看到在阿祥和恶龙搏斗的地方生长出一棵小茶树，青葱碧绿。于是，碧螺就把小茶树移植到山顶，小茶树很快就长得枝叶繁茂。碧螺用茶树的叶子搓揉出茶汁，然后用锅炒干，用热水煮成汤汁，让阿祥喝下。阿祥饮过香茶后，精神倍增，身体日渐好转，而美丽的碧螺却累得香消玉殒了。从此以后，乡亲们便把碧螺种的茶树制成的茶叶叫作碧螺春。

（三）安吉白茶

安吉白茶产于中国浙江省安吉县，是一种高氨基酸白叶绿茶。安吉白茶分"龙形"和"凤形"两种茶品，其中"龙形"制作工艺为摊青、杀青、摊晾、干燥；"龙形"安吉白茶扁平光滑，挺直尖削，色泽嫩绿显玉色。冲泡后，汤色绿亮，清鲜高扬、滋味鲜醇甘爽。"凤形"安吉白茶品质制作工艺主要为摊青、杀青、理条、搓条初烘、摊晾、焙干、整理。其品质特征为：外形为条直显芽，自然呈兰花形（或凤尾形），色嫩绿，鲜活泛金边，叶底色泽嫩白似玉，叶脉翠绿，芽叶成朵。

安吉白茶采用的茶树品种是"白叶一号"，是于 20 世纪 70 年代发现的一种珍稀变异茶种，属于"低温敏感型"茶叶，嫩叶有"阶段性返白"特点，其温度阈值为 23℃。鲜叶幼嫩时叶绿素含量较低，鲜叶呈嫩白色而得名。清明前萌发的茶树嫩芽是呈玉白色，谷雨后逐渐转为白绿相间的花叶。该茶树品种具有高达 6% 以上的氨基酸，低茶多酚的特性，非常适合制作绿茶。目前，白叶一号茶树品种在我国很多茶区已广泛推广。

（四）竹叶青

竹叶青茶又名青叶甘露，产自峨眉山腰一带。峨眉山是我国四大佛教名山之一，是普贤菩萨的道场，宗教文化气息浓郁，如今已经形成了儒、释、道、食、茶、武、药七大核心文化风景区。同时，峨眉山也是具有世界自然和人文双遗产的国家 5A 级风景区。长在峨眉山上的土茶，被建国十大元帅之一的陈毅定名为竹叶青，与佛家、道家渊源甚长。竹叶青既是茶树品种名称，又是茶叶商品名。采用独芽和一芽一叶初展鲜叶进行制作，主要制作工艺为杀青、揉捻和烘焙工序，其中包括抖、撒、抓、压、带条等十多道制茶手法，呈现竹叶形，带有一旗一枪。优质竹叶青茶品质特点为外形扁平光滑、挺直秀丽，干茶色泽嫩绿油润；冲泡后香气为嫩栗香，汤色嫩绿明亮，滋味鲜嫩醇爽，叶底黄绿明亮。

竹叶青茶是现代名优绿茶中的后起之秀，定位为高端绿茶茶品，借助峨眉山天然优势，不断运用营销手段，成功提高了品牌价值与声誉。近年来，竹叶青茶业有限公司通过不断提高品质和参加高端推广活动，致力于打造高端绿茶品牌形象。竹叶青多次被作为外交礼物，2006 年，竹叶青作为礼品赠予俄罗斯总统普京；2008 年，作为礼品赠与时任俄罗斯总统的梅德韦杰夫。公司多方位运用营销渠道进行广泛品牌宣传覆盖，还专门制作品牌唯美音乐宣传片，不断在电视台中央台频道进行深度品牌营销推广。同时，还将产品分为品味、静心和论道三个等级，运用独特的名称命名茶品使之与峨眉山文化融为一体，进一步赋予并丰富茶品本身的文化内涵与独特吸引力。

（五）太平猴魁

太平猴魁茶制作工艺独特，制作技艺已经成为国家级非物质文化之一。天平猴魁茶是特种烘青茶代表之一，外形也是绿茶中的尖形茶中最具代表性的茶品之一。太平猴魁产于安徽省黄山市黄山区（原太平县）新明、龙门和三口一带，主要产区位于新明乡三门村的猴坑、猴岗、颜家，其中以猴坑高山茶园所采制的茶叶品质最优。太平猴魁茶前身是在清朝咸丰年间（1851—1861）生产制作的太平尖茶，由郑姓茶农精心制作而出，经过历代茶人的不断努力逐渐完善，主要分为采摘、拣尖、摊青、杀青、整形和烘干六道工序。优质太平猴魁茶身骨"魁伟"，两叶抱一芽（俗称两刀一枪），条索挺直，两端略尖，扁平匀整，肥厚壮实，色泽苍绿匀润，主叶脉绿中隐红，俗称"红丝线"。冲泡后，汤色绿亮，有兰花香。滋味回甘，鲜爽味醇，有独特的猴韵。叶底绿亮，匀整，芽叶成朵。太平猴魁茶具有独特的色、香、味、形，独具一格，有猴魁两头尖、不散不翘不卷边的美名，也有"刀枪云集，龙飞凤舞"的特色。品饮太平猴魁茶，有头泡香高，二泡味浓，三泡四泡幽香犹存之意境。

太平猴魁制作工艺中，整形烘焙方式非常独特，整形与烘焙同时进行，在整形的时候，杀青的叶子要通过人工整理平直，茶叶置于筛网上，不能相互折叠、不弯曲、不粘靠，上下筛夹好后，还要用木滚轻轻滚压，一直到叶片平伏挺直。在具体的制作过程中需要技艺熟练的制茶师傅进行操作，篾盘中杀青叶初步散温后，要均匀地甩撒至烘顶，在烘笼边缘拍打几下，使茶叶平伏，进行头烘，全程手不碰茶叶，使茶叶保持自然挺直舒展的原始状态，过程中，还需要将烘笼里的茶叶进行叠翻，最后要用双手轻压做形或者用干净棉布毛巾轻捺做形。制作天平猴魁烘干时，使用的是屉式多层烘箱，烘时在底部加温，烘干箱内有制动装置，从底层先插入夹有茶叶的筛网夹板，可使夹板逐层上升，温度也随着高度上升而下降，如此反复，不断烘干茶叶。

（六）六安瓜片

六安瓜片茶是汲取兰花茶、毛尖茶制作工艺之精华而创制出来的。茶叶制作非常有特色，是所有茶叶中唯一无芽无梗的茶叶，由单片茶树叶片制成，采摘时取两、三片鲜叶。六安瓜片是中国十大名茶之一，也是传统历史名茶，在唐代称为"庐州六安茶"，在明代始称"六安瓜片"，清代时成为贡茶，直至现代依然备受欢迎。六安瓜片主要产地是处于大别山北麓的安徽省六安市金寨县和裕安区两地，其中以蝙蝠洞茶厂产的瓜片最为正宗。根据采制季节，分成三个品种：提片为谷雨前采制，品质最好；瓜片为大宗产品；进入梅雨季节，则是成品一般的"梅片"。优质的六安瓜片品质特点为：外形似瓜子形，叶缘微翘，色泽宝绿。冲泡后，汤色绿亮，香气清香，滋味鲜醇回甘，叶底绿亮。

六安瓜片为烘青绿茶，制作工艺主要为采摘、扳片、炒生锅、炒熟锅、拉毛火、拉小火、拉老火七道工序，其中最有特色的就是六安瓜片扳片、焙火工艺。所谓的扳片在我国绿茶制作中也是非常有特色的工艺环节，就是将每一枝芽叶的叶片与嫩芽、枝梗分开，通过扳片也可以起到萎凋作用，提高成品茶的滋味和香气。拉老火工艺是最后一次烘焙，是片茶成形、显霜和发香的关键工序。拉老火采用木炭，明火快烘，烘时由两人抬烘笼，上下需抬烘70—80次，每次上烘2—3秒翻动一次，成为一道独特精湛的制茶工艺艺术形式。

（七）恩施玉露

恩施玉露是我国目前保留下来为数不多的传统蒸青绿茶，产于湖北恩施东郊五峰山，为地方名茶，产制历史悠久，1965 年入选为中国十大名茶之一。恩施玉露始制于清代康熙年间，为恩施芭蕉黄连溪的蓝姓茶商所制，最初名字为玉绿，于 20 世纪 30 年代改名为玉露。恩施玉露选用采摘鲜叶为一芽二叶或一芽一叶，其工艺依然非常古老，可谓中国蒸青绿茶制作活化石，主要制作工艺为：蒸青、扇干水汽、铲头毛火、揉捻、铲二毛火、整形上光（搂、搓、端、扎）、拣选七道工序。优质恩施玉露茶外形条索紧细，匀齐挺直，形似松针，光滑油润呈鲜绿豆色，冲泡后，汤色浅绿明亮，香气清高鲜爽，滋味甜醇可口，叶底翠绿匀整。

 考核指南

基本知识部分考核检验

1. 请简述绿茶类主要分为几种类型，并说明各个类型主要的品质特点及代表茶品。

习题

西湖龙井中，品质最佳的产地为（　　　）。

传统恩施玉露茶杀青工艺为（　　　）。

碧螺春产地为（　　　）

西湖龙井茶主要采用的茶树品种为（　　　）。

六安瓜片茶形状似（　　　）。

第二节　红茶及常见茶品

中国是世界红茶的发源地，红茶制作生产地域范围较广。红茶制法源于晒青绿茶作色、黑茶和白芽茶的，在清朝就已经从小种红茶发展到工夫红茶。其中，小种红茶起源于 16 世纪，工夫红茶则于 1860 年前后兴起，后传入闽北诸县、江西修水、祁门和湖北宜昌等地。红茶在国际茶叶贸易中是主流产品，也是目前世界上生产和消费量最多的一个茶类，占总销量的 70% 以上。星村小种是远销国外的名茶之一，因产地在武夷山范围内，被称为武夷茶。直至 19 世纪中后期，中国一直处于红茶生产和贸易垄断地位。在 19 世纪90 年代，荷兰、英国等国开始在殖民地印度、斯里兰卡、印度尼西亚、肯尼亚等引种中国茶树，并开始制作生产红茶。国外品饮红茶时，喜欢拼配红茶，获得统一或特定风味的红茶创新产品，比如英国早餐茶等；也喜欢添加一些辅料，形成特定风味的"调味茶"，比如英国伯爵茶等。20 世纪初期，红碎茶逐渐取代工夫红茶的市场地位。

一、红茶分类

红茶因为茶叶中的茶多酚类经过酶促产生氧化聚合和其他一系列的物质转化，形成了茶黄素、茶红素等，从而使红茶茶汤呈现红艳颜色。另外，红茶发酵的程度，不仅关系到红茶的汤色、滋味，而且对红茶的香气形成也是十分关键的。因此，发酵工序在红茶制作过程中是一个非常关键的工艺。目前，在红茶制作工艺中也试图通过控制红茶发酵程度，来创新红茶风味。红茶分类最常见方式是以产地进行划分，比如滇红、川红、宁红、湖红、越红等，其他主要依据以下两个分类标准进行划分。

依据制作红茶茶树品种性状进行划分，我国工夫红茶主要分为小叶种红茶和大叶种红茶。用小叶片茶树品种制作的红茶，称为小叶种红茶，代表茶为正山小种茶、祁门红茶、川红、宁红、宜红、湘红和闽红等；用大叶片树种制作的红茶，称为大叶种红茶，所使用的茶树品种主要有凤庆大叶种、勐海大叶种、勐库大叶种、海南大叶种，其代表茶品为滇红工夫红茶等。工夫红茶主要制作工艺为：萎凋、揉捻成条、发酵和烘干。

其中，小种红茶是福建省特有的红茶类型，产于武夷山桐木关一带。依据原料产地可分为正山小种和外山小种（人工小种、烟小种、假小种），其中，正山小种红茶也被称为桐木关红茶或星村红茶；外山小种则是出产于武夷山附近的政和、坦洋、屏南、北岭等一带，以及江西铅山等一带。在传统正山小种茶叶制作烘干工序中，采用松木柴边熏烟边干燥，也形成了有独特松烟香的香气、滋味呈桂圆味。

依据成品茶外形进行划分，经过揉捻制作的条形红茶，称为工夫红茶；通过揉切工艺等制作的碎片、颗粒或粉末茶，称为红碎茶。工夫红茶，生产地域非常广泛，基本以地名命名其产品。工夫红茶是在小种红茶基础上逐渐演变而来的，因初制工序特别主要条索紧结完整，精制时破费工夫而得名。工夫红茶品质特点基本为条索紧结，色泽乌润；冲泡后，汤色红亮，香气甜香芬芳，滋味醇厚甘甜，叶底红亮。我国红碎茶主要产于云南、广东、海南、广西等地，其中以大叶种为原料制作的成品茶品质最好。

二、常见红茶茶品

（一）祁门红茶

祁门红茶与印度大吉岭红茶、斯里兰卡乌巴红茶并称为世界三大红茶。祁门红茶是我国传统工夫红茶中的珍品，创制时间可追溯至清朝光绪年间，产于安徽祁门、东至、池州、石台、黟县，以及江西浮梁一带，是由祁门人胡元龙借鉴正山小种、宁红等红茶制法创制而成，有大约100多年的历史，也是我国最早出口的红茶商品之一。其特有的香气被称为"祁门香"，也被誉为"群芳醉"，是英国皇室贵族等最喜欢的红茶茶品之一。祁门红茶产区主要分为三个地域，以祁门县贵溪到历口这一区域品质最佳，优质的祁门红茶品质特点是外形条索紧秀，有锋苗，色泽乌黑泛灰光，俗称"宝光"；冲泡后汤色红艳，带有花、蜂蜜与焦糖香，滋味醇厚隽永，叶底鲜红嫩软。

祁门红茶制作中讲究分级拼配工艺，制作工艺为采摘、初制和精制三个主要过程。红毛茶初制后还需要进行分级拼和精制，工序非常复杂，包括毛筛、抖筛、分筛、紧门、撩筛、切断、风选、拣剔、补火、清风、拼和、装箱而成。经过三个流程十二道工序后，祁门红茶分为以下几个等级级别：礼茶、特茗、特级、一级、二级、三级、四级、五级、六级、七级。

（二）正山小种

正山小种茶最辉煌的时期是在清朝中期，嘉庆前期，中国出口的红茶中有将近85%冠以正山小种红茶的名义。16世纪末17世纪初（约1604年），正山小种由荷兰商人带到欧洲，随即风靡英国和整个欧洲，带动了整个世界的红茶消费热潮，极大促进了红茶工艺的成熟和创新，并最终形成丰富优质的红茶类产品。

正山小种产自福建武夷山星村乡桐木关一带，它的来历伴随着神秘的传说。正山小种创制于明朝中后期，据说是偶然无奈情况下的无心之作。有一天晚上，有一支军队突然驻扎在桐木村，当时正值茶季，因此影响了茶农当日的茶叶制作，已经采摘好的茶青第二天发酵了，为了挽回损失，茶农只好用当地的马尾松干柴对茶叶进行炭焙烘干，并增加一些特殊工序，最大地保证茶叶风味，结果却广受欢迎。

抛开传说成分，在明朝中后期时，武夷山引进最先进的松萝法制作炒青绿茶，因为发生茶青堆积，自然萎凋后，出现发酵现象，用这样的茶青进行进一步炒制烘干后，就出现茶汤红变的情况，正是这种技术的偶然发现，最终促使正山小种制作工艺的形成。

正山小种主要加工工艺为：萎凋、揉捻、发酵、过红锅（杀青）、复揉、熏焙。其中，"过红锅"是正山小种茶最原始的一个制作工序，经过该工序茶叶的醇度和甜度都能得到提升，但是制作工艺也相当复杂，非常难掌握。过红锅的工序就是将发酵过的茶叶放在150℃以上的锅内，经过三到五分钟快速摸翻抖炒，使茶叶迅速停止发酵，以获得更充分的芳香物质。优质的正山小种品质特征为：外形条索粗壮长直，身骨重实，色泽乌黑油润；冲泡后，汤色橙红明亮，香高，滋味醇厚，叶底厚实光滑，呈古铜色。

（三）金骏眉

金骏眉茶是正山小种的一个分支，基于传统正山小种制作工艺，2005年创新研制而成，因其采摘武夷山自然保护区内的原生态高山小种新鲜芽叶，经过一系列复杂工艺制作后而成的红茶珍品。因此，金骏眉也是目前我国高档红茶的代表之一。

金骏眉茶的采摘要求是新鲜茶芽芽头最鲜嫩的部位，在金骏眉茶制作工艺中还增加了萎凋工艺和多次揉捻工艺，在发酵中采取宁可轻也勿重的原则，其主要制作工艺为：萎凋、揉捻、发酵、干燥等工序。自金骏眉创制成功后，也促使一些红茶制作中加入乌龙茶摇青工艺，以增进花果蜜香，或者采取轻发酵工艺，以形成不同红茶风味特色，红茶汤色也从红艳向黄亮的趋势发展。优质金骏眉的品质特点是外形细小紧秀，圆而挺直，有锋苗，身骨重，色泽为金、黄、黑相间，有金毫；冲泡后，汤色为金黄琥珀色，香气幽雅持久，滋味甘爽有蜜香，叶底呈鲜活的古铜色。

（四）滇红工夫茶

滇红红茶是大叶种红茶，为我国著名红茶之一，主产区在云南滇西和滇南两个区域，其中滇西产区的凤庆、云县、昌宁等地所产的滇红工夫茶品质最佳。1939年第一批滇红才正式制作成功，在苏联、东欧各国和伦敦市场上享有很高声誉，也是我国出口红茶中的佼佼者。滇红功夫茶主要制作工艺有萎凋、揉捻、发酵和烘烤等工序，优质滇红工夫茶品质特点是：外形条索肥壮紧结、重实匀整，色泽乌润带红褐，有金毫。冲泡后，汤色红亮，香郁味浓，滋味醇厚、收敛性强，叶底红亮肥厚。目前，除传统滇红工夫茶外，也在不断进行创新，形成滇红金针、滇红松针、滇红金芽、滇红金螺。

（五）英德工夫茶

英德工夫茶也是著名的外销茶，在国外享有很高声誉，1959 年通过采用云南大叶种进行制作而成，其中采用英红 9 号高香型茶树品种制作的英德红茶品质最佳。英德工夫红茶在制作中对茶树品种有明确要求，有云南大叶种、凤凰水仙、英红九号、英红一号、五岭红、秀红及国家和省级审定的适制品种。英德红茶有叶、碎、片、末四个花色，主要加工制作工艺为萎凋、揉捻、发酵和干燥等工序。优质英德红茶品质特点为外形乌润新嫩；冲泡后汤色红亮，香气浓郁纯正，滋味醇香甜润，叶底肥厚。

（六）川红工夫茶

川红工夫茶产于四川宜宾等地，创制于 20 世纪 50 年代，既是我国出口早、深受苏联、法国、英国、德国及罗马尼亚等国际市场欢迎的红茶之一，也是我国高品质红茶的后起之秀。20 世纪 50 年代—70 年代，川红一直沿袭古代贡茶制法，其关键工艺在于采用自然萎凋、手工精揉和木炭烘焙，所制作的茶叶紧细秀丽，具有浓郁的花果或橘糖香，川红工夫红茶制作工艺于 2014 年成为四川省的非物质文化遗产。只有采用宜宾本土的茶树品种和早白尖 5 号两种茶树品种，才造就川红工夫茶独特品质，品质特点为外形条索紧结壮实，有锋苗，多毫，色泽乌润；冲泡后，汤色红亮，香气鲜而带橘糖香，滋味鲜爽醇厚，叶底红亮。

（七）闽红工夫茶

闽红工夫茶产于福建省，又分为白琳工夫红茶、坦洋工夫红茶和政和工夫红茶，久负盛名。

白琳工夫茶产于福建福鼎的白琳、湖林一带，深受国际市场欢迎。19 世纪 50 年代，闽广茶商广收白琳、翠郊、磻溪、黄岗、湖林及浙江平阳、泰顺等地的红条茶，集中在白琳加工制作，白琳工夫茶由此而生。白琳工夫茶属于小叶种红茶，其茶叶品质特点为外形条索细长而弯曲，茸毫多，色泽黄黑。冲泡后，汤色浅红明亮，香气鲜爽带甘草味，滋味清鲜甜和，叶底鲜红带黄。

坦洋工夫茶产于福建福安、拓荣、寿宁、周宁、霞浦一带，大约于清朝咸丰、同治年间，由福安县坦洋村胡福四创制，深受西欧市场欢迎。优质坦洋工夫红茶品质特点为：外形细长，色泽乌黑有光。冲泡后，汤色深金黄色，香气清纯甜和，滋味鲜醇，叶底红匀。

政和工夫茶主产于政和，迄今已有 150 余年历史，产品主要销往俄罗斯、美国、英国、法国、伊朗、科威特等国，蜚声海内外。政和工夫茶有大茶和小茶之分，大茶采用政和大白茶制作，是闽红三大工夫的上品，其茶品品质特点为外形条索细长，色泽乌润。冲泡后，汤色红浓，香气高而鲜甜，滋味浓厚，叶底肥壮。小茶是采用小叶种茶树原料制成，品质特点为条索细紧，色泽暗红。冲泡后，汤色黄亮，香气带有花蜜甜香，滋味醇和，叶底红匀。

考核指南

基本知识部分考核检验

1.请简述红茶类主要分为几种类型，并说明各个类型主要的品质特点及代表茶品。

习题

1.闽红工夫红茶又分为（　　　　）。

2.滇红工夫红茶属于（　　　　）叶种红茶。

3.世界上最早的一款红茶为（　　　　）

4.正山小种茶产自（　　　　）。

5.祁门红茶被誉为（　　　　），其香气被称为（　　　　）。

第三节　白茶及常见茶品

白茶名称首先出自 1064 年前后宋子安写的《东溪试茶录》，白茶制法起源于 1554 年，从炒青绿茶转变过来，因为茶芽容易炒断烧焦，所以对制茶技术加以改变，采取直接烘干或晒干。白茶是福建特有茶类，属轻微发酵茶，福建白茶的主产区为闽东茶区及闽北茶区。其中，闽东茶区主要产地在福鼎，福安、拓荣、寿宁等地也少量生产；闽北地区主产地在政和，建阳、松溪、建瓯等地也少量生产。传统白茶制法为不炒不揉，成茶满披白毫，色泽银白灰绿，主要采用的茶树品种为福鼎大白茶、福鼎大毫茶、福安大白茶、政和大白茶和福云 6 号等。白茶性清凉，有清火解暑之功效。白茶也是一种广受欢迎的外销茶，主销港澳、新加坡、马来西亚、德国、荷兰、法国、瑞士和中东等地区。

一、白茶分类

白茶类主要分为三大类：白芽茶，代表茶为白毫银针；白叶茶，代表茶为白牡丹、贡眉和寿眉等；新工艺白茶，该白茶在制作过程中一般是经过轻度揉捻而制成，具有轻发酵、轻揉捻等工艺特点。因此，既有白茶品质特征、又带有红茶风格，其外形卷缩、略带条形，色泽暗绿带褐，汤色橙红，香气清醇甜和，滋味浓醇，叶底色泽灰带黄红，叶张开展，筋脉泛红。其中，白芽茶和白叶茶是按芽叶嫩度进行划分的。另外，白茶茶树按品种进行划分，可分为大白、水仙白和小白。其中，大白是用政和大白茶树品种的鲜叶制成；小白是用菜茶茶树品种的鲜叶制成；水仙白是用水仙茶树品种的鲜叶制成。

二、常见白茶茶品

（一）白毫银针

白茶主要加工工艺为萎凋、干燥两道工序，茶芽剥去真叶和鱼叶，俗称"抽针"，采摘茶树鲜叶后，先晒干后剥针，被称为"晒毛针"。白毫银针茶主要采用大白茶或水仙品种的肥芽制成。因白毫银针在制作的过程中未经过搓揉，所以冲泡时间比绿茶要长一些，不易浸出茶汁。

白毫银针按产地又可进一步分为北路银针和南路银针两种。北路银针产于福鼎，外形芽头肥壮，香气清淡，汤色呈浅杏黄色，滋味清鲜爽口；南路银针产于政和，茶芽相对瘦长，香气清芬，滋味浓厚适口。白毫银针茶要求毫心肥壮，具银白光泽。优质的白毫银针品质特点为：外形芽针肥壮，满披白毫，色泽银亮。冲泡后，汤色呈浅杏黄色，香气清鲜，滋味鲜爽，毫味鲜甜，叶底肥软。

（二）白牡丹

白牡丹茶属花朵性白茶，绿叶夹银白毫心，叶背垂卷，形似花朵而得名。白牡丹茶于1922年创制于福建省建阳县水吉镇，采用的是政和大白、福鼎大毫、水仙及本地菜茶茶树品种。采摘一芽二叶初展嫩梢制成，采摘时要求毫心与嫩叶相连不断碎。白牡丹主要制作工艺为萎凋、并筛、干燥、拣剔等工序，其优质茶品品质特征为：白牡丹外形自然舒张，色泽灰绿，毫香显。冲泡后，汤色橙黄明亮，滋味鲜醇，叶底芽叶成朵。

其中，大白叶张肥嫩，毫心壮实汤色橙黄明亮，香气清鲜、毫香高长，滋味甜醇。小白叶张细嫩，舒展平伏，毫心细秀，色泽灰绿。冲泡后，毫香鲜纯，汤色杏黄明亮，滋味醇和爽口。水仙白叶张肥厚，毫芽壮实，色泽灰绿带黄红。冲泡后，毫香显浓，汤色黄亮，滋味甜厚。

（三）贡眉

贡眉是采用菜茶种的一芽二叶、一芽三叶嫩梢制成，其品质仅次于白牡丹。贡眉主产于福建建阳、建瓯、蒲城等地，主要品质特征为色泽灰绿稍黄，香气鲜纯，汤色黄亮，滋味清甜，叶底黄绿。

（四）寿眉

寿眉采用制银针"抽针"时剥下的单片叶制作而成，品质比贡眉差。其品质特征为芽心较小，色泽灰绿稍黄。冲泡后，香气鲜醇，汤色黄亮，滋味清甜，叶底黄绿、叶脉带红。通常寿眉是大白、小白精制后的副产品，不含芽，叶梗较长。

除此之外，白茶中还有雪芽茶和仙台白茶茶品。其中，雪芽茶在制作中选用的是特早芽种福云6号、早芽种福鼎大毫、中芽种福云20号等富含白毫茶树品种，以一芽一叶初展为原料。其品质特点为：外形白毫厚披，洁白银亮，叶面翠绿或灰绿。冲泡后，汤色为淡杏黄色，香气清鲜，滋味毫香浓爽、鲜醇，叶底肥软、叶脉微红。仙台白茶选用上饶大面白品种，其品质特征为芽叶肥壮，密披白毫，叶面灰绿，香气清鲜高长，汤色莹亮，滋味鲜醇回甘，叶底肥嫩、梗脉微红。

考核指南

基本知识部分考核检验

1. 请简述白茶类主要分为几种类型，并说明各个类型主要品质特点及代表茶品。

习题

1. 白毫银针又分为（   ）。
2. （   ）茶叶底黄绿，叶脉带红。
3. 白茶制作主要采用的茶树品种为（   ）。
4. 白茶制作中，最主要的两道工序为（   ）。

第四节　黄茶及常见茶品

黄茶是我国特有的茶类之一，主要出产于湖南、湖北、四川、安徽、浙江和广东等省，湖南的岳阳市一带可谓是黄茶的故乡。在工艺中独特的"闷黄"造就了其"黄汤黄叶"品质特点，黄茶制法也是源于炒青绿茶制作，基于在生产中发现，杀青、揉捻后，存在适当的湿热状况，若不及时干燥或干燥不完全都会出现叶质变黄现象，于是促使创制了专门的黄茶制作工艺。黄茶茶叶外形也具有多样性，针形代表君山银针，雀舌形代表霍山黄芽，卷曲形代表鹿苑毛尖，扁直形代表蒙顶黄芽，尖形代表沩山毛尖，条形代表北港毛尖，钩形代表黄大茶等。因为黄茶闷黄过程导致香气变纯、滋味也更醇，总体来说黄茶品质特点为香气清锐、滋味醇厚，品饮黄茶时，会产生大量的消化酶，对脾胃最有好处，也可以增强脂肪消化功效。

一、黄茶分类

黄茶按采摘鲜叶老嫩分为黄芽茶、黄小茶和黄大茶。其中，黄芽茶主要采制一芽一叶至二叶初展的茶树鲜叶为原料加工制作而成；黄小茶是采摘细嫩芽叶加工而成，黄大茶是采摘一芽二、一芽三叶，甚至一芽四、一芽五叶茶树鲜叶制作而成。

不同黄茶茶品的闷黄工序也可能存在不同阶段，有的茶叶是杀青后进行闷黄，有的茶叶是揉捻后进行闷黄，有的茶叶是在毛火后进行闷黄。总体来说，高级黄茶的闷黄作业不是简单的一次完成，过程主要分为揉捻前或揉捻后的湿坯闷黄和初烘后或再烘时的干坯闷黄。

在黄芽茶制作中，通常是杀青后进行闷黄工序的居多，其代表茶主要有湖南岳阳君山银针、四川蒙顶黄芽、安徽霍山黄芽等，但君山银针茶是属于揉捻后再进行闷黄工序。

在黄小茶制作中，代表茶为湖南宁乡沩山毛尖、湖南岳阳北港毛尖、湖北远安鹿苑毛尖、浙江温州平阳黄汤、贵州大方海马宫茶等，其中黄汤茶通常是揉捻后闷堆两三小时变黄的。

黄大茶代表茶为安徽霍山黄大茶、广东韶关大青叶等。黄大茶通常是在初干后，堆放20多天变黄后才进行足干工序的。

二、黄茶常见代表茶品

（一）君山银针

君山银针茶是著名的清代贡茶，也是中国十大名茶之一，产于湖南省岳阳市君山岛，岛上小气候环境比较独特，且地质条件也非常优越，非常适合茶树生长。君山银针茶采用的鲜叶全为未展开的芽头，不经揉捻，主要制作工艺为杀青、摊晾、初烘、摊晾、初包、复烘、摊晾、复包、烘干等，君山银针有"金镶玉"美誉，外形芽头肥壮挺直、满披茸毛、色泽金黄。冲泡时，茶芽上下浮动，被美誉为"茶舞"。冲泡后，汤色杏黄明亮，香气清鲜、滋味甘醇、叶底肥软黄亮。

（二）霍山黄芽

霍山黄芽为清代贡茶，产于安徽省霍山县佛子岭水库上游的大化坪、姚家畈、太阳河一带，以大化坪的金鸡山、金山头、太阳的金竹坪、姚家畈的乌米尖品质最好，也被称为"三金一乌"。霍山黄芽在杀青后期只是在锅内进行轻揉，没有独立的揉捻工序，品质特点为外形条直微展、形似雀舌、嫩绿披毫。冲泡后，汤色黄绿、香气清香持久、滋味鲜醇浓厚回甘、叶底嫩黄明亮。

（三）蒙顶黄芽

蒙顶黄芽产于四川省雅安市名山区蒙山，为历史上的著名贡茶之一。蒙顶黄芽在制作中主要采用了闷炒交替的三闷四炒工艺，不经揉捻。蒙顶黄芽主要制作工艺为：摊放、杀青、初包、复炒、复包、三炒、堆积摊放、四炒、烘焙等。其品质特征主要为：外形扁直，色泽嫩黄。冲泡后，汤色黄亮透碧、香气甜香浓郁、滋味鲜醇回甘、叶底嫩黄明亮。

（四）霍山黄大茶

霍山黄大茶产于安徽省西部大别山区的霍山、金寨、六安、岳西及湖北省英山等地，其中以霍山县佛子岭水库上游大化坪、漫水河及诸佛庵等地所产的黄大茶品质最佳。霍山黄大茶需要揉捻成条，主要制作加工工艺为摊放、杀青、二青、三青、初烘、闷堆、烘干等。其品质特点为外形叶大梗长、叶片成条、梗叶相连似鱼钩，色泽金黄显褐。冲泡后，汤色深黄明亮，香气有突出的高爽焦香、似锅巴味香气，滋味浓厚醇和，叶底黄亮显褐。

（五）广东大青叶

广东大青叶茶主要产于广东省韶关、肇庆、湛江等地，属于大叶种茶类。在制作过程中，广东大青叶需要揉捻成条，既有红茶的萎凋工序，又有黄茶的闷黄工序，形成品质非常特殊的茶品。其主要制作工艺有萎凋、杀青、揉捻、闷堆、毛火、摊晾和足火等。其主要品质特点为外形条索肥壮、紧结重实、叶张完整，色泽清润显黄；冲泡后，汤色橙黄明亮、香气纯正、滋味浓醇回甘、叶底呈淡黄色。

（六）平阳黄汤

平阳黄汤始于清代乾隆、嘉庆年间，产于浙江省南雁荡山及飞云江的平阳、苍南、泰顺、瑞安、永嘉等地，以平阳北港和泰顺东溪所产最好，且以平阳产量为最多。平阳黄汤在制作中主要采用了边闷边烘的工艺，即所谓的"闷烘"工艺，主要制作工艺为摊放、杀青、揉捻、闷堆、初烘、闷烘、烘干等。优质平阳黄汤品质特点为外形条索紧结、锋毫显露，色泽嫩黄油亮。冲泡后，汤色橙黄明亮、香气香高持久、滋味醇和鲜爽、叶底黄亮、芽叶成朵。

考核指南

基本知识部分考核检验

1. 请简述黄茶类主要分为几种类型，并说明各个类型主要品质特点及代表茶品。

习题

1. 君山银针被美誉为（　　　　）。
2. 霍山黄芽是在（　　　　）工序进行闷黄的。
3. 黄茶按照鲜叶鲜嫩程度可分为（　　　　）。
4. 沩山毛尖外形为（　　　　）形。
5. 蒙顶黄芽外形为（　　　　）形。
6. 平阳黄汤产自于（　　　　）。
7. 广东大青叶是属于（　　　　）叶种茶叶。
8. 霍山黄大茶属于黄（　　　　）茶。
9. 鹿苑毛尖产自于（　　　　）。
10. 海马宫茶闷黄工序是在（　　　　）阶段。

第五节　青茶及常见茶品

在清朝雍正时期大约1725—1735年间，乌龙茶由福建安溪人受黑茶制法启发创制的茶品，该工艺最先传入闽北，后传入广东和台湾。乌龙茶是我国特有的茶类，主要产于福建的闽北和闽南、广东、台湾三个地区。乌龙茶具有天然花果香气和特殊的香韵，深受茶人们的喜爱，这主要与制作乌龙茶的茶树品种选择、独特加工工艺方法、茶树生长的生态环境等因素有密切关系。

乌龙茶是一种半发酵茶，发酵度为10%—70%，因此茶汤汤色色泽变化也很大，根据发酵高低程度不同，从红为主过渡到以绿为主，主要为橙红、橙黄、金黄、蜜黄、蜜绿。制作乌龙茶的茶树品种主要为铁观音、本山、毛蟹、梅占、凤凰水仙、肉桂、福建水仙、黄旦、凤凰单丛、青心乌龙、台茶 12 号、丹桂等，采摘的茶青要求具有一定的成熟度，形成驻芽的时候，采下一芽三叶、一芽四叶。各地制作乌龙茶工艺有很大不同，但是归纳起来，制作乌龙茶主要工艺流程基本为晒青或萎凋、做青、炒青、造型与干燥，其中做青是制作乌龙茶的关键工序。做青是制作中茶青退青和还阳交替的走水过程，也有继续萎凋的作用，逐步形成花香馥郁、滋味醇厚的内质特点。

一、乌龙茶分类

乌龙茶按制作区域进行划分，主要分为发酵比较轻的福建省闽南茶区、发酵比较重的闽北茶区，广东茶区和台湾茶区。

闽北产区主要是武夷山、建瓯、建阳等地，茶品以武夷山的武夷岩茶品质为最好。武夷岩茶创制于明末清初，产于武夷山市，主要著名产区为慧苑坑、牛栏坑、大坑、流香涧、悟源涧一带。武夷岩茶特指在独特的武夷山茶区选用适宜的茶树品种、用独特的传统加工工艺制作而成的，优质武夷岩茶是具有岩韵，或岩韵花香品质特征的乌龙茶。武夷岩茶因独特的自然地形地貌和气候条件，形成的茶树品种繁多，茶叶风味千差万别。闽南乌龙茶产地主要是福建南部的安溪县、永春、南安、同安等县，产品以安溪铁观音最负盛名。闽南乌龙茶通常做青时发酵比较轻，但揉捻较重，干燥过程有包揉工序。

广东乌龙茶主要产于汕头地区的潮安、饶平等地，主要茶品有单丛茶，凤凰单丛和岭头单丛（又名白叶单丛），此外还有黄枝香单丛、凤凰水仙、饶平色种、石古坪乌龙等，茶品以凤凰单丛和饶平水仙品质最佳。潮安县凤凰镇是单丛茶发源地，凤凰山是畲族的发祥地，也是乌龙茶的发源地，凡是畲族居住的地方，大都有乌龙茶属的种植。隋朝年间，因山火原因，部分畲族人开始向东迁徙，乌龙茶制作方式也被传播到其他地区。

台湾乌龙茶是清代时期，从福建传入台湾地区的，主要产于新竹、桃园、苗栗、南投等地，在发酵上有轻重之分，外形上有条形、球形和半球形。茶品主要有乌龙和包种，花色品种主要有冻顶乌龙茶、文山包种、白毫乌龙、金萱、翠玉、四季春等。

二、主要常见乌龙茶

（一）武夷岩茶

武夷岩茶是产于福建武夷山一带茶叶的总称，其采摘标准为开面采，因茶树多生长在岩缝中，岩岩有茶，故得名。其制作手法独特，要求茶叶外形粗壮、紧实，基本制作工艺为萎凋、做青、杀青、揉捻和烘焙，有大约十三道工序，并且享有"武夷焙法，甲天下"之美誉。优质的武夷岩茶品质特点为：外形条索肥壮紧结，带扭曲条形，有"蜻蜓头，蛤蟆背"之誉，色泽绿润带宝光。冲泡后，汤色橙黄明亮，香气浓爽鲜锐、有独特的岩韵、俗称"豆浆韵"，滋味醇厚回甘，叶底柔软匀亮。

因武夷山产茶区不同的地形地貌造就了不同品质的茶叶，其"岩韵"是衡量武夷岩茶品质的重要标志，不同地形地貌也使武夷岩茶"岩韵"有所不同。因武夷岩茶产地地形地貌不同，主要分为洲地茶、半岩茶和正岩茶三类。所谓的洲地茶，主要是指产于溪流两岸和公路两边的平底产茶区，并包括武夷山以外的其他地区；正岩区，主要是指武夷山三坑两涧各大岩所产的茶；半岩区，主要是指岩下边缘所产的茶，品质略逊于正岩茶。另外，根据原产地保护的要求等，武夷岩茶的产地范围又划分为名岩产区和丹岩产区，名岩产区为武夷山风景区范围，丹岩产区范围为武夷岩茶原产地域范围内除名岩产区的其他地区。

武夷岩茶茶品主要分为武夷水仙、武夷肉桂、名丛和武夷奇种。其中，奇种就是用武夷当地野生茶树树种，即所谓的菜茶茶树品种的鲜叶制作而成的，是武夷山原始的有性群体茶树品种。

在武夷名岩产区，选择优良茶树品种单独采制成的岩茶称为"名丛"，品质在奇种之上。其中，武夷岩茶著名的名丛为大红袍、白鸡冠、水金龟、铁罗汉、半天妖等；普通名丛包括金柳条、金锁匙、千里香、不知春等。

1. 大红袍：在武夷名丛里享有盛誉，它既是茶树品种名称，又是茶叶品名。大红袍又分为母树大红袍、其树种为奇丹北斗，纯种大红袍和商品大红袍。优质大红袍茶品特征为：外形条索紧实，色泽绿褐，香气馥郁芬芳、微似桂花香，滋味醇厚回甘，"岩韵"显。

2. 铁罗汉：是武夷山最早的名丛，茶树生长在慧苑岩的鬼洞，即蜂窠坑，此款茶树品种叶大而长，叶色细嫩。

3. 白鸡冠：茶树原生长在武夷山慧苑岩的外鬼洞，因该茶树幼叶呈浅绿而微显黄色，故而得名，有独特的品种香，"岩韵"显。

4. 水金龟：茶树原生长在武夷山牛栏坑葛寨峰下半崖上。茶品品质特点为色泽绿褐相间，香气高爽、似蜡梅花香，滋味浓醇甘爽、"岩韵"显。

5. 半天妖：又名半天夭、半天腰，其茶品品质特征为：条索紧实，色泽绿褐，香气馥郁似蜜香，滋味浓厚回甘，"岩韵"显。

此外，还有闽北水仙和闽北乌龙茶品，其主要产区在福建北部的建阳、建瓯等。其中，闽北水仙采用的是水仙品种制作而成，闽北乌龙采用的是乌龙等品种制作而成。

（二）凤凰单丛

广东省是中国茶叶的历史主产区、主销地和重要的对外贸易港口所在地，具有悠久的产销历史。凤凰单丛茶是众多优异单株茶树的总称，凤凰单丛既是茶树的品种名，又是茶叶商品和级别名，主要位于潮汕市潮安区凤凰镇上的乌岽茶区，因历史上采制单株（丛）茶树，根据各自的香味类型自成品系，故称单丛，且以水仙品种加地名而得名。该地区茶品大都带有不同的天然香气，在制作过程中，由于发酵程度和条件有所不同，形成各具特色的花香茶韵，主要有黄枝香单丛、桂花香单丛、芝兰香单丛、米兰香单丛、玉兰香单丛、蜜兰香单丛等。凤凰单丛茶特有的香气和滋味的综合体现，被称为"山韵"，具有香细锐而悠远，沉稳而持久的特点。

凤凰单丛茶主要制作工艺为晒青、晾青、做青、炒青、揉捻、干燥等工序，优质凤凰单丛品质特点为外形条索紧结较直，色泽黄褐呈鳝鱼皮色、油润。冲泡后，汤色黄亮、香气有独特的花香味，滋味浓醇干爽、山韵突出，叶底叶腹黄亮。

目前，凤凰单丛茶已经拥有十大代表香型，初步规范了单丛茶的品质。

1. 黄枝香型（栀子花香）：代表茶树有宋种黄枝香、宋种黄茶香、大白叶、黄茶香等。其优质茶品品质特点为条索卷曲，色泽乌褐油润，汤色金黄明亮，香气浓郁，滋味甘醇鲜爽、韵味独特。

2. 芝兰香型：代表茶树有八仙、宋种芝兰香、竹叶、鸡笼"刊"等。其优质茶品品质特点为条索紧卷、壮实，色泽黑褐油润，汤色金黄明亮，香气具有天然的芝兰花香、香气高锐持久、韵味独特，滋味甘醇鲜爽。

3. 蜜兰香型：代表茶树有蜜兰香、白叶单丛、香番薯等。其优质茶品品质特点为：条索紧卷、壮直硕大，色泽呈鳝鱼色，汤色金黄明亮，香气兰花香、蜜味浓、具有苹果香，滋味浓醇。

4. 桂花香型、玉兰花香型：代表茶树桂花香、玉兰香。其优异茶品品质特点为条索紧卷，色泽乌褐油润，具有天然桂花香或兰花香、香气浓郁，滋味甘醇持久。

5. 姜花香型：代表茶树有柚叶、杨梅叶、姜母香、火辣茶等。其优异茶品品质特点为条索紧卷、硕大，色泽灰褐，汤色橙黄明亮，香气具有自然的姜花香、香气浓郁，滋味甘醇爽口。

6. 夜来香型、茉莉香型、肉桂香型：代表茶树有夜来香、茉莉香、肉桂香。其优异的茶品品质特点为条索紧卷，色泽乌褐色，汤色橙黄明亮，香气有茉莉花香、或浓郁的肉桂香或花香清高、山韵味较浓，滋味甘醇。

7. 杏仁香型：代表茶树有杏仁香、锯剁仔等，其优异茶品品质特点为条索紧卷纤细，色泽黑褐油润，汤色金黄明亮、香气具有杏仁香、韵味独特持久，滋味鲜爽甘醇。

（三）铁观音

铁观音茶产区位于福建南部泉州地区的安溪、永春等地，以及漳州县及其地区的平和、诏安、华安等地，核心产区位于福建省东南部的安溪县，是乌龙茶的主产区之一，该地素有"茶树天然良种宝库"之称。

铁观音茶为历史名茶，创制于清朝乾隆年间，原产于安溪县西坪镇，因身骨沉重似铁，形美似观音而得名。安溪铁观音主要分为铁观音、色种茶和乌龙三个品类。其中，铁观音茶是以其品质优异的铁观音茶树品种进行命名，乌龙主要指大叶乌龙茶树品种制作的铁观音。除上述两款铁观音外，也有人将其他品种制作的铁观音称为色种，色种茶主要包括黄金桂、毛蟹、本山、奇兰、梅占、乌龙等。

铁观音主要茶品有安溪铁观音、黄金桂、闽南水仙、永春香橼，此外还有流香、一枝春、老丛水仙、八仙、白芽奇兰等。其中，闽南水仙主产于福建永春，具有汤黄亮、香气足和泡水长的特点。永春佛手又被称为永春香橼，别名香橼、雪梨，原产于福建安溪金榜骑虎岩，其香气特色近似香橼，显幽长。八仙主产于福建诏安县，香气独特，有杏仁香。平和白芽奇兰产于福建大芹山、彭溪岩壑之处，具有山骨风韵，香气突出，似幽长兰花香。铁观音主要制作工艺为摊青、晒青、晾青、摇青、炒青、揉捻、烘焙等十几道工序，优质铁观音茶其香气清幽细长，胜似幽兰花香，独特的香味特色被誉为"观音韵"。

目前，铁观音因制法也分为传统铁观音和现代铁观音，传统铁观音外形弯曲紧结，呈蜻蜓头、青蛙腿状，色泽乌黑发亮，冲泡后，汤色橙黄明亮，香气浓郁、带有兰花香，滋味醇厚、回甘持久，叶底墨绿，叶面往往为绿叶镶红边。

现代铁观音在制作中又主要分为浓香型和清香型两种，清香型铁观音又分为正炒、消青和拖酸三种制作工艺。其中，正炒铁观音制作工艺特点是，茶青采摘后第二天上午炒制，基本延续传统铁观音的工艺，其风味特点为口感顺滑、回甘强劲；消青铁观音茶是茶青采摘后第二天中午到晚上炒制的口感浓烈、香气高，中午时分制作被称为消正，下午制作的为消酸，拖酸铁观音茶是茶青采摘后第三天凌晨炒制，摇青程度最轻，口感独特。优质的清香型铁观音茶外形条索肥状、重实圆结、色泽砂绿明显；冲泡后，汤色金黄明亮，香气高香持久，滋味鲜醇高爽，叶底肥厚。浓香型铁观音色泽更显乌润，茶汤香气更为浓郁、滋味鲜爽回甘。

（四）漳平水仙

漳平水仙茶是福建漳平茶农创制的传统名茶，水仙茶饼更是乌龙茶类唯一的紧压茶，风格独特。漳平水仙茶在制作中晒青较重，做青方法结合了闽北乌龙茶与闽南乌龙茶做青技术特点，其品质特点为：汤色黄亮，香气清高幽长、如兰似桂花香，滋味醇爽细润，并远销东南亚等国家和地区。

（五）文山包种茶

文山包种茶，又名"清茶"，主要产于台湾台北文山地区，包括坪林、深坑等地，该茶属于轻发酵茶。包种茶是生产数量最多的茶叶，也是所有乌龙茶中发酵最轻的茶品，品质最接近绿茶。包种茶名字来历是有一定历史，大约150年前，福建省安溪茶农将每一株或相同的茶青分别制作，制好的茶叶每四两装成一包，每包用福建所产的毛边纸两张，内外相衬，包成长方形的四方包，包外再盖上茶叶名称及行号印章，称之为"包种"或"包种茶"，后来辗转传到文山等地，因文山所生产的品质最优，故习惯上称之为"文山包种茶"。其品质特点为外形条索呈直条形，色泽深绿，带有灰霜点。冲泡后，汤色蜜绿，香气清新兰花香，滋味甘醇，叶底翠绿。

（六）东方美人茶

东方美人茶又名白毫乌龙茶、香槟乌龙茶、椪风乌龙茶，是所有乌龙茶中发酵最重的，产于台湾新竹县、苗栗等地，也是该地独有的名茶。英国茶商曾经将该茶献给维多利亚女王，黄橙清透的色泽与醇厚甘甜的口感，令她赞不绝口，因而得茶名为"东方美人茶"。该茶主要采用青心乌龙、青心大冇为主要茶树品种，其特别之处是茶青必须让小绿叶蝉感染后才能制成较佳品质的白毫乌龙茶，其原因在于昆虫的唾液与茶汁相互作用才能形成东方美人茶的醇厚果香蜜味。优质东方美人茶品质特点为：外形具有明显的红、白、黄、褐、绿五色相间特征，形状自然卷缩。冲泡后，汤色橙红明亮，香气有明显的熟果香，滋味有甘甜，叶底淡褐有红边，芽叶相连。

 考核指南

基本知识部分考核检验

1. 请简述乌龙茶类主要分为几种类型，并说明各个类型主要品质特点及代表茶品。

2. 请根据下面一个安溪铁观音茶介绍范例，讨论分析其撰写优点和不足之处，并进行完善。

您好，我是茗茶公司的小李，今天给您介绍一款安溪铁观音茶品。

这款茶是属于半发酵的乌龙茶，产于福建安溪县，安溪县是全国名茶乌龙茶的发源地，又是福建省乌龙茶中铁观音出口的重要县市基地。安溪产茶历史悠久，产茶始于唐末，至今已有一千多年的历史。

这款茶品是由福建安溪祥润茶厂生产制作的，该茶厂是农业产业化地区重点龙头企业之一，也是地区规模最大的生态示范茶园的茶叶企业之一。经过十余年发展，目前已成为集生态种植、科技研发、加工生产、连锁经营为一体的全产业链的茶叶企业。同时，该企业秉承"一心做好茶"制茶理念，致力于向消费者提供放心茶品。另外，该茶在制作中采用全国领先茶叶生产线，并严把质量关，从而使该茶品具有优异的质量保障。

制作这款铁观音茶的茶树品种为铁观音，铁观音茶树是茶树中的良种。该公司的茶园位于安溪县制作铁观音茶的核心区——西坪镇茶区，西坪是铁观音、本山等名茶的发源地，2002 年被中国特产之乡推荐确认为"中国铁观音茶发源地"，该地区属于亚热带季风气候，四季分明，年平均气温在 16 ～ 19℃之间，年降水量在 1700 ～ 2100 毫米，非常适合茶树生长。该公司的茶园也是无公害的高山优质绿色有机茶园，均在海拔 1000 米以上，重峦叠嶂、云雾缭绕，土质多为红泥石砾土壤，这也非常有利于茶树的生长。

该款铁观音茶外形圆整、重实，色泽绿润。冲泡后，汤色金黄，香气浓郁持久，滋味醇厚回甘、叶底肥厚匀整，红边明，有余香。这款茶具有止渴生津、防治龋齿、减肥等功效，闲暇时间里，泡一壶铁观音，慢斟细啜，惬意舒适。因此，这款铁观音是一个不错的品饮选择，您可以购买一些并感受一下。

习题

1. 闽南乌龙茶代表茶品为（　　　　）。
2. 闽北代表茶品为（　　　　）。
3. 广东乌龙茶最具代表性茶品为（　　　　）。
4. 白毫乌龙茶又被称为（　　　　）。
5. 台湾乌龙茶中发酵最轻的茶品为（　　　　）。
6. 铁观音茶香气特色被誉为（　　　）韵。

第六节　黑茶及常见茶品

黑茶通常有两个概念，一个是指起源于 11 世纪前后，主要为四川晒青作色的蒸压茶，另一个则指的是 16 世纪以后，以湖南安化为代表的黑毛茶在揉捻后渥堆 20 多小时，使叶色变为油黑，而后烘干为黑毛茶。目前，基本共识为黑茶起源于四川省，其年代可追溯到唐宋时期茶马交易中早期，当时茶马交易集散地在四川雅安和陕西的汉中。黑茶具有去油解腻，提供人体需要的维生素、帮助消化和生津止渴等功效，是我国边疆少数民族日常生活必须品。"黑茶"二字最早出现于明嘉靖三年（1524 年），并在明朝时由四川、陕西逐渐向湖南转移。云南普洱茶最早的文献资料是出现在明朝神宗万历四十二年（1614 年），清代嘉庆年间（1796—1820）广西苍梧县六堡乡开始制作六堡茶。在清代咸丰十年（1860年）湖北羊楼洞开始制作湖北老青砖，并开始主销内蒙古及西北等地，以及俄罗斯等国。

黑茶是一种后发酵茶，因初制黑毛茶后，经过再加工成紧压茶时，仍有发酵，故称为后发酵茶。目前生产黑茶的地区主要为湖南、云南、湖北、四川和广西，其关键工序为渥堆。其中，四川南路边茶的坐庄茶是在杀青以后进行渥堆，湖南黑毛茶、广西六堡茶是在揉捻以后进行湿坯渥堆，普洱茶则是在晒干以后再加水进行发酵渥堆。

一、湖南黑茶

湖南黑茶主要有天尖、贡尖、生尖、黑砖、茯砖、花砖、花卷等，国内主销新疆、甘肃、青海、内蒙古、宁夏、陕西、山东等地，出口俄罗斯、蒙古国、日本、韩国等地。湖南黑茶始于小淹镇包芷园，然后沿着资水，延展至安化县及周边地区，以高家溪和马家溪品质最好。

湖南黑茶采摘的鲜叶成熟度较高，一般为一芽四叶、一芽五叶组成，在初制茶中，杀青后要趁热揉捻，揉捻后不解块，成团进行堆砌渥堆，上盖棉布或蓑衣等物保湿。干燥的时候，是以松柴明火的七星灶烘干。七星灶由灶身、火门、七星孔、匀温坡和焙床组成，当松柴放进火门开始燃烧后，明火借风力透入七星孔，经分散后，沿匀温坡均匀分散到烘床各个部位。

天尖茶以一级黑毛茶为主拼原料，少量拼入二级提升的毛茶；贡尖茶以二级黑毛茶为主拼原料，少量拼入一级下降和三级提升的毛茶原料；生尖茶则原料相对粗老，外形为片状且含梗量较多。其品质特点为：外形条索尚紧，色泽黑褐。冲泡后，汤色橙黄，香气醇和带松烟香，滋味醇厚，叶底黄褐尚嫩。

花砖茶品质特点为砖形，正面边有花纹，色泽黑润。冲泡后，汤色红黄，香气纯正，滋味浓厚微涩，叶底尚匀；黑砖茶品质特点为砖形，色泽黑褐。冲泡后，汤色深黄或红黄微暗，香气纯正，滋味浓厚微涩，叶底暗褐。

茯砖茶最早诞生于陕西咸阳泾阳县，约在朱元璋建立明朝初年即洪武初年，主要在陕西和四川以其产地茶青为原料加工制作，因在伏天加工，故称为"伏茶"，而后才引进湖南采用当地黑毛茶开始加工制作。茯砖茶在制作中有"发花"工艺，即茶体内产生具有对人体免疫力有益生物活性的冠突散囊菌。茯砖茶品质特点为砖形，砖内黄花普遍茂盛，色泽黄褐。冲泡后，汤色橙黄明亮，香气有黄花清香，滋味醇和，叶底黑褐色。

花卷茶（千两茶）是黑茶茶类中的一种，创制于清朝道光年间的湖南安化县一带，为运输方便，减少茶包体积，以每卷茶叶净含量合老秤一千两而得名，大度大约1.5～1.65米长。在清朝同治年间又进行了改进，采用大长竹篾篓将黑毛茶踩压捆绑成圆柱形的"千两茶"，历史上主要分为被山西祁县、榆次茶商经营而制得的"祁州卷"与绛州茶商经营制得的"绛州卷"两种类型。花卷茶制作工艺也是一个非常独特的非物质文化遗产，其品质特点主要为茶体为圆柱形，无蜂窝巢状，色泽黑褐。冲泡后，汤色橙黄或橙红，香气纯正或带松烟香，滋味醇厚、微涩，叶底深褐、叶张较完整。

二、云南黑茶

云南黑茶指云南大叶种晒青茶经后发酵制成的散茶和紧压茶，主要是普洱茶及其制成的各种紧压茶。普洱茶有散茶、紧茶、饼茶、圆茶、方茶等，最早集中在下关、勐海等地，主要边销至西藏、云南本省内藏族地区，近年来也销往法国、日本、意大利及东南亚各国。

普洱茶原产于云南普洱、西双版纳、昆明、宜良等地，有生茶和熟茶之分。云南省于1973年开始尝试"渥堆"发酵技术，于1975年在昆明茶厂正式试验成功。在普洱茶包装表面上，经常出现一组4个数字的编号，比如7546七子饼茶，称为"唛号"。在20世纪六七十年代，因为云南省普洱茶是由省茶叶公司统购统销的，因为出口需要说明普洱茶内容。其中，最前面两个数字表示这款茶开始采用某些工艺的年份，第三位数字表述制作这款茶的毛料茶原料等级情况，数字从0—9，数字越小代表原料等级越高，第四位数字代表生产厂家，1代表昆明茶厂，2代表勐海茶厂，3代表下关茶厂，4代表普洱茶厂。例如，7542唛号代表的意思为，此茶是用1975年工艺生产，主要采用了4级原料，由勐海茶厂生产的普洱茶。

普洱散茶分金芽、宫廷、特级、一级、二级、三级、四级、五级8个级别，其优质茶品品质特点为：外形紧细匀直、色泽红褐、披金毫。冲泡后，汤色红浓明亮，香气陈香馥郁，滋味醇和甘爽，叶底褐红柔软。普洱茶的紧压茶主要有普洱沱茶、普洱紧茶、七子饼茶、普洱砖茶、普洱小沱茶、普洱小果茶、普洱小圆饼等产品。优质普洱紧压熟茶品质特点为色泽红褐，形状端正匀称、松紧适度、不起层脱面，若是洒面茶、包心茶则包心不外露。冲泡后，汤色红浓，滋味醇厚回甘，香气独特陈香，叶底红褐。优质普洱紧压生茶品质特点为：色泽墨绿，形状匀称端正、松紧适度、不起层脱面；若是洒面茶、包心茶则包心不外露。冲泡后，汤色黄绿明亮，香气清纯，滋味浓厚，叶底绿黄明亮。

三、四川黑茶

四川黑茶分为南路边茶和西路边茶，一般采割当季或当年成熟新梢枝叶为原料。其中，从成都出发运销南边通过的茶，被统称为南路边茶，以雅安、宜宾、乐山为主产区，南路边茶主要有康砖和金尖两种，主销西藏、青海和四川甘孜藏族自治州等地。销往我国西北方向走古大道的茶，简称为西路边茶，主要集中在邛崃、都江堰、平武、北川等地，相对南路边茶更为粗老，西路边茶有茯砖茶和方包茶两种，主销四川省阿坝藏族羌族自治州，少量销往甘肃和青海。

四、湖北黑茶

湖北出产的青砖茶总称为湖北黑茶，主产于河北咸宁地区的蒲圻、通山、崇阳、通城等地，湖南省临湘县也生产老青茶。老青茶原料成熟度相对较高，一般按茎梗皮色划分，一级茶以青梗为主，基部稍带红梗；二级茶以红梗为主，顶部稍带青梗；三级茶为当年生红梗，不带麻梗，制成的成品茶分里茶和面茶，面茶又分为洒面和洒底。其中，洒面茶色泽乌润，条索较紧实，稍带白梗。里茶色泽乌绿带花，叶面卷皱，茶梗以当年新梢为主。青砖茶品质特征为外形端正平滑，厚薄均匀，色泽青褐。冲泡后，汤色红黄明亮，具有青砖特有的特殊香味而不青涩，叶底呈暗褐。

五、广西六堡茶

广西黑茶最主要的茶品为六堡茶，因出产于苍梧县六堡乡而得名，附近岭溪、贺县、横县、昭平、玉林、临桂、兴安等地也有生产，主销本区及广东省、港澳地区，外销东南亚各国。

六堡茶采摘的茶青嫩度相对较高，一般采摘一芽二三叶及一芽三四叶为主，优质广西六堡茶品质特点为色泽黑润，汤色红浓，香气醇陈、带有松烟香和特色的槟榔味，滋味甘醇爽口，叶底呈古铜褐色。

🫖 **考核指南**

基本知识部分考核检验

1. 请简述黑茶类主要分为几种类型，并说明各个类型主要品质特点及代表茶品。

习题

1. 最早黑茶产自（　　）省。
2. （　　）最早制作青砖茶，并以远销内蒙古、西北为主。
3. 黄茶按照鲜叶鲜嫩程度可分为（　　）。
4. 湖南黑茶最早发源自（　　）。
5. 湖南黑茶三尖茶分别为（　　）。
6. 云南普洱茶最早文献资料出自（　　）朝。
7. 广西黑茶主要产自（　　）。
8. 四川边茶分为（　　）几种类型。

第七节　花茶及常见茶品

我国花茶生产历史悠久，早在宋代就开始有增香茶和香片茶等，到12世纪后，花茶窨制就已经较普遍了。在明朝时，顾元庆（1564—1639）已经在其所撰写的《茶谱》中对花茶窨制技术进行较为详细记载。在清朝咸丰时期（1851—1861），我国花茶制作达到比较鼎盛时期。在我国，花茶主产于福建、江苏、浙江、广西、四川、安徽、湖南、江西、湖北、云南等地。

花茶是茶与鲜花窨制而成，具有"引花香、益茶味"独特品质特征。花茶是一种再加工茶类，花茶因鲜花不同，以及所使用茶坯茶类不同，所以通常使用鲜花品名和茶名连在一起进行命名。在花茶制作的过程中，采用的鲜花通常有木樨、茉莉、玫瑰、蔷薇、南蕙、橘花、栀子、木香、梅花等，不同的茶类适合匹配窨制的鲜花也所有不同，目前已经形成广受欢迎的茉莉、白兰、珠兰、代代、桂花、玫瑰和柚花多种经典花茶茶品。其中，以茉莉花茶数量最多，受地域欢迎度较为广泛。

　　花茶制作主要是利用各种香花能吐放挥发其所含有的芳香物质，又结合茶叶具有吸收外界气味，在茶叶加工制作中将二者特性有机利用而成，花茶窨制过程主要是鲜花吐香和茶坯吸香的过程。花茶制作工艺主要有鲜花维护、茶花拼和、窨花、起花、烘干、提花等工序，优质茉莉花茶品质总体特点是：香气鲜灵、花香持久、茶味醇和鲜爽。

一、常见由绿茶茶坯窨制的花茶

（一）茉莉花茶

　　茉莉花由印度传向中国，茉莉花茶始创于福建福州，在清朝时期被列为贡茶，是花茶中产量最高的茶品，其茶香与茉莉花香相得益彰，被誉为"窨得茉莉无上味，列作人间第一香"。优质的茉莉花茶其香气鲜灵持久、汤色黄绿明亮、滋味醇厚鲜爽、叶底嫩匀软亮，具有安神、解郁、健脾理气、抗衰老、提高肌体免疫力等功效。我国著名茉莉花茶为，广西横县茉莉花茶、福建福州茉莉花茶、浙江金华茉莉花茶、四川茉莉花茶和江苏苏州茉莉花茶。

　　1. 广西横县茉莉花茶

　　广西横县属于典型的亚热带季风气候，优质的地质与气候条件，非常适合茉莉花生长。横县种植茉莉花的历史大概有六七百年，是中国最大的茉莉花生产基地，享有"中国茉莉之乡"的美誉。广西横县茉莉花茶加工制作始于20世纪70年代末，所采用的绿茶原料茶树品种主要有横县群体种、水凌1号、福云6号、福云595号、云南大叶种、南山白毛茶、福鼎大白毫等，主要品质特点为条索紧细、匀整，香气浓郁、鲜灵持久，滋味浓醇，叶底嫩匀。

　　2. 福建福州茉莉花茶

　　福州茉莉花茶制作已有千年历史，早在西汉时期，茉莉花经由海上丝绸之路来到福州，主产于福州市及闽东北地区，它主要选用优质的烘青绿茶，主要茶品有茉莉龙珠、茉莉银针、茉莉银毫等。2014年，福州茉莉花茶被列入国家级非物质文化遗产代表性项目名录。福州茉莉花茶品质基本特点为：外形秀美，汤色黄绿明亮、香气鲜灵持久、滋味醇厚鲜爽、叶底嫩匀柔软。在福州茉莉花茶中最为高档的为茉莉大白毫，制作工艺特别精细，其品质特征为外形毫多芽壮、色泽嫩黄，香气鲜浓、纯正持久，滋味醇厚爽口。

　　3. 浙江金华茉莉花茶

　　金华茉莉花茶已有300多年生产历史，主要有茉莉毛峰茶、茉莉烘青花茶、茉莉炒青花茶等，以茉莉毛峰茶品质最优。其优质茶品品质特点为外形银毫显露、芽叶卷紧，色泽黄绿透翠，汤色金黄明亮，香气浓郁清高，滋味鲜爽甘醇。

　　4. 江苏苏州茉莉花茶

　　苏州茉莉花茶始于宋代，历史十分悠久，主要以烘青茶坯为原料。优质成品苏州茉莉花茶品质特点为条索紧细匀整、色泽油润，汤色黄绿清澈，香气清高鲜美，滋味浓厚鲜爽，叶底幼嫩。

　　5. 四川茉莉花茶

　　四川茉莉花茶制作有300多年历史，以四川峨眉山、蒙山和宜宾等地所传川青为茶坯，具有独特的窨制工艺，代表茶品有碧潭飘雪、林湖飘雪、炒花飘雪、峨顶飘雪、细芽飘雪、龙都香茗等。优质茉莉花茶品质特点为具有花香不掩茶香、茶香花香天然混成一体，滋味鲜爽、富有层次感。

（二）白兰花茶

白兰花茶主要鲜花用料为白兰花，白兰花香浓郁持久，是窨制烘青绿茶的主要原料，主销山东、陕西等地，是仅次于茉莉花茶的大宗花茶茶品，其主要产地为广州、苏州、福州、金华、成都等地。优质的白兰花茶品质特点为外形条索紧结重实、色泽墨绿尚润。冲泡后，汤色黄绿明亮、香气香浓持久、滋味浓厚尚醇、叶底嫩匀明亮。其品质功效为行气舒胸，芳香化湿，具有利尿化痰、镇咳平喘的功效。

（三）珠兰花茶

珠兰花茶早在明代时就有出产，于清朝咸丰年间开始大量生产，选用黄山毛峰、徽州烘青、老竹大方等，主要以优质烘青绿茶做茶坯，与珠兰或米兰鲜花窨制而成。珠兰花茶主要产地为安徽歙县，其次在福建福州、广东广州、浙江金华和江西南昌等。根据珠兰花产地不同，珠兰花茶主要有歙县珠兰花茶、江苏珠兰花茶、江西珠兰花茶、金华珠兰花茶等，各地品质大体相同，但也各具特色。其中，歙县珠兰花茶制作历史最为悠久。其优质茶品品质特点为：外形条索匀齐、色泽深绿油润。冲泡后，汤色黄绿明亮，香气清香幽雅，滋味醇和爽口，叶底芽叶肥壮柔软、嫩绿匀亮。

二、常见由红茶茶坯窨制的花茶

（一）玫瑰红茶

玫瑰红茶是红茶与玫瑰花窨制而成，玫瑰花非常适合窨制红茶，但目前在国内还属于较少茶叶品种，产量也相对较少。玫瑰花茶主产于广东、福建、山东、浙江、云南等地，广东玫瑰花茶比较具有代表性，其口感醇和，具有益气解郁、促进血液循环、舒张血管等功效。

（二）柚子花红茶

柚子花是茶叶和柚子花窨制而成，通常可以与红茶、绿茶和乌龙茶等进行窨制，但数量不多，主产于福建、浙江、广西、贵州、广东和湖南等地。从花茶制作历史角度看，柚子花通常大部分只是作为茉莉花茶窨制前的"打底"使用，以弥补春季茉莉花香不足，其花香香气浓郁、鲜爽持久与茉莉花香较为搭调，可以提高茉莉花茶的香气浓度。柚子花茶具有良好的药理作用，有助于气血循环，具有理气、疏肝、清心润肺等功效。

三、常见由乌龙茶茶坯窨制的花茶

（一）桂花乌龙茶

桂花乌龙茶是福建地区传统出口商品之一，通常以铁观音为茶坯，与新鲜桂花窨制而成，其桂花香气浓郁、甘甜，桂花乌龙茶具有通气和胃的作用。桂花乌龙茶外形条索粗壮重实、色泽褐润，汤色橙黄，香气高雅隽永，滋味醇厚回甘。

（二）大花茶（栀子花茶）

栀子花也被称为"初夏花"，栀子花茶是福建传统著名花茶之一，通常以铁观音为茶坯，与新鲜栀子花窨制而成，栀子乌龙茶制作工艺较为复杂。栀子花花性温和，增茶香气而不夺其香。优质栀子花茶外形呈卷曲状、重实，色泽墨绿，口感温润、有淡淡的栀子香，回甘持久。

 考核指南

基本知识部分考核检验

1. 请简述茉莉花茶类主要分为几种类型，并说明各个类型主要品质特点及代表茶品。

习题

1. 茉莉花茶美誉为（　　）。
2. 中国茉莉之乡为（　　）。
3. 中国茉莉花茶始创于（　　）市。
4. 福州茉莉花茶最优质的茉莉花茶为（　　）。
5. 最优质金华茉莉花茶以（　　）茶坯为原料。
6. 白兰花茶主销地区为（　　）。
7. 珠兰花茶主产地区为（　　）。
8. 在茉莉花茶制作中，与茉莉花比较搭调的鲜花为（　　）。

第八节　常见国外茶品

茶树经过现代人工栽培后，世界茶树分布区域非常广泛，从最北边的乌克兰到最南边的南非之间都有大量茶树种植，北纬 6° 到 32° 之间的茶树种植最为集中，每年提供茶叶数量也最多。其中，东亚的中国和日本两国产茶量大约占全世界总产量的 28%，日本产茶量居全球第七位。南亚的印度、斯里兰卡和孟加拉国三国所产茶叶量占全世界的 40%，印度居全球第二位，斯里兰卡居全球第四位。其中，斯里兰卡乌瓦茶、印度大吉岭红茶与中国祁门红茶被誉为世界三大高香红茶。

英国掌握着全球一流茶叶拼配技术，混合茶是其精髓，在英国市面上销售的茶叶大约90% 是混合茶。英国也是全世界人均喝茶数量最多的国家，英国下午茶品饮方式在全世界也十分有名。在全世界茶叶市场上，英国也有较多全球超强的著名茶叶经营公司，其旗下的茶叶品牌也具有极强的影响力，并且每年在市场上提供大量茶叶。英国人非常喜欢喝红茶，每天不同的时段都有人在喝茶，主要分为晨茶、早餐茶、茶休、午间茶、下午茶、傍晚茶及餐后茶。因此，英国众多不同时段的喝茶习惯及其中所蕴含的品饮文化，也对茶叶制作品质本身有特定要求。为了满足上述品饮茶习惯，英国许多著名茶叶公司也为此进行了深入的产品设计与创新。

目前，随着全球经济一体化进程不断加快，在日常生活中，一些国外茶品也成为司空见惯的消费品。因此，在冲泡茶实践中就非常有必要去了解一些常见的国外茶品。

一、常见日本茶叶

日本茶叶主要分为不发酵的绿茶、半发酵的乌龙茶、发酵的红茶以及后发酵的普洱茶，其中，绿茶又分为蒸制茶和再加工茶。日本的蒸茶分类最为丰富，包括了煎茶、炒茶、蒸制玉绿茶、玉露茶、被茶、碾茶与抹茶，以及番茶。

煎茶主产于日本的静冈县、鹿儿岛县、三重县，在全国其他茶园也都有生产。在加工制作工艺中有精揉工序，茶叶外形为针形。煎茶又分为普通蒸制煎茶和深蒸煎茶，二者主要差异在于茶青的蒸煮时间，深蒸煎茶是市场主流，约占七成。煎茶越是上等的产品，颜色越是鲜艳有光泽，茶香清爽高雅，汤色呈现具有清透感的黄色或偏黄绿色，茶滋味具有均衡良好的苦涩味与甘甜味。

玉露茶的风味清新香甜有回甘，是日本茶中最为珍贵的茶品，玉露茶独特的香气被称为"覆香"，是通过被覆栽培而产生。其中，以日本京都府的宇治和福冈县的八女等产地制作的玉露茶最为知名。优质玉露茶的品质特点为汤色呈淡黄色、清澈明亮，带有类似海苔香气，滋味甘甜浓郁、苦涩味较淡。

被茶兼具煎茶的苦涩味与玉露茶的甘甜味，采茶前茶树覆盖栽培的被茶，也被称为"冠茶"，主产于日本的三重县，其茶汤汤色为黄绿色。炒茶是16世纪中国传入日本的制作方式，炒茶也被称为"釜炒制玉绿茶"，主产于九州地区，知名的有宫崎县的高干穗、佐贺县的嬉野等地。炒茶品质特点主要为汤色呈淡黄色、清澈透明，散发强烈且独特的釜香，滋味清爽宜人。蒸制玉绿茶是在日本大正时代末期（1926年）创制出来的，主产于九州地区和静冈县的一部分地区，其外形为勾玉形状，因没有精揉工序而略带圆状。蒸制玉绿茶品质特点为汤色黄绿明亮，带有温润爽口的香气，滋味圆润且苦涩味偏少。

抹茶主产地为京都府的宇治、爱知县的西尾、福冈县的八女，由碾茶的茶叶制作而成。抹茶与玉露茶一样，也是通过被覆栽培法培育制作而成，在加工中不经过搓揉而直接干燥，之后用茶臼碾茶研磨成粉末。在品饮中，主要用茶筅点茶后饮用，能打出明亮的黄绿色泡沫，具有鲜嫩香气，和浓郁的苦涩味、甘甜味。

番茶名称主要是依据采摘时间而得，有将第一批茶与第二批之间采摘的"番外的茶"转变而来的意味说法，也有将其视为较晚采摘制作的"晚茶"转变而来的一种说法。在关西地区，也使用在煎茶加工完成作业时挑选出来的大叶子，因其茶叶原料形状，也有叫"青柳""川柳"。

再加工茶又分为焙茶和玄米茶。焙茶在制作中主要采用番茶、下等煎茶等茶叶制作，在加工中要将茶叶煎炒成褐色，其最大的魅力在于香气。茶性刺激性较低，比较温和，也是经常被挑选为用餐时饮用的茶品。焙茶的汤色为褐色，具有浓郁的焙火香，滋味清爽。玄米茶则主要是将炒米和番茶茶叶以1:1的比例混合而成，具有炒米香味，也经常会使用煎炒过的白米或糯米，其汤色为淡黄绿色，具有非常浓郁的煎炒香气，滋味清爽。

二、常见印度茶叶

印度茶叶生产主要于19世纪开始进行，其地形地貌及气候条件非常适合茶树生长。1780年，英国东印度公司就在印度开始种植中国茶籽，并于1834年，先后派人到中国非法获取茶籽、茶树在印度进行大量种植，并将中国制茶人带到印度进行茶叶制作。目前，印度已经成为世界红茶主要产地，主要有大吉岭茶区、阿萨姆茶区和尼尔吉里茶区。印度喜欢在品饮茶时加牛奶、糖，或者香料，诸如姜粉、小豆蔻等。

（一）大吉岭红茶

大吉岭红茶其优异品质被美誉为"红茶中的香槟"，也是世界著名红茶茶品之一。大吉岭红茶的故乡是位于印度西孟加拉邦最北部的喜马拉雅山北部山麓，大约海拔500～1000米，其独特的地形地貌与常年多雾的气候造就了大吉岭红茶独特的茶品品质，其茶树品种为中国品种。大吉岭茶树鲜叶最佳的采摘季节为春、夏、秋三季，各个时期采摘制作的红茶香气和滋味也有所不同。在每年3—4月采摘制作的茶叶被称为"初摘"，带有温和清新的香气，汤色呈金黄色。每年5—6月采摘制作的茶叶被称为"次摘"，鲜叶成熟饱满，香气和滋味中有圆熟醇香之感，上品的红茶具有麝香和葡萄的味道，浓郁芬芳里带有成熟水果的甘甜美味，汤色呈深橘黄色。每年7—8月采摘的茶叶被称为"秋茶"，其风味具有很强的甘甜味道，滋味浓厚，汤色呈深红色。

（二）阿萨姆红茶

阿萨姆是指位于印度东北部阿萨姆布拉马普特拉河两岸的广阔地域，是世界最大的红茶产地。阿萨姆茶每年也生产制作春、夏、秋三季，通常生产制作时平均最高气温为28～32℃，因此也造就其汤色浓厚、滋味厚重强劲、口感丰润甘甜的个性，也非常适合制作奶茶使用。英国人因喜欢在红茶中加牛奶，因此也阿萨姆红茶也是英国下午茶最重要茶品之一。

（三）锡金红茶

锡金位于尼泊尔北面与不丹接壤，原为锡金王国，于1974年被印度合并，紧邻著名的大吉岭茶区北部。锡金的茶树都源于大吉岭移植而来，红茶味道与大吉岭红茶非常相似，其茶品为汤色呈橙色、滋味醇正、鲜嫩可口且涩味较淡，带有甘甜的花香。

三、常见斯里兰卡茶叶

斯里兰卡是热带岛国，1948年该地区定国名为锡兰，16世纪起曾先后被葡萄牙、荷兰统治，18世纪末成为英国殖民地，1972年改称斯里兰卡共和国。茶叶生产是源于其作为英国殖民地时期，由在印度从事经营的贸易商将茶树带去种植而开始的。从1839年开始种植茶树，直至1869年商业茶树种植生产才真正开始，并将茶叶出口到英国。

根据地域不同的气候条件，斯里兰卡严格划分为七个具有特定区域品质特征的茶区，分别为康提、汀布拉、乌瓦、乌达普色拉瓦、努瓦拉埃利亚、卢哈那和萨巴拉加穆瓦，每一个茶区又细分出不同的小茶区。斯里兰卡红茶通常根据出产地的海拔高度分级，分为高地茶、中地茶和低地茶三级。

（一）乌瓦红茶

乌瓦红茶也是世界最著名红茶之一，位于斯里兰卡正中央山脉的东侧地区，斯里兰卡东部的乌瓦省，也是高地茶品质代表。乌瓦红茶每年最佳采摘时间为8—9月份，因其风味中带有玫瑰花香，汤色呈深红色，滋味中略带宜人的涩味，所以非常适合制作奶茶，也备受英国人喜爱。斯里兰卡每年七、八月份会有西南季风，也常起雾，这样独特的气候条件造就了乌瓦红茶的甘甜与涩味。

（二）金佰莱红茶

金佰莱红茶是属于高地茶，也是全世界著名的高级红茶代表之一，茶树种植生长在斯里兰卡山麓地带西南坡。每年1—2月份会有斯里兰卡特有的东北季风，空气变得非常干燥，也造就了金佰莱红茶独有的花香，这个季节也是金佰莱红茶制作的最佳时节。金佰莱红茶汤色呈深红色，带有馥郁的玫瑰花香，滋味鲜爽、口感柔中带刚、且带有宜人的涩味，它适于清饮，也适合加入牛奶、花草等进行冲泡，深受饮用者欢迎。

（三）坎地红茶

坎地是斯里兰卡最早的红茶产地，最早由被誉为"红茶之父"的苏格兰人詹姆斯·泰勒最早在此进行种植制作红茶。坎地茶园通常地势高度为海拔400～500米，属于低地红茶，其风味特点是涩味较轻，滋味十分柔和，香气也非常淡雅，汤色呈橘黄色且略带红色，非常适合制作冰红茶，也非常适合与鲜花及水果等进行搭配做混合茶原料。

四、常见英国茶品

英国人品饮茶时比较强调味觉的享受，同时为了保证茶叶品质的稳定，讲究茶叶混合搭配，调味茶是英国的主流茶。几百年来，这些混合了花、果和精油的茶叶形成了独具特色的英式茶。英国茶分为茶园茶、产地茶、混合茶和调味茶。其中，混合茶是混合了来自不同产地和国家的茶叶，调味茶是在混合茶的基础上添加了花草、水果、香精和香料等。调味茶注重创造力，更注重视觉感受，调茶师是一个调味茶公司的灵魂所在。

在英国，晨茶主要指的是清早起床后，在床上饮用的第一杯红茶。早餐茶是吃早餐时饮用的红茶，通常喜欢饮用奶茶或专门制作的早餐茶等。茶休是指每天上午11点左右，通常会有15～20分钟的时间，饮用一杯红茶来做稍事休息。午间茶又称为Midday Tea，有15分钟左右饮茶时间，有时还经常佐以饼干或蛋糕派之类的小点心。下午茶也称为Low Tea，就是通常在下午四点钟左右饮用红茶，是传统贵族之间非常流行的消遣习惯。傍晚茶指的是在英国农村和苏格兰，傍晚6点左右一家人汇聚在一起吃饭前品饮红茶的时间。High Tea通常是从一天工作结束之后的下午6点开始，指比下午茶更加随意的，更具有社交性的茶会。餐后茶指的是在晚饭后就寝前喝的红茶，人们还经常在红茶当中加入一些威士忌或者白兰地。其中，经常品饮的伯爵茶、下午茶、早餐茶都是传统经典配方。

另外，伯爵茶是调制茶，是英国茶的代表，在茶中主要使用茶叶和佛手柑两大主要原料进行调制而成，各大品牌公司都有自己的特色。英国早餐茶源于苏格兰，通常是一种混合茶，具有强烈浓郁的风味，而下午茶品通常选用口味清淡，适合清饮的茶品。

英国有五大茶叶公司：包福南梅森（Fortnum&Mason）、东印度公司（East India Company）、哈洛德百货（Harrods）、川宁（Twinings）、唯廷德（Whittard of Chelsea）。

（一）福南梅森

福南梅森以英国皇家御用茶而闻名，其中比较有名的茶叶有：福南烟熏伯爵茶，是由香柠檬、正山小种和中国珠茶混合而成，其香气高雅、滋味醇厚，带有淡淡的柑橘清香；皇家调制茶，风味典雅，是在1902年夏天专门为爱德华七世调配的，由阿萨姆和锡兰茶混合而成，二者有机协调，滋味浓厚甘醇，非常适合搭配牛奶；安妮女王调制茶是于1907年调制的，风味清新，是由阿萨姆和高海拔锡兰茶混合而成，适合全天候品饮使用。

（二）东印度公司

该公司是2005年被一个商人收购"东印度公司"招牌后成立的高端食品公司，是小众精品高端茶叶品牌，其中比较有名的茶叶有：士丹顿伯爵茶，用以纪念乔治·士丹顿这位英格兰旅行家和东方文化研究者，该款茶味道浓郁，香气高扬。昂吉尔总督孟买香料茶，这款调味茶用印度红茶为原料，加入肉桂、丁香和肉蔻，滋味浓郁，非常适合与牛奶和糖混合，具有异国品饮情调。

（三）哈洛德百货

该公司美食部的茶叶专区在伦敦非常有名，茶叶常被用作手信，其中比较有名的茶品有：大吉岭欧凯迪庄园红茶，其品质特点为干茶色泽明亮金黄，富有新鲜水果风味；No.18乔治亚特调，由阿萨姆、大吉岭、斯里兰卡锡兰茶混合而成，风味平衡和谐，适合加糖、牛奶和蜂蜜饮用，滋味醇厚清香。

（四）川宁

川宁公司生产的川宁茶主要提供给平价超市进行销售。川宁茶叶品牌具有300多年历史，也是英国最古老而经典的茶叶品牌之一，其中比较有名的茶品有：伯爵红茶，风味清新，带有淡淡的香柠檬芬芳；英式早餐茶，是经典调和风味，风味饱满，滋味强劲，由阿萨姆及肯尼亚茶混合而成，是非常适合搭配口味浓郁的英国传统早餐，并有助于去油解腻。

（五）唯廷德

该公司于1886年创立，是英国历史悠久的茶叶品牌，多为大众精品茶叶，其中比较有名的茶品有英式早餐茶包，这款早餐茶混合了阿萨姆、锡兰和肯尼亚茶叶，风味浓郁，适合加牛奶和糖品饮。下午茶是该公司卖得最好的茶品之一，采用了中国红茶、乌龙和茉莉绿茶进行混合，具有清幽的茉莉花香。英国玫瑰红茶是为了纪念戴安娜王妃而调制的，在顶级锡兰红茶中加入英国玫瑰花，有着芬芳玫瑰花香气，也非常适合加入牛奶进行品饮。

考核指南

基本知识部分考核检验

1. 请简述日本茶类主要分为几种类型，并说明各个类型主要品质特点及代表茶品。
2. 请简述印度大吉岭红茶和阿萨姆红茶之间的区别。
3. 请简述斯里兰卡红茶主要特点是什么。
4. 请简要列举几个英国著名的茶叶经营公司，以及其代表茶品名称及其品质特征。

习题

1. 斯里兰卡产茶量每年居全世界第（　　　）位。
2. 日本茶中最为珍贵的茶品为（　　　）。
3. 日本的被茶主产于（　　　）。
4. 被誉为红茶中香槟的茶品是（　　　）。
5. 印度最适合制作奶茶的茶品是（　　　）。
6. 斯里兰卡最著名的高地茶代表茶品是（　　　）。
7. 斯里兰卡最早的红茶产地是（　　　）。
8. 英国茶叶制作中，以（　　　）技术最为精湛。

第六章　中国茶区

视频：茶品品质
鉴别及介绍

◎ **学习目标**

1. 中国茶区分布及特点等相关知识。
2. 茶叶感官品质鉴别基本方法。
3. 茶叶营销相关策略。
4. 茶区文旅发展基本方式。

在实践生产和理论研究中，通常根据茶树生物学的特性，把具有大致相似的地形地貌与气候条件的适合茶树种植区域划分为一个茶区。根据茶树种植、茶叶生产分布和气候、地质条件等，世界茶区可分为东亚、东南亚、南亚、西亚、欧洲、东非和南美7个主要茶区。其中，亚洲茶区约占世界茶叶总产量80%左右，是世界主要产区。另外，中国、印度、斯里兰卡、肯尼亚和土耳其也都是产茶大国。

每年，全世界有很多茶区生产大量不同茶类不同品质的茶叶，我们也难免在品饮茶时将面对众多的茶品进行选择。因此，对于冲泡茶来说，首先要能对茶区的基本生产状况和茶品状况进行了解，进而运用简单而方便的鉴别方法去了解其品质状况，这是非常重要的。这是因为不同茶区气候与地形地貌等条件，茶树品种选择可能不同，制作工艺可能不同，造就了成品茶叶风味存在可能差异。在了解茶区茶叶基本情况后，进一步了解所冲泡具体茶叶品质状况，并根据茶叶本身品质状况，及时确定和调整冲泡茶方法或策略，才能冲泡出一杯相对好喝的茶汤，或者才能满足品茶人对冲泡茶汤的要求。

在明确不同茶区、不同等级茶叶品质状况时，也需要借助茶叶品质鉴别方法或标准去进行品质和等级判断。目前，我国已建立了相对完善系统的茶叶审评方法，2018年修订出版了《GB/T 23776–2018 茶叶感官审评方法》。通过借助评审杯碗等评审用具，依据茶叶感官审评基本流程，进行标准审评操作，对展现茶叶品质状况的八因子进行评定，进而掌握茶叶基本品质状况。茶叶感官审评基本流程为，取样—把盘（评外形）—扦样—称样—冲泡—沥茶汤—评汤色—嗅香气—尝滋味—评叶底，茶叶感官审评按外形、汤色、香气、滋味和叶底的顺序进行。茶叶感官审评八因子主要对干茶状况和开汤后的内质状况进行评判，包括干茶外形及嫩度、色泽、匀整度、匀净度，以及内质的汤色、香气、滋味和叶底，尽可能用合适的审评术语把各项因子表达出来。其中，外形包括形状、色泽、老嫩、整碎和净度等内容。汤色包括色度、亮度和清浊度；香气除了辨别香型外，还要比较香气的纯异、高低和长短；滋味主要从浓淡、强弱、爽涩、鲜滞、纯异等方面去判断。叶底主要观察其嫩度、匀度和色泽的优次。

对于冲泡茶实践来说，不仅需要掌握茶叶品质初步判断技能，而且也要会运用茶叶术语进行表述，这样彼此间才可以准确进行茶品品质的交流与沟通。茶叶术语是感官审评结果的专业表达方式，因此又被称为"茶之语"，也是衡量茶叶品质专门词汇的"通用语"。对于刚刚进行冲泡的人来说，茶叶术语的描述有时候可能有种"只可意会不可言传"之感，只能平时多评茶并进行术语使用练习，不断提高视觉、嗅觉、味觉敏感度，才能做到运用自如及精简、准确的概括。

从职业职责内容角度看，茶艺师除了冲泡出好茶汤外，也担负着茶叶营销与推广的工作。茶叶作为重要的农林经济作物，是与特定茶区联系在一起的。因此，将茶区特质与茶叶特性融合进行推广也是我们需要关注的重要内容。在茶叶营销和推广中，虽然运用了很多市场营销学方面的知识与技能，但是我们也要深刻理解到，随着体验经济与体验营销时代的到来，场景式营销也成为一个重要的茶叶营销与推广模式，基于茶区特质构建茶叶营销与推广模式的体验场景也成为一个重要思考所在。同时，茶艺师也需要具备挖掘其中营销特点要素并进行恰当表达的能力，尤其是能将隐含在茶区里的茶品推介独特信息，通过茶区场景体验与感知，将茶叶品质特定与茶区独特环境要素之间建立出烘托、映衬关系，使购买者将品茶与独特茶区美好憧憬与向往的情感联系起来，以触发产生购买欲望与兴趣，进而完成消费行为。因此，对于一个茶艺师来说，深入了解茶区有利于茶品冲泡质量和茶叶营销与推广效果。相对于国际茶叶市场来说，品饮中国茶是伴随着一定地域文化和情感而行的，中国茶叶里有着浓厚乡土的气息与记忆，在文化经济化和经济文化化的大背景下，将茶叶和茶区文化、环境独特性等有机结合起来，让二者有机衔接和相辅相成也是非常重要的思考点。

第一节　中国茶区及其特点

早在古代中国品饮茶开始盛行的时候，中央政权便开始通过茶税以筹集财政收入，在唐德宗建中四年（783）度支侍郎赵赞建议实施茶税，贞元九年（793）开始制定税茶法，唐文宗时（826—840）开始实行专卖制度。唐代自茶税开始征收以来，每年税额也不断增加，成为仅次于盐税的一项重要财政收入。在宋代，茶税也是作为财政收入的一个重要来源，并从茶叶生产制作与销售两个环节进行禁榷法、入中法、通商法三个方面征收。与此同时，宋朝还与边疆地区进行茶马贸易，在神宗熙宁年间（1068—1077）又设立茶马司，经营川、秦茶马之政。元代茶税也规定长短饮之法，至元三十年（1293）除茶引之外，又设立"茶由"，之后元代茶税不断加重。在明代时期，也实行茶专卖，施用引法。为了边防需要，明代也在川陕地区与边疆少数民族进行茶马贸易。在清代，制定的茶法分官茶、商茶、贡茶。由此可见，自古以来茶区属于经济概念，这也是因为茶产业和茶贸易在整个社会经济中占有非常重要地位，其发展及茶区划分状况历来也受国家财政的重视。

　　中国茶区的划分是在国家总的发展生产方针指导下，综合自然、经济和社会条件以及行政区域的基本完整来考虑的，茶区划分也必然存在一个动态变化性。

　　最早有中国茶区文字表达是始于茶圣陆羽的《茶经》一书，他把唐代种植生产茶叶区域划分为八大茶区：以湖北、湖南和陕西为中心的山南茶区、以河南、安徽以及湖北紧邻一带区域为核心的淮南茶区、以浙江、江苏以及安徽临近一带区域为中心的浙西茶区、以四川为核心的剑南茶区、以浙江绍兴、宁波、金华和台州为中心的浙东茶区，以贵州为中心的黔中茶区、以江西及湖北临近一带以中心的江西茶区、以福建和广东、广西为中心的岭南茶区。

　　宋代茶区主要分布在长江流域和淮南一带，主要产地是江南路、淮南路、荆湖路、两浙路和福建路，并按茶叶形态分成了片茶和散茶两大生产中心。元代和明代时期，主产区为江西行书省、湖广行书省。清代茶区是基于茶类为中心的栽培区域，形成了以湖北和湖南为中心的砖茶生产中心，以福建为中心的乌龙茶生产中心，以湖北、安徽和江西为中心的红茶生产中心，以江西、浙江、江苏为中心的绿茶生产中心，以四川、重庆为中心的边茶生产中心，以及以广东为中心的主产珠兰花茶中心。

　　20世纪30年代，吴觉农和胡浩川根据茶区自然条件、茶农经济状况、茶叶品质好坏、分布面积大小及茶叶产品的出路等，系统地将全国划分为十三个茶叶产区，其中外销茶为八个产区、包含祁红、宁红、湖红、温红和宜红在内的五个红茶产区、包含屯绿、平绿在内的两个绿茶产区、福建为核心的一个乌龙茶产区。除此之外，还有包含六安、龙井、普洱、川茶、两广在内的五个内销茶产区。

　　1948年，陈椽根据山川、地势、气候、土壤、交通运输及历史习惯，将我国茶树种植和生产区域主要划分为四个茶区，即：浙皖赣茶区、闽台广茶区、两湖茶区以及云川康茶区。1956年，庄晚芳根据地形、气候与茶区生产特点等，将我国茶树种植与生产区域又重新主要划分为四个茶区，即：华中北区、华中南区、四川盆地和云贵高原区以及华南区。

　　之后，我国茶区划分不断调整和完善，最后形成较为统一的认识，即：将全国茶树种植与生产区主要划分为一级茶区、二级茶区和三级茶区三个级别，各自茶区划分行使权利归属国家、各产茶省、自治区或直辖市，各地（市）进行划分，并各自拥有直接指导、指挥、调控和领导的权利。目前，我国依据茶区地域差异、产茶历史、品种分布、茶类结构、生产特点，将全国国家一级茶区主要划分为四大茶区：西南茶区、华南茶区、江南茶区和江北茶区。

一、中国四大茶区

（一）西南茶区

　　西南茶区位于中国西南部，包括云南、贵州、四川、重庆，以及西藏东南部。云贵高原为茶树原产地中心，地形复杂，海拔高低悬殊，气候差别很大，是中国最古老的茶区。茶区大部分地区均属亚热带季风气候，相对我国其他地区来说冬天不寒冷、夏天不炎热。土壤状况也较为适合茶树生长，四川、重庆、贵州和西藏东南部以黄壤为主，有少量棕壤；云南主要为赤红壤和山地红壤，土壤有机质含量一般比其他茶区丰富。茶区内茶树品种资源丰富，主要生产红茶、绿茶、边销茶、花茶、沱茶、紧压茶和普洱茶等，也是中国发展大叶种红碎茶的主要基地之一。

（二）华南茶区

华南茶区主要位于中国南部，包括广东、广西、福建、台湾、海南等省（区），南部茶区为热带季风气候，北部为南亚热带季风气候，为中国最适宜茶树生长的茶区。整个茶区中，除闽北、粤北和桂北等少数地区外，年平均气温为19℃～22℃，最低平均气温为7℃～14℃。年降水量也是中国茶区之最，一般为1200～2000毫米。茶区土壤以砖红壤为主，部分地区也有红壤和黄壤分布，土层深厚，有机质含量丰富。因此，优越的自然和气候条件可使茶区内茶树年生长期长达10个月以上。茶区中的茶树树型有乔木、小乔木和灌木型，茶树品种极其丰富，主要生产红茶、乌龙茶、绿茶、白茶和六堡茶等。其中，茶区所产大叶种红碎茶，其茶汤浓度也较大，品质也非常优异。

（三）江南茶区

江南茶区主要位于中国长江中、下游南部，包括浙江、湖南、江西等省，以及部分皖南、苏南、鄂南等地，属于茶树生态适宜性区划适宜区，基本上属于中亚热带季风气候，南部为南亚热带季风气候，为中国茶叶主要产区，年茶叶产量大约占全国总产量的三分之二左右。茶区内主要分布在丘陵地带，少数在海拔比较高的山区，这些地区气候四季分明，年平均气温为15℃～18℃，冬季气温一般在 -8℃左右，年降水量为1400～1600毫米，秋季干旱。茶区土壤主要为红壤，部分为黄壤或黄棕壤，少数为冲击土壤。茶区内主要分布中、小叶种灌木茶树品种，以及中、大叶种的小乔木茶树品种，生产的茶类主要有绿茶、红茶、黑茶、花茶以及各类品质优异的特种名茶等。

（四）江北茶区

江北茶区主要位于长江中、下游北岸，包括河南、陕西、甘肃、山东等省以及部分皖北、苏北、鄂北等地，处于北亚热带北缘。茶区内年平均气温为15℃～16℃，冬季最低气温一般为 -10℃左右，年降水量为700～1000毫米，茶树常受旱。与此同时，茶区内少数山区有较好的微地域气候，非常有利于茶树生长以及茶叶制作品质。茶区内土壤多属黄棕壤，部分为山地棕壤，是中国南北土壤过渡类型。江北茶区种茶历史悠久，主要生产制作绿茶茶品，以香高味浓为主要品质特色。

二、中国茶区特点

（一）中国茶区具有丰富优质的茶品，也具有悠久的茶文化历史。

浙江省约有68个县（市、区）产茶，茶树栽植最早在三国时期，在唐宋时期茶区已经遍及全省，目前划分为浙西北、浙东、浙南和浙中四大茶区。浙西北茶区包括杭州、湖州等地，传统名茶种类丰富且知名度高，如西湖龙井、径山茶、千岛玉叶、安吉白茶、莫干黄芽、长兴紫笋等。浙江茶区包括会稽山、四明山、天台山、括苍山及其丘陵山地，包括绍兴、宁波、台州、舟山等地，是浙江重点茶区，茶园面积占浙江总面积30%以上，产量占45%以上，也是浙江主要的珠茶外销基地，名优茶有大佛龙井、华顶云雾、泉岗辉白、日铸茶、普陀佛茶、羊岩勾青等。浙南茶区包括温州、丽水等地，主要著名茶品有温州黄汤、泰顺三杯香、金奖惠明茶、永嘉乌牛早、松阳银猴等。浙中茶区主要分布在金衢盆地，包括金华和衢州两市，主要著名茶品有江山绿牡丹、武阳春雨等。

在地域人文上，浙江茶区地域文化呈现丰富特色。从人文语系与生活状态角度看：浙东北杭嘉湖绍甬舟比较接近一些，方言上都属于吴语太湖片，地形上都属于环杭州湾平原地区。至于浙西、浙南的聚合度就没有这么好，因为地形复杂，丘陵纵横，从方言就可以看出来，还要分好几片，包括台州、瓯江、处衢、婺州四片，几乎一市一片，而原属于严州府的建德、淳安还有桐庐部分地区是讲徽语的。从饮食口味方面看，主要基本特色为：浙北甜、浙东咸，浙南淡、浙西辣。从文化属性的角度来看：浙北和苏南比较接近，处于吴越交界，略偏吴文化；浙西受到皖南影响多一些，处于吴越文化和徽文化交界；浙南的瓯越文化和闽粤文化一样都具有更强的海洋文化的特性。

从茶文化发展角度看，浙江各茶区历史非常悠久。湖州曾被称为"唐代中国东部茶都"，清代绍兴产的珠茶享誉海内外，因其集散地在绍兴平水，史称平水珠茶。台州著名炼丹术葛玄在三国年间，在天台山华顶和临海竹山开辟"葛仙茶圃"植茶。以佛教圣地和茶道祖庭而闻名的径山寺、国清寺等更是香火延绵，在唐宋明时期，由日本高僧最澄、荣西等在天台山求学考察，并带茶籽回日本滋贺县播种，将径山茶宴传入本土，拉开日本茶文化发展的序幕。宋代以来，浙江饮茶风俗及茶文化发展便欣欣向荣，并与山水之胜、林壑之美，一同构成丰富的茶文化历史文化所在地，成为令人向往的茶文化旅游圣地。浙江地区名茶迭出，许多名茶有着优美的传说、典故和趣谈，比如"十八棵御茶树"等。好茶当须好水，杭州的虎跑泉和龙井泉、龙井寺、龙井茶相得益彰，能激起无限遐思。

湖北省是我国黑茶中青砖茶重要产地，这里的青砖茶生产线一如过去的岁月依然在正常的运转，活跃在世界茶叶市场中。赤壁市羊楼洞为湘鄂交界之要冲之地，赤壁古称蒲圻，源于三国东吴设置蒲圻县，并且该地也盛产蒲草，也因而形成贸易集市。赤壁市西南部以三国时期著名的赤壁之战古战场而闻名，相传赤壁山临江矶头有周瑜所书"赤壁"二字。

羊楼洞是明清之际赤壁市著名古镇之一，为"松峰茶"和青砖茶原产地，素有"砖茶之乡"美誉。羊楼洞自唐太和年间就开始种茶并加工茶叶，在宋代时期，砖茶便作为通货与蒙古进行茶马贸易。元代和明清时期，鄂南已经成为湖广地区最重要的产茶地，并且湖广地区的老青茶都会运到羊楼洞进行加工，羊楼洞也是湖广地区茶叶重要的集散中心。在清代，政府还放开了中原地区和蒙古的边境贸易，陕西和广东的茶商纷纷在此设立茶庄制茶。在羊楼洞，最负盛名的茶庄就是陕西茶商开办的三玉川和巨盛川两家茶庄，其生产的砖茶砖面上压印有"川"字产品标记，享誉西北和蒙古一带。伴随着制茶业兴盛，集镇随之兴起，极盛的时候有二百多家茶庄，古镇有五条主要街道，百余家商旅店铺。在清朝及民国时期，羊楼洞及汉口有红茶帮、盒茶帮、卷茶帮三大茶帮，盒茶帮也称为合茶帮，或简称为合帮，是以晋商为主的商人组织，主要是采办帽盒茶和砖茶的，并进行运输的商会；红茶帮是专门采办红茶的；卷茶帮主要是采办千两茶和百两茶的。在羊楼洞，洋商茶行是一大特色，多个国家洋行在羊楼洞及其附近茶区办茶厂或加工茶叶。其中，阜昌茶庄是于1861年由沙皇尼古拉一世皇族财阀巴提耶夫和巴洛夫开办。在万里茶路兴盛时期，沿途国家甚至把羊楼洞作为对中国茶的理解，"洞茶"远销西北边疆和蒙古、俄罗斯、格鲁吉亚、英国等地，羊楼洞也被美誉为"小汉口"。目前现存的一条以明清建筑为主的古街道，长约2200米，这条石板街道可称为中国制茶业发展的历史缩影。目前，街面依然全部以青石铺设，上面被历代独轮手推车即所谓的"鸡公车"运茶车碾压出的深深痕迹依然历历在目，彰显着曾经辉煌美好的岁月，街道随松峰港曲折透迤，东西松峰港上多为吊脚木楼，有三座长条石桥贯通港东，别具一格。2017 年，羊楼洞也在积极建设茶叶第一古镇项目，石板路、古街巷、羊楼书院、广济药堂、电报局、盒茶帮、阜昌茶庄等纷纷对外开放。

湖南安化是中国黑茶发源地之一，先有茶后有县，产茶历史非常悠久，过去湖南黑茶主要集中在安化生产。明代万历年间，安化黑茶为定位官茶，此后陕、甘、晋等地区的茶商云集安化，安化成为明代茶马互市的主要茶叶生产基地，安化黑茶于明末清初逐渐占领了西北边销茶市场。清代洋务派首领之一左宗棠也曾居住在安化小淹八年，并整顿过西北茶务。目前，湖南黑茶产业也在不断欣欣向荣地发展。因此，悠久的茶叶生产历史也造就了益阳茶文化丰腴土壤，使之别有特色。其中，益阳采茶灯由十番锣鼓演变而来，每逢春节期间，大人吹打乐器，由孩童饰演采茶女，擎彩灯，缀以扶桑、茉莉等花朵，采茶女载歌载舞，表现采茶女一年中生产活动及生活情景。益阳的茶歌也相当蔚为壮观，采茶小调被大量创作和广泛传播，最有代表性的茶歌就是闻名遐迩的《挑担茶叶上北京》，劳动茶歌不下万余首。除此之外，还有声势浩大的采茶戏，益阳花鼓戏历史悠久，流派众多，湖南衡阳花鼓戏因与采茶戏相似也被称为采茶戏。

（二）在临近聚集的小产区范围中，同类小产区存在制作工艺、茶品品质等趋同或相似性特点。

对于同类茶品而言，虽然从茶品大类划分看具有共同的品质特点与属性，但是在不同地域分布的小产区聚集区中还是存在品质特点的差异，在临近小产区聚集区范围内却呈现制作工艺、茶品品质等趋同或相似特点。

在江南茶区中，浙江长炒青主要为："杭绿炒青""遂绿炒青""温绿炒青"三种类型。其中，产于浙江杭州一带的称杭绿炒青，主产于浙江杭州、临海、三门、黄岩、天台、仙居、嘉兴、绍兴、宁波、舟山等地。产于淳安一带的称遂绿炒青，主产浙江淳安、遂昌、建德、缙云、桐庐及金华、衢州等市县。明清时期，淳安的"遂绿"、安徽"屯绿"与江西"婺绿"并称为中国绿茶金三角。产于温州一带的称温绿炒青，主产于浙江温州、丽水、云和、青田、龙泉、庆云、温岭、玉环等地。

杭炒青品质特点为条索细紧，有锋苗，匀整，色泽绿润，香气清浓，滋味尚浓，汤色清澈明绿，叶底细嫩匀齐，嫩绿明亮。初制毛茶主销江浙及华北等地，精制眉茶外销西北非等地。遂炒青品质特点为条索紧结壮实，有锋苗，匀整，色泽带灰泛光，香高持久，有熟板栗香。汤色绿而明亮，滋味浓厚爽口、回甘。叶底嫩绿、柔软。初制毛茶主销江浙及华北等地，精制眉茶外销西北非等地。品质特点更接近屯绿，这一点也许跟其地理位置有关，相近地域生产加工工艺有互相借鉴趋同特征。温炒青品质特点为传统温炒青茶条索细秀稍扁，显毫，色泽灰绿；香气微浓，汤色浅亮，滋味鲜醇爽口，叶底细嫩，绿中带黄。从茶树品种选择角度看，遂炒青主要采用鸠坑种，温炒青主要采用为早茶树种。从茶叶生产制作历史角度看，遂绿茶制作工艺大体上传承松箩茶制作方法。温炒青极其有可能存在烘炒结合工艺特点，也许是最早烘炒结合工艺的先驱，不过这一点还有待进一步考证。从采用的加工工艺角度看，杭炒青主要为采摘一芽二三叶，经杀青、揉捻、烘焙、三青、滚炒制成。温炒青制作工艺中高档温炒青为鲜叶—摊放—杀青—吹凉—揉捻—解块—烘毛火—滚炒—复滚；中档温炒青为杀青—揉捻—解块筛分—烘二青—炒三青—滚干；低档温炒青为杀青—初揉—筛分—初烘—复揉—复烘—炒三青—辉干。

由此可见，各个茶区不仅茶叶资源丰富，不同地域和小茶区茶文化历史遗存及发展情况也非常丰富，这对地区整体经济、社会和文化发展也起着非常重要的作用。

 考核指南

基本知识部分考核检验

1. 请简述中国四大茶区地理范围及产区主要特点，以及制作的代表茶品。

操作技能部分

探讨与交流——小罐茶引发的茶营销思考：

最近几年，在茶叶市场销售中，我们看到小罐茶营销做得风生水起。其中，小罐茶囊括了中国六大茶类茶品，并着重邀请了不同茶区茶叶制作传承大师作为代言人，重新定义中国高端茶礼品。同时，该公司还请著名设计师进行产品包装设计，制作了独特的小茶叶罐，以保证茶叶品质。在营销推广中，还展示了高标准体验感门店形象，邀请影星做形象代言，并在央视媒体做强势传统广告，甚至还制定了十年内销售额达百亿的品牌目标。请你根据小罐茶目前的营销方法，对它推广营销策略进行评价，分析其利与弊以及值得借鉴地方。最后，也请你谈一下，在未来茶品营销与推广中，你认为什么样的方式与途径比较好，为什么？

第二节　特色茶区

茶树是重要的农林作物，不可避免也会取决于它们所生长的土壤和气候等条件所形成的特定微环境。因此，茶树产地特殊环境状况与茶叶的独特品质更密切相关，包括地理位置的经纬度、海拔高度、土壤条件、降雨量、日照时间及强度等，这些在相当大程度上都是影响茶叶品质的重要因素。另外，北纬30°被称为产茶的黄金纬度带，科研研究表明在地球的北纬30°线附近的区域具有绝佳的地理环境，其地质地貌最纷繁复杂，自然生态最奇特多姿，物种矿藏最丰富多彩，并有丰富的生物种类，具有良好的自然生态圈。在气候方面，北纬30°处于亚热带和温带之间的过渡地带，四季分明、气候温和、降水充沛，因此，绝佳适宜的气候也非常适合植物生长。我国茶区大多位于这个范围左右，茶树叶片持嫩性大都比较好，内涵物质也非常丰富。在我国茶区中，还有很多特别地理条件及微气候环境造就了独特的茶青制作品质，比如西湖龙井茶、福建武夷茶和云南普洱茶。

（一）浙江省地理标示龙井茶区

扁平龙井茶是在明末清初开始生产制作的，距今大概有三四百年历史，不是所有采用龙井茶制法的茶叶都能被称为龙井茶。在 1979 年左右，因为龙井茶产量不能满足市场需要，现在的杭州萧山区湘湖地区制作的旗枪茶做龙江茶收购，为与龙井茶有区别，称之为"浙江龙井"，该名称于 2003 年被取消使用。2002 年，龙井茶实行了原产地域保护，首次明确了龙井茶生产地域范围，并于 2008 年以地理标志证明商标形式成功注册，标志着龙井茶由此进入了一个依托地理标志实现明晰品牌形象的茶品，其地理标志范围位于北纬 29.5° ～ 30.5°、东经 118.5° ～ 121.5°。

目前，龙井茶主要有三大产区西湖产区、钱塘产区以及越州产区。西湖产区即西湖风景区约 168 平方公里范围内，主要在西湖区东起虎跑和茅家埠，西达何家村等地，北起老东月、金鱼井等地，南抵福山和摄井，产量约为三大产区 10%。钱塘产区包括淳安、建德、桐庐、富阳、临安和萧山地区，产量约为三大产区 30%。越州产区包括绍兴、上虞、新昌、诸暨等地，其中新昌大佛龙井、嵊州越乡龙井占三大产区 60%。西湖龙井茶分为一级、二级产区，一级产区包括传统的"狮（峰）、龙（井）、云（栖）、虎（跑）、梅（家坞）五大核心微产区，产量占一级产区约 22% 左右；二级产区基本以乌坞、留下、转塘、双浦等地，产量占一级产区约 78% 左右。

从茶树品种角度看，西湖龙井产区主要以龙井群体种为主，以"龙井 43""龙井长叶"无性系为主，其茶树品种约占 15%；钱塘产区主要以鸠坑群体种为主，以"龙井 43""迎霜""乌牛早"无性系为主，其茶树品种约占 33%；越州产区茶树群体种主要有鸠坑种、木禾种等，以"迎霜""翠峰""龙井 43""龙井长叶""乌牛早"等无性系为主，其茶树品种约为 50%。

从加工角度看，高档西湖龙井茶大多以手工制作为主，运用传统手工炒制"十大手法"进行制作，其茶不仅耐保存，而且内质花香也更浓郁饱满，色泽更调和，存放后滋味也会变得更加有质感且醇爽厚重。另外，相对来说越州产区机制率最高、钱塘产区为其次。西湖龙井茶传统风味特色只有手工方式才能形成，而且带有地区特点，机械加工常常让西湖龙井茶会失去历史风味。

研究表明茶区环境和加工技术对西湖龙井品质形成最为重要，但鲜叶原料产地的产地才是影响不同区域西湖龙井品质特征的决定因素。

在一级核心小产区中，五个微产区西湖龙井茶品质也各具特色。西湖龙井中品质公认最好是"狮"字号，为狮峰一带所产，其优质品质特点主要为：干茶翠绿透黄、色泽呈宝光色（俗称"糙米色），外形扁平、光滑、挺直，汤色呈嫩黄绿，滋味嫩鲜甘醇、豆香花香馥郁、饱满持久；"龙"字号西湖龙井茶主要产自龙井、翁家山一带，茶叶品质接近与"狮"字号；"梅"字号微产区为梅家坞一带所产，是一级产区西湖龙井茶主产地，占其所产量 30%，其优质茶叶品质特点为：干茶外形扁平光滑、色泽翠绿鲜活，汤色嫩绿明亮，香气花香浓郁且沉稳饱满，滋味浓郁醇爽、回甘；"云"字号微产区为云栖、五云山一带所产，云字号西湖龙井茶与梅字号后感和品质类似；"虎"字号微产区是虎跑、四眼井、茅家埠、中天竺、白乐桥和黄龙洞一带所产，其品质特点为：扁平挺秀，色泽嫩绿透黄，也就是俗称的"糙米色"，滋味甘醇。

在三大龙井茶产区中，不同产区的品质特征也有较大差异。从香气上看，一级核心区因含有其他绿茶少有的多种倍半萜醇化合物而带有独特的清香，这种挥发性成分组合是西湖茶区独特的山区小气候形成的，并且茶园砂质土壤内涵有效磷含量也比较丰富；相对来说，其他区域龙井茶一般香高但缺少清香感，有的则因火功偏高而带焦香味。从滋味上看，一级核心区龙井茶是鲜醇带甘，这也与小气候有一定关系，氨基酸含量比较高，提高了茶汤甜鲜味。

（二）福建武夷山茶区

福建是乌龙茶、白茶、乌龙茶发源地，具有天然亚热带气候和优越的山地地形条件，是中国适合茶叶生长的最佳地区。福建省主要的产茶区分布在闽东、闽南、闽北三大区域。闽东茶区主要包括宁德、福州一带，其中福鼎地区主要以生产白茶和三大工夫红茶最为有名，福州生产茉莉花茶最为特色。名优"白琳工夫红茶""坦洋工夫红茶"远销东欧各国，绿茶、白茶则销往东南亚各国及德国、美国、日本等地。福州港是我国近代大宗茶叶的重要出口港之一，在茶叶出口中占有非常重要地位。福州也是我国近代重要的茶叶交易地之一，其繁荣也是建立在茶叶出口贸易的兴盛之上；闽南茶区主要包括泉州、漳州一带，以安溪为首的铁观音茶最负盛名；其中，泉州还是南海上丝绸之路起点之一，从宋末到元代时期，和一百多个国家有着通商往来，中国的瓷器、丝绸等出口至海外，异域的香料和药物等进口至中国，泉州具有多元文化的交流与融合性，德化白瓷被海外誉为"中国白"畅销海外。闽北茶区主要包括武夷山（古称崇安）、建阳、政和、光泽、松溪一带，代表茶主要是正山小种、金骏眉和武夷岩茶。另外，位于武夷山五曲隐屏奉下紫阳书院也颇为有名，始建于宋淳熙十年（1183），称武夷精舍，在南宋称为紫阳书院，明正统年间改为朱文公祠，宋代理学家朱熹曾在此讲学长达十年。

武夷山是福建茶区中最具有特色的著名产茶区域之一，也是闽北茶区中最为特色的微产区，所产武夷岩茶具有令人迷恋的"清香甘活、韵味悠长"、独特的"岩骨花香"之品质特征。武夷山发源于崇安盆地之上，谷崖重叠，九曲河东西横贯，位于北纬 $27°27' \sim 28°04'$。武夷山是典型的丹霞地形，岩石由页岩、砾岩、红砂岩等组成，地表主要为红壤和黄壤，是天然的动植物乐园，非常适合茶树生长，且岩岩有茶。

武夷山优越的地理位置以及独特的丹霞地貌特征，形成了众多坑、涧、窠、岩、峰、岗、洞等地形，不仅不同地形形成了独特的茶树生长微型小山场气候，而且还赋予了其独特优质的土壤成分，导致在不同茶树微生长环境下也生成不同的茶叶香气特征。古代浓茶也称为酽茶，与岩同音，代表着茶气浓厚的意思，正是山川灵秀赋予了武夷岩茶独特的"香、清、甘、活"气韵。"岩韵"是衡量武夷岩茶品质的重要标志，不同地形使得生产出来的茶叶品质因带有不同"岩韵"状态而不同。武夷山茶区多沟谷坑涧，特有的漫射光又提升了茶树鲜叶的品质，也造就了这里"中国乌龙茶王国"的盛誉。

武夷岩茶分正岩茶、半岩茶和洲地茶，武夷岩茶丰富的汤感、香气与滋味特征与它的独特地形地貌有着极大关系。正岩茶产区根据地形又分为岩上和坑涧两种，岩上茶指的是种植于正岩山场岩壁上的茶树，坑涧茶指的是种植于正岩的各种山场内地势低洼处的茶树。"三坑两涧"是正岩产区的代表，包括慧苑坑、牛栏坑、倒水坑、流香涧和悟源涧。三坑两涧其地势为崖陡峭，谷底有溪流，遮阴条件好，夏季日照短，而且土壤酸度适宜且通透性好，从而最终使其茶品呈现"岩韵"的明显特征。正岩区武夷岩茶茶韵是典型的

"岩骨花香"，岩上的肉桂茶香气张扬霸气，带有辛辣的桂皮香，刺激感强烈，另外也带有类似玉兰花香、栀子花香、桂花香等馥郁浓烈的花香；坑涧中生长的肉桂则香气清幽悠长，桂皮香中也带有奶香或粉脂香，也带有细幽的兰花香。武夷山正岩茶茶汤则有一种浑厚的稠、滑、浓之感，并且有独特的让口腔生津、舒适和带有开阔感的回甘和回韵之感，这与武夷山风化岩上流落的矿物质有关，这也是正岩微茶区独特地理环境造就的所谓正岩茶的"岩骨"，一种不在于鲜香，而重在茶汤以醇厚、沉着、稳重取胜的味道。

（三）云南普洱茶区

云南是世界茶叶最重要的产地，也是茶叶最为古老的故乡，也是世界茶树的"基因库"。云南省位于北纬21°8′～29°15′之间，属青藏高原南延部分，主要是热带和亚热带气候。全省大面积的地表高低参差、纵横起伏、境内江河纵横、湖泊棋布。在云南众多的河流中，金沙江是长江上源，被称为东方"多瑙河"的澜沧江是湄公河上源，元江又称为红河，出越南入太平洋，南盘江是珠江上源。其中，和缓起伏的高原盆地"坝子"大概占了10%左右，断陷盆地星罗棋布，气候温和、土地肥沃、雨量充沛，是城镇所在地及农业发达地区。云南省地势为西北高、东南低，海拔相差悬殊，呈三个阶梯递降，地势向南、向西缓降，河谷宽广，主要有哀牢山、无量山、大雪山等，并以元江谷底和云岭山脉南段宽谷为界，分为东西两部。东部为滇东和滇中高原，西部为横断山脉纵谷区，高山深谷相间，形成著名的滇西纵谷区，自西向东为高黎贡山、怒江、怒山、澜沧江、云岭、金沙江、玉龙雪山，形成三大峡谷。在三大峡谷中，谷底气候干燥且酷热，山腰则四季如春、凉爽宜人，山顶则终年积雪。

云南茶区主要划分为滇西茶区、滇南茶区、滇中茶区、滇东北茶区，其中滇西茶区和滇南茶区种茶、制茶历史悠久，是我国发展茶叶最适宜区之一，最负盛名茶品为普洱茶。古六大茶山攸乐、倚邦、蛮砖、革登、曼撒（易武）是茶马古道的发源地，繁荣的茶市历史悠久。因其独特地貌地形，也形成众多具有独特品质特征的微产区，目前普洱茶山场可称得上是"千山万寨"。从大的区域看，云南普洱茶主要分布在澜沧江中下游流域，依据澜沧江与北回归线交汇处，将普洱茶分为四大板块，分别是普洱市茶区、西双版纳茶区、临沧茶区和保山茶区，尤以普洱市茶区、西双版纳茶区和临沧茶区品质最为独特，其中东经100°附近是普洱茶原料的最优区。

（四）临沧茶区

临沧茶区茶树资源丰富，是普洱茶重要产地之一，其中勐库大雪山微产区品质独特。在勐库大雪山的东半山有著名的冰岛普洱茶微产区，包含冰岛老寨、地界、南迫、坝歪、糯伍五个村寨，其茶品品质特点为香高水柔、涩少苦轻、回甘持久、带有愉悦的甜感。另外，在地处冰岛老寨的东北方向还有极富盛名昔归村，其"昔归"普洱茶品质特点为香气高锐、滋味厚重浓烈。

（五）西双版纳茶区

西双版纳是世界茶树生长的中心地带，也是古茶树群落最多的区域。该区普洱茶产量也是最大的，其中勐海茶区品质最为独特，有鼎鼎有名的巴达大黑山、南糯山、布朗山、班章、老曼娥、曼新龙等微茶区。

　　其中，老班章普洱茶产于勐海县老班章村，其滋味浓烈、生津强、回甘持久。老班章茶具有一种独特的"班章味"，冷杯香厚而持久，被誉为普洱茶中的"茶王"。茶树分布在海拔 900~1600 米之间，山高雾重，雨量充沛，日照充足，土壤有机含量高，是种植茶树理想之地，其产普洱茶是茶中极品。

　　在澜沧江洞边还有以柔雅回甘著称的"茶后"易武茶，其茶汤口感细腻、柔和。古六大茶山贡茶大都产自易武乡周围，在易武曼撒茶区还有近年来颇有热度的"薄荷塘"普洱茶微产区。另外，在西双版纳茶区中，麻黑、落水洞、刮风寨、弯弓等七村八寨、曼松等微产区普洱茶也非常独具特色。

（六）普洱茶区

　　普洱茶区是茶马古道上的重要驿站，是新六大茶山重要所在地，分别为：南糯、南峤、勐宋、巴达、布朗、景迈。景迈山所产普洱茶汤色橘黄剔透，滋味苦涩重，但回甘生津强；南糯山所产普洱茶汤色橘黄透亮，香气带蜜香，滋味微苦涩，回甘块、生津好；南峤茶山普洱茶汤色呈深橘黄色，口感甜；勐宋茶汤色深黄，滋味回甘。另外，邦威、千家寨等微茶区普洱茶也非常具有特色。

🫖 **考核指南**

基本知识部分考核检验

　　1. 请简述龙井茶地理范围及产区主要特点。

习题

　　1. 西湖龙井茶一级产区主要是（　　　）五大核心微产区。

　　2. 正岩区武夷岩茶具有典型（　　　）茶品特征。

　　3. 在云南茶区，有着普洱茶"茶王"美誉的产地为（　　　）。

　　4. 在云南茶区，有着普洱茶"茶后"美誉的产地为（　　　）。

第三节　茶旅与茶园休闲活动

　　目前，随着多层次文化和休闲旅游消费不断发展，茶旅与茶园休闲活动也逐渐开始出现在人们休闲消费视野中，茶园观光、茶俗体验、参观茶叶加工技艺活动等已经悄然兴起。茶旅是一种以茶或茶园、茶产区为载体的文旅模式，是在"旅游 + 茶"融合创新发展中，茶产业与旅游产业深度融合的一种新方式。因而，在未来发展中，茶园或茶产区将成为一种重要农林文化资源，被打造成特色旅游产品，并且茶园或茶产区生态环境、茶生产、茶文化内涵，以及所在地民俗与自然资源等也将被融为一体进行综合开发，而旅游作为其中切入点和串联方式，形成具有综合功能的新型旅游产品。

在茶旅与茶园休闲活动实践中，目前各个茶区都进行了积极开发建设，目前比较多的茶文化体验旅游活动有：参观茶叶博物馆、茶文化博物馆、茶马古道，参加茶叶开采节、茶文化旅游节、茶文化博览节等，体验茶青采摘、品尝新茶、茶叶加工制作等，参与茶浴、茶膳、茶保健等活动。在研学旅游发展背景下，茶文化和中国传统文化也不断融入其中，茶文化与求知旅游又进一步进行深度融合，通过茶文化旅游不断满足游客对品茶知识、泡茶技能的需要，以茶雅集与茶会等为代表的茶区众多丰富活动内容也在不断扩展着游客们的视野。

随着茶旅与茶园休闲活动实践不断提升，各个茶区也纷纷进行探索与创新。

旅游演艺具有极强的视觉冲击力，并且能通过丰富多彩的演出形式反映出当地的文脉与地方特色，因而具有良好的市场吸引力，茶文化演出等也具有非常好的休闲发展前景。著名茶区武夷山市打造开发了《印象大红袍》大型实景演出，演出剧场是基于一座真实的山水环景体验空间，置身其间，可一眼望尽武夷山有名的大王峰、玉女峰，巧妙地把自然景观、茶文化及民俗文化融合到一起，集武夷自然山水与茶文化于一体，可深度沉浸并体验演出所带来的身心震撼。

在茶区建设茶文化美学酒店或民宿，也是一项颇为吸引游客的文旅项目，借助沉浸式体验获得深度满足感。在武夷山茶区，悦·武夷茶生活美学酒店就是力图通过对"隐和岩茶"气质的提炼和创新，结合武夷山自然与人文要素，营造出一处具有武夷山茶文化特色的东方美学庭园空间。该酒店位于武夷山度假区主干道上，也处于通往武夷山核心茶区比较好的地理位置，这也让其文化主题定位具有坚实的可实现性。在酒店设计上，力图呈现茶文化美学生活方式主题模式，通过视觉、触觉、听觉、味觉等感官，恰如其分地去体验与享受茶元素与茶味道，进而让游客获得动态沉浸式深度感受。同时，在酒店各个方面也着力深化氛围营造，让茶与酒店元素能有机融合在一起，形成独特的消费体验。在整个酒店设计与建设中，深入挖掘"静""禅""岩茶文化"内涵与意境元素，并构造其相互协调内在逻辑关系，同时也把茶文化要素解构到酒店 VI、服务、陈设、环境意境、景观、装饰、建筑等中，使之成为酒店建筑空间布局、建筑形式打造及景观、室内设计的核心。其中，在建筑空间氛围营造中，将中国茶文化与生活美学禅理念相融合，以"悦"为最终核心导向，运用灰瓦、白墙、堂、院、台、石、竹、水、木等要素，营造出舒适、悠闲、放松、惬意及富有情趣的消费氛围，从而让酒店最终的消费体验诠释为"诗情画意、点茶问道、花朝月夕、焚香醒然"。

目前，在茶旅与茶园休闲活动大型开发利用中，国内外富有特色和活力的休闲小镇开发建设正形成一股热潮，特色茶镇通过创新发展不断打造空间多元融合综合开发模式，让有特色的茶区不断从观光型向度假型休闲旅游转型，从而不断推动产业深入持续升级发展。在实践中，主要有以下几种发展模式：

一、依托多产业构建"镇村发展结构"的浙江龙坞茶小镇模式

浙江龙坞茶镇位于杭州市西南，不仅自然条件优美，而且也是龙井茶的主产区之一，千亩茶园是其身为产业小镇特有文化具象表现，素有"千年茶镇，万担茶乡"之美誉。乌龙茶镇文化主题特色与地域民风是有机融合在一起的，在原住民中有很多世代以茶为生的人，他们拥有丰富的种植茶树知识，以及炒茶大师。村祠堂以"孝道"文化为核心的宗族

传承依然是当地重要的精神纽带，村落历史文化依然散发着独特气息。

龙坞茶镇核心是基于周边的山水、茶田和村落之间，整个茶镇整体处于茶山环抱、茶田围绕的环境之间，并且茶村散落其中，游客通过骑行和步行穿行其间，获得良好的观光与度假体验。在整个建设中，茶镇设计建设是以龙坞茶镇为中心，将一镇十村通过茶文化街串联起来，通过一街双心五区结构，连接周边五个区片，分别以田园体验、小镇居住、休闲养生、产业拓展、文旅办公为主题，进行区域联动发展。

龙坞茶镇是具有多功能、多类型的茶文化空间载体，能将游览观光、商贸交流、产业发展等活动引至特色茶村，小型民宿集群多直接分布于茶园步道一侧，并与茶楼相互配合形成一个基础的休闲业态。小镇公交和观光游览车将成为主要的车行方式，使原住民、游客、创客等都有机融入龙坞丰富的茶世界里。茶镇入口是一片茶园，在自然山水中营造出独特的茶镇门厅。在茶镇主要的旅游集散区域内，是以水为主题的滨水复合街区，包含了游客接待、民俗客栈、茶文化大观园、健康产业园、创意中心、茶园度假养生山庄、交易交流和文化展示中心等，以及特色茶主题的商业街道。因此，龙坞不仅是以茶文化为主题的理想休闲度假胜地，也是一个改善本地居民生活品质的活力小镇，更是从开茶节到国际茶博会期间茶产业贸易欣欣向荣发展的所在。

二、依托地理区位优势进行多元化复合开发的普洱茶小镇模式

云南普洱市是以"世界茶源"普洱茶为标志的城市，地处大湄公河区域合作中心地位，与越南、老挝、缅甸连接，随着昆曼大通道的全线贯通以及泛亚铁路的开工建设，普洱市在对东南亚开放中，其枢纽优势将越来越明显，也将成为对外开放的"桥头堡"。

2014年，在普洱市北部新区东北侧，茶马古道遗址公园正前方，开始投资建设普洱茶马古城旅游小镇。茶马古城旅游小镇是以茶马文化为背景，集休闲商业、旅游目的地为一体的多元化复合地产项目。该茶镇通过对旅游产业链上"食、住、行、游、娱、购"六大要素一体化建设，结合同步开发的茶马古道遗址公园，形成多功能旅游综合体。在建设中，依照旧普洱府原貌复建茶马古城，再现茶马古道鼎盛时期沿线城镇商贾云集的热闹繁荣景象。该茶镇依托茶马古道旅游景区，以茶马古道遗址独特的底蕴为基点，沿袭承接普洱历史文化，从建筑景观、民俗展现、情景演绎等多个方面对茶马古道进行整体的复原和活化。在茶镇倚靠着的起伏山峦的高空观光索道上，还可欣赏生态茶园的壮美，让游客在景区追溯茶马古道的历史，感受并体验茶马文化的精髓。

同时，在南部野鸭湖湿地公园旁，普洱市还重点打造了按5A级景区标准建设的普洱茶小镇，形成普洱茶产业文化展示区、普洱茶健康文化度假区、普洱茶庄园文化体验区、生态茶园文化保护区四大分区。同时，依托"互联网+"以主动服务和融入"千亿云茶产业"战略，构建茶产业、茶经济、茶生态、茶旅游和茶文化互融共进体系。普洱茶小镇还依托自身资源禀赋，建设普洱茶展示交易中心，打造茶产业集散中心、产业服务中心、大数据中心、品牌文化传播中心等平台。普洱茶小镇借助线下线上融合的交易系统，进行窖藏、交易、交流、大宗商品电子交易、拍卖、文化体验等功能，通过产品、体验、文化，将普洱茶文化推向全国、全世界，让茶企、茶商与消费者的关系更加紧密。

三、依托茶文化推广与茶产业深度融合的日本静冈县"富士之国茶之都"综合开发模式

静冈茶与富士山都是日本国家级品牌，并且静冈县广袤的茶区、茶园就位于富士山下。静冈拥有日本最大的绿茶产地，是日本茶产业的中心，其茶产量基本占据了日本茶产量的半壁江山。静冈是日本主要的茶叶研究机构所在地，也是日本主要茶叶机械设备制造商所在地，更是日本约占70%总量的毛茶交易中心，拥有完善的传统茶叶产业体系，在种植、研发、制作和交易等方面都取得了较好的成绩，代表着日本茶叶交易标准与模式，并且在茶深加工及茶叶文化创意方面也走在市场前列。

2014年3月，日本静冈县制定了"富士之国茶都之静冈"建设计划，力图构建实施静冈成为占领国家茶叶品牌高位及茶旅全方位融合的发展模式。在实践中，通过在静冈县构建国家级茶文化品牌，强化"静冈茶"的品牌影响力和知名度，从而进一步打造地方茶品牌的集散地。同时，不断推动传统茶叶产业和茶叶衍生产业发展，来进一步推动茶产业精细化发展。在此基础上，也不断构建茶旅全方位融合，大力发展"茶+乡村旅游""茶+工业旅游"，通过创造能够学习茶的历史和文化的环境、加强对产地直销及新式茶饮的创造和传播、从小重视对孩子们茶文化的教育等途径，进一步深化茶文化茶文化传承与创新，从而为静冈县茶之都发展奠定坚实的基础。

在静冈茶之都建设实践中，其茶文化氛围营造与建设主要具体通过以下途径实施。其一，不断深化茶叶工厂体验活动，通过提供现代化茶叶工厂观光、专业化及趣味化的茶相关课程学习、创意性与精品化的茶及茶周边商品选购等活动内容，不断激发游客前来静冈旅游休闲的动机。其二，加大农家体验休闲活动开发，通过提供茶园观光、茶叶采摘体验、日本茶道学习、正宗的茶席体验、日本茶传统加工制作体验，以及住宿茶农家进行特色美食制作与品尝、听茶农们讲述故事等活动，进一步深化茶旅融合，构建沉浸式休闲消费体验。其三，注重茶文化传承与创新，对相关历史以及和文献资源加强保护和传播，并不断创造能够学习茶的历史和文化的休闲环境。在实践中，静冈茶专业机构也积极参与其中，举办各种研讨会和茶文化讲座等，并制作通俗易懂的茶文化、茶产业宣传册，广泛推广日本茶道，为游客等创造体验日本茶道的机会。其五，加强对新式茶饮的创造和传播，培养新的茶饮消费习惯，并不断创新茶器、茶食等衍生产品。其五，重视从小培养孩子对茶文化的认知，加强茶文化教育推广宣传力度。静冈县加强与茶叶协会、茶叶生产者等合作，在学校举办茶文化讲座，以及提供采茶、制茶、泡茶等体验机会，提升完善学校提供饮茶的设施和环境，从小培养孩子们饮茶习惯。同时，也加强与茶文化体验机构合作，增加小、中、高中生的茶道体验。在不断深化对静冈茶叶和日本茶道礼仪、款待礼节认识的同时，也将深深铭记下"富士之国静冈茶之都"形象。

四、依托独特场景和 IP 形象发展的日本宇治茶小镇

宇治位于日本京都府南部，是京都府下的县级市，处于京都和奈良之间的交通要道上。宇治是日本三大名茶之一，也是优良的茶树生长地，被美誉为"日本第一名茶产地"。在日本，流传着这两个谚语，"世界的抹茶在日本，日本的抹茶在宇治""色在静冈、香在宇治、味在狭山"，这意思就是说宇治是全世界抹茶的中心，同时对于宇治茶、静冈茶和

狭山茶三大日本茶来说，宇治的茶树也来源于荣西禅师带来的茶籽，宇治茶作为日本品质优异的本茶，也具有独特鲜明品质特色。

除了高品质茶叶之外，宇治拥有美丽的茶园景观、花卉景观、遗迹景观、古老的建筑，以及深厚的文化底蕴等，构成了优质的休闲旅游发展基础。宇治有在幕府时代就非常著名的奥之山茶园，也是日本目前唯一幸存的古老茶园，很多日本著名影视作品都在这里取景。在宇治内还有平等院、宇治上神社这两处公认的世界文化遗产，平等院改造于平安时代后期，而宇治上神社则是平安时代后期建筑中现存最古老的神社建筑。

作为日本茶之乡，宇治始终不遗余力地进行着茶产品的相关拓展与延伸，从"吃"到"用"都可以用到抹茶，从"田"到"景"大力打造大地茶园景观，从"看"到"学"时时都有茶体验，不断强化着宇治在人们心目中茶乡的地位，不断树立独具魅力的茶旅游目的地形象，从而吸引世界游客的目光和关注。宇治每年还都会定期举办各种茶活动，来吸引游客前来体验与观光，比如每年6月前后及10月前后举行的献茶祭、每年10月上旬举行的宇治茶祭、在日本立春起第八十八天举办的八十八夜茶采摘会，以及5月下旬左右为了继承和弘扬日本茶道文化而举办的全国煎茶道大会等，通过持续不断的品牌和形象培育，也赋予了宇治更丰富细腻的茶韵味。

在宇治茶小镇建设实践中，不断在同质中寻求特色，这也是宇治茶小镇出类拔萃的原因之一。同时，还以场景展示文化，打造独特文旅IP形象。宇治在建设中引入多媒体技术，打造"王子呦"和"拼搏公主"等IP，让游客在游览休闲中，通过源氏物语博物馆真切感受平安时代王朝贵族之间的爱恨情仇，从而，在传神表现出地域特色、文化优势的同时，也拉近游客们的距离，更让宇治茶小镇文旅发展可得以长久、持续、健康发展。因此，我们可以清楚看到，在完善的茶产业基础之上，宇治茶小镇在茶体验方面也实现了一产、二产与三产的融合与互促，真正实现了具有可玩、可赏、可游，以及可购性。

除此之外，在茶特色小镇建设方面，各茶区也都在进行深入探索与实践，也取得了比较好的成果。诸如，浙江丽水市已经开发建设了松阳茶香小镇，以茶香文化街、茶青市场、骑行茶园、现代农业综合区、茶产业综合体等为主要内容，致力建设集生态高效农业、茶叶精深加工、休闲观光旅游、茶文化体验功能为一体的绿茶主题小镇；山东日照市巨峰镇积极利用茶特色产业探索茶旅融合新路子，致力于建设后山旺村小茶山文旅综合体项目，建设的"北方海岸茶香小镇"不断将日照茶都、北方绿茶博物馆、1966茶文化创意园、茶叶加工示范区等进行深度融合，致力于打造茶主题旅游大景区。

在未来发展中，在振兴乡村时代大背景之下，茶产业、旅游产业和新农村也三者也必将一起会创造出更多"茶＋生活方式及茶＋生产方式"的新模式。因此，各个茶园或茶区、茶产地务必适当美化茶园景观，形成良好的旅游资源，使之能满足适当开展生态旅游的需要。其次，也要举办有特色的茶文化旅游节事活动，既可以使之成为一个良好的茶旅对外形象营销方式，又可以发挥会展节庆活动的联动效应，形成有吸引力的茶旅品牌。再次，在茶旅与茶园休闲活动中，也要注重在赏茶、泡茶与品茶中环境的营造与设计创新，让品茶享受能借助味觉、视觉和嗅觉等感官体验达到一种独特的茶境，进而使其成为特色休闲旅游产品。最后，利用茶学、茶文化等科普活动深度推动研修、研学旅游、茶特色工农业旅游及康养旅游等模式发展，在旅游开展中使之与修心养性、保健身体、茶古迹游览、茶事劳作、茶禅体验等有机融合在一起，并不断丰富并延展文旅创新内容。

考核指南

操作技能部分

1.请查找资料，收集分析一个优秀的茶园休闲乡村或空间，并指出其优点或不足，请进一步分析未来某一个地区茶＋旅游发展趋势。

2.请查找资料，设计一个有关茶旅线路，并设计一个一日、二日或五日旅游线路产品。

三

泡茶操作及品茶、泡茶美学

第七章　现代泡茶操作规范与技术要求

视频: 冲泡一杯好茶

◎ **学习目标**

1. 泡茶用具及使用方法等相关知识与技能。
2. 泡茶操作程序与要求等相关知识与技能。
3. 冲泡技巧等相关知识与技能。
4. 主要品饮方式及其特点。
5. 科学饮茶内涵及注意事项等知识。
6. 茶俗及茶点等相关知识与技能。

　　虽然不同的茶树品种和不同的加工工艺产生不一样的内含物，形成风格迥异的各种茶类，但是茶叶保健效果已经达到广泛的共识。因此，我们在品饮茶的时候要讲究"科学饮茶"，也就是在品饮茶实践中，一般要根据年龄、性别、体质、工作性质、生活环境以及季节有所选择。同时，在实际品饮茶生活中，尽可能尝试选择品赏多茶类各种茶品，这也是非常重要的所在。

　　茶叶鲜叶中含水量约占 75%，干物质约占 25%。在干物质中，无机化合物占 3.5% ～ 7%，有机化合物占 93% ～ 96.5%。在茶的化合物中，又分为有机化合物和无机化合物，主要的化学物质成分包括茶多酚类、生物碱类、蛋白质、氨基酸类、糖类、有机酸等，其中水溶性物质大约为 30% ～ 48%，它们也构成了茶叶的品质和滋味。

　　茶多酚又叫茶单宁，是形成茶叶色香味的主要成分之一，也是茶叶中有保健功能的主要成分之一，包括儿茶素类、黄酮类、酚酸类、花色苷类等，是茶叶中 30 多种酚类物质的总称，其中儿茶素化合物含量最高且最为重要，约占其 70% 左右。多酚类物质约占茶树鲜叶干物质总量的三分之一，占茶汤浸出物总量的四分之三，其氧化程度是各种茶类分类的重要依据之一，绿茶中茶多酚保留最多，红茶与黑茶保留最少，其他茶类茶多酚保留量介于其间。多酚类物质是茶叶中的水溶性色素的主要部分，是茶汤色泽的主体，也参与干茶色泽的组成，并且儿茶素类在茶汤涩味的呈现里也起到了尤为重要的作用。茶多酚对人体也有很好的保健作用，比如抗氧化、清除自由基、降血脂与血压、抗菌抗病毒及防龋等。

　　茶叶中的氨基酸主要有茶氨酸、谷氨酸、天冬氨酸等 20 多种，其中茶氨酸是形成茶叶香气和鲜爽度的重要成分，约占茶叶中游离氨基酸的 50% 以上，其水溶物主要表现为鲜味、甜味。氨基酸可以抑制茶汤的苦涩味，也具有降压安神、改善睡眠、促进大脑等功能。

咖啡碱是茶叶重要的滋味物质，具有苦味，与茶黄素结合后形成的复合物具有鲜爽味。咖啡因对人体有一定的兴奋作用，还有刺激中枢神经、提神的作用。

茶叶中蛋白质占干物质总量的 20% 左右，绝大部分是不溶于水的，融入茶汤的蛋白质约占其总量的 2% 左右，但它们对茶汤的清亮和茶汤胶体的稳定起了重要作用，同时也增加了茶汤滋味的浓厚度。

茶叶中含有人体必需的 10 多种维生素，分为水溶性和脂溶性两类。水溶性维生素有维生素 C 和 B 族维生素，具有较强的抗氧化性和保持神经系统正常等作用，人体可以通过喝茶就摄取到适量的有益维生素。茶叶中糖类含量较为丰富，占干物质的 25%–40%，有单糖、双糖及多糖三种，单糖和双糖是可溶性糖，能使茶汤具有甜醇味道，还有助于提高茶香。茶叶中的多糖包括淀粉、纤维素、半纤维素和果胶等物质，水溶性果胶是形成茶汤厚度的重要成分之一。

茶叶矿物质元素是茶叶中无机成分的总称，矿物质元素对人体营养具有重要意义。

茶叶中的色素分为水溶性和脂溶性两大类，包括叶绿素、类胡萝卜素、茶色素和黄酮类和花青素。其中，茶色素包括茶黄素、茶红素和茶褐素三类，茶黄素可使茶汤呈鲜明的橙黄色，具有较强的收敛性和刺激性，是红茶汤色"亮"的主要成分，影响红茶滋味强度和鲜度。茶红素水溶液呈酸性和深红色，刺激性弱，是构成红茶汤色的主体物质，对茶汤滋味与汤色浓度起重要作用。茶褐素呈深褐色，是造成红茶汤色发暗的重要因素。

除此之外，茶叶中还有其他一些有用的物质，如芳香物质、茶皂素等。

由此可见，茶是美味可口的饮品，不仅本身带有各种香气能给嗅觉以感受外，茶叶内含物质也会带来茶汤甘、苦、鲜、涩等滋味，茶汤中水浸出物中包含的各种茶多酚、咖啡碱、氨基酸、可溶性糖、果胶、无机成分、维生素、水溶色素和芳香物质，等其相对含量和比例共同决定着茶汤口感和品质，是几十种呈味物质变化的综合反映。另外，随着茶文化不断发展，泡茶与品饮茶也逐渐从一般生活方式中抽离出来，具有独立而显著的精神内蕴与行为规则规范，并成为共同精神信仰群体的心灵栖身所在与境界追求，更倾向于成为精神内化后个体无限可能的行为探究。泡茶与品饮茶中，还深深蕴含着人与自己的关系、人与人的关系，以及人与物的关系。在冲泡茶中，也体现着一种精神内化与关照的过程、茶艺师实现一杯完美茶汤的规范化与审美化过程，更是一种精神气质与修养的具体化表达过程。

因此，对于茶艺师来说，熟练运用泡茶用具、确定合理冲泡方法与流程、把握各种影响冲泡茶汤品质的要素，以及处理好各要素之间关系等，进而冲泡出一杯好茶汤，是一项重要技能。茶艺师冲泡茶中也将体现具体形式与审美趣味，并主要表现在冲泡茶技术要领、器具选配美学、以哲思入茶境技术三个层面。

另外，随着越来越多的年轻人开始加入到品饮茶队伍中，也把一些时尚喝茶方式加入到品茗中，比如调饮茶、花果茶等。同时，现在又有很多其他创新饮法，比如冷泡茶、调味茶等。在类似于鸡尾酒和花式咖啡样式的推陈出新中，在重视饮品呈现形式、意境与视觉冲击美感中，获得无限品茗泡茶乐趣。在清饮一杯茶外，我们也要知道中国少数民族地区也有自己独特的品饮方式，同时一些汉族地区也有很多不一样的茶俗。茶俗以茶事活动为中心贯穿于人们的生活中，并且在传统的基础上不断演变，成为人们文化生活的一部分。在漫长的茶叶发展历史中，各种饮茶习俗也世代相传、生生不息，它渗透到社会生活的各个领域、各个层面，雅俗共赏，源于民间、长于民间。

第一节　泡茶用具、使用方法及摆放规范

冲泡茶叶和品饮茶汤是茶艺形式的重要表现部分，也称为"行茶程序"，主要包括三个环节。首先就是准备阶段，是在泡茶前所做的准备性工作，主要包括泡茶用具用品准备、摆放等；其次是操作行茶阶段，即冲泡阶段；最后，是奉茶和品饮环节。

一、泡茶用具

我国茶具种类繁多、造型优美，兼具有实用与艺术鉴赏之功能。正所谓"水为茶之母，器为茶之父"，作为承载茶之重要器具，它还成为决定着茶之好坏的媒介，"器具适宜，茶愈为之生色"。所以，选择茶具对品茶起着重要的作用。依据我国目前现代创新泡茶方式，主要使用泡茶用具有茶盘、茶道组、炉与壶、主冲泡器具、公道杯、品茗杯、杯垫、奉茶盘、茶荷与茶叶罐、茶漏斗、茶巾等。现代中国泡茶用具按用途划分主要分为三大类，一类是主泡器具，第二类是辅助器具，第三类是清洁用具。其中，主泡器具主要包括烧水炉壶、泡茶小壶（盖碗、玻璃杯等）、泡茶盘、品茗杯、公道杯、茶滤、闻香杯等；辅助用具主要包括茶道六君子、盖置、壶承、杯垫等；清洁用具主要包括茶巾、养壶笔、水盂等。泡茶用具按照用途进行进一步细化，基本可以分为以下几类：

（一）置茶器

置茶器具主要包括茶则、茶匙和茶漏（斗）、茶荷、茶仓或茶叶罐。其中，茶则是由茶罐中取茶置入茶壶的用具，茶匙是将茶叶由茶则拨入茶壶的器具。因为茶叶是食品，所以在整个取用茶的过程中，都是借助茶则、茶匙完成的。茶漏（斗）在使用中是放于壶口上，起导茶入壶作用，防止茶叶散落壶外。茶荷是盛放行茶所需冲泡茶叶量的载茶器具，既要美观又要有足够的容量满足一次茶叶用量。因为茶叶具有吸水和吸附异味能力，避免一次性拿取茶叶太多，而影响茶叶品质。另外，茶荷在行茶冲泡中，还可起视茶形、断多寡、闻干香等作用。茶仓或茶叶罐是用来分装茶叶的小茶罐。

（二）理茶器

理茶器具主要包括茶夹、茶针和茶桨。其中，茶夹是将茶渣从壶中、杯中夹出。同时，茶夹在洗杯时，还可使用夹杯防手被烫。茶针尖端一头可用于通壶嘴、壶内网、壶盖通气孔等，以防止细小茶叶堵塞。另外，茶针另外一头的茶桨则是可用于撇去茶沫的用具等。

（三）分茶器

分茶器具主要是茶海（茶盅、母杯、公道杯），在冲泡茶过程中，茶壶中的茶汤泡好后可倒入茶海，然后依人数多寡平均分配，可避免因浸泡太久而产生苦涩味，茶海上放滤网可滤去倒茶时随之流出的茶渣。

（四）品茗器

品茗器具主要包括品茗杯、闻香杯、杯托等。其中，茶杯（品茗杯）是用于品啜茶汤，闻香杯是借以保留茶香用来嗅闻鉴别，主要用在乌龙茶闻香中。杯托是承放茶杯的小托盘，可避免茶汤烫手，也起美观作用。

（五）涤洁器

冲泡中主要的涤洁器具有渣方、水方、涤方和茶巾等。其中，渣方是用以盛装茶渣，水方（茶盂、水盂）是用于盛接弃置茶水，涤方是用于放置用过后待洗的杯、盘，茶巾主要用于干壶，可将茶壶、茶海底部残留的水渍、水滴擦干、以及用于抹净桌面水滴等。茶巾需要吸水性较强的棉制品，要耐茶渍色并易折叠。

（六）主冲泡器

冲泡中主冲泡器为玻璃杯、盖碗或小壶（紫砂壶）、碗等，是主要进行浸泡茶、沏茶的容器。

（七）其它

除此之外，在冲泡茶过程中，还需要以下器具：煮水器以及关联的辅助用具，其种类繁多主要有炭炉（潮汕炉）＋玉书碨、酒精炉＋玻璃水壶、电热水壶（随水泡）、电磁炉＋各种适宜煮水材质的壶等，其选用要点为茶具配套和谐、煮水无异味。壶垫可采用各种材质制作成的防热垫，用于隔开烧水壶与放置面；另外，也指主冲泡壶下面的隔垫，避免因碰撞而发出响声影响气氛，或者是为增加美观等艺术独特效果。盖置是用来放置茶壶盖、水壶盖等的小配件，茶盘是用以盛放茶杯或其他茶具的盘子，也可以奉茶、奉点心和赏茶等用。茶船是上面盛放茶器用以泡茶的器具，同时也可以盛接溢水及淋壶茶汤。容则（茶道组）用于摆放或装盛茶则、茶匙、茶针、茶漏、茶夹等器具的容器，匙枕是用来卧置并抬高茶匙、茶针等用具，避免重要部位与席面直接接触。奉茶盘是奉茶用的托盘，茶拂（养壶笔）常用于置茶后用于拂去茶荷中的残存茶末等，温度计是用来学习判断水温，香炉是喝茶中进行焚香可增茶趣。

二、泡茶器具操作基础手法

在日常泡茶实践中，茶艺师选配茶具要注重茶具在实用、文化和艺术等方面的平衡，要因茶合理选配茶具、因品饮要求选配茶具、因茶具本身的功能利用合目的地选配茶具。泡茶器具基本使用手法主要有：

（一）**捧取法**：针对茶样罐、茶道组、大花瓶等物，人们在拿取的时候必须选用捧取法。这一方式最关键的是双手放置的部位，最先将双手放到前方桌沿，或是搭于胸口。随后把双手向两边挪到肩膀宽，双手手心相对捧住器物的尖部，渐渐地挪到必须放置的部位，轻轻地放下后取回。

（二）端取法：某些时候针对赏茶盘、茶荷、茶托等物选用端取法，端取时要双手手掌心往上，但手心下凹，稳定地挪动物品到必须放置的地区。

（三）温具手法：温具手法在实际泡茶中有着非常重要的作用。温具以后，最先是器具获得了重新清理，湿热的器具如同被唤起了活力，那么投茶的那时候器具是湿热的，摇香就能让茶叶传出更强的香气。

1、温杯法：针对大茶杯——右手提壶反方向旋转把水沿茶杯壁冲进去，水流量在水杯的三分之一就可以了，确保茶杯内外均可用热水烫到就行。针对小茶杯——在翻杯时，把茶杯相接排列成一字或是圆形，右手提壶内把杯子倒满，使茶杯内外均用热水烫到。

2、温盖碗法：方式和温大茶杯的方式相近，可是关键点要繁杂一些。烫碗时得用右手拇指和中拇指搭在碗身正中间位置，食指抵着盖钮下凹陷处；左手托瓷碗，端起盖碗，右手呈反方向旋转，使盖碗内各位置触碰开水。

3、温壶法：打开主冲泡器盖时要用右手拇指、食指和中拇指按在壶钮上，掀开壶盖，把壶盖放进茶盘中。续水时右手提壶，按逆时针方向把水顺瓷壶口倒进，然后轻轻地放下。荡壶是双手取茶巾放到左手手上，右手把瓷壶放到茶巾上，双手按逆时针方向旋转，使瓷壶充足触碰沸水。

4、温公道杯及过滤网法：把过滤网放在公道杯壶口上，倒沸水进去就可温烫。

（四）提壶手法：由于壶的尺寸、外观设计不一，因此提壶手法依据壶的具体样式或类型有一定的差异，比如：侧提壶、大中型壶、中小型壶、飞天壶、提梁壶及无把壶，手势要体现出举重若轻之感。

1、单手持壶时，可右手中指和拇指捏住壶把，食指伸直抵住盖钮，但要注意不要堵住盖钮上的气孔。

2、若双手持壶时，右手按照单手持壶方式持壶，左手食指可轻轻抵住盖钮，也可以将左手轻轻抵在壶底。

3、提梁壶单手持壶时，需右手四指握提梁的后半部，女性小手指可呈兰花指状。双手时，也可以左手五指并拢，中指抵住壶底。另外，也可以采取这样的方式：左或右手四指并拢，掌心朝上穿过提梁下方，轻抬，拇指从提梁上方按住。

（五）握杯手法：茶杯握杯的姿态恰当也很重要，做的姿态好的话则让人有一种舒适、优美感。

1、杯：大茶杯，无柄杯一般用右手握茶杯中下端，有柄杯一般用拇指和食指提住杯柄。

2、闻香杯：用右手把闻香杯握在手心，或是捧在双手间。

3、品茗杯：采用"三龙护顶"方式，右手拇指、食指握杯两边，右手中指抵着杯底，无名指及小拇指适当弯折，女性最好能够做兰花指状。

4、盖碗：右手拇指与中拇指扣在杯身两边，食指按在盖钮下四处，右手无名指和小拇指微翘。

（六）翻杯手法：翻杯礼是茶艺中的一个关键了解，有茶艺演出的特性。

1、无柄杯——右握茶杯的中下部，左手轻按右手手部，右腕翻转；双手翻杯，手相对捧住茶杯。

2、有柄杯——右手握杯柄，外旋转手腕，茶杯轻轻地放下。

（七）冲调手法：

茶叶冲调时，右手提壶，随后把水引入茶杯中。此外往杯里注水时也有留意幅度，不一样的茶叶要有不一样的方法。例如紧压茶的润茶，冲泡普洱茶（生、熟）、黑茶等，最好低斟；而高浓香型的茶，比如芽型绿茶、球形茉莉花茶等，还要高冲或凤凰三点头手法等。

由上面介绍的泡茶手法或方法上看，在冲泡茶中使用用具的手法还是很重要的。对于初学者来说，在茶艺操作及手法训练中地渐渐要吸取经验才能更好提高泡茶技能。因此，需要经常训练或练习才能更好地掌握所有的冲泡方法或手法。

三、泡茶用具摆放规范

实践中，在一套茶艺中所需要的用具比较多的情况下，可依照主冲泡器、品饮器、辅助器具、铺陈装饰物等次序来选择搭配。在茶具组合摆放过程中，还要注意色彩搭配和谐、材质光泽合韵、器型纹饰相映成趣。

在泡茶用具摆放过程中，我们要注意位置规范，包括茶具摆放的位置、茶艺师的位置、主客双方位置，以及营造氛围意境物品及装置等位置。在摆放过程中，注重干湿器物、用品合理布局，要合理设计干湿区域，并将全部泡茶用具等进行合理分区摆置。不同的操作流派对茶具摆放的位置可能存在一些差异，但最重要的是合理、使用方便，没有观看视线遮挡。

在冲泡器具摆放中，要始终注意将主泡器具为中心，以其为中心来确立横轴、纵轴等，其他泡茶器具以之为主线及所划分的不同区域进行合理展开。其中，茶具摆放要注意高低茶具摆放合理性，避免彼此视线观看的遮掩，同时也要突出体现主冲泡器位置，并将其放在突出中心位置，茶荷、茶匙、茶巾、茶罐、盖置、水盂等要合理分布其周围。如果使用茶盘的话，茶盘下边边缘一般距离茶桌边缘有一块叠好的茶巾位置就可以了。通常情况，以茶盘或主冲泡器为中心，煮水器、炉等位置是在茶盘外的右前方，其下摆放水盂。茶桌左前方通常摆放营造氛围的插花、香炉，以及其他点缀装饰物。

茶艺师一旦确立了主冲泡器类型及冲泡茶品，也即同时构思出行茶的全部流程。因此，茶艺师位置选择要根据茶具摆放位置，选定一个适当位置，并确保其坐、站、行、礼的身体姿势与仪态端庄，既可让身体顺势而动，不显突兀，同时也可以肩臂放松自然，实现心技一体、心器一体，将所有的气息、情感和精神等得以充分展现。

主客位置要确立合理区域，既可以让客人舒适、清晰地观看茶艺师冲泡呈现，也可以让其有合适的视觉观看距离，并能沉浸其中，获得良好体验。

营造氛围意境物品及装置位置要合理布局在主客，以及茶桌之间或之上或周围，不仅可以是平面的分布，也可以是立体沉浸式摆置，这也是一个艺术化装置设计过程与摆放呈现，从而让主客之间能共鸣达到同起同落、心驰神往与默契酣然的境界。

由此可见，茶艺师选配和布置、摆放泡茶用具要达到结构合理、布局美观，从而让行茶过程更流畅，这也是一门深厚的技术和素养体现。

考核指南

基本知识部分考核检验

1. 请简述泡茶基本用具名称、分类及使用用途。
2. 请简述泡茶用具摆放基本规范主要内容。

操作技能部分

1. 请熟练泡茶用具基本使用方法，为后面泡茶学习奠定坚实基础。

习题

1. 茶色素主要包括（　　　）三大类。
2. 氨基酸可以使茶汤呈（　　　）味。
3. 茶多酚可以使茶汤呈（　　　）味。
4. 咖啡碱可以使茶汤呈（　　　）味。
5. （　　　）是形成茶汤厚度的重要成分之一。
6. 茶针的作用是（　　　）。
7. 茶荷的作用是（　　　）。
8. 闻香杯的作用是（　　　）。
9. 公道杯又称为（　　　）。

第二节　泡茶操作程序与要求

　　日常生活中泡茶喝是有讲究的，有理趣并存的程序。因此，要喝到一杯相对好的茶汤，都要按照科学合理的步骤进行冲泡，这样泡茶的茶汤才好喝。在实践中，也许冲泡的方式方法可能会因各种要素与状况不同，实践中泡茶人可能会采取的策略与方案也各不相同，但泡茶的基本步骤必须得有。现代中国创新泡茶的行茶程序主要分为以下几个步骤：备茶、备器、赏茶、置茶、冲泡、奉茶、品茶、续水和收具等，其中冲泡茶程序也可根据实际情况进行可繁可简的设计。在行茶中，茶艺师也要有一定的行为表达方式与操作规范，从而在具体的行为规则中体现人文素养和茶境。泡茶的程序和规范是茶艺形式部分很重要的表现，这部分也称为"行茶法"或俗称"泡茶法"。行茶法主要分为备器备茶阶段、冲泡阶段（温杯烫具、温润泡及摇香、正式冲泡、出汤赏汤）、奉茶品饮阶段，且主要分为备器、赏茶、投茶、润茶、泡茶、奉茶等几个步骤。现在品茶是一种生活享受，同时也是一种修身养性的方式。行茶法有条有序，优雅的一招一式不仅是行茶过程，还表达着特定的含义或意境感受，进而能给品尝者感官与精神的享受。因此，喜欢泡茶喝茶的人，对于泡茶的过程非常注重，因为在喜欢茶的人心里，泡茶过程比喝茶更重要。

一、泡茶操作中行茶程序

（一）备茶、备器与赏茶

在茶艺师行茶前，务必根据品饮人数选择好待客茶叶和所需茶量，并把相应的茶器具摆放在茶桌上。从茶叶罐中取出适量茶叶至茶荷中时，一方面准备给客人品赏，另一方面也要通过所掌握的茶叶知识与茶叶审评方法，通过视觉、嗅觉、味觉和触觉等迅速对茶叶品质特点进行判断，并确定好可行的冲泡方式及茶具选配方案。

择茶时，要根据客人的喜好进行茶叶选择，或者根据品饮茶目的、客人状况、季节性等而进行恰当合理择茶。一般待客时，可通过事先或当场询问了解对方的喜好来择茶，也可以进行有选择性推荐茶品，让客人来自行择茶。在喝茶中，我们也要注意科学饮茶问题，要注意因人的体质、因时喝茶，一年四季、春夏秋冬不同的气候也影响着人的生理和心理感受，喝茶也要顺应自然的变化。比如，春雨绵绵、心情郁结的时候适合喝香气高扬的茶，例如铁观音、凤凰单丛等乌龙茶，又或者是花香袭人的窨花茶。夏天暑热难耐，喝白茶清心祛暑；秋冬天气凉寒，可以多喝红茶和熟普等。喝茶勿过量，泡茶勿过浓，注意身体状况和生理周期等进行适度喝茶。

茶艺师择茶后，一方面可欣赏干茶，即在选茶后对茶的欣赏，包括茶的名称、产地、传说故事、诗词等名茶文化的内容，也包括干茶的外形、色泽、香气等品质特征的鉴赏。另外一方面，也可在冲泡过程中，对茶叶的产地、品质特色、内蕴文化及冲泡要点等对客人进行介绍，以便客人更好的赏茶、品茶，在得到饮茶物质享受的同时，也能得到很好精神的愉悦。

（二）置茶

不同的茶叶种类因其制作工艺、所选择茶树品种不同，所呈现的外形、质地、品质，以及成分浸出物和浸出率等都有所不同，所以也应有不同的投茶方法。通常，对茶叶身骨重实、条索紧结、芽叶细嫩、香味成分高的茶叶，采用"上投法"；对于茶叶条形松展、不易沉入茶汤中的茶叶，多采用"下投法"或"中投法"。实践中，沏茶时在杯中放置茶叶主要有三种方法：先放茶叶，后冲入沸水，此称为"下投法"；沸水冲入杯中约三分之一容量后再放入茶叶，浸泡一定时间后再冲满水，称"中投法"；在杯中先冲满沸水后再放茶叶，称为"上投法"。在"中投法"中，投放茶叶后略做停顿，加做"摇香"动作或"浸泡静止"动作，之后再继续注满水，这也称之为"润茶"或"温润泡"，其目的是让茶叶略略舒展，有利于茶香散发。

"温润泡"操作方法是将茶壶、盖碗或茶杯以逆时针旋转方式进行摇动，须注意一旦茶叶湿透后即要停止，这时品茶者也可欣赏茶叶冲泡成茶汤前的"汤前香"了，这对于香气独特的茶叶来说，更有利于分阶段进行品鉴欣赏。

（三）冲泡

在冲泡中，应根据客人的口味的浓淡来调整茶汤的浓度，并体现在一定冲泡手法上。冲泡时，注水要掌握高低、冲斟等原则，即冲水时可悬壶高冲、凤凰三点头或根据泡茶的需要采用各种手法。当茶汤倒出时，注意务必一定要压低泡茶器或公道杯，使茶汤尽量减少在空气中的时间，以保持茶汤的温度和香气。

我们在泡茶中通常都要烫杯温具，目的就是为了激发茶叶的香气，同时也可能排除茶中某些异杂味道，因此在泡茶前把茶具清洁干净。在冲泡任何一种茶时，我们都需要先用开水将所有器皿都烫洗一遍，如果直接将茶汤倒进没有烫洗过的杯子里，这样茶汤降温会很快，影响口感；开水烫杯之后，用第一泡洗茶水再烫一遍茶具，滋味会更佳醇更纯。

另外，注水方式与泡茶手法也是影响茶汤香气和滋味重要方面，也需要泡茶人不断揣摩和实践总结才能不断精深提高。注水的方式、水线的快慢影响着茶汤的浓淡，水线的疾缓影响着茶汤的协调度，水线的走势影响着茶汤的均匀度，水线的粗细影响着茶汤的饱满度。常见的注水方式有如下四种：高冲、高吊、低冲、低吊。一般来说，欲让茶汤香高，宜快水猛冲，茶叶在容器里翻腾激荡，与水充分交融；欲让茶汤绵密柔软，则需要水流在一个点上稳定而缓慢地注入泡茶容器里。

（四）奉茶

由于中国南北待客礼俗各有不同，常用奉茶的方法一般在客人右边用右手端茶奉上，或从客人正面双手奉上，用手势表示请用。

奉茶时要注意先后顺序，先长后幼、先客后主，或按一定顺序奉茶即可。斟茶时也应注意不宜太满。"茶满欺客，酒满心实"，这是中国谚语，俗话说"茶倒七分满，留下三分是情份"。这既表明了宾主之间的良好感情，又出于安全的考虑，七分满的茶杯非常好端，不易烫手。同时，在奉有柄茶杯时，一定要注意茶杯柄的方向是客人的顺手面，即有利于客人右手拿茶杯的柄。

（五）品茶

品茶包括三方面内容：观茶汤色泽、闻茶汤香气，以及品尝茶汤滋味。其中，乌龙茶通常先闻香后再观汤色、最后品滋味，而花茶侧重闻香和品滋味，不注重汤色。

在实践中，品尝茶汤的过程可这样进行：先观汤色，茶汤色泽因茶而异，即使是同一种茶类茶汤色泽也有一点不同，大体上说，绿茶茶汤翠绿清澈，红茶茶汤红艳明亮，乌龙茶茶汤黄亮浓艳，各有特色。闻茶汤香气时，仔细细辨鉴赏其香型、高低、清浊以及香气的持久程度等。最后，品尝茶汤滋味：小口喝茶，细品其味。使茶汤从舌尖到舌两侧再到舌根，同时也可在尝味时再体会一下茶的茶气。

在品茶时中国喝茶讲究"三口方知其味，三番才能动心"，第一口是"啜"，让茶汤有更多时间留在口腔，以敏锐的感觉判断茶的香气与韵味；第二口是"咀"，饱吸一口茶汤，让其在口腔内充盈、停留、打转，充分感受茶汤的整体美味；第三口是"咽"，缓缓咽下茶汤去感受过喉咙时候其顺滑与刚柔，以及余韵。当然，品茶时也要注重精神的享受，以及不断提高自身审美和鉴赏力。

（六）续水

不同茶类因其制作茶叶采摘标准不同，其冲泡次数也宜掌握一定的"度"，一般细嫩茶叶在冲泡三次后就基本无茶汁。另外，依据茶叶制作工艺不同，冲泡浸出率也存在一定差异，所能进行的冲泡次数也不尽相同。对于一般制作中有揉捻工序情况而言，头泡茶汤含水浸出物最多，可约占总量的百分之五十，二开茶汤含水浸之物总量的百分之三十，等等。

（七）收具

做事要有始有终，茶艺过程的最后一项工作就是整理、清洁茶具，这一过程可在客人离开后进行。收具要及时，过程要有序，清洗要干净，不能留有茶渍，特别注意的是茶具要及时进行消毒处理。

二、泡茶操作中行茶规范

冲泡一杯好茶，在需要有相对专业器具的同时，也要掌握一定冲泡流程，以及一些冲泡技巧与技法，并且在遵循一定冲泡姿态、动作等规范下，长此以往进行泡茶练习，才会逐渐掌握熟练的茶技，并理解泡茶美学，进而也会获得泡茶品茶乐趣，最终也能在一杯茶的芬芳里，体会到茶道所蕴含的深意与哲思，让自己的生活与生命在茶汤氤氲的茶烟与茶香里获得惬意。千百年来，泡茶品茗都浸润在深厚的东方文化和悠远的哲思里，也弥漫着艺术与审美的追求里，更融合了多种超然美好的表达方式与身心畅然、豁然开朗的态度，只有参与其中，融入其中，经过时间的沉淀与升华后，才一定能体悟到其中所蕴含的种种精妙之处。

在行茶过程中，茶艺师身体保持良好的姿态，头要正、肩要平，动作过程中眼神与动作要和谐自然，在泡茶过程中要沉肩、垂肘、提腕，要用手腕的起伏带动手的动作，切忌肘部高高抬起。冲泡过程中，茶艺师左右手要尽量交替进行，不可总用一只手去完成所有动作，并且左右手尽量不要有交叉动作。实践中，冲泡茶的姿势往往也能大致决定其冲泡茶操作风格，比如：活波、端庄、娴静、清新，等等，茶艺师对自己身体姿势的选择和控制，可以做不同的表现风格。

泡茶操作手法中施力点是手腕，即：施力于手腕，发轫于心。在此基础上，我们要进一步深入了解一下泡茶中对操作动作的要求与规范，这样才能让大家在以后的泡茶练习和提高中不断优美自己的身心，更重要的是逐渐在喝茶实践中进入到修心养性的境地。在泡茶操作中，茶艺师要注意动作表达与体现，每一动作要领都要充分掌握。尤其是要注意手的动作，通常以右手为主，左手从之，四指要紧并、含掌，虎口握持有力。整个冲泡过程，整体动作要要做到娴熟而细腻，其基本要求是：其一，注意物品归位。茶桌上每一件茶具用具用品都有它们特定的位置，在操作中要严格做到各就其位，并也能做到一步到位，干净利落而不显得拖沓或繁冗；其二，要做到规范。每一个动作都要符合要求，做到表达准确，能仔细严谨地完成各项程序；其三，要做到专注、恭敬。冲泡过程中，茶艺师对茶具、用品、冲泡过程、主客等都要内心怀有专注、恭敬之心，将自己情感细腻而恭敬地表达出来。

在操作中，顺序也是要注意的关键问题之一，冲泡茶的顺序和步骤是以时间为轴线来展开。不同的茶类、不同的主泡器、不同的沏泡技术，具体步骤和顺序的规定是有较大差异的，这也体现了我们中国冲泡茶"看茶泡茶"的独特特色，同时更是茶艺师高超冲泡技术的具体体现。因此，一个优秀的茶艺师应该在日常实践中不断累积自己的泡茶经验，了解不同流派和地域冲泡茶流程与特点，并在兼容并蓄的学习态度下，以合乎其科学专业性的规则下不断确定和完善合理的冲泡茶顺序与方式。

在冲泡茶中，茶艺师在沏茶过程中也要注意器具、用品及身体移动的线路、距离与方向等事宜。线路是茶艺师活动的范围与方式，能较强地体现茶艺的视觉感、感染力和韵律，既有用手的动作完成茶具线路的移动，又有用脚的行走、腰的扭动及起落等完成的移动。冲泡茶也是一个造型艺术，在线路移动中要经过精心的事前设计与约定等，"不越矩、延展、中正"是被普遍接受的原线路移动基本规则。"不越矩"是要求茶艺师活动范围和线路移动尽可能中规中矩，以给人规整、恭敬、严谨和用心的感觉。"延展"是要求茶艺师在不越矩的基础上，活动线路要流畅与舒展，能给人无限空间延伸的幽深感、高远感，这也体现了茶艺师对茶席、舞台、茶桌和场所等整体所具有的充分把握力、控制力。"中正"是要求茶艺师在任何状态下，都能尽量保持端正的活动方式，尽可能沿着一个折线、直线或一个中心点等进行线路移动。在品饮茶中，主客间也要有明确默契的距离位置和方向，并体现大方、合韵的空间感。

三、泡茶操作中心法与茶境状态

在生活中，我们常常听到说喝茶能提高人的修为，那么我们也不禁有这样的疑问，是否面前摆着一杯茶慢慢品饮就可以修心养性了？还或是经常跟一群人呼朋引伴地到茶馆里聊天休闲就可以修心养性了？或是走遍大江南北品尽世间好茶就是修心养性了呢？

从这个问题中也可以看出，喝茶中也好似布有一种神秘的色彩和面纱，其实它的道理非常简单，尤其对于喜欢内省的人来说，喝茶对于内心的建设是一种非常有用、有效的修心养性的方式，这是因为喜欢内省的人在喝茶中，借助一定模式的操作可以进行专注力练习，排除杂念，打磨细腻而优美的内心，才可以做到这样的程度。最为重要的是长时间的研习，坚持执着的练习，才是步入喝茶中体会修心养性之路最为重要的方法。换句话说，喝茶的修心养性之路跟日常的钓鱼、种花、下棋、骑马等喜好没有什么不同，所有这些休闲方式都是异曲同工的功能，喝茶无非是一种非常便利的日常修心养性的健康方式选择，所以在此也进一步倡导大家在一生中一定要培养出一种或几种业余爱好，这对于我们健康幸福人生来说，是一件非常重要的事情。因此，在实践中，我们非常有必要关注冲泡茶过程中心法与茶境的问题。

（一）泡茶操作心法

茶之冲泡心法中关键的思想核心是"止"，也就是舍弃内外一切的想念，安住于无念的境地，借泡茶的清雅和畅的性质，以凝炼内省的心，把人生命中的忧悲苦恼全都去除掉。泡茶过程中展现的静是一种美，无论男女。美在于中和的沉默、沉静，并且这种美是充满温情灵气的。泡茶过程也可以看做是只说真正必要的话的修行，即是透过沉默的自省说出有用的话。永恒的美是人内在熏习善法而获得的，从而最终形成其内心有一股清静无染之境，进而显发在清澈的双眸之中，表露在其优雅的谈吐举止里。因此，长此以往，泡茶的人浑身散发出的气息是越看越清新，越看越有纯朴的真实之美。

散文作家林清玄认为，在品饮茶中清静中充满了趣味，能与自然和谐而产生美的视觉，那并不是刻意的追求，而是美慧的心自然流露出的泰然自若的境界。他也认为泡茶时体现出的清朗、无念、庄严、绝俗的表情一定令人感动。禅茶一味，不是寻找一种优雅的生活，而是在散乱中自有坚持。生命不是赛跑，晨来清逸，暮有闲悠，心随梦动，梦随心求，这样的生活也许才有浪漫情怀和生命质感。铃木大拙曾在《禅与茶道》中给我们这样的启示：

第一，事物的最高境界都是相通的，茶道、剑道、禅道等，对于内在心灵的提升与洗练并无分别。

第二，要克服心灵的畏惧、烦恼，最好的方法是专注地活在眼前，使眼前的这一刻充满。

第三，生活的小体验与生死的大体验，唯有深刻的直觉才能洞彻，当一个人进入无我空明的境界，不仅能无忧恼地生活，也能越过生死之海。林清玄认为，想到我们的生命历程中也会不时遇到猥琐的浪人，纠缠不清，我们是不是都能庄严、无畏、优美地举起刀而立呢？我们是不是愿意像茶匠的心，从眼前这一刻，展现一个完全不同的人格呢？

因此，台湾著名茶人池宗宪也给与我们一段精彩的总结：在日常泡茶中，在冲泡的过程中，并非单纯的动作展示，而是在冲泡中，每一个环节程序都代表茶人对茶性的了解，以及对所用茶器的灵活掌控，这也体现茶人对自我内心的要求，以及在操作中人的意识体现。从注水、出汤到分茶，轻、重、缓、急，拿捏稍有不慎，就会坏了茶汤的好滋味。因此，每次茶人泡茶，无语专注正是泡茶的原点，在持续泡茶过程中，每次动作的轻、重、缓、急，都会产生不同，以及不可思议的茶汤滋味，而产生每一泡茶汤兼容并蓄的存在，正是每一次茶人内心的生生流转，从而使每一口入口茶汤滋味，可以品尝到原本看不到的丰润。

凝定，屏神练气，在冲泡过程中需要茶人由已身，清心源起，圆清净之心，才能体悟茶之性转。通过对内在自我的认知，通过自我的掌控，身心主客的结合，在冲泡中用心体会，领略茶盏、炉火、壶与茶的关系，才能让所有的用具相互激赏，达成曼妙真味，进而带来心灵的满足与安逸。茶汤叫人学习心灵深处的微视，在茶汤的简朴中寻觅平静。茶汤中有幽隐深藏的光影交织的遐思，茶汤中也有映出的自然化形象，从而找到茶人自己的闲情和托词的遐思，并得以发展出"茶禅一味"等特殊文化韵味。

（二）泡茶操作中茶境状态

有一段佛语说：苦非苦，乐非乐，只是一时的执念而已。神静而心和，心和而形全；神躁则心荡，心荡则形伤；执于一念，将受困一念；一念放下，会自在于心间。由此可见，一个人心神状态决定了他的整个人的精神面貌，这个就和我们常常听到的形容一个人不好的状态是"魂飞魄散，六神无主"等类似，而内心安详则是我们在日常生活中所追求的美好理想状态。

中国茶文化是儒释道一体特点，我们也可以进一步运用儒家、佛家与道家的观念，完善自己在冲泡茶中的的心法，并达到良好的茶境状态。

1. 坐忘

"坐忘"是道家为了要达到"至虚极，守静笃"的境界而提出的致静法门。受老子思想的影响，中国茶道把"静"视为"四谛"之一。如何使自己在品茗时心境达到"一私不留、一尘不染，一妄不存"的空灵境界呢？道家也为茶道提供了入静的法门，这称之为"坐忘"，即忘掉自己的肉身，忘掉自己的聪明。茶道提倡人与自然的相互沟通，融化物我之间的界限。

2. 一期一会

"一期一会"中""一期"指"一期一命""一生""一辈子"的意思。"一期一会"是说一生只见一次，再不会有第二次的相会，这种观点来自佛教的无常观。佛教的无常观督促茶人们尊重一分一秒，认真对待一时一事。当举行茶事时，要抱有"一生一世只一次"的信念。时至今日，这也是日本茶人们在举行茶事时所抱持的重要心态，茶人们仍忠实地遵守着一期一会的信念，十分珍惜每一次茶事，从每一次紧张的茶事中获得生命的充实感。

3. 无己

无己观念也是道家纯任自然，旷达逍遥的处世态度，同时也是中国茶道的处世之道之一。道家所说的"无己"就是佛家中追求的"无我"。无我，并非是从肉体上消灭自我，而是从精神上泯灭物我的对立，达到契合自然、心纳万物。在某种程度上，跟坐忘也有相似的内涵。"无我"是中国佛家对心境的最高追求，近几年来茶人们频频联合举办国际"无我"茶会，这正是对"无我"境界的一种有益尝试。

4. 中庸

中庸是儒家思想重要表现之一，中庸体现的泡茶之美也可以视为淡泊闲适之美，在这个过程中我们要体会两个层面涵义：第一个层面：中和，只有节制理性和情感才能做到中庸，这是一种人生的平衡术，平衡诸方矛盾以致太和，平则为福。第二个层面：平常心是道，自然适意的人生哲学和追求清静自然的生活情趣，也是人们向往的淡泊适意的自在生活状态。

由此可见，从东方喝茶的茶文化历史中，我们大体可以推演知道，最主要的是在泡茶中追求的是中和的宁静，泡茶喝茶的过程也是可以用于修心养性的过程。因此，这样首先就要求在泡茶过程中，冲泡人除了必要的动作外，身体尽量保持一定的宁静，不要随意晃动，哪怕是微小的不必要的晃动。这也许就是在泡茶中进行内心修炼的最艰难之处，所以泡茶方式也并不是所有人都可以修成茶道的境界。茶道境界达成虽存在一定的艰难性，但茶艺之美则对于大多数冲泡人来说，可以在日常泡茶中进行练习而获得，并且在收获茶艺之美的同时，也让自己的内心变得更加宁和幸福，也不觉间会促使我们的身心更加优美而富有无限的美的韵味。

品饮茶不仅是物质的，更重要在于精神，茶也是一种心灵艺术，或是一种修身养性手段，"吃茶修心"一直是中国茶文化以及东方茶文化的核心。茶也是茶人自我历练的写照，在冲泡茶的一招一式中内观并反省，从而达到专注与内心的升华。因此，在实践中茶艺师要能掌握一定的操作心法，并达到一定茶境状态，这才能更好的冲泡一杯相对好喝的茶汤，并也将有助于在泡茶和品饮实践中能不断提升操作质量，也可以进一步帮助我们在泡茶过程中进入到更深层次的茶艺、茶道层面研修。

 考核指南

基本知识部分考核检验

1. 请简述冲泡茶基本规范。

2. 请简述冲泡茶基本操作心法及茶境状态要点。

操作技能部分

1. 按照泡茶程序以及结合泡茶用具使用方法进行操作训练。

第三节　冲泡技巧

在冲泡茶实践中，茶艺六大要素是"人、茶、水、器、火、境"，其中茶艺师是冲泡的主体，茶、水、器、火、境是客体。明代许次纾对此也进行了非常精辟的归纳总结，他认为茶滋于水，水精于器，汤成于火，四者相辅相成，缺一不可。因此，在冲泡茶实践中，需要茶艺师运用主观能动性以及相应知识与技术作用于客体之上。

一、泡茶要素选择与控制

（一）用水选择

关于冲茶用水，自古就非常受重视并十分讲究，因为茶汤本身就是水浸泡茶叶而成，是茶叶与水结合作用的过程而形成，水会直接影响茶叶有效物质的浸出及滋味的形成，而茶汤则是茶叶的色、香、味的载体。自唐代陆羽《茶经》中就开始论述关于水质问题，这之后水的问题更是一个探究的热点。总体来看，水质的优劣直接影响着茶的品质，水不好，就影响着茶的色香味，务必以清洁、干净安全为上。泡茶水的标准要从水质与水味两个方面去进行判断，从水质看，最重要的在于清、活、轻；从水味看，甘、冽这两个要素最为重要。现代科学分析认为，每升水含8毫克以上的镁离子钙称之为硬水，反之则为软水。软水沏茶，色、香、味俱佳，硬水泡茶，茶汤易变色，色、香、味也会大受影响。水的轻重还包括水中所含的矿物质成分的多少，以及酸、碱度。水的pH值也影响茶汤色泽，当pH值大于5时，水的酸度大，泡出的茶色就会深，或者汤色发暗。当pH值达到7时，茶黄素就容易自动氧化而损失，若用含铁、碱物质较多的水泡茶，易出现混浊并有沉淀物。

所以，泡茶时建议选用软性水泡茶，通常选择泡茶用水应以悬浮物含量低、不含肉眼所能见到的悬浮微粒、总硬度不超过25°、pH值小于5，以及非盐碱地区的地表水为好。现代人泡茶主要还是用自来水，自来水一般是指经过人工净化、消毒处理后的江水或湖水，但是因为在净化消毒过程中用了氯化物，有时氯气会过重。使用自来水的时候，可以让其在水缸中贮存一晚上，等氯气自然消失后用来泡茶就可以了。

古人认为泡茶用山上的泉水最好，名泉名水伴名茶可谓相得益彰，美不胜收。杭州的"龙井茶，虎跑泉"是浙江茶水双绝，闻名遐迩的"蒙顶山上茶，扬子江中水"堪称茶与水的最好搭档。泉水富含二氧化碳和各种对人体有益的微量元素，而且经过砾石过滤，总能使茶叶的色香味等到最大的呈现，陆羽也指出"山水上，江水中，井水下"。因此，遍寻名泉也是茶人们的一个雅兴。

在历代中，经常有对泉水进行品质评判排名的，其中比较著名的泉水就有百余处之多，这其中就有号称中国"五大名泉"的镇江中泠泉、无锡惠山泉、苏州观音泉、杭州虎跑泉和济南的趵突泉。茶圣陆羽将宜茶用水分为二十等，他曾遍尝各地甘洌香润的清泉后，按照冲出茶水美味程度，将泉水排过名次，他认为庐山康王谷中的"古帘泉"是"天下第一泉"，列为最佳二十个水品中的首位，其理由是古帘泉水质清澈透明、甘洌香润、少杂质、无污染特点最适合煎茶，常常泡茶品饮也有益于身体健康。唐代张又新撰写《煎茶水记》，在书中记录了刑部侍郎刘伯刍对江浙一带名水的排名，扬子江南零水第一、无锡惠山寺石泉水第二、苏州虎丘寺石泉水第三、丹阳县观音寺水第四、扬州大明寺水第五、吴松江水第六、淮水最下为第七。清代乾隆皇帝也喜欢对名泉排次第，他认为北京玉泉山的玉泉水比重最轻，水以轻为美，故御封为"天下第一泉"。

除泉水之外，古人称用于泡茶的雨水和雪水为天水，也称"天泉"。在古代，雨水和雪水是比较纯净的，含盐量很少，硬度也小，历来就被用来煮茶。特别是雪水，认为雪水是天泉，是自然界中来自天上的甘霖，用它来泡茶会有一种无可比拟的韵味，古代文人和茶人也常喜爱用雨水露珠等泡茶，也是如此。

（二）火及火候的把控

古人也认为水与火关系非常密切，好水还要配以"好火"，并且也反应到茶汤品质中来。因此，也特别讲究煮水或煎茶的"火候"，认为"活火"才能煮出好水或者煎出好茶。古代中国通常用柴或炭烧火，唐代陆羽认为，烧水时用木炭最好，硬柴次之，不能用有烟腥味和含油脂的木炭，腐朽的木柴也不适用。明代田艺衡认为，在木炭不能得的时候，用干松枝也是不错的选择。明代许次纾认为，烧水最好用坚木木炭来烧火，避免有烟气而影响茶味。

唐代李约认为，所谓的"活火"是指要有火焰的炭火。苏东坡认为所谓的"活火"就是要不停地用扇子扇，使炭火得到充分燃烧，使水沸腾出"鱼目"则止，这样煎出的茶才让人饮后神情气爽。明代张录认为，扇火的轻重缓急也有所讲究，务必要做得有板有眼才可以。

如今，当不选择用木炭烧水的时候，用炉具让其呈现蓝色火苗就好，但要保证热源热量大、稳定性好，避免热量忽高忽低，这样会影响水的鲜爽和清新感，也要避免作为热源的燃烧物中带有烟气或异杂味。

（三）用茶、用器要求

在冲泡茶时务必选择品质正常茶叶，避免劣变的次品茶。所谓的次品茶是指品质有缺陷，已经失去该茶类茶品应有的品质风味的茶，如陈茶、焦茶及带有烟味、异味、酸馊味的茶叶。同时，也避免使用霉变茶。这些茶叶不仅已经失去饮用价值，也会让品饮茶对人体健康不利，并带来不好的品饮体验。

茶叶在保管中要注意避免发生不良变化，茶叶是疏松多孔的干燥物质，容易变质、变味和陈化等。主要影响茶叶品质因素有温度、水分、氧气和光线，通常把茶叶放在常温、0℃左右或0℃以下地方进行保管，同时也要控制好合适的湿度。温度越高，茶叶品质变化越快，通常平均每升高100℃，茶叶的色泽褐变速度将增加3～5倍。当茶叶中的水分含量超过5%的时候，就会引起茶叶激烈的化学变化，加速茶叶的变质。氧气会引发茶叶内物质氧化作用发生产生陈味物质，光线会加速各种化学反应，都会破坏茶叶品质。因此，在茶叶保管中要用符合规范的茶叶包装，一般分真空包装、无菌包装、充气包装、除氧包装等，将其封好存放在阴凉干燥的地方。

在实践中，在缺乏贮存条件的时候，茶叶最好少量购买，或以小包装存放，尽量减少打开包装的次数。已经拆封的茶叶要尽快使用完，如果茶叶放久了有潮气或潮味，在使用前也可以放在白棉纸上用火烤一烤，使其散发茶香后再使用。

"工欲善其事，必先利其器"，在冲泡茶的时候，还务必要准备一套合适的器具。随着时代的进步和饮茶方式的变化，茶具的种类也在不断发生变化，通常可以选择陶土用具、白瓷用具、青瓷用具、黑窑用具、漆器用具、玻璃用具、金属用具、竹木用具等。我国在唐代的时候，不仅青瓷获得很大发展，同时"秘色瓷"也在五代吴越国进行烧造、供奉。在宋代的时候，就形成了官、哥、汝、定、钧五大名窑。元代时期，青花瓷茶具名声鹊起。在明代，"景瓷宜陶"并驾齐驱。在清代，盖碗在宫廷、贵族乃至民间等都使用非常广泛，又称"三才碗"。在明代，景德镇已经成为全国制瓷业中心，清代康熙、雍正和乾隆三朝时发展达到顶峰，而后也有粉彩、珐琅彩等新创瓷器。明清时期，紫砂壶也得到空前发展，许多著名文人也都参与了紫砂壶的创作中，对紫砂陶发展产生了极大的推动作用。著名的紫砂壶名家有龚春、惠孟臣、陈鸣远、杨彭年、陈鸿寿、顾景洲、时大彬等，其中在陶业中，有"紫砂三大妙手"之称的是时大彬、李仲芳和徐友泉师生三人。另外，在闽粤地区还盛行使用工夫茶具，即潮汕风炉、玉书煨、孟臣罐和若琛瓯。

在实践中，备器时还要视具体情况而定，比如场合、人数和茶叶等状况，茶具是为泡茶服务的，既要讲究实用，也要美观或富有艺术欣赏性。

（四）茶境的选择

中国自古以来就比较讲究宜茶之境，对茶境的选择是中国人品饮茶的重点之一，包括品饮者人数即所谓的茶侣、品饮者的心境、自然环境和人文环境等。茶人习惯在品饮茶时候移情入境享受情景交融的曼妙，也喜欢以境言志表达内心高远情怀等，喜欢将品饮茶客观景象与环境进行人格意义比拟比照，也同样喜欢将人的情感寄语在境景之中。品饮茶中，最完美的状态就是能借助茶境达到儒释道最高精神境界，获得精神的洗涤与升华，进而获得人生的圆满。在品饮茶中，环境可主要分为物境、人境和人文意境。

其中，人境包括人数、人品和心境三方面内容，饮茶时茶侣数量不同也会领略到不同的茶趣，通常有独饮得神、对饮得趣之说。中国茶人自古就对茶侣精神道德有较高要求，在文人心中的理想茶侣往往都是些超然物外的高洁之士。心境是饮茶时候的心理状态和感受，也是品饮茶中能享受好一杯茶最重要的身心状态。

物镜通常是指品饮茶活动场所的客观环境，包括自然界的山、水、月、星、风、晨、暮、植物等，从时间、季节、风景到气候等都与环境氛围营造有直接关系。

另外，人文意境与人造的人文环境也对品饮茶氛围有着重要影响，比如寺庙中品饮茶可让人感受到更多的"空寂"，在瓦屋纸窗之下品茶也让人有"得半日之闲可抵十年尘梦"之感，在有琴棋书画点缀和装饰的茶室里品茗也可以感受到一些雅趣。

二、泡茶技巧三要素

在中国泡茶技术实践中主要受三个因素影响，分别是茶叶用量及茶水比例、泡茶水温和浸泡时间。

（一）茶叶用量选择及茶水比例

每次茶叶用多少，并无统一的标准，主要根据茶叶种类、茶具大小以及消费者的饮用习惯而定。

通常情况可参考的茶量选择建议为：对一般红、绿茶，白茶或黄茶而言，若选择每杯放 3 克左右的干茶，那么加入沸水的量就大约为 150 ～ 200 毫升，茶叶跟水的比例为 1∶50 ～ 60 即可，即：1 克茶对应 50 ～ 60 毫升的水；如饮用普洱茶或黑茶，每杯可放 5 ～ 10 克茶叶，大约茶叶跟水的比例为 1∶30 ～ 50 即可，即：1 克茶对应 30 ～ 50 毫升的水。用茶量最多的是乌龙茶，每次投入量为茶壶的 1/2 ～ 2/3，大约茶叶跟水的比例为 1∶20 ～ 30 即可，即：1 克茶对应 20 ～ 30 毫升的水。在实践中，可以根据自己的口味轻重根据上述参考比例进行调整，进而冲泡出适合自己口味的茶品。

（二）泡茶水温

除了水质之外，水的温度不同，茶叶冲泡后浸出的化学成分及茶的风味就有很大差异。古人也非常讲究煮水的温度和煮水时间把握的恰当程度，并以水老和水嫩加以区分。水温以刚煮沸起泡为适宜，用这样的水泡茶，茶汤香味皆佳。水受热时会释放气泡，温度越高，气泡越大，如果水沸腾过久则"水老"，水中二氧化碳挥发殆尽，茶汤鲜爽味也将大为逊色，水老会让茶汤香散，就不可适宜用来冲泡茶了；反之为"水嫩"，因水温低，茶叶中有效物质渗透性差，茶中香味低，而且茶也容易浮于汤面，饮用不便。

泡茶水的温度相对来说，越是细嫩的温度就要稍微低一些，越是制茶鲜叶比较粗老和成熟一点的，那成品茶泡起来所用的水温也要越高。因此，通常黑茶都要用 100℃沸水进行冲泡，乌龙茶也至少要 95℃以上热水，当然这个也要泡茶人根据茶叶整体状况进行判断和调整。高级细嫩的绿茶、黄茶、红茶，一般以 75℃～ 85℃为宜，这通常是指将水烧开之后（水温达 100℃），再冷却至所要求的温度。茶叶愈嫩、愈绿，冲泡水温要低，这样泡出的茶汤一定色泽鲜嫩明亮，滋味鲜爽，茶叶维生素 c 也较少破坏，这也是平时通俗的说法"水温高，把茶叶烫熟了"。另外，在高温下，茶汤容易变黄，茶中咖啡碱容易析出则滋味较苦。泡饮各种花茶要时，要依据所选用茶坯茶类和茶叶状况而定水温。中、低档黄茶、绿茶、红茶，或白茶，以及相对比较成熟鲜叶制作的茶叶，则要用 100℃的沸水冲泡，大多高档红茶通常用 90℃水温进行冲泡。泡茶水温越高，茶汤越浓，少数民族饮用砖茶时，将砖茶敲碎，放在锅中进行熬煮，茶汤也比较浓郁。在实践中，有时为了保持和提高水温，还要在冲泡前用开水烫热茶具，冲泡后在壶外淋开水。

（三）冲泡时间或浸泡时间

茶叶中有咖啡碱、蛋白质、氨基酸、维生素、茶多酚、果胶质等，在冲泡中既要让茶叶中可溶于水的化学成分充分溢出，又要使各种成分适当协调，冲出的茶汤才能味浓甘鲜、汤色清明。冲泡时间或浸泡时间和次数这与茶叶种类、泡茶水温、用茶数量和饮茶习惯等都有关系，不可一概而论。泡茶水温的高低和用茶数量的多少，也影响冲泡时间的长短。实践中，冲泡时间究竟多长，还是要以饮用者的口味为标准。

如用玻璃杯泡饮一般红、绿、黄、白茶时，每杯放干茶 3 克左右，用沸水约 200 毫升冲泡，静置 2 ～ 5 分钟后，便可趁热饮用。浸泡过久，茶汤变冷，色、香、味均受影响，一般以冲泡三次为宜。

冲泡乌龙茶时通常用茶量较多，通常用成熟芽叶制作的茶叶比较耐泡，可根据经验对黑茶、乌龙茶等进行浸泡时间设定。可采取第一泡快速出汤，也可以浸泡 30 秒左右出汤，但此后第二泡可比第一泡可略增加 15 秒，以后各次冲泡浸泡时间可以此类推，也就是说从第二泡开始要逐渐增加冲泡时间，这样前后茶汤浓度才比较均匀。

在实践中，至于每种茶品到底要浸泡多长时间才出汤，也是泡茶人不断冲泡获得并累积经验的结果。

三、科学饮茶建议

茶是可口的饮品，也具有消除疲劳、止渴、解暑、解酒、帮助消化、溶解脂肪、杀菌和抗氧化延缓衰老等功效。在品饮茶日常生活中，也需要适度饮用。过度饮茶会影响健康，因为茶中的咖啡碱会使人体中枢神经兴奋过度，加快心跳，增加心脏和肾脏的负荷。另外因为茶汤帮助肠道蠕动，会减少饱腹感，要避免出现"茶醉"，如果再次进食也会增加肠胃的负担，而且晚上还会造成失眠。

合理饮茶的量需要根据饮茶习惯、年龄和身体状况、生活环境来确定。体弱神虚、肠胃不适、孕妇、缺铁性贫血者，以及心脏过速疾病患者只能饮淡茶或不饮茶。因为茶中的多酚类物质、咖啡碱可消食解腻，促进肠道蠕动和消化液的分泌，有帮助消化功效。茶中含有的茶多酚、氟有保护牙齿，防治龋齿的作用。茶中含有的维生素、氨基酸及其他矿物质元素等，对身体有利。因此，儿童和老年人少量饮茶或饮淡茶也有益健康。

其次，正确的饮茶时间也能够决定茶叶功效的发挥状况，从而真正起到保健功能。通常建议早晨起来后可饮淡热茶，饭后半个小时到一个小时后再饮茶。上午饮茶多以轻发酵茶为主，晚上少饮茶。

再次，可根据季节来选用茶叶。在春天的时候比较适宜饮花茶，比如茉莉、桂花等花茶。花茶可帮助消除积郁于人体之气，令人精神振奋。夏天宜饮白茶、黄茶和绿茶等，绿茶味略苦具有消热、消暑、解毒、去火、降燥、止渴、生津、强心提神的功能。白茶和黄茶等清鲜爽口，滋味甘香饮之也同样具有消暑解热之功。秋冬宜喝发酵茶，有益于生热暖腹，从而获得良好的品饮茶健康与舒适感。

饮用茶汤时不宜饮用温度过高的茶水，容易烫伤口腔、喉咙以及食道粘膜，长期的高温刺激有可能引起器官病变，饮茶最佳温度应控制在55℃左右为好。

考核指南

基本知识部分考核检验

1. 请简述泡茶用水和水温有什么讲究。
2. 请简述泡茶技巧三要素及其要点。

操作技能部分

1. 请根据泡茶技巧三要素要求，对所冲泡茶叶重量进行合理称取，请称取一泡合适重量的茶叶，设置合适冲茶用水温度，并在冲泡茶中设计每泡合理茶叶浸泡时间和次数。

习题

1. 号称中国"五大名泉"的泉水是（　　　）。

2. 被乾隆皇帝誉为"天下第一泉"的泉水是（　　　）。
3. 泡茶用水以（　　　）水为好。
4. 被称为天泉的泡茶用水为（　　　）。
5. 泡茶技巧三要素是（　　　）。
6. 品茶汤温度（　　　）℃比较适宜。
7. 冲泡绿茶、红茶、黄茶、白茶比较适宜的茶水比例为（　　　）。
8. 冲泡黑茶用水温（　　　）℃比较合适。

第四节　茶俗与品饮茶主要方式

品饮茶不仅是一种行为和生活方式，更是一种文化与精神，深刻地影响着社会思想意识。与此同时，古代中国也非常注重品饮茶中的风味，不断进行着口感提升与完善，这也不可避免地给其他地区以及后世的饮茶调味、品饮方式创新等都带来深远的影响。

唐代前后，喜欢用汤浇覆法来品饮茶，煎茶时放盐进行调味。宋代人喜欢品味香茶，也有丰富的品茶小吃，让品饮茶充满趣味与风雅。这对我国少数民族及边疆地区的品饮茶方式也产生了深远的影响，比如白族三道茶中的甜茶、回味茶制作、土家族的擂茶制作、侗族的打油茶制作、甘陕宁青等地的罐罐茶制作等。通过炭炉的烤与煮，让茶汤更顺滑、内涵更丰富、滋味更香醇，这一点也依然可以从潮汕功夫茶以及奶茶制作中所进行的熬煮、调味等中体味到。同时，这也进一步推动了茶点和茶食、茶宴的发展，也可从日本和果子、怀石料理、英国下午茶以及韩国茶礼等中一探倪端。

一、茶俗

在中国，尤其是在经历了唐宋与明代的饮茶风雅与哲思追求后，无论是在"柴米油盐酱醋茶"的烟火气息中，还是在"琴棋书画诗酒茶"的浪漫境界的追求里，都对民间茶风俗发展与演变起到了重要的熏陶与影响。进而，各地在结合自身的饮食文化偏好、方式、风味形成环境特质以及心态、信仰观念等基础之上，也形成了丰富多彩的民间品饮茶特色，它也成为中国饮食文化一个重要的传统习俗积淀。最终，也在中国各地、各民族中形成了贯穿并融入生活中的有较为明显地域特色和民族元素特征的茶俗。

（一）茶与婚礼

在茶与日常生活关联看，茶与婚嫁等时至今日依旧联系的非常紧密，婚礼中新娘与新郎之间的"交杯茶""和合茶"，以及向双方父母敬献的"谢恩茶""认亲茶"，仍然是婚礼中不可或缺的一个重要组成部分，甚至是以中式古典婚礼为特色的仪式中一个重要的环节。茶在婚礼中作为一个重要的嫁妆礼品，有学者认为是源于公元641年，唐太宗宗室女文成公主和亲入藏时，带去了大量物品，其中就有茶叶，虽说具体茶叶还有待进一步考证，有人说是寿州（安徽）茶叶，也有说是唐时名茶邕湖茶（邕湖位于今岳阳市南），等等，但是至少也在一定程度上体现了社会风俗贵茶，并最终在宋代演变为求婚的聘礼，以及元明时几乎"茶礼"等同于婚姻代名词，清代仍保留茶礼的观念，整个婚姻礼仪被称为"三茶六礼"，适龄女子的"吃茶"也暗喻为受聘茶礼。

在中国婚礼中美好的祝愿祝福与祈愿等都深刻地体现在具体的吉祥谐音必备物品上，诸如婚床上放着的红茶、核桃与花生等，就是寓意早生贵子、多子多孙及和美美满。茶也同样因为茶树以种子萌发新株、茶树在开花时籽尚在，常被视为忠贞不渝、母子相见"不移志"，茶性为淡雅洁净被视为爱情的忠贞，茶树多籽被誉为开枝散叶子孙绵延，茶树叶片四季常绿也被寓意为婚姻的持久、执子之手与子偕老。最终，茶在民间婚俗中就称为"纯洁、坚定、多子多福"的美好精神象征。

茶在婚礼地方习俗中，福台婚姻礼仪风俗中有"三茶天礼"习俗，包括订婚时的"下茶"、结婚时的"定茶"、洞房时的"合茶"；回族称订婚为"定茶""吃喜茶"，在畲家新婚拜堂中有"新娘茶"习俗，满族称"下大茶"，云南的"德昂族"有喝浓茶的嗜好，德昂人生活中茶与婚礼、葬礼、探亲访友中都是最好的礼物，更有无茶不婚的礼俗。

（二）茶与祭祀

目前，关于茶与祭祀的一个基本共识是其大致在南北朝逐渐兴起，与齐武帝萧赜有关。萧赜是南朝齐第二代皇帝，性格刚毅有决断力，以富国为做事之先，不喜欢游玩宴会，也不喜欢雕绮奢靡之事，讲究节俭，对于珠宝玉石等费时劳工之玩好严加拒绝。他提倡以茶为祭，用饼果、茶饮、干饭及酒脯就好，开创了以茶为祭的先河。用茶陪葬的古老习俗通常有三种形式，用茶汤为祭祀、或放干茶叶为祭祀，或以茶壶和茶盅等茶具象征茶叶为技，其中用茶汤为祭祀较为常见。在清代，宫廷祭祀祖灵时也必用茶叶，同治十年冬至的大祭和光绪五年岁暮大祭都有用松萝茶叶的记载。

在广东、江西、福建宁德一带等清明扫墓祭祖时，民间也有历来流传所谓以三杯茶、六杯酒的"三茶六酒"和"清茶四果"作为丧葬祭品的习俗。除了清明节外，也有在正月初一，每位祖牌前放置一盅茶，甚至还有比较复杂传统做法的捧茶、举茶、献茶、膜拜等一系列的仪式环节、手势、祷告词等。除此之外，在中国福建福安地区还有活人悬挂"龙籽袋"的习俗，由此可见，在我国诸如福建及周边很多地方自古对茶叶就有着非常重要的精神意味，其中"龙籽袋"便有象征往生者留给家族的"财富"，茶叶也被看做吉祥之物；自古除了祭祀之外，茶叶还常在习俗中被视为陪伴往生者入殓之重要物品，或在其手中放置一包茶叶、或在其枕头里用茶叶作为填充物，比如湖南地区常常会制作"茶叶枕头"。在江苏有些地区，还在往生者入殓的时候，在棺材底部撒上一层茶叶、米粒等，另外也会在出殡盖棺时再撒上一层。这其中既反映出在民间茶叶有让往生者保持理智不会被鬼役迷惑，免于饮孟婆汤，同时也借茶叶有洁净干燥之功效，消除异味，更能时时让往生者依然可以有茶汤甘露饮用。茶叶也常被视为庇佑家族子孙兴旺、祛除妖魔与灾病之寓意。随着我国各地茶文化节的日益兴起与兴盛，"茶祭大典"也成为开茶节活动重要内容之一，比如在浙江新昌、福建天姥山茶祭等活动，但是大都仪式庄重，同时也和当地文化、民间歌舞等相结合，成为一个重要的茶事活动。我国许多兄弟民族也有以茶来祭祀的习俗，比如布依族祭祀茶神活动等。

（三）汉族各地饮茶习俗

我国汉族地区依然流传着古代沿袭下来的很有特色的饮茶茶俗，形成当地很有独特的茶文化内容。

1. 青豆茶

青豆茶也又俗称为"芝麻茶""七味茶"，其中《金瓶梅》中有对"七味茶"的描述。青豆茶是盛行于江浙一带的茶饮，早在南宋时就从京城临安流行到百姓家中，时至今日依然是浙江杭嘉湖乡间喜欢的一种茶饮方式。青豆茶的主料是烘青豆，并配有切成细丝的兰花豆腐干、盐渍过的桔皮、桂花，还务必有预先备制的胡萝卜干、炒熟的芝麻、紫苏子等、不同地方放的佐料也各异，还有的会放笋尖等。青豆茶味道是微咸鲜香，在旧时江南小康悠闲时刻，常是这样一副美丽雅致画卷——温暖的炉火旁，手持一卷闲书。用热水冲开便可饮用，伴以一杯浓香青豆茶，更有解渴生津、健胃强身和提神补气的功效。青豆茶的历史源头可以追溯至远古大禹治水时期，当时当地人就用芝麻和桔皮等泡制汤水来去寒气，治疗因治水而患上的风湿症，恰用烘干的青豆做饮食，就此因烘青豆与汤水风味相配，相得益彰的互补不仅在口味上，更在功效上，最后也博得"防风神茶"美誉。余杭地区更喜欢将紫苏子放于青豆茶中。

2. 元宝茶

中国自古新年岁时都喜欢美好祝愿的饮食，尤其是象征家族兴旺、财源广进的吉祥饮食。在浙江杭州、绍兴以及江苏无锡一带等，都偏爱"元宝茶"。"元宝茶"除了主料为江南盛产的绿茶之外，佐料大体有"金桔"或"青橄榄"。用青橄榄则是因为其两头尖尖，状如元宝；而金桔花语本身就是大吉大利，并谐音为"吉"字，金桔更有财富兴隆的寓意，黄色的果皮和圆滚滚的形状也象征中国团圆、团聚的吉祥春节的节日氛围，另外"金"字也是黄色，与中国尊崇的古代皇家贵族专属色相一致，也具有家族飞黄腾达之寓意祈愿。所以，每当过春节前，家家户户也比较喜欢购买金桔锦上添花，增添喜气吉祥氛围。另外元宝茶冲泡后呈现橙黄碧绿，颇有招财进宝、发家致富的象征。另外，也有在茶缸上贴有一只红纸剪出的"元宝"式样，更增添过年讨喜的吉利感。通常，一般在大年初一早上起床之后便喝上一杯元宝茶，寓意一年四季元宝滚滚而来。

3. 锡格子茶

锡格子茶是安徽黟县一带的饮茶习俗特色，大年初一就是要品用"锡格子茶"来讨喜，这也是因为"锡"同"喜"谐音，见"锡"如见"喜"，这也体现中国民间对文字与读音高超的智慧与理解。如今，"锡格子茶"也已列入"安徽省非物质文化遗产名录"之中，其中"锡格"是盛装传统茶点的锡制器具，实际上也相当于果盘之类的，其形状为圆圆的、扁扁的并层层叠加呈塔形，用于盛放果饼之小食，通常有一个底、一个盖子、一提篮以及中间四层组成，其寓意为"步步高、年年高"。锡格内常常放有徽州特色小吃茶点，比如冻米糖、寸金糖（一种古老的蔗糖加热经包馅压条短条而成的金黄色小条，外面也可以裹芝麻）、千张酥、顶市酥等。新年时，除了喝上一碗徽州的名品绿茶，或者太平猴魁、黄山毛峰，也或者会选用祁门红茶之类地方佳茗外，就着锡格里的小茶食，或许也包含着花生糖、茶叶蛋，满满的八仙桌旁，一家族人慢饮细品，寓意来年生活甜美、春满家园。整个锡格子茶都充满各自美好的寓意，"千张酥"有着步步高的吉祥、"寸金糖"有着金银财宝兴隆福泰之意，"花生糖"也代表子孙满堂、儿女双全之美好。吃锡格子茶配上茶叶蛋，或蘸着一碟又细又白的白糖，意味着甜蜜和美。当然，锡格子茶也是招待宾朋的一个重要习俗。锡格子跟徽州地域环境有很大关系，可以防潮，也可以防止被虫鼠盗咬，而锡器就有防潮、美观和优良的保鲜功能，一直在当地受到青睐。

4. 青果茶

对于新年吉祥美好的追求，不同地区有不同的表现，在江西除了有供茶、用茶、果子、五谷种子等迎春祭祀习俗外，还有喝青果茶的习俗，它同流行于江浙一带的元宝茶有很大的相似之处。这大概与江西地形地貌有很大的关系，其地形地貌基本可以概括为"六山一水二分田，一分道路和庄园"，农业资源十分丰富，素有"鱼米之乡"美誉，是东南沿海地区重要的水稻产区之一，也是我国重要的商品粮食输出的省份之一。因此，每当新年之际，祈祷来年的风调雨顺、五谷丰登以及平安吉祥等也成为重要的仪式表达之一。

江西的青果茶就是在绿茶中加放一个青果，即一个橄榄，因为橄榄也被称为青果，青果茶就是借用"青果"表示先涩苦后甘甜，生活就像橄榄一样越嚼越甜，事业也苦尽甘来顺利圆满，财运滚滚。喝青果茶时也有就着茶叶蛋，以元宝命名寓意为招财进宝。

（四）民族地区主要茶俗

中国地大物博，民族众多，历史悠久，民俗也多姿多彩。饮茶是中华各族的共同爱好，无论哪个民族，都有各具特色的饮茶习俗。在我国55个少数民族中，除赫哲族人历史上很少吃茶外，其余各民族都有饮茶的习俗。

1. 土家族吊锅子茶

神农架的农家各家都有火塘，那里是重要的土家族聚居区之一，湖北的吊锅子茶茶俗实际上也与地区生活习俗有关，火炕又叫火塘，是一家人活动最集中的地方，经常烤火取暖、生火煮饭或是吊熏腊肉之类，自然也将喝茶习俗与之紧密有机融合在一起。称之为"吊锅子茶"在某种程度上是与其烧开水用的大铜壶有关，基本上是用吊钩挂系在房梁上，一年四季火苗不断。喝茶时通常用煮的方式，但是在放水之前，先把茶叶放进铜罐里翻动，待茶叶散发出香味后，再倒进冷水，来回挂上、取下三次之后，就可将茶汤倒出，为第一道茶。然后再用开水冲进铜罐冲上三次，这为第二道茶，也是味道最好的，喝这道茶通常是以老人为先，依次轮饮。喝完这道茶，主人再将第一道茶"茶卤"倒进铜罐，再用开水冲上三次，人们便可以随便的饮用了。正因为土家人一年中春秋冬三季都需要取暖，这些都离不开火塘，每家都有火塘，且爱喝茶，一年四季都要烧水煮茶，因此也造就了湖北土家族颇具特色的吊锅子茶俗，这其中也更深刻地反映出不同民族的习俗、规矩、禁忌等对地方茶文化特色发展的内在影响。

2. 藏族酥油茶

高寒的气候、严酷的生活环境使酥油茶成了青藏高原最具有民族特色的文化，它不仅日常生活所必备的饮品，也是藏族人民待客，礼仪、祭祀等重要活动不可或缺的饮品。有这么一句话"没喝过酥油茶，不算真正到过青藏高原"，初喝酥油茶时异味难耐，二口醇香流芳，三口永世难忘。

藏族人民经常用酥油招待客人。有一套不成文的礼仪规范：主人邀请客人到方桌边入坐后，再拿个茶碗，将客人面前的茶碗倒满，客人要等到主人第二次提起茶壶站在跟前时，才能端起茶碗，轻轻吹开浮在茶上的油花喝一口，并说祝福的话。如果客人放下碗，不管是全喝光还是还剩下一半，主人都会给客人填满，这样边喝边添。如果客人不想再喝，只需放下茶碗不再动它即可。如果是准备离开，客人可以连喝几口，但是不要是空碗，最好留点漂油花的茶底。另外，在川滇藏区，酥油茶还是年轻人谈恋爱的介媒。

3. 回族刮碗子茶

回族人民集中生活在以宁夏、青海、甘肃三省（区）为代表的西北地区，有多种多样的饮茶方式，其中喝"刮碗子茶"具有代表性。刮碗子茶又称"八宝茶"，主料多为普通炒青绿茶，泡冲时加入冰糖以及葡萄干、桂圆干、红枣、枸杞等多种干果，有时还会加入芝麻、菊花之类，配料八种之多，故而得名。喝刮碗子茶不仅要用特定的三件套：茶碗、碗盖、碗托，而且回族老人还认为泡茶的水最适宜的是雪水、泉水和流动的江河水，因极少的杂质，清冽中略带些甜味，不会影响到茶叶本身的香味。所以，黄河两岸的回族人常用黄河水，山区的回族人冬天用雪水，夏天用雨水。

喝刮碗子茶还有一套礼节：动作要轻、沏茶要稳、环境雅静、用具净洁。待客时，主人会把茶碗放到客人面前，揭盖沏茶，表示茶碗干净也是表达对客人的尊重。多种配料色彩的干果香茶在一个容器中，香味四溢，多重口感，层次丰富，展现了我国饮食中色香味俱全的特点。

4. 侗族打油茶

在侗乡侗岭常常会种许多茶树，爱茶的侗家人一直保留着古老又独特的用茶习惯，即"打油茶"，在侗族食俗中有"三不离"饮食特色：食不离糯，食不离酸，食不离打油茶，油茶是侗族人的第二主食。对于侗家人喝油茶的习惯从何开始已经无从考证，侗族老人回忆，老辈都种油茶树，每户人家都存放着一缸缸茶油，有油就可以打茶油。侗家人独创的茶油浓香甘甜，提神醒脑。侗族老人若是没有油茶喝，子孙则是不孝，走村串寨更是少不了茶油，与侗族人杂居的苗、瑶、壮等民族，也受其影响。

侗家人在早餐、饭前都要吃打油茶，有客拜访也多以打油茶招待，侗族人喝油茶成瘾，没有油茶吃的人家很难有客拜访。在侗族女子个个都会"打"油茶，不会打油茶的女子很难出嫁，不会喝油茶的男子很难娶亲，上门相亲时，男子常常故意把油茶喝得很快以表示自己喝油茶的本事大。一般来说，油茶都很烫，想要喝得又快、又不被烫到，不是一件容易的事，喝油茶要技术，打油茶也一样要技巧。

5. 傣族竹筒香茶

傣族聚居在云南西双版纳、德宏两自治州以及耿马、孟连两自治县。"掸"是傣族最早的称呼，相传是佛祖教会了傣族人喝茶，还有茶叶泡饭。云南傣族特有的风情中，其中竹筒香茶是当地较为讲究的的待客之物之一，做法有两种，一种程序简单，一种做法讲究。除了饮用香浓的茶水，客人到傣族人家做客时，主人会当客人到门口时，端着银钵的傣家小卜哨用树枝叶将浸有花瓣的水轻轻地洒在客人身上，待客人在坐定后，老咪涛（奶奶）会在客人手腕上栓上线，表示祝福。

（五）外国主要茶俗

1. 巴基斯坦

巴基斯坦气候炎热，居民多食牛、羊肉和乳制品，缺少蔬菜。因此，长期以来养成了以茶代酒、以茶消腻、以茶解暑的生活习惯。巴基斯坦人饮茶的习俗带英国色彩，饮红茶时，普遍爱好的是牛奶红茶，而且喝得多、喝得浓。除了工厂、商店等采用冲泡法，大多采用茶炊烹煮法。在巴基斯坦的西北高地也有饮绿茶的，多数配以白糖，并加几粒小豆蔻，以增加清凉味。倘有亲朋进门，多数习惯用烹煮的牛奶红茶招待，而且还伴以糕点。

2. 阿富汗

阿富汗的绝大部分人信奉伊斯兰教，提倡禁酒饮茶。阿富汗的饮食以牛、羊肉为主，少吃蔬菜，而饮茶有助于消化，又能补充维生素的不足。阿富汗人红茶与绿茶兼饮，通常夏季以喝绿茶为主，冬季以喝红茶为多。街上也有类似于中国的茶馆，用当地人称之为"萨玛瓦勒"的茶炊煮茶。茶炊多用黄铜制成，圆形，顶宽有盖，底窄，装有茶水龙头；其下还可用来烧炭，中间有烟囱，有点像中国的传统火锅。

3. 土耳其

在土耳其，早晨起床未曾刷牙用餐，先得喝杯茶，土耳其人喜欢喝红茶。煮茶时，使用一大一小两把铜茶壶，待大茶壶中的水煮沸后，冲入放有茶叶的小茶壶中，浸泡3～5分钟，将小茶壶中的浓茶按各人的需求倒入杯中，最后再将大茶壶中的沸水冲入杯中，加上一些白糖。土耳其人煮茶讲究调制功夫，认为只有色泽红艳透明、香气扑鼻、滋味甘醇的茶才恰到好处。

4. 荷兰

荷兰位于欧洲西部，荷兰是欧洲饮茶的先驱。荷兰人的饮茶热已不如过去，但尚茶之风犹在。他们不但自己饮茶，也喜欢以茶会友。所以，凡上等家庭，都专门辟有一间茶室，招待客人喝下午茶。若是待客，茶会开始时，主人还会打开精致的茶叶盒，供客人自己挑选心仪的茶叶，放在茶壶中冲泡，通常一人一壶。当茶冲泡好以后，客人再将茶水倒入杯子里饮用。饮茶时，客人为了表示对主妇泡茶技艺的赏识，大多会发出啧啧之声，以示敬佩。

二、清饮茶与调饮法、佐茶法

现代大多数人的饮茶方式都是以清饮为主，所谓清饮就是单一的茶汤。除此之外，还有调饮法和佐茶法。

所谓的调饮法，是在茶汤中加了一些佐（酌）料，比如加糖、奶、果酱、酒、香料等。目前，社会上也已经兴起调饮茶热，尤其受年轻人和孩子们的喜欢。不论清饮还是调饮，它们的基调始终在于茶，清饮是高品质茶最恰当品饮方式，而调饮则是独特茶味与其他佐料相得益彰的美妙呈现，并也要彰显其茶叶品质。

说起调饮茶，我们会有些熟悉而又陌生，有些人也会误以为是国外饮茶方式。其实调饮茶方式并非泊来品，从饮茶的历史来说，我们可以认为调饮法先于清饮法，清饮法是在元朝的时候开始出现，到明清时期才开始普及。中国在最早食用茶叶时就意境广泛采用调饮方式了，并且调饮法在唐朝民间甚为流行，民间的习俗通常是将茶叶与其他食物掺和煮饮。古人将葱、姜、橘子与茶共煮成羹的习惯，到茶成为饮料时还保留着，一方面这些食物佐料能有效地抑制茶叶的苦味和涩味，另外就是因为茶的药用价值。茶之药功卓著，并且也是一种简便而实用的保健方法，人们愿意借助茶来治疗疾病，或辅其延年益寿。比如著名的"三生汤"、擂茶、云南三道茶、藏族的酥油茶、蒙古的咸奶茶、侗族的打油茶、傣族的竹筒茶、回族的罐罐茶等，这些也都是调饮茶。除此之外，还有香料茶、清朝乾隆皇帝著名的"三清茶"，等等。

　　调饮茶也会带来品饮上不同于清饮茶独特的韵味与趣味。台湾著名散文家林清玄特别喜欢松子茶，在《松子茶》一文中写道："烹茶的时候，加几粒松子在里面，松子会浮出淡淡的油脂，并生松香，使一壶茶顿时津香润滑，有高山流水之气。极平凡的茶加了一些松子就不凡起来了，那种感觉就像是在遍地的绿草中突然开起优雅的小花，并且闻到那花的香气。诗人在月夜的空山听到微不可辨的松子落声，也会想起远方未眠的朋友，这种意境也是一种不言的大美和精神上的依托"。

　　今天，调饮茶也在不断创新，在茶叶方面创新主要有"小青柑"的诞生。由此，也可以认为调饮是生活的一种丰富化呈现方式，在各个发展时期都必将独特存在。因为口味和喝茶方式偏好问题，在墨西哥和俄罗斯人喝绿茶的时候，他们更倾向于在茶中放入干薄荷，口感的清凉是他们长期的品饮喜好，国外在调饮实践以及调饮配方方面相对比较丰富。我们中国人或者东方人在很大程度上更倾向于偏好清饮，而当下青少年则更喜欢在喝茶中寻找多元时尚，在商业中也必将会开启时尚茶的流行风尚，未来中国调饮茶市场也将获得空前巨大发展。目前，全世界调饮茶的种类很多，比如，香港奶茶、马来西亚和新加坡的拉茶、台湾的珍珠奶茶、各种各样的水果茶等，在制作中采用快速萃取的方式，将传统茶的滋味融合在一杯新式茶饮当中，创造了诱人的视觉、嗅觉、触觉和味觉等体验，不胜枚举。

　　佐茶法主要分为两种形式，一种就是调饮法，就是茶与其他佐料混合、或煮、或渗入、或炒等而食之的方式，另外一种辨识清饮配茶点，佐而饮之方式。

　　饮茶佐以点心，在唐代就有记载，在唐代的《宫乐图》图中，品茶茶桌上海棠似的小碟中放有核桃仁；唐代《宴饮图》中，饮茶中也有梨子等水果。史料记载，唐代茶宴中的茶点较为丰富有粽子，馄饨，饼类，面点糕饼，蒸笋，胡食，如胡饼，搭纳，勒浆，消灵炙，小天酥，柿子等。在唐代，除了茶果外，许多与茶一同食用的点心也有了独立发展。唐代茶食的另一大进步是茶宴的正式化，茶点种类也更为丰富。

　　到了宋代仍然沿用"茶果"作为名称，以应时果品和干果加工而成的炒货为主。此外从茶肆记录来看，宋代茶点心已趋向多元化和生活化，面点食品也进入人们的日常生活，成为宋代茶食的组成部分。元明清三个时期是茶食发展的成熟阶段，清代社会经济发展繁荣，茶馆兴盛，出现了很多著名的茶点。比如竹叶粽、萧美人点心、茶叶蛋、面茶。此外，饮茶吃果子也是清代的风气。这些果子除了各式面点，还有瓜子、松仁、核桃、栗肉等。至此，古代茶食进入鼎盛时期。

　　清朝时，乾隆皇帝品饮"三清茶"时常佐以饽饽点心为席，文臣学士与皇帝边饮茶品尝，边咏吟赋诗，诗人夏仁虎称赞"沃雪烹茶集近臣，诗肠先为涤三清"。在北京有一种茶馆叫"红炉馆"，其茶点就比较系统，主要是受清朝宫庭文化所影响，茶馆设有烤饽饽的红炉，做的全是满汉点心，小巧玲珑，有大八件，小八件，有北京的艾窝窝、蜂糕、排叉、盆糕、烧饼，顾客可边品茶，边品尝糕点。

　　少数民族风味茶也常带有茶点，比如，藏族人在饮酥油茶和奶茶时总要吃糌粑。广东早茶也是以品尝美味为主，以品茶为辅的一种品饮习俗的延伸。英国下午茶是一种佐饮法，日本茶道中也是一种佐饮法，并且还有怀石料理茶宴。

　　在实践中，有茶食和茶点之说。其中，茶食是茶叶食品的统称，尤其是指在食品加工时，加入适量茶叶或茶叶提取物，使食品含有茶叶的特殊风味，并能发挥茶叶中有效成分的生理调节功能。茶点是指佐茶点心，是作为专有名词，有其特定含义。在日常习惯中，两种称谓常常通用，但在特定的场合与情境中，人们也都会清楚其中的指向。

茶点有狭义和广义两种含义，广义的茶点同茶食，所谓狭义的"茶点"，是指佐茶的点心、小吃。茶点和一般点心相比，要求制作精细美观，品种丰富多彩，口味与茶相得益彰，是佐茶食品的主体。茶点特指份量较小的精雅的食物，其特点是形小、量少、美观、质优，既可用于日常饮茶，又可用于各种茶会。而所谓广义的"茶点"，则与"茶食"是同义词，既指掺茶作食作饮，又指用于佐茶的一切供馔食品。现在国内的茶点也是品种繁多，如有荷花酥、绿豆茸馅饼，椰饼，绿豆糕，芋枣，蛋挞，还有各种蜜饯等。

所谓的茶宴就是以茶宴客，茶宴形式很多，好茶和茶食应是茶宴的主角，茶食也应以素食为主，也可有少量荤食食品，同时还应讲究盛器，使其和食物色香味形等相得益彰。由此可见，摆茶宴时，既需要茶食，也需要茶点。茶宴、茶食与茶点不是截然分开的，而是有机的统一体。

三、冷泡茶、花草茶、茶疗等

冷泡茶是近年来出现的流行品饮茶方式，比较适合于夏季的泡茶方法。在制作冷泡茶时，泡茶的水温选择在0℃～15℃，这样泡出来的低挥发性芳香物质别有风味，低温条件下也降低了咖啡因、茶多酚等物质的溶出。因而，茶汤清凉甘冽，没有苦涩刺激味。冷泡法茶叶用量可使用是沸水冲泡时的3倍左右，例如一升矿泉水瓶里可以放15克左右茶叶量。在冲泡的时候，可以直接投入茶叶浸泡就可以，也可以先注入少量热水，水量以没过茶叶为度，但茶香散发后，然后再注入合适的冷水量即可。

除此之外，还有花草茶、五谷茶和茶疗等。花草茶是以花卉植物的花蕾、花瓣或嫩叶为材料，经过采收、干燥后加入茶中茗饮，具有一定的祛斑、润燥、明目、排毒、养颜等作用。五谷茶是由单种或者多种五谷杂粮研磨成粉，或其他茶叶一起浸泡，具有多种养生功效。长期实践中，茶疗形成的与中草药结合的品饮茶方子更是繁多，就是将单方或复方的中草药与茶叶搭配，采用冲泡或煎煮的方式，作为防治疾病用的茶方。李时珍《本草纲目》中，列出了多种以茶和中草药配合而成的药方。如茶和茱萸、葱、姜一块煎服可以帮助消化，理气顺食；茶和醋一块煎服可以治中暑和痢疾；茶和芎穷（川芎）、葱一块煎服可以治头痛，槐米茶可以治痔，或以茶、姜、红糖相煎治痢，并以之消暑解酒食毒，等等。在纳西族茶俗中，至今还有用"龙虎斗"饮茶方式来治疗感冒。值得注意的是，花草茶、五谷茶和茶疗种类繁多、特征各异。因此，在饮用时必须弄清不同种类的花草、五谷杂粮以及其他药材或辅料的药理、药效特性，在符合科学机理搭配与自身体质状况条件下，才能充分发挥其保健功能，也要提前去咨询并听取专业中医人员意见。

考核指南

基本知识部分考核检验

1. 请简述调饮茶主要特点及调饮方式。

2. 请简述至少三个少数民族茶俗名称及具体制作方法。

3. 请简述至少三个其他国家地区的茶俗特点或品饮方式。

操作技能部分

1. 请参照一个选定地方的婚俗及茶俗特色，为婚礼仪式设计一个新娘茶品饮流程。

2. 调饮制作实操

收集调饮茶配方资料，根据所选定茶叶本身品质特点设计调饮制作方案，并根据调制制作步骤与原辅料使用方式进行调制，制作后请检验自己时尚调饮茶品品质与风味状况。请写出做制作的时尚调饮茶名称，所需要使用的原辅料及使用量，所需要使用的主要调制器具，以及制作参考步骤，并提供至少一张时尚调饮茶品成品照片等。

【参考范例一】水果茶

原料：茶叶、水果

调制方法——水果茶

1000ml 水烧开，倒入 15 克茶叶，煮 1 分钟出入锅，过滤茶叶，尽量把茶水挤出，白糖 30 克，然后加入 150 克冰块，水果若干。

【参考范例二】台式奶茶

原料：红茶、黑白淡奶、炼奶

调制方法——台式奶茶（热奶茶）

1000ml 水烧开，倒入 20 克茶叶，煮 5min，时间到，则过滤茶叶，尽量把茶水挤出，加入 3oz 黑白淡奶和 2oz 炼奶，白糖 10 克，用力搅拌均匀即可。

【参考范例三】港式奶茶

原料：红茶、黑白淡奶、炼奶

调制方法——港式奶茶（热奶茶）

1000ml 水烧开，倒入 50 克茶叶，煮 5min，时间到过滤茶叶，尽量把茶水挤出，加入 3oz 黑白淡奶和 1.5oz 炼奶，白糖 20 克，用力搅拌均匀即可。

第八章 现代行茶准备与行茶法演示

视频：绿茶与红茶行茶法

◎ **学习目标**

1. 绿茶冲泡方法与流程规范等相关知识。
2. 红茶冲泡方法与流程规范等相关知识。
3. 茉莉花茶冲泡方法与流程规范等相关知识。
4. 乌龙茶冲泡方法与流程规范等相关知识。
5. 普洱茶（黑茶）冲泡方法与流程规范等相关知识。

泡茶的程序和规范是茶艺形式的重要部分，这部分称为"行茶法"，俗称"泡茶法"。行茶法主要分为备器备茶阶段、冲泡阶段（温杯烫具、温润泡及摇香、正式冲泡、出汤赏汤）、奉茶品饮阶段，且主要分为备器、赏茶、投茶、润茶、泡茶、奉茶等步骤。品茶是一种生活享受，同时也是一种修身养性的方式。行茶法有条有序，优雅的一招一式不仅是行茶过程，还表达着特定的含义、意境和感受，进而能给品尝者感官与精神的享受。因此，喜欢泡茶、喝茶的人，对于泡茶的过程非常注重，在喜欢茶的人心里，泡茶过程比喝茶更重要。

在现代冲泡茶实践中，用杯、壶和盖碗三类做主冲泡器具较为常见，在选择用具中，通常以主冲泡器的性能、特点和人文感受为考量要点，在冲泡中也要最大限度地发挥其器具潜能。同时，要了解所冲泡茶叶的特性，通过选择合理的沥泡技术，使之能与所用茶器共同作用，冲泡出一杯相对好喝的茶汤。因此，在选择茶叶与茶器时，务必注意能让二者获得相得益彰的效果。

第一节 绿茶行茶准备（玻璃杯）

视频：绿茶行茶准备及行茶法演示

绿茶大都各具色绿、香郁、味甘、形美的独特风格，给人以一种积极向上、青春、纯洁和朝气蓬勃的感觉。尤其是在三九酷寒、草木凋枯之后，每次喝绿茶，都会给人一种美好温暖春天的气息，恰似碧波荡漾一抹香，茶不醉人人自醉。品尝绿茶时仿佛有一种夜色朦胧，丁香淡淡的感觉，一杯透明的水韵里流淌着静静的安详，使房间飘荡、弥漫着幸福感。爱茶的人对绿茶的倾心，往往都会觉得绿茶的形态、姿容、汤色、气质和物化了的神韵在冥冥之中有一种自然的契合。这也与绿茶生长与制作的时节有关，经过一个寒冬，大地复苏，绿茶从高山云雾中走来，经杀青、整形以及干燥等工序，其神韵气质弥厚，且仍然嫩绿鲜亮、清香馥郁。斟泉水以入杯中，但见茶汤清碧、嫩绿可人，轻品细酌，顿觉清香高长，或微苦清冽，或淡雅温婉，让人肺腑清爽，浮想几多。

北宋文学家苏轼曾写下"从来佳茗似佳人"这样的诗句，把绿茶比作青春美妙的女子。绿茶感悟互达的主要指向是：清、淡、简、静、爽。基于此，在泡绿茶的时候，茶艺师常常选择用透明的玻璃杯进行冲泡，在冲泡的时候，动作与姿态等也往往凸显轻盈飘逸、清新美好的感觉。绿茶如稚童，那一份灵动，那一份飘逸，如一颗尚未被蒙昧的童子之心，惹人爱怜，饮之让人的心也跟着清明了起来。

事实上，比较鲜嫩的红茶、白茶和黄茶都比较适合选择用玻璃杯冲泡，大体上流程动作要求也与绿茶相仿。但是，在茶性方面，白茶给人的是一种淡淡的芬芳、淡淡的心境，带来岁月静好、花好月圆的美好感。黄茶则是浓而不涩，醇而爽口，啜入口中时，喉腔有油滑醇爽之感。冲进滚烫的开水，芽尖冲上水面，悬空竖立，下沉时如舞者的曼妙身姿，沉入杯底则状似鲜笋出土，又如刀剑林立。不一会儿，壶中茶叶开始展现着她美妙的身姿，卷缩的叶片齐刷刷地伸开，一顺色的嫩黄清澈明亮，正如君山银针黄茶历史上有名的"茶舞"之美妙比拟，让鲜嫩的黄茶也多了一份清新怡人、甘醇鲜爽，让人回味无穷。由此可见，花多香于外，茶之叶却香于内——绿茶、白茶、黄茶则是一朵人间最美的绿色的花，那是一缕最醉人的馨香。

在品饮茶时，绿茶可用玻璃杯直接冲泡，也可以用壶或碗等进行冲泡，绿茶玻璃杯泡法以玻璃杯为主冲泡器，具有比较强的可视感和观赏性。因此，兼具有色、香、味、形的茶品，特别是在色、形上见长的茶品，尤其适合用玻璃杯进行冲泡。另外，玻璃杯主泡器是敞口状，具有散热快的特点，不会闷伤细嫩茶的芽叶。其行茶前准备如下：

一、备具和准备用品

在行茶准备前，要进行备具和布具，将干净的全部所需茶具放在茶盘中，方便茶艺师端入茶桌备用，这一过程为备具。冲泡绿茶所需主要茶品和器具为：名优绿茶（龙井茶）7.5–9克、茶盘或竹帘（席）、玻璃杯、茶荷、玻璃茶壶、水碗或水盂、茶巾、茶叶罐、茶道组、桌布和奉茶盘。玻璃杯行茶法基本需要的参考用具及数量等如下：

表 8-1　绿茶玻璃杯行茶法所需用具用品

分类	茶具名称	规格	单套数量
桌椅	茶艺台、凳	茶艺桌：高 75cm× 长 130cm× 宽 60cm 茶艺凳：高 45cm	1
玻璃杯主冲泡器	茶盘或竹帘（席）	竹帘（席）参考规格为：42cm×30cm	1
	玻璃杯	矮玻杯或中玻杯，对于初学者来说，最好选用矮玻杯，不建议高玻杯。参考规格：200ml 高度：8.0 cm 直径：6.5 cm	3
	茶荷	陶瓷、玻璃或竹木等材质茶荷均可	1
	玻璃茶壶	最好是提梁壶，参考规格：1.2L 高度：12cm 直径：12cm	1
	水碗或水盂	最好是玻璃材质，最大处直径：12.5cm	1
	茶巾	30cm×30cm	1
	茶叶罐	规格：375ml 高度：12cm 直径：7.8cm	1
	茶道组	可选择茶道组或茶匙与匙枕	1
	桌布	2.0m×1.6m	1
	奉茶盘	33cm×22cm	1
茶叶	名优绿茶	建议每杯按 2.5-3 克准备茶叶用量	7.5—9 克
装饰	装饰插花	可以是瓶花、也可以是盘花、碗花等	1

二、布具

在冲泡茶实践中，通常把所有要使用的茶具布置到茶桌上，这一过程为布具。玻璃杯冲泡法布具需要把三个玻璃杯倒扣在茶盘或竹帘上，三个玻璃杯需美观、间隔适宜地顺次摆放在茶盘或竹帘右上至左下的对角线上，玻璃茶壶放在茶盘或竹帘右上方，水碗或水盂放在茶盘或竹帘右下方。茶叶罐放在茶盘或竹帘左上方，茶荷放在其下方。茶道组放在茶盘或竹帘的上方，并靠近其右边线适当美观的位置，若单独使用茶匙与匙枕，则可以放在茶盘或竹帘的左下方适当位置。茶巾整齐叠成豆腐块，轻压平整之后，可放在茶盘或竹帘最下方正中位置，也可以偏旁边一些，与茶匙与匙枕在同一条线上。装饰插花放在茶桌最前面位置，调整到合适位置，不要遮挡观看茶艺师操作就好。

布具先后参考顺序如下：先打开桌布并铺好，摆放好装饰插花，把装好茶具的茶盘放在茶桌左边桌面上。茶艺师从茶桌左边进入到位置，调整位置坐定后，按一定节奏快速、安静、从容并稳定地依次从右向左摆放好玻璃茶壶、水盂、三个玻璃杯、茶巾、茶匙与匙枕、茶叶罐、茶荷。

在绿茶行茶布具中，我们要注意从右向左，从上向下，依次将绿茶行茶用具摆置到相应的位置，为正式行茶做准备。首先将奉茶盘移到冲泡桌的左边，依次摆放好竹帘、水壶、水盂、茶叶罐、茶荷、茶匙、茶巾，最后整理好玻璃杯。

要知道，在行茶法中没有绝对统一的摆放方法，但要依循几个主要原则：

第一，符合泡茶合理性，便利泡茶原理性要求。

第二，依据行茶程序设计来布具。从这点可以知道，没有千篇一律的行茶程序设计，在遵循第一条原则的同时，可以自行设计布具程序。

第三，要注意干湿尽量分开。所谓湿就是和水有关，凡是可能与水有关的用具用品尽可能放在一边，而另外部分就是所谓的干器部位了。另外，主冲泡器玻璃杯一定放在中间位置。

第四，在备具、布具以及冲泡过程始终务必要坚守"归位、规范和恭敬"的动作要求。布具准备前的器具摆放位置和规整性要和收具准备撤离冲泡台时的器具摆放位置及规整性一致，不能随意乱放，这体现了良好的修养及对冲泡茶的敬畏恭谨之心。

三、基本手法与姿势参考与借鉴

第一，冲泡时，茶艺师坐在茶桌一侧，与宾客呈面对面样式。

第二，要面带微笑，表情自然；着装整洁素雅（中式服装），举止端庄、文雅，上身挺直，双腿并拢，正坐或双腿向一侧斜坐。

第三，双手自然搭放在桌子上，右手在上，双手虎口相握呈"八"字形，平放于桌面或茶巾上。

第四，取放物品时，务必要用双手，比如双手向前合抱捧取茶叶罐、茶道组、花瓶等立放物品。掌心相对捧住物品基部，平移至需要位置，轻轻放下后双手收回。

第五，握杯手势是右手虎口分开，握住茶杯基部，女士可微翘起兰花指，再用左手指尖轻托杯底。

第六，温杯的手法是左手平放在胸前合适位置，但不要贴胸前或放在桌面上，离桌边要有适当距离。右手四指与拇指分别握住开水壶两侧壶把，将开水壶提高后向下倾斜45度，使开水沿玻璃杯内壁按逆时针方向注入，当开水注入玻璃杯1/3时，慢慢降低提壶高度，提腕断水，双手配合端起玻璃杯并使其慢慢旋转，起到温杯洗杯的作用。

第七，高冲水的手法是右手提开水壶，壶嘴向下倾斜45度，使开水沿玻璃杯内壁按逆时针方向注入，随即提高开水壶，连续三次上下提壶冲水称为"凤凰三点头"，其目的是使茶叶随水翻滚，尽快舒展，此手法用于正式冲泡。

四、基本要求建议与参考

第一，选用无色透明杯，可以欣赏绿茶芽叶及冲泡全过程。

第二，备具前要先检查茶具数量、质量，并用开水烫洗玻璃杯，起到温杯洁具的作用。

第三，取用适合温度热水，可以尝试用80～85℃水冲泡名优绿茶，香气纯正，滋味鲜爽。

第四，每杯投茶量建议为2.5～3克，冲泡后应在3～5分钟内饮用为好，时间过长过短都不利于茶香散发和茶汤滋味辨别。

第五，冲泡时注意开水壶壶口不应朝向宾客，可与桌面平行，壶嘴朝左，提壶手势一般采用内旋法。

第六，玻璃杯冲泡绿茶适用"上投法""中投法"的置茶方法；盖碗冲泡可选用"中投法""下投法"的置茶方法。上投法即向玻璃杯中注入热水至七分满，再投入所需茶叶，适合于紧实、易于下沉的茶叶（如碧螺春）或是鲜嫩的茶叶；中投法指向茶杯中注入少量热水后再投放茶叶，使茶叶充分吸收热量后舒展开来，再注入热水至七分满即可，适合于条形纤细、不易下沉的茶叶（如黄山毛峰）；下投法即先将茶叶投入茶杯，再注入热水至七分满，适合于扁平光直、不易下沉的茶叶（如西湖龙井）。

第七，冲泡绿茶注水量一般到七分满为宜。

第八，一般绿茶可续水 2 ～ 3 次，冲泡次数越多，茶叶营养物质浸出越少。

五、备注说明

绿茶玻璃杯行茶法通常也可以用于名优白茶、黄茶以及细嫩的红茶冲泡。

 考核指南

操作技能部分

1. 熟练绿茶玻璃杯行茶法操作台布置及备具、布具。

2. 进行茶叶投取量练习，在茶荷中放 7.5 ～ 9 克茶，在三个玻璃杯中进行分别投放，并且每杯投茶量为 2.5 或 3 克。

3. 进行绿茶行茶法操作前基本动作分解练习，为完整进行绿茶行茶法做准备。

第二节　绿茶行茶法演示（玻璃杯）

在冲泡绿茶的时候，通常需要静置 2 ～ 3 分钟，才能把茶叶中内含物质充分浸泡出来。所以，通常在整个冲泡中有三次注水，第一次是温杯，第二次是温润泡或润茶，然后摇香，让茶叶充分舒展，之后开始正式冲泡注水。

一、玻璃杯行茶法主要操作程序

在实践中，绿茶玻璃杯行茶步骤主要有以下几个程序：备具→备水→布具→赏茶→润杯→置茶→浸润泡→摇香→冲泡→奉茶→收具。完整的绿茶行茶法参考流程为：上场→放盘→入座→布具→行鞠躬礼或注目礼→取茶→温杯→赏茶→置茶→润茶→摇香→冲泡→奉茶→行鞠躬礼→收具→退场。

实践中，冲泡手法与流程需要看茶泡茶，另外各地的泡茶方法与流程还有各自特点，各流派也有不同手法，而且不同情境与目的不同，也会导致泡茶手法与流程设计变化，目前尚无统一规定，但特别需要强调要科学泡茶的观念与意识，上述主要步骤仅作为参考。

二、绿茶行茶过程中动作要点讲解

第一，润杯，即是我们通常所讲的洗杯净具。在这个过程中，我们要注意注入 1/3 的水在玻璃杯里，左右手配合润杯时，用手腕力量，并且弃水要准确地注入到水盂里。

第二，在练习冲泡中采取了中投法投茶方式，先在杯子里注入 1/3 水，然后投茶。具体投茶方式要根据行茶所用茶品的茶性而定，可选择下投法、中投法和上投法。

第三，浸润茶及摇香。浸润茶后静置几秒钟，有利于茶香散发。摇香可用单手摇，也可用双手摇。所谓单手摇，就是左手的手指轻轻垫杯底，左手手部姿态要做得漂亮，用右手手腕来摇动玻璃杯帮助润茶出香；所谓双手摇，就是用两只手手腕交替和谐动作来摇动玻璃杯，帮助润茶出香。在做摇香动作的时候，注意摇香的重点在于把握摇香的速度。相对来说，茶叶较为紧，结则摇香动作要慢一些，若茶叶松散，则摇香动作可略快一些。在摇香力度把控上也要适宜，可以轻重相间等，根据具体情况进行抉择。

第四，注水。注水可采用"悬壶高冲"方式，也可以选用"凤凰三点头"方式。"悬壶高冲"就是"低—高—低"一次性注水到合适量。"凤凰三点头"就是在注水时用三起三落方式，一次性把水注到合适位置，大约七八分满即可，注意水流粗细、快慢一致、漂亮。

三、绿茶玻璃杯冲泡基本操作规范

在玻璃杯行茶中，核心操作技术要点为"凤凰三点头"。"凤凰三点头"注水练习综合了茶艺师对茶具的把握、水流控制、使身形端正的气韵调整等技术要点。在这个过程中，需要手腕和手肘配合，完成三上三落动作，并且头与肩膀始终端正、平稳、自然。"凤凰三点头"动作在玻璃杯冲泡中不仅具有美观性，同时还有利于降低水温，满足茶叶较低适宜温度的需要，另外也在三上三落中使茶叶得到进一步浸润，在注入水中也使入杯水柱冲力发生变化，有利于茶叶翻腾浸润，进而有利于激发茶香的散发，冲泡出一杯相对好喝的茶汤。在冲点过程中，水柱不可以间歇，要准确落在杯内，收断要利落干脆，无余沥。有若干杯需要冲泡的时候，务必要使最后水面高度一致。

表 8-2　绿茶玻璃杯行茶基本操作规范

程序	操作规范
备具布具、赏茶	净手并检查玻璃杯具及茶叶质量 按规范将茶具按斜折线或"一"字或弧形排开，整齐摆放在茶盘内，准备好泡茶用水 双手捧取茶叶罐，用茶匙将茶叶轻轻拨入茶荷 双手捧握茶荷，向来宾介绍茶叶类别名称及特性，请来宾欣赏
温杯、投茶	右手提壶向玻璃杯中注入 1/3 容量的开水温汤玻璃杯 将玻璃杯中的开水依次倒入水盂中 将茶荷中的茶叶用茶匙依次轻轻拨入玻璃杯中
温润泡	右手提壶用内旋法在 15 秒内向玻璃杯中注入 1/4～1/3 容量的开水，分别将三杯茶进行摇香
高冲水	右手提壶悬壶高冲，用"凤凰三点头"法逆时针向三个玻璃杯中，分别缓缓注入开水至七分满
奉茶	右手轻握杯身，左手托杯底，双手将茶奉送到宾客面前，平放在茶桌上，右手掌心向上，做出"请"的手势，向宾客行点头礼，邀请来宾用茶
观赏茶舞	右手握住玻璃杯，左手轻托杯底端至茶艺师面前，透过光线欣赏玻璃杯中茶叶飞舞的优美情景，引发联想
品饮	品饮前先细闻一下杯中清幽的茶香，再小口品啜，慢慢回味
谢客	为宾客及时续水，整理茶桌上茶具，感谢宾客光临

表 8-3 龙井茶玻璃杯行茶法范例

程序	操作流程
备具、入座、布具	冲泡龙井茶用透明玻璃杯，以便更好地欣赏茶叶在水中上下翻飞，观赏碧绿的茶汤并领略清新的茶香
行鞠躬礼或注目礼	坐在座位上行鞠躬礼或注目礼，示意行茶正式开始
取茶叶	拿取茶叶罐，从茶叶罐中取适量龙井茶至茶荷中备用

程序	操作流程
温杯、赏茶、投茶	采用"悬壶高冲"注水方式，右手提壶向玻璃杯中注入 1/3 容量的开水烫洗茶杯，将玻璃杯中的开水依次倒入水盂中，采取中置投茶，再注入 1/3 容量的开水。 赏茶：龙井茶外形扁平光滑，享有色绿、香郁、味醇和形美四绝之誉。 投茶：将茶荷中的茶叶用茶匙依次轻轻拨入玻璃杯中
温润泡	采用"悬壶高冲"注水方式，右手提壶用内旋法在 15 秒内向玻璃杯中注入 1/4 ～ 1/3 容量的开水，分别将三杯茶进行摇香
高冲水	右手提壶悬壶高冲，用"凤凰三点头"法逆时针向三个玻璃杯中，分别缓缓注入开水至七分满，水壶要有节奏地三起三落而水流不断。龙井茶用水水温建议为 85℃
奉茶	右手轻握杯身，左手托杯底，双手将茶奉送到宾客面前，平放在茶桌上，右手掌心向上，做出"请"的手势，向宾客行点头礼，邀请来宾用茶
观赏茶舞	右手握住玻璃杯，左手轻托杯底端至茶艺师面前，透过光线欣赏玻璃杯中茶叶飞舞的优美情景，引发联想。品饮龙井茶务必要观赏叶芽慢慢舒展
闻香、品饮	品饮龙井茶一定要"一看二闻三品味"，品饮前先细闻一下杯中清幽的茶香，再小口品啜，慢慢回味。龙井茶香高持久，滋味醇厚回甘，弥漫唇齿之间
致谢、收具、清理茶桌桌面、退场	坐在茶桌前行鞠躬礼，收具，清洁茶桌桌面，退场

表 8-4　绿茶行茶法（玻璃杯）参考评分标准

序号	项目	分值(%)	要求和评分标准	扣分点
1	礼仪仪表仪容20分	10	姿态端正、身体放松、挺胸收腹、目光平视。形象自然、得体、高雅。行茶中身体语言得当，表情自然，具有亲和力	姿态松懈，扣 2 分 形象缺乏精气神，扣 2 分 视线不集中、低视或仰视，扣 2 分 神态木讷平淡、无交流，扣 2 分 表情不镇定、眼神慌乱，扣 2 分 其他不规范因素扣分
		10	动作、手势、站立姿势端正大方。端茶盘时，上手臂自然下坠、腋下空松，小臂与肘平，茶盘高度适当，离身体半拳距离	未行鞠躬礼或注目礼扣 2 分 坐姿脚分开，扣 1 分 手势中有明显多余动作，扣 2 分 姿态摇摆，扣 1 分 茶盘操作不恰当，扣 3 分 其他不规范因素扣分
2	茶席布置5分	5	备具布具有序、合理	茶具排列杂乱、不整齐，扣 2 分 茶具摆放位置不恰当、不美观，扣 1 分 备具布具不熟练，扣 2 分
3	行茶操作55分	15	玻璃杯行茶法操作流程符合规范。每个玻璃杯投茶量适量，冲水量及时间把握合理。"凤凰三点头"注水优美、自然、准确	泡茶顺序颠倒或遗漏一处扣 5 分，两处及以上扣 9 分或 10 分 茶叶用量及水量不均衡不一致，扣 3 分 茶叶掉落，扣 2 分 "凤凰三点头"注水水流控制不好，扣 5 分 其他不规范因素扣分
		15	操作动作适度，手法连绵、轻柔，顺畅、过程完整。取放物品时，手部姿态美观，四指并拢且拇指内扣	动作不连贯，扣 3 分 操作过程中水洒出来，扣 2 分 杯具翻倒，扣 5 分 器具碰撞发出声音，扣 2 分 手部姿态不美观或拇指翘起，扣 3 分 其他不规范因素扣分
		10分	重点动作：移动茶罐——要双手捧茶罐，沿弧线移至茶盘左侧中段，左手向前推，右手为虚。翻杯动作——四指并拢，拇指微扣，准确稳定地完成动作。温杯的手法——左手平放在胸前合适位置，但不要贴胸前或放在桌面上，离桌边要有适当距离	移动茶罐速度和线路不规范，扣 3 分 翻杯动作不熟练、出现失误，扣 5 分 温杯动作不熟练、不规范，扣 2 分 其他不规范因素扣分

序号	项目	分值(%)	要求和评分标准	扣分点
3	行茶操作 55分	10	奉茶姿态及姿势自然、大方得体	奉茶时将奉茶盘放置在茶桌上，扣2分 未行伸掌礼，扣2分 脚步混乱，扣2分 不注重礼貌用语，扣2分 其他不规范因素，扣2分
		5	收具及卫生整洁	收具不规范，收具动作仓促，出现失误，扣2分 茶桌不够整洁，扣1分 茶具没有放到指定归放位置，扣2分
4	茶汤质量 20分	12	茶的色、香、味、形表达充分	每一项表达不充分，扣2分 汤色差异明显，扣2分 水温不适宜，扣2分 其他不规范因素扣分
		8	茶水比适量，用水量一致	三杯茶汤水位不一致，扣2分 茶水比不合适，扣2分 茶汤过量或过少，扣2分 其他不规范因素扣分

 考核指南

操作技能部分

1.按照绿茶行茶法用具准备规范进行器具准备，并参照其操作规范要求及评分标准进行训练。

2.结合泡茶技巧三要素，以绿茶、白茶、黄茶，以及细嫩红茶进行泡茶训练。

选择几款茶叶，根据茶叶本身品质特点设计冲泡方案，并根据泡茶技巧三要素进行冲泡，并检验自己茶汤品质与风味状况，也可参考以下建议进行冲泡方案调整与确定。

（1）绿茶冲泡建议与参考

【茶具】玻璃杯、茶壶

【茶水比】1∶50

【水温】建议温度尝试区间为75～90℃或100℃

【茶叶选择及冲泡方法】泡绿茶建议采用三种方法来冲泡，可根据茶叶品质选择不同的冲泡方法：上投法、中投法或下投法。其中上投法为水先茶后，选用碧螺春、信阳毛尖等；中投法为水半入茶，选用优质西湖龙井明前特级龙井茶、安吉白茶等；下投法为茶先水后，选用大平猴魁，黄山毛峰、开化龙顶等大多数绿茶。

【汤色】以黄绿、碧绿、清澈明亮为佳，以茶汤浑浊暗淡为差

【香气】以嫩香、鲜嫩持久、炒豆香为佳，以香气低而浊，钝而杂，香气寡淡、低沉等为差

【滋味】以鲜爽、鲜醇、回甘、生津、微苦为佳，以滋味淡薄，及苦涩而富刺激性者为差

（2）黄茶冲泡建议与参考

【茶具】玻璃杯、茶壶

【茶水比】1∶50

【水温】建议从85℃开始尝试

【茶叶选择】霍山黄芽、平阳黄汤、君山银针等，鲜嫩黄茶有很多妙趣奇观，冲泡中芽叶起起落落，好看也好喝

【汤色】以黄明为佳，浑浊或发暗为差

【香气】以清爽细腻，有毫香为佳，反之则差

【滋味】以味醇而带甜，清鲜醇爽回甘为佳，反之则差

第三节　红茶行茶准备（盖碗）

视频：红茶行茶准备及行茶法演示

很多人喜欢红茶，往往也会将红茶芬芳清甜与温暖红艳之感赋予至一个女人的特质，其冲泡品饮的变化，往往也与"生如夏花之绚烂，死如秋叶之静美"的意境联系在一起。泡茶的人喜欢红茶，观红茶如观女人一生，如读她一页页异彩纷呈的青春，重要的是要用心体会。冲泡几遍红茶后，味道淡了，汤色逐渐转浅，如美人被岁月冲刷后，渐次褪色的青春和被时光浸染后逐渐老去的容颜。冲泡一款制作老道的红茶，则如面对一位中年妇人般沉着镇定，不动声色，看着汤色逐渐由深变浅，每一次颜色转换中都好似一个精彩的故事，无须开口，已了然于心。品着茶汤，滋味由浓及淡，好似欣赏着一种从容的绰约，是必须经过万般历练后，才能拥有的无法模仿与复制的气质风度，是阅尽人情世故后的豁达与从容，是欲说还休，是云淡风轻，是温暖的一握盈热，是通透的一汪晶莹。"茶能醉我何须酒"，当人生褪去了少年的蒙昧青涩，褪去了青年的意气轻狂，许多浓烈的感觉如岁月沉沙，如海底沉石，不再轻易显现，其中的岁月流转，也许也有造化弄人的感慨，也有时光历练中成长起来的成熟与风韵感叹，令人玩味。因此，在冲泡红茶的时候，泡茶人的动作与姿态也成熟稳重，富有余韵悠长的光阴流转般的韵味感。

在实际冲泡中，鲜嫩的红茶除采用玻璃杯冲泡外，在很多时候泡红茶的时候喜欢采用盖碗。盖碗既是主泡器，也是品饮器，其碗身呈喇叭口、浅底、圈足，盖碗杯盖有凝聚茶香的作用，自明清以来便是广受欢迎的冲泡器具。盖碗主要有瓷质，其款式也有青花、粉彩、珐琅彩及其他单色釉等式样，瓷质盖碗致密性强、不串味、不吸味、清洗保养也方便。另外还可用紫砂陶、玻璃、竹木、金属等材料制作，给人以精致灵秀之感。盖碗相对于玻璃杯来说，保持水温持久程度比玻璃杯要高。盖碗作为主冲泡器具，介于杯与壶之间，兼用性更强，用瓷质盖碗沏泡茶也非常益于茶性，适合于味香兼备的茶叶，比如花茶、红茶及中嫩绿茶，也常用来沏泡乌龙茶、普洱茶等。

一、备具和准备用品

冲泡红茶所需主要茶品和器具为：名优红茶（滇红工夫茶）5克、竹席或茶盘、品茗杯、茶巾、茶荷、滤网、公道杯、盖碗、杯托、提梁壶、水盂、茶叶罐、茶道组、桌布和奉茶盘。红茶行茶法基本需要的参考用具及数量等如下：

表 8-5　红茶行茶法（盖碗）冲泡所需用具用品

分类	茶具名称	规格	单套数量
桌椅	茶艺台、凳	茶艺桌：高 75cm × 长 120cm × 宽 60cm 茶艺凳：高 45cm	1
玻璃杯主冲泡器	竹席或茶盘	竹席参考尺寸：30cm×45cm	1
	品茗杯	瓷质，建议规格：高度：3.3cm	3
	茶巾	30cm×30cm	1
	茶荷	陶瓷、玻璃或竹木等材质茶荷均可	1
	滤网	陶瓷材质	1
	公道杯	陶瓷、玻璃或竹木等材质茶荷均可	1
	盖碗	容量：110ml	1
	杯托	长宽 6cm	3
	黑色侧把壶（提梁壶）	容量：800ml	1
	黑陶水碗（水盂）	口直径：13cm	1
	茶叶罐	规格：375ml 高度：12cm 直径：7.8cm	1
	茶道组	可选择茶道组或茶匙与匙枕	1
	桌布	2.0m×1.6m	1
	奉茶盘	33cm×22cm	1
茶叶	名优红茶	2～3 克准备茶叶用量	3 克
装饰	装饰插花	可以是瓶花、也可以是盘花、碗花等	1

如果想装饰漂亮点，可选择桌布一块（2m×1.6m）即可。另外，也可加一个精致的小花插。当然上述用具尺寸、质地、数量等，也可根据具体需要及程序设定进行适当调整及增减。

二、布具

在红茶行茶布具中，首先要在茶桌桌面上铺好竹席，然后开始摆放器具，注意从右向左，从上向下，依次将红茶行茶用具摆放到相应的位置，为正式行茶做准备。以竹席为中心，右边依次摆放好黑色侧把壶（提梁壶）、黑陶水碗（水盂），中间位置前方摆放品茗杯，中间位置下方摆放公道杯和盖碗，左边位置摆放茶叶罐、滤网、奉茶盘、杯托、茶荷，左下方位置摆放茶匙与匙枕，正下方摆放茶巾，最后整理好所有器具位置，令其美观及便于操作。其中，在布具时令品茗杯倒扣在茶托上或竹席上，在正式冲泡开始时，首先要进行翻杯，再完成其他动作。

三、基本手法与仪表仪态、姿势参考与借鉴

第一，冲泡时，茶艺师面部表情平和、自然、放松。

第二，女性站姿为身体中正、挺胸收腹、目光平视、下巴微收、双肩平衡放松、双手自然放松且四指并拢弯曲，在腹前虎口交叉、右手上左手下，距离腹部半拳距离；男性四指并拢在腹前虎口交叉、左手上右手下，离开腹部半拳距离，或双手五指并拢，中指对裤腿中缝，其余同女性站姿要求。

第三，入座时，站立于椅子左侧，右脚向正前方迈一小步，左脚跟上与右脚并拢，右脚向右一步，左脚跟上并与右脚并拢，身体移至茶桌与椅子之间，可双手五指并拢，掌心

向内，捋一下后面衣裙或衫等，边捋边坐下。

第四，入座坐姿为后背挺直，臀部坐在椅子二分之一至三分之二处，坐下后双手自然对称搭在茶桌上，身体距茶桌半拳左右。

第五，使用盖碗的时候，用右手掀开碗盖，从里往右侧沿弧线置于碗托之上。在出汤时，用右手移碗盖，盖碗左边留出适当一条缝隙，用拇指、食指和中指拿起盖碗，悬腕沥出茶汤，最后盖碗口垂直于公道杯杯口平面。

第六，悬壶高冲注水的手势是左手平放在茶巾上，若用侧把随手泡壶，则右手四指与拇指分别握住开水壶壶把两侧，将开水壶提高后，向下倾斜45度，使开水均匀注入茶壶内，当开水注入壶内1/2时慢慢降低提壶高度，回旋低斟，用于温壶；冲泡若采用连续三次以上提壶冲水，即为"凤凰三点头"方式，则也可用于正式冲泡，可依据具体茶品品质采用注水方式。

第七，温盖碗（壶）的手势是左手拇指、食指、中指按住盖（壶）钮，揭开碗盖，将茶壶盖放在茶盘内，随手泡左侧盖置上，右手提随手泡，按逆时针方向，沿盖碗口低斟注水，至盖碗（壶）容量的1/2时断水，将随手泡轻放回原处，加盖。右手提茶壶，按逆时针方向轻轻旋转手腕，使碗（壶）身充分受热后，将盖碗（壶）内热水倒入到茶盘内。

第八，温杯的手势是将品茗杯依次相连摆成"一"字或弧形，左右或右手提起公道杯，用巡回法向杯内注入开水，或右手用茶夹，或由外向内双手同时端起茶杯，轻轻旋转后将水倒入茶盘或水盂。

四、基本要求建议与参考

第一，选用内壁质地细腻洁白釉色的盖碗和品茗杯，利于热水保温和鉴赏红茶茶汤。

第二，投茶前需润烫盖碗，用公道杯盛放茶汤或热水并用巡回斟茶的手法依次注入品茗杯进行温杯。正式冲泡前，事先提高茶具温度，有利于茶香散发。

第三，用90～95℃热水冲泡红茶，利于茶叶香气纯正、滋味香醇。

第四，盖碗投茶量为3～5克，冲泡后应静置一会儿，在1～3分钟左右饮用为好，时间过长或过短都不利于茶香散发和茶汤滋味辨别。另外，在饮茶的时候，用盖碗泡红茶、白茶、绿茶或黄茶时，不一定要求在每次出汤的时候务必急于立即"尽汤"，可依据选定茶叶茶性特点在出汤的时候在碗里留一部分茶汤，然后再注入一部分水，浸泡到合适时间后再出汤，有的时候也被称为"浸渍开汤"手法。

第五，冲泡时注意煮水器壶口不应该朝向宾客，手势一般采用内旋法。

第六，用白瓷盖碗将红茶冲泡好后，再用公道杯盛放茶汤，依次分别注入品茗杯，品茗杯中斟茶量一般到七、八分满为宜。

第七，一般红茶可续水2～3次左右，但是也有耐泡度比较好的茶叶，达到十几泡，这个要因具体茶品而已，当然茶叶营养物质浸出每次也会减少，因此提高冲泡手法与技巧运用可以实现每次冲泡茶汤的完美程度。

操作技能部分

1. 熟练红茶盖碗行茶法操作台布置及备具、布具。
2. 进行红茶行茶法操作前基本动作分解练习，为完整进行红茶行茶法做准备。

第四节　红茶行茶法演示（盖碗）

在进行红茶冲泡时，选择适宜尺寸规格的盖碗非常重要，这样在拿放盖碗时才比较便利，利于冲泡茶操作。通常盖碗以碗口直径为碗高的两倍、碗边宽者为佳，尤其要与茶艺师手型大小相适宜。盖碗内壁为白色的瓷质盖碗比较适合冲泡各类茶叶，因为白色内壁可衬出茶汤色泽，具有较好的宜茶性。因为制作盖碗的材质很多，而且盖碗外壁和碗盖上也具有丰富的图案选择性，在具体冲泡茶实践中，可依据茶类、季节、冲泡对象、环境及目的等进行盖碗色泽与图案的选择，使之与冲泡氛围和整体器具等进行合理搭配。在摆放时，注意让所有的图案正向朝向宾客方，便于客人欣赏。

一、红茶行茶法主要操作程序

在实践中，通常我国现代红茶创新行茶法主要有以下几个参考步骤：备具→备水→布具→翻杯→赏茶→温盖碗→温盅及品茗杯→置茶→浸润泡→摇香→冲泡→出汤→分汤→奉茶→收具。完整的红茶行茶法参考流程为：上场→放盘→入座→布具→行鞠躬礼或注目礼→翻杯→取茶→赏茶→温盖碗→置茶→润茶→摇香→出汤→温盅（公道杯）→温品茗杯→注水→出汤→分汤→奉茶→行鞠躬礼致谢→收具→退场。

二、红茶行茶过程中动作要点讲解

第一，布具中翻品茗要用手腕的灵活劲，动作轻盈连绵，注意其中手腕、手指连接动作力量的改变。

第二，润茶（浸润泡）时，往主冲泡器盖碗内中注入 1/2 或 2/3 水量即可。

第三，摇香时右手将主冲泡器盖碗拿起，放在胸前适宜高度，并距离胸前合适位置处，左手轻托碗托，进行逆时针摇晃，帮助浸润出茶香；可单手摇香或双手摇香。

第四，投茶时，茶荷里备好的茶叶要全部投放在主冲泡器中，当然这也需要我们事先从茶叶罐中取茶至茶荷时量要准确。

第五，冲泡注水时，可依据茶叶品质状态采用悬壶高冲、悬壶低冲或"凤凰三点头"方式进行注水，以具体冲泡用茶茶性而定。

第六，从主冲泡器注茶汤入公道杯时，主要有三种出汤方式：回旋注、静止注、上下起伏注。

第七，用三龙护鼎手势拿品茗杯。观汤色时要用眼看，不能光做动作，眼神游离，要注视杯面茶汤；闻茶香时，要把杯面靠近鼻子下方，稍近些，若太远则闻不到茶香；品滋味时，脖子稍向右转，品滋味后表情要有回味回韵之感，并将头略抬高30度较好，因为这样可以体现头颈部曲线优美。

三、红茶行茶基本操作规范

用盖碗进行红茶冲泡时，投茶方法可根据所冲泡茶叶茶性选择上投、中投及下投方式。冲泡时间必须适中，茶汤的滋味随着冲泡时间延长而逐渐增浓，并达到一个平衡点。达到平衡点的时间与茶叶本身、投茶量、水温等有关，最佳出汤时间要求尽可能是浓度和风味最佳的平衡点。水温与香气挥发物质、茶汤浸出物有关，水温高则香气物质也相对较高，内含物质浸出率也高。在高水温下，茶多酚、咖啡因会快速浸出，茶汤呈苦涩味；在低温下，茶汤苦涩味降低，氨基酸在低温下即可浸出，随着时间的延长，氨基酸浸出渐多，茶汤鲜味也会增强。水温调控是茶汤滋味和香气的有效手段，当茶汤中呈苦涩味的茶多酚、咖啡因与呈鲜味的氨基酸有一定的量且比例适当时，茶汤口感协调，且醇厚度和浓度也较为适宜。因此，在行茶程序中，务必把握茶汤最佳风味平衡点，合理进行操作程序，这也是茶艺师冲泡技能技术的重要体现之一。

表8-6 红茶行茶法（盖碗）基本操作规范

程序	操作规范
备具、布具、赏茶	净手并检查茶具及了解茶叶品质特点 按规范将茶具摆放在竹席（茶盘）上，其中品茗杯摆成"一"字形或弧形等 双手捧取茶叶罐，用茶匙将茶叶轻轻拨入茶荷 双手捧起茶荷，邀请来宾观赏干茶，并向来宾介绍红茶名称及特性
温盖碗、置茶	右手提煮水壶向主冲泡器盖碗中注入约1/2容量的开水烫洗茶壶 将主冲泡器盖碗中的开水倒入水盂（或茶盘内） 用茶匙将茶荷中的茶叶轻轻拨入到主冲泡器中
温润泡、温盅、温杯	右手提壶用内旋法向盖碗中注满开水，轻轻摇晃主冲泡器后迅速将热水倒入公道杯，并温烫品茗杯
高冲水	右手提壶用"凤凰三点头"或其他注水法，逆时针向主冲泡器中缓缓注入开水至盖碗合适位置，浸泡时间看茶而定，练习时可设定一定时间长度，比如2分钟
分汤	主冲泡器中的茶汤泡好后，倒入有过滤网的公道杯中，再将公道杯中的茶汤依次分别斟入品茗杯至7、8分满，放入杯托
奉茶	双手端起杯托，向宾客行点头礼，将泡好的红茶汤奉送到宾客面前，轻放在茶桌上，右手掌心向上，做出"请"的手势，邀请来宾品茶
观赏汤色	左手托住杯托，右手用"三龙护鼎"的手法拿起茶杯仔细观看红茶红亮艳丽的汤色
品饮	品饮前先细细闻一下杯中甜润的茶香，再小口品啜，慢慢回味
谢客	为宾客及时续水，整理茶桌上茶具，感谢宾客光临

表8-7 滇红工夫茶行茶法范例

程序	操作流程
备具、入场、布具	备具、端茶盘入座 布具：将水壶放在竹席外右上边，水盂放在其下，茶叶罐在竹席外左上侧，其下茶荷，竹席左下方是茶匙组合、茶席正下方摆放折叠整齐的茶巾。3个品茗杯在竹席前位一字排开或成弧线摆放，茶滤、公道杯和盖碗放在茶盘后位
行鞠躬礼或注目礼	坐在座位上行鞠躬礼或注目礼，示意行茶正式开始
取茶叶、赏茶	拿取茶叶罐，从茶叶罐中取适量龙井至茶荷中备用。 赏茶：滇红工夫红茶产于云南凤庆，其外形条索紧结肥壮，色泽乌润，金毫显著

程序	操作流程
温盖碗、投茶	采用"悬壶高冲"注水方式，右手提壶向玻璃杯中注入 1/3 容量的开水烫洗盖碗，将盖碗中的开水倒入水盂中，采取中投置茶，再注入 1/3 容量的开水置茶，将茶荷中的滇红工夫茶用茶匙依次轻轻拨入盖碗中
温润泡、温盅、温杯	采用"悬壶高冲"注水方式，右手提壶用内旋法在 15 秒以内向盖碗中注入 1/4 ～ 1/3 容量的开水、摇香、并出汤至公道杯进行温盅、再分汤至品茗杯进行温杯
高冲水	右手提壶悬壶高冲，逆时针向盖碗中缓缓注入开水至七分满，水壶要有节奏地起落而水流不断。滇红工夫茶建议用水水温为 90 ～ 95℃
分汤、出汤	将冲泡好的茶汤沥干至公道杯，再由公道杯分汤至三个品茗杯中，剩余的茶汤待用于续杯用
奉茶	左手托茶盘，右手轻握杯托，将茶奉送到宾客面前，平放在茶桌上，右手掌心向上，做出"请"的手势，向宾客行点头礼，邀请来宾用茶
观汤色	用三龙护鼎方式端起品茗杯，透过光线欣赏红艳的汤色，引发联想
闻香、品饮	滇红工夫茶香气甜香馥郁，滋味浓厚鲜醇，甘爽宜人，富有刺激性
致谢、收具、清理茶桌桌面、退场	坐在茶桌前行鞠躬礼，收具，清洁茶桌桌面，退场

表 8-8　红茶行茶法（盖碗）参考评分标准

序号	项目	分值（%）	要求和评分标准	扣分点
1	礼仪仪表仪容 20 分	10	姿态端正、身体放松、挺胸收腹、目光平视。形象自然、得体、高雅。行茶中身体语言得当，表情自然，具有亲和力	姿态松懈，扣 2 分 形象缺乏精气神，扣 2 分 视线不集中或低视或仰视，扣 2 分 神态木讷平淡、无交流，扣 2 分 表情不镇定、眼神慌乱，扣 2 分 其他不规范因素扣分
		10	动作、手势、站立姿势端正大方。站姿手部姿态、入座方式与动作	未行鞠躬礼或注目礼，扣 2 分 坐姿脚分开，扣 1 分 入座方式中有明显多余动作，扣 2 分 姿态摇摆，扣 1 分 站立手势操作不恰当，扣 3 分 其他不规范因素扣分
2	茶席布置 5 分	5	备具布具有序、合理	茶具排列杂乱、不整齐，扣 2 分 茶具摆放位置不恰当、不美观，扣 1 分 备具布具不熟练，扣 2 分
3	行茶操作 55 分	15	盖碗行茶法操作流程符合规范。冲泡时，冲水量及时间把握合理。悬壶高冲注水优美、自然、准确	泡茶顺序颠倒或遗漏一处扣 5 分，两处及以上扣 9 分或 10 分 茶叶用量及水量不均衡不一致，扣 3 分 茶叶掉落，扣 2 分 悬壶高冲注水水流控制不好，扣 5 分 其他不规范因素扣分
		15	操作动作适度，手法连绵、轻柔、顺畅，过程完整。取放物品时，手部姿态美观，四指并拢且拇指内扣	动作不连贯，扣 3 分 操作过程中水洒出来，扣 2 分 杯具翻倒，扣 5 分 器具碰撞发出声音，扣 2 分 手部姿态不美观或拇指翘起，扣 3 分 其他不规范因素扣分
		10	重点动作：入座——右脚向前一步，左脚并拢，右脚向右平移一步，左脚并拢跟上，身体移动至凳子与茶桌之间，轻轻坐下。移动茶罐——要双手捧茶罐，沿弧线移至茶盘左侧前段，左手向前推，右手为虚。翻杯动作——四指并拢，拇指微扣，准确稳定完成动作	入座不规范，扣 2 分 移动茶罐速度和线路不规范，扣 3 分 翻杯动作不熟练，出现失误，扣 5 分 其他不规范因素扣分

续表

序号	项目	分值（%）	要求和评分标准	扣分点
3	行茶操作 55分	10	奉茶姿态及姿势自然、大方得体	奉茶时将奉茶盘放置在茶桌上，扣2分 未行伸掌礼，扣2分 脚步混乱，扣2分 不注重礼貌用语，扣2分 其他不规范因素扣分
		5	收具及卫生整洁	收具不规范，收具动作仓促，出现失误，扣2分 茶桌不够整洁，扣1分 茶具没有放到指定归放位置，扣2分
4	茶汤质量 20分	12	茶的色、香、味、形表达充分	每一项表达不充分，扣2分 汤色差异明显，扣2分 水温不适宜，扣2分 其他不规范因素扣分
		8	茶水比适量，用水量一致	三杯茶汤水位不一致，扣2分 茶水比不合适，扣2分 茶汤过量或过少，扣2分 其他不规范因素扣分

 考核指南

操作技能部分

1. 按照红茶行茶法用具准备规范进行器具准备，并参照其操作规范要求及评分标准进行训练。

2. 结合泡茶技巧三要素进行红茶、白茶泡茶操作训练。

（1）红茶冲泡建议与参考

【茶具】主冲泡器：盖碗

【茶水比】1：50

【水温】建议尝试温度为90～100℃

【茶叶选择】正山小种、祁门红茶、滇红工夫茶、川红工夫茶

【冲泡方法】每泡放入3～5克的红茶

【汤色】以橙黄明亮、红亮等为佳，以暗淡、浑浊为差

【香气】以香甜、茶果香、蜜香、松烟香等为佳，以青气、闷气、老气的红茶品质为差

【滋味】以甘甜醇和、顺滑等为佳，以寡淡为差

（2）白茶冲泡建议与参考

【茶具】主冲泡器：盖碗

【茶水比】1：50

【水温】建议温度尝试区间为90～100℃

【茶叶选择】白毫银针、白牡丹

【汤色】汤色以橙黄明亮或浅杏黄色为佳，以红、暗、浊为差

【香气】香气以毫香浓郁、清鲜纯正为佳，以淡薄、生青气、发霉失鲜、有红茶发酵气为差

【滋味】白茶滋味以鲜美、醇爽、清甜为佳，以粗涩淡薄为差

第五节　花茶行茶准备（三才碗）

视频：茉莉花茶
行茶法

　　再加工茶类中花茶有很多种，花茶的芬芳悠远是让人喜欢的理由。每次品饮花茶，总是仿若遇见无声无息处、举手投足间芬芳怡人的二八少女，温柔甜美的气息如美人扇下的暗香，不绝如缕，饮之让人唇齿之间流溢芬芳，尘俗皆忘。花茶那股芬芳气息很难以忘怀，那种穿越时空唯美的表达，正如生命中有太多遇见，遇见初心，遇见感动，遇见美与哀愁。在所有的花茶中又以喜爱品饮茉莉花茶的人居多。因此，在行茶中，茉莉花茶行茶法便成为花茶冲泡方式的代表。

视频：茉莉花茶
行茶准备及行
茶法演示

　　茉莉花茶是茶香与茉莉花香交互融合的茶中名品，有"窨得茉莉无上味，列作人间第一香"的美誉。每当茉莉花开，在柔嫩的枝头上，茉莉花从掩映的绿叶中露出清纯的欢颜，雪白的花瓣在清风中飞舞，总会弥漫起淡淡的清香。有人说人生就如一杯茉莉花茶，清新淡雅、幽远沉静，清而不涩，淡而不寡，甘而不腻，清香飘逸，但总能让人念念不忘。

　　一杯茉莉花茶，吹开茶叶，细细品味，淡香中也偶尔透着一丝苦涩，回味悠长。在花茶氤氲的气息里，也会让人理解什么叫作"平淡才是真"。花茶特有的安静祥和素雅风格，也更意蕴着女人的内敛，犹如一位身着古典旗袍的古代女子，挽着发髻，脚着木屐，手持素雅小花手帕，迎面走来，美丽大方、纯洁高雅，恍若喝一杯茉莉花茶便可以洗去人心中的污垢，还人心中本色。因此，茉莉花自古以来就被誉为东方女人感性的象征。因此，在冲泡花茶时，泡茶人的姿态与动作往往需要呈现出东方女人美丽、聪慧、含蓄、素雅以及感性的韵味与特征。

　　在实践中，冲泡茉莉花茶一般是选用三才碗（杯）。在泡茶中，三才碗的数量通常采用偶数，并且双手冲泡。泡花茶的盖碗专门称为"三才碗""三才杯"，盖为天、托为地、碗为人，暗含天地人和之意。通常在品茶的时候，也可直接用盖碗品饮茶汤。

一、备具和准备用品

　　冲泡花茶常选用三才碗（杯），即名优花茶（如茉莉花绿茶10克）、茶盘（可用竹席茶席代替）、茶巾、茶荷、提梁壶、水盂、茶叶罐、茶道组、桌布、奉茶盘。花茶行茶法基本需要的参考用具及数量等如下：

表8-9　花茶行茶法（三才碗）冲泡所需用具用品

分类	茶具名称	规格	单套数量
桌椅	茶艺台、凳	茶艺桌：高75cm×长120cm×宽60cm 茶艺凳：高45cm	1
玻璃杯主冲泡器	竹席或茶盘	竹席建议参考尺寸：30cm×45cm	1
	三才碗（杯）	瓷质、玻璃材质均，每个容器建议参考容量：110ml	4
	茶巾	30cm×30cm	1
	茶荷	陶瓷、玻璃或竹木等材质茶荷均可	1
	黑色侧把壶（提梁壶）	容量：800ml	1

续表

分类	茶具名称	规格	单套数量
玻璃杯主冲泡器	黑陶水碗（水盂）	口直径：13cm	1
	茶叶罐	规格：375ml 高度：12cm 直径：7.8cm	1
	茶道组	可选择茶道组或茶匙与匙枕	1
	桌布	2.0m×1.6m	1
	奉茶盘	33cm×22cm	1
茶叶	名优花茶	按每个碗投茶 2 克准备茶叶用量	8 克
装饰	装饰插花	可以是瓶花、也可以是盘花、碗花等	1

二、布具

在花茶行茶布具中，首先要在茶桌桌面上铺好竹席，然后开始摆放器具，注意从右向左，从上向下，依次将花茶行茶用具摆置到相应的位置，为正式行茶做准备。以竹席为中心，右边依次摆放好黑色侧把壶（提梁壶）、黑陶水碗（水盂），中间位置摆放三才碗（杯），左边摆放茶叶罐、奉茶盘、茶荷、茶道组（茶匙与匙枕）、茶巾，最后整理好所有器具位置，令其美观，便于操作。其中，在布具时，四个三才碗以梯形方式摆放在竹席上，要注意四个三才碗位置和谐、美观。

三、基本手法与仪表仪态、姿势参考与借鉴

第一，茶艺师发型需干净整齐，女性不宜长发披肩；男性要留短发，面部洁净。双手不留长指甲、指甲需修平；手腕、手指上不带过多装饰品，手指可戴婚戒或手腕带一只手镯或一串古朴手链。

第二，布具完成后，泡茶前，茶艺师需正面向前，正坐，略带微笑、平静、安详、目光平视，与品茗者进行视线交流，并在正式冲泡前，行注目礼或行坐姿鞠躬礼，表示已经做好行茶准备，现在要开始进行了。

第三，女性蹲姿要美观，下蹲时，上身姿态与站姿同，右脚在前，左脚在后不动，脚尖朝前，右脚与左脚成 45 度角，左膝盖顶住右膝盖。

第四，男士鞠躬礼要严谨，双脚并拢，以腰为中心，背部、后脑勺成一条直线，上半身前倾 15 度角，稍作停顿后，方可回复到站姿或坐姿。

第五，三才碗（杯）端杯手势是，左手托起三才碗（杯）茶托，右手中指、食指、拇指点压三才碗（杯）的盖钮，将杯盖轻轻向前掀开一条缝隙，适应于观色、闻香和品饮。

第六，高冲水的手势与玻璃杯冲泡绿茶相同。

四、基本要求建议与参考

第一，选用青花瓷三才碗（杯），盖碗尺寸要与茶艺师手型大小适合，碗口要有助于盖碗花香蕴香和持盏鉴赏。

第二，初始尝试可采用 85℃热水冲泡名优花茶，有利于茶汤香气纯正，滋味鲜爽（如果花茶茶坯选用的是红茶、乌龙茶、则应用 90～100℃的沸水冲泡）。

第三，每个三才碗（杯）的投茶量为 2 克左右，可根据茶性选择投茶方式，冲泡后应在 3—5 分钟内饮用为好，时间过长过短都不利于茶香散发、茶汤滋味辨别。在冲泡实践

中，不断提升看茶泡茶技能，练习时可选择"下投法"或"中投法"置茶方法。

第六节　花茶行茶法演示（三才碗）

在进行花茶冲泡时，冲泡前可欣赏花茶的外形，闻其香气。润茶后，用左手端三才碗托，用右手拇指和中指捏住盖钮，食指抵住盖钮，向内翻转碗盖，闻盖香，感受其鲜灵之味，而后在冲泡中可欣赏茶叶在水中飞舞沉浮之美。冲泡后大约浸泡3分钟，用三才碗的碗盖轻轻将汤面的浮叶拨开，并轻轻斜盖于碗口，三闻茶汤之香最后，从碗盖与碗沿的缝隙中啜吸品尝滋味。品饮时，让茶汤在口中稍作停留，以口吸气与鼻呼气相结合的方式，使茶汤在舌面上来回往返流动，充分与味蕾接触，如此二三次后，再徐徐咽下，即会感受到颊齿留香，体会到精神无比的愉悦与饮茶曼妙之感。

一、花茶行茶法主要操作程序

在实践中，通常现代花茶行茶演示时，用四个三才碗（杯）左右手协调操作技法，花茶行茶主要参考步骤有：备具→备水→布具→赏茶→温三才碗（杯）→温盅及品茗杯→置茶→浸润泡→摇香→闻香及观茶汤→冲泡→奉茶→收具。完整的花茶行茶法参考流程为：上场→放盘→入座→布具→行鞠躬礼或注目礼→翻杯盖→取茶→赏茶→温三才碗（杯）→置茶→润茶→摇香→闻香及观茶汤→注水→冲泡→奉茶→品茶→行鞠躬礼致谢→收具→退场。

二、花茶行茶过程中动作要点讲解

第一，茶针使用。虽然冲泡茉莉花茶所使用主冲泡器为三才碗（杯），也是我们常用的盖碗，但这套程序中主要特点在掀碗盖和扣碗盖方式上，主要借助茶针完成这两个动作，右手拿茶针进行操作，左手主要借助中指来协助右手茶针动作，并左右手配合二者共同完成这两个动作。

第二，投茶法。茉莉花茶投茶选可依据茶性进行选择上投法、中投法和下投法，练习中主要用中投法，先注入碗中1/3水后，投茶、浸润泡、摇香后再注满八分水量进行冲泡。

第三，双手协调一致操作。茉莉花茶在冲泡时一定要注意双手协调，同时完成两个三才碗（杯）操作时要动作一致。

第四，品茶。茉莉花茶在品用时，可观汤色也可不观汤色，一般重在茶香，通常闻香三次。茉莉花茶茶香鲜灵、鲜润，品茶时直接用三才杯品尝即可。

第五，奉茶。奉茶时，切记要从茶桌前起身，后退两或三步再去奉茶。走到客人面前敬礼，眼睛看客人，并出手示意说"请品茗"。奉茶后，起身后退两或三步后，再转身回茶桌。男性奉茶时务必要先面对客人站立好，行鞠躬礼，再奉茶，鞠躬时要把茶盘平移到身体左侧；女性奉茶时务必先面向客人站立好，行鞠躬礼，动作同男性茶艺师，之后用蹲姿进行奉茶。

第六，收具。行茶最后收具部分请大家注意一定要完成，这个环节不要省略，在练习时，要养成良好的泡茶行为习惯。当所有的冲泡程序结束了，在完成行茶离席前一定把所有器具收回摆放好并恢复原位，有必要时端离所有器具，当然最后也要用茶巾和干布把一些桌子上的茶渍、茶渣清理干净。

三、花茶行茶基本操作规范

茶艺是一门综合艺术，茶艺之美包括形而下之美，即：茶、水、器、品茗环境、仪容仪态、礼仪、动作等，通过茶艺师行茶之美呈现，最终达到形而上之美，即：心灵、精神、认知与境界等。用三才碗（杯）进行花茶冲泡时，最终目的是品茶，因此在冲泡时要充分展示茶的色、香、味、形；在行茶展示过程中，要体现艺术之美。做到过程优美，充分体现茶美、器美、水美、意境美、形态美、动作美、要求过程美和结果美的完整结合，让品茗观赏者得到物质和精神上的享受。要在行茶过程中，甚至每一次行茶练习中都能做到恭谨、投入，并且把自己的思想折射到泡茶之中，逐步通过练习达到道的境界。在行茶动作中，所有器具的取放尽可能不直接从其他器具上经过，需做直线，直角，圆弧等绕行，以表示礼貌尊敬，又显示出美感。

表 8-10　花茶行茶法（三才碗）基本操作规范

程序	操作规范
备器、赏茶	净手，并检查茶具数量及茶叶质量，准备好泡茶用水 按规范将三才碗呈梯形排开，整齐摆放在竹席或茶盘内 双手捧取茶叶罐，用茶匙将茶叶轻轻拨入茶荷 双手捧握茶荷，向来宾介绍茶叶类别名称及特性，请来宾欣赏
温碗、投茶	右手提壶向三才碗中注入 1/3 容量的开水烫洗三才碗，若这个动作用茶针配合，将热水倒入掀开的碗盖内，将有更独特优美行茶效果 将三才碗中的开水依次倒入水盂中 右手提壶用内旋法向三才碗中注入 1/4～1/3 容量的开水
投茶 温润泡	用茶匙将茶荷中的茶叶依次轻轻拨入三才碗中
摇香、闻杯盖香、观茶汤	摇香后，掀开三才碗碗盖闻香，品花茶讲究"未尝甘露味，先闻圣妙香"，并观看茶汤里赏妙趣，透过光线欣赏三才碗中茶叶飞舞的优美情景，引发联想
高冲水	右手提壶用"凤凰三点头"法逆时针分别向四个三才碗中缓缓注入开水至七分满
奉茶	左右手轻托杯底，双手将茶奉送到宾客面前，平放在茶桌上，右手掌心向上，做出"请"的手势，向宾客行点头礼，邀请来宾用茶
观赏茶舞、闻香	右手握住三才碗，茶艺师左手轻托碗底端至面前，三次闻香
品饮	小口品啜，慢慢回味
谢客	为宾客及时续水，整理茶桌上茶具，感谢宾客光临

表 8-11 茉莉花茶行茶法范例

程序	操作流程
备具、入场、布具	将水壶放在竹席外右上边,水盂放在其下,茶叶罐在竹席外左上侧,其下茶荷,竹席左下方是茶匙组合、茶席正下方摆放折叠整齐的茶巾。四个三才碗在竹席前位以梯形排开放在茶席或茶盘中间,位置要摆置合适、美观
行鞠躬礼或注目礼	坐在座位上行鞠躬礼或注目礼,示意行茶正式开始
取茶叶、赏茶	拿取茶叶罐,从茶叶罐中取适量茉莉花茶至茶荷中备用。 赏茶:茉莉花茶茶坯大多采用名优绿茶做茶坯混合少量茉莉花干,花干的色泽白净,并散发着茉莉花的馨香
温三才碗、投茶	温三才碗时,用茶针和手配合将盖碗的杯盖翻转,使其反面向上。将提梁壶中的沸水从左至右单手逆时针回旋倒入每个三才碗碗盖中,水量以湿润整个碗盖为宜。按照从左至右的顺序,用茶针和手配合将三才碗的碗盖翻正,并将碗盖取下,搁在碗托上。然后,温烫三才碗,弃水,注入 1/4 ~ 1/3 容量的开水,分别置茶入三才碗,用茶匙将适量花茶从茶荷里按 1:50 茶水比例拨入,干花和茶叶同时飘然而下,将茶匙、茶荷放回原处
摇香、闻碗盖香、观茶汤	采用"悬壶高冲"注水方式,右手提壶用内旋法三才碗中注入 1/4 ~ 1/3 容量的开水,摇香、将茶芽叶温润舒展,也利于使冲泡的茶汤浓淡均匀,温三才碗盖鲜灵香气,并观看碗中茶趣,享受美好的泡茶体验
高冲水	右手提壶悬壶高冲或凤凰三点头方式注水,用手腕之力逆时针向盖碗中缓缓注入开水至七分满,水壶要有节奏地起落而水流不断。茉莉花茶建议用水水温为 90℃左右。提壶时,右手持提梁壶,左手虚托,并注水
奉茶	左手托茶盘,注视客人并行注目礼,行鞠躬礼,女性以蹲姿进行奉茶,蹲姿做好后,将奉茶盘平移至左侧合适位置,右手轻握碗托,将茶奉送到宾客面前,平放在茶桌上,右手掌心向上,做出"请"的手势,向宾客行点头礼,邀请来宾品茶。之后,恢复站姿,一般应稍稍欠身或者退后一步,再次行鞠躬礼,依次进行奉茶后返回座位
闻香、品饮	品茉莉花茶应先闻香,一闻香气的鲜灵度,二闻香气的浓郁度,三闻香气的纯度。三次闻香后,左手持碗托,品饮时右手让碗盖掀起一条缝,从缝隙中闻香、观色和品滋味,使茶汤充分地与味蕾接触,闭紧嘴巴,用鼻腔呼吸,使茶香沁入肺腑,充分体悟茉莉花茶"味轻醍醐,香波兰芷"的茶韵与花香
致谢、收具、清理茶桌桌面、退场	品饮后可以静坐回味 30 秒左右,让茶香停留在口中,激发品饮者的感悟和遐思,然后坐在茶桌前行鞠躬礼,收具,清洁茶桌桌面,退场

表 8-12 花茶行茶法(三才碗)参考评分标准

序号	项目	分值(%)	要求和评分标准	扣分点
1	礼仪仪表仪容 20 分	10	发型及手部、腕部装饰,仪表仪态整体状况	姿态松懈,扣 2 分 形象缺乏精气神,扣 2 分 视线不集中或低视或仰视,扣 2 分 手部或腕部装饰不符合规范,扣 2 分 发型不整齐、不规范,扣 2 分 其他不规范因素扣分
		10	动作、手势、站立姿势端正大方。站姿手部姿态、入座方式与动作	未行鞠躬礼或注目礼,扣 2 分 坐姿脚分开,扣 1 分 入座方式中有明显多余动作,扣 2 分 姿态摇摆,扣 1 分 站立手势操作不恰当,扣 3 分 其他不规范因素扣分
2	茶席布置 5 分	5	备具布具有序、合理	茶具排列杂乱、不整齐,扣 2 分 茶具摆放位置不恰当、不美观,扣 1 分 备具布具不熟练,扣 2 分
3	行茶操作 55 分	15	三才碗行茶法操作流程符合规范。冲泡时,冲水量及时间把握合理。悬壶高冲注水优美、自然、准确	泡茶顺序颠倒或遗漏一处,扣 5 分两处及以上扣 9 分或 10 分 茶叶用量及水量不均衡不一致,扣 3 分 茶叶掉落,扣 2 分 悬壶高冲注水水流控制不好,扣 5 分 其他不规范因素扣分

序号	项目	分值 (%)	要求和评分标准	扣分点
3	行茶操作 55分	15	操作动作适度，手法连绵、轻柔、顺畅，过程完整。取放物品时，手部姿态美观，四指并拢且拇指内扣	动作不连贯，扣3分 操作过程中水洒出来，扣2分 杯具翻倒，扣5分 器具碰撞发出声音，扣2分 手部姿态不美观或拇指翘起，扣3分 其他不规范因素扣分
		10分	重点动作：入座——右脚向前一步，左脚并拢，右脚向右平移一步，左脚并拢跟上，身体移动至凳子与茶桌之间，轻轻坐下。女性蹲姿及奉茶动作、男性奉茶动作——鞠躬及蹲礼身体姿态自然、规范。用茶针翻三才碗盖动作娴熟自然，温烫三才碗动作娴熟自然	入座不规范，扣2分 奉茶鞠躬礼和蹲礼速度和线路不规范，扣3分 用茶针配合三才碗盖动作不熟练，出现失误，扣2分 温烫三才碗动作不娴熟或不美观，扣3分 其他不规范因素扣分
		10	奉茶及退回座位姿态及姿势自然、大方得体	奉茶时将奉茶盘放置在茶桌上，扣2分 未行伸掌礼，扣2分 脚步混乱，扣2分 不注重礼貌用语，扣2分 其他不规范因素扣分
		5	品茶后回味动作自然、恰到好处，收具及卫生整洁	收具不规范，收具动作仓促，出现失误，扣1分 回味动作衔接仓促，扣1分 茶桌不够整洁，扣1分 茶具没有放到指定归放位置，扣2分
4	茶汤质量 20分	12	茶的色、香、味、形表达充分	每一项表达不充分，扣2分 汤色差异明显，扣2分 水温不适宜，扣2分 其他不规范因素扣分
		8	茶水比适量，用水量一致	四碗茶汤水位不一致，扣2分 茶水比不合适扣，2分 茶汤过量或过少，扣2分 其他不规范因素扣分

 考核指南

操作技能部分

1. 按照茉莉花茶行茶法用具准备规范进行器具准备，并参照其操作规范要求及评分标准进行训练。

2. 结合泡茶技巧三要素进行花茶泡茶操作训练，花茶冲泡建议与参考：

【茶具】主冲泡器：三才碗

【茶水比】1 : 50

【水温】建议尝试温度为 90 ～ 100℃

【茶叶选择】茉莉花茶、玫瑰红茶、白玉兰花茶

【冲泡方法】每个三才碗放入 2 克茶叶

【汤色】以色泽清澈为佳，以暗淡、浑浊为差

【香气】以香甜、茶果香、蜜香、清香、茶香与花香相得益彰等为佳，以不符合茶性品质特点香气要求为差

【滋味】以符合花茶滋味品质特点等为佳，为寡淡为差

第七节　乌龙茶行茶准备（小壶）

冲泡后乌龙茶汤色或黄浓艳丽似琥珀，或红澈且明亮有润泽感，滋味醇厚甘香，香高而持久，余韵悠长。乌龙茶入口，回甘生津明显，大都可明显感觉到花蜜味与较为饱满诱人的熟果香。品过乌龙茶，则给人一种不张扬、含蓄内敛、悠悠然那种即便不言语，但举手投足之间皆是美的感觉。

乌龙茶最重要的就是它的回味及耐泡度，且七泡有余香的特性。茶如人生，人生亦如茶。茶的味道或苦涩或甘甜，或清淡或浓郁，全在喝茶人的口中品出；人生同样如此，或悲或喜，或悠然或纠结，个中滋味也只有自己知道，所谓冷暖自知。平常人在品茶时能够禅意入境，需要的则是一颗出世入世的心境，既有先天下之忧而忧的大丈夫情怀，又有梅妻鹤子的闲趣雅致。任何时候，彼岸都只有一步之遥，迷途知返，天地皆宽。所以，乌龙茶的特性往往在每一泡茶汤中，都让人回味且给人诸多启示。

看着杯子里乌龙茶茶叶的浮沉，啜一口浓郁花果香或是岩韵悠长的茶汤，静静地品味着那淡淡的感觉，慢慢体会着人生的起落、世事的变迁，如温旧梦，如读旧书。人生总难免诸苦尝尽，换来一味甘甜。繁华三千，但最后终归尘埃落定，如同夜幕卸下了白日的粉黛装饰，沉静而安宁。光阴弹指而过，当年在意的得失、计较的成败，都终将化成云烟过眼。人的一生，有金榜题名的意气风发，有洞房花烛的柔情缱绻，有失意落魄的郁郁寡欢，也有柳暗花明的欣喜若狂，但更多的还是这如泡到最后乌龙茶茶汤一般的，淡淡的、轻轻的、悠悠的、苦苦的、涩涩的，甚至平淡无奇的感觉。喝入口中的是茶，品在心中的却是人生。乌龙茶品质特点给人一种历经岁月成熟之感，洞悉一切而看淡一切，万物宛如云烟，青春不再流年飞转，人到中年淡菊如烟。虽历经沧桑，但又呈现一种从容、沉稳且内心温暖、柔和，以及正适逢精力充沛、壮怀激烈之时，一股作为中流砥柱要时刻运筹帷幄、指点江山之感。

对于泡茶、喝茶的人来说，往往会将乌龙茶的品质特点比拟为人到中年的状态。如果用季节比喻，则寓意为金秋时节。因此，在冲泡的过程中，也要求泡茶人的姿态与动作沉稳而温暖、柔和。在泡茶选择器具的时候，往往用小壶作为主冲泡器，并且有的时候也选择用闻香杯进行"双杯法"冲泡。"双杯法"在冲泡中，即同时选择品茗杯和闻香杯，整个动作和流程也形成自身比较有特色的冲泡形式，也比较具有观赏与表演性。

一、备具和准备用品

冲泡乌龙茶主要选用器具用品为：乌龙茶（铁观音 7～8 克）、茶盘（或茶船）、提梁壶、品茗杯、闻香杯、杯托、紫砂壶或小瓷壶、茶叶罐、茶荷、茶道组、茶巾、奉茶盘、桌布。乌龙茶双杯行茶法基本需要的参考用具及数量等如下：

表 8-13　乌龙茶行茶法（双杯法）冲泡所需用具用品

分类	茶具名称	规格	单套数量
桌椅	茶艺台、凳	茶艺桌：高 75cm× 长 120cm× 宽 60cm 茶艺凳：高 45cm	1
小壶 主冲泡器	茶盘（或茶船）	建议参考尺寸 46cm×29cm ；	1
	黑色提梁壶	容量：800ml	1
	品茗杯	紫砂、瓷质材质均可，需与闻香杯配套	3
	闻香杯	紫砂、瓷质材质均可，需与品茗杯配套	3
	杯托	长度：10.5cm 宽度：5.5cm	4
	紫砂壶或瓷质小壶	容量：150ml	1
	茶叶罐	高度：11cm 直径：6cm	1
	茶荷	紫砂、竹制材质均可	1
	茶道组	可选择茶道组或茶匙与匙枕	1
	茶巾	30cm×30cm	1
	奉茶盘	33cm×22 cm	1
	桌布	2m×1.6m	1
茶叶	乌龙茶	按 7～8 克准备茶叶用量	7～8 克
装饰	装饰插花	可以是瓶花，也可以是盘花、碗花等	1

二、布具

在乌龙茶行茶布具中，首先要在茶桌桌面上摆放好茶盘，然后开始摆放器具，注意从右向左，从上向下，依次将乌龙茶行茶用具摆置到相应的位置，为正式行茶做准备。以茶盘为中心，右边依次摆放好黑色侧把壶（提梁壶）、黑陶水碗（水盂），茶盘左边摆放好茶叶罐、奉茶盘、茶荷；茶盘左下方摆放好茶匙与匙枕，茶盘正下方摆放好茶巾。茶盘上方位置摆放好品茗杯与闻香杯，可以将闻香杯正放在品茗杯里，也可以分别摆放，左右各一组，下方位置公道杯、紫砂壶或小瓷壶，最后整理好所有器具位置，令其美观及便于操作。

三、基本手法与仪表仪态、姿势参考与借鉴

第一，摇香或润茶。需要左手五指并拢，平放在紫砂壶或小瓷壶底部，中指尖为支撑点，右手摇动小壶，进行摇香。

第二，赏茶。双手托住茶荷，手型自然弯曲，双肩放松，肘关节下沉，手臂舒展，然后手臂从左向右转动半周，请品茗者赏茶，目光注视品茗者。

第三，步行。需直角转弯，转弯时需双脚并拢，之后向右转弯 90 度，面向品茗者。

第四，奉茶盘收盘姿势。双手握住茶盘对角，茶盘呈斜放，并平行于左边身体，置于身体左边，茶盘面与身体平行，茶盘底部朝外，茶盘最低一角与身体一拳距离。

第五，提紫砂壶或小瓷壶手势。右手拇指、中指握住壶把两侧，食指前伸点按住壶钮（以露出壶钮气孔为宜），其余手指收拢并抵住中指，抬腕提壶。

第六，低冲水的手势。左手平放在茶桌桌面或茶巾上，右手四指与拇指分别握住侧把壶壶把两侧，将开水壶提高后，向下倾斜 45 度，使开水均匀注入紫砂壶或小瓷壶内。通常，正式冲泡时会选用低斟方式。

第七，温紫砂壶或小瓷壶的手势。左手拇指、食指、中指按住壶钮，揭开壶盖，将茶壶盖放在茶盘内茶壶右侧或盖置上，右手提水壶，按逆时针方向，沿壶口低斟注水至紫砂壶或小瓷壶容量的 1/2 至 2/3 时及时断水，将其轻轻放回原处，然后紫砂壶或小瓷壶加盖。右手提壶，按逆时针方向轻轻旋转手腕，使壶身充分预热后，将紫砂壶或小壶内热水倒入水盂或茶盘内。

第八，温杯。品茗杯与闻香杯组合同时洗杯，基本手法是将紫砂品茗杯、闻香杯依次相连摆成"一"字形，或将闻香杯放入进品茗杯里，用公道杯里的润茶茶汤巡回斟入闻香杯，用茶夹夹起闻香杯，由内向外轻轻旋转将水倒入品茗杯后，将闻香杯放置在品茗杯前，再次用茶夹夹起品茗杯，转动品茗杯身，内旋法温烫品茗杯，最后将品茗杯中剩水倒入水盂或茶盘内。另外，也可选用双手方式进行温杯。

四、基本要求建议与参考

第一，冲泡乌龙茶宜选用质地细腻的紫砂壶和紫砂品茗杯、闻香杯，紫砂壶耐高温，有利于茶水保温和蕴香。在实践中，也可以选择瓷质器具或其他适宜材质器具。

第二，用 95～100℃热水冲泡乌龙茶，有利于茶汤香气纯正，滋味醇厚。

第三，依据口味浓淡，可在紫砂壶或小壶内投放适宜茶量，一般约为 5～8 克。冲泡乌龙茶时，投茶量通常也可选择为茶壶容积的 1/3。

第四，一般乌龙茶可续水七次左右，有的茶品冲泡次数更多，浸泡时间长短或出汤快慢可根据茶品具体品质特性决定。第一次出汤后，可依次延长浸泡时间，这也是茶艺师技能经验累积的结果，练习时可以尝试延长 15 秒、25 秒、30 秒、40 秒等进行尝试，通过品茗香气、滋味等进行调整并累积冲泡经验，并最终确定好自己的茶品浸泡适宜时间即可。浸泡时间过长或过短都不利于茶香散发，都会影响茶汤滋味品质，注意每泡茶浸泡茶汤时间应适当比前一次浸泡时间略长。

第五，将乌龙茶冲泡好后，将公道杯里盛放的茶汤用低斟茶的手法分别依次注入闻香杯，并将品茗杯道倒扣在闻香杯上，翻转闻香杯并置于茶托上。

第六，斟茶量一般到品茗杯七、八分满为宜。

第七，品饮乌龙茶时重在闻香，感受其香气特色，这一点需要格外注意。在品尝时，务必需要先闻香再观汤色，最后再小口品啜乌龙茶。

 考核指南

操作技能部分

1. 熟练乌龙茶双杯行茶法操作台布置及备具、布具。
2. 进行乌龙茶双杯行茶法操作前基本动作分解练习，为完整进行乌龙茶行茶法做准备。

第八节　乌龙茶行茶法演示（小壶）

在进行乌龙茶冲泡时，主要有两种行茶方式。一个是根据茶性，行茶节奏可缓可急，进行合理时间浸泡后，以小壶开汤分饮。另外一种主要是潮汕等地区乌龙茶品饮特色方式，在行茶中喜欢采用容量较小的紫砂壶或小瓷壶、薄胎小品茗杯，以"热、急、匀、尽"为行茶特色和手法特色。"热"就是要求器具及水温都以滚烫状态为佳，避免凉淡，比如，在温烫品茗杯时也会采取"狮子滚绣球"手法；"急"强调过程节点的精准控制，快而不乱，紧凑而有节奏地完成行茶过程；"匀"就是要求斟茶时，能保持各个品茗杯中茶汤量尽可能一致，以及茶汤浓度尽可能一致，避免出现前段出汤较淡，后段出汤较浓。斟茶时，尽可能要有匀茶汤的动作与手法，比如采用"关公巡城"行茶手法；"尽"则是要求斟完茶汤后，紫砂壶或小瓷壶内无茶汤滞留其中，茶艺师会滴尽壶内最后一滴茶汤，避免因茶叶浸泡过久而导致后续茶汤可能出现苦涩，在行茶中往往也采用"韩信点兵"的手法进行操作。

一、乌龙茶行茶法主要操作程序

在实践中，乌龙茶操作往往为双杯泡乌龙茶技法，其主要参考步骤为：备具→备水→布具→赏茶→温壶→置茶→摇香→温润泡→注水低斟→温品茗杯及闻香杯→冲泡（淋壶、刮沫）→赏汤→分汤（关公巡城、韩信点兵）→奉茶→收具。完整的乌龙茶茶行茶法参考流程为：上场→放盘→入座→布具→行鞠躬礼或注目礼→取茶→赏茶→温紫砂壶或小壶→置茶→润茶→摇香→温盅及温杯→注水→冲泡（淋壶、刮沫）→赏汤→分汤（关公巡城、韩信点兵）→奉茶→品茶→行鞠躬礼致谢→收具→退场。

二、乌龙茶行茶过程中动作要点讲解

第一，采用双杯行茶法。即在乌龙茶冲泡中使用品茗杯及闻香杯，熟练使用闻香杯和品茗杯是关键，闻香杯切不可用来品茗，而是用来闻茶汤在其内壁的留香。

第二，温杯。也就是温品茗杯及闻香杯，要用茶夹或手依次将润茶茶汤倒入各杯中温烫杯具，若使用茶盘进行操作，切记第一杯一定要倒满，稍溢出水没有关系，最少水量也不可过低于杯面。另外，如果用手取杯进行温烫杯具，但不可将各个杯中水量倒得过满，通常七八分满即可，避免烫手。

第三，分汤。在进行分汤环节时，将茶汤由公道杯倒入闻香杯中后，将品茗杯倒扣在闻香杯上，注意用拇指、食指和中指协同动作。

第四，品茗杯倒扣闻香杯方法。分汤完毕，进行品茶时，要用中指和食指夹住闻香杯，拇指抵住品茗杯杯底，用腕力翻转，最终使闻香杯倒扣在品茗杯上。

第五，闻香杯内茶汤倒入品茗杯中方法。用双手拇指、食指夹住闻香杯两侧，微曲两指，旋转闻香杯，同时向上提起，用双手手指配合，翻转闻香杯，使杯口朝向面部，并使闻香杯里的茶汤流入品茗杯中。

第六，闻香。双手合掌捧住闻香杯，双手手指搓动数下，手掌也可借助这个动作令杯温得以继续保持。将闻香杯举起使杯口至鼻尖处，用力吸嗅闻香杯杯壁香气，手掌也可以起到挡住香气散失作用，并使香气集中入鼻。

第七，乌龙茶品茶顺序为闻香—观汤色—品滋味，和其他茶类品尝有所区别，记得要用双手手指部位协同动作将闻香杯茶汤倒入品茗杯中，借助闻香杯闻香。

第八，杯托使用。若用长杯托时，注意将品茗杯和倒扣在品茗杯里的闻香杯，或闻香杯及倒扣在闻香杯上的品茗杯，放在杯托右侧一端。若有方形杯托，则放在杯托中间即可，闻香后，闻香杯放在杯托左侧，或找寻靠近闻香杯左侧附近合适的地方放下闻香杯即可。

三、乌龙茶行茶基本操作规范

小壶行茶通常以乌龙茶类与黑茶类居多，且对水温的要求高，高水温有利于茶香的挥发和茶叶内涵物质浸出。冲泡时，依据所冲泡茶叶茶性，在注水、出汤及分汤时，可采取"高冲低斟"或"低冲低斟"等手法，以防温度降低而散失茶香。另外，在烫壶后，马上投入茶叶，将壶内茶叶轻轻摇动，可借助烫壶的余热，用热气将茶叶香气烘托出来，这一手法也可以应用到其他主冲泡器行茶法中；为了保持冲泡茶中的温度，也可采用"淋壶"方式，即在正式冲泡注水后，再拿侧把壶或提梁壶将热水淋于紫砂壶或小瓷壶壶盖上，通常采用逆时针方向淋壶，也可不采取淋壶，这个也需要依据茶性及冲泡时的具体环境温度而定。淋壶的目的是通过壶内外热气夹攻，让茶香充分迅速散发。冲泡成熟或老叶子制作的茶叶，正式冲泡注水后，有的时候会出现浮沫，可用壶盖将其刮去，也可以不去刮沫。

冲泡茶流程是体现使用器具选择与冲泡技术要点的一种精心设计的方案，在行茶中务必体现其目的性及操作的专业性、科学性。在冲泡乌龙茶时，可使用公道杯，也可以不使用公道杯，可将紫砂壶或小瓷壶内茶汤直接进行分汤。同样，在冲泡中可选用滤网，也可不选择使用滤网，依据茶叶整碎程度而定。可以选择用闻香杯，也可以不选用闻香杯。

乌龙茶冲泡方法很多，不同地区也会出现不同行茶流程、冲泡用具或手法特色，尤以安溪、诏安、潮汕等地区最为独特，这个也体现茶文化的多元性特性，以及在行茶中对"看茶泡茶"技术把握能力的较高要求。在冲泡乌龙茶时，特别是在闽南和潮汕地区，往往喜欢将茶叶倒在白棉纸上，然后用火源炙烤茶叶，便于其进一步散发茶香。然后，用茶匙将其进行粗细分离，将最粗的茶叶放在壶底部或滴嘴处，将细末放在中间处，将外形匀称的茶叶放在最上面。这样，可以避免茶汤出现苦涩，也避免茶叶塞壶嘴，茶色也较为容易均匀，茶汤滋味也更好。

行茶过程中，姿态美观与行茶手法有很大关系，比如，在紫砂壶或小瓷壶器具拿取上，拿小紫砂壶或小瓷壶较为推荐的方式是用拇指、食指和中指操作，食指轻压壶盖，中指、拇指紧夹壶把。在实践中，具体操作手法为茶艺师用中指和大拇指形成对夹，中指垂直贴握把侧，用食指抵住壶钮，手腕用力来控制壶的重心和运壶方向。在冲泡茶练习初期，常常也会出现身姿歪斜、拿取紫砂壶或小瓷壶时不太美观或错误的方式，主要为手指勾绕壶把、摁住壶盖或壶钮上的气孔、中指与拇指没有找到一个拿捏平衡点、中指过于贴近壶体、手部姿态不够放松而略显沉重或笨拙之感。在使用紫砂壶或小瓷壶出汤时，要避免壶盖掉落，运用正确拿法可以避免此类状况出现。

另外，用紫砂壶冲泡茶时，务必要在冲泡不同茶类时使用不同紫砂壶，避免茶汤串味。

表8-14 乌龙茶行茶法（双杯法）基本操作规范

程序	操作规范
备具、布具、赏茶	净手并检查茶具及茶叶质量，准备好泡茶用水 按规范进行布具，整齐、美观且规范地摆放在茶盘内 双手捧取茶叶罐，用茶匙将茶叶轻轻拨入茶荷 双手捧握茶荷，向来宾介绍茶叶类别名称及特性，请来宾欣赏
温烫小壶、投茶	右手提壶向紫砂壶中注入约1/2容量的开水烫壶 将紫砂壶中的开水倒入茶盘 用茶匙将茶荷中的茶叶轻轻拨入到紫砂壶中
温润泡	右手提侧把壶或提梁壶，用内旋法在15秒以内向紫砂壶中注满开水，轻轻摇晃紫砂壶或小壶润茶后，迅速将头道茶汤倒入到公道杯中进行烫盅、烫杯
注水、淋壶	右手提壶，用低斟的手法，逆时针向紫砂壶中缓缓注入开水至紫砂壶或小瓷壶壶口，用壶盖轻轻刮去茶汤表面泡沫，加盖后，再用开水浇淋茶壶的外表，使茶壶内外加温，静置浸泡到合适时间后出汤
分汤、点斟	紫砂壶或小瓷壶中的茶汤泡好后，倒入有滤网的公道杯中，再将公道杯中的茶汤依次分别斟入闻香杯中，茶汤所剩下不多时改为点斟，斟茶至七、八分满后，将品茗杯倒扣在闻香杯上，将其放入杯托
奉茶	双手端起杯托，向宾客行点头礼，将泡好的乌龙茶奉送到宾客面前，轻放在茶桌上，右手掌心向上，做出"请"的手势，邀请来宾用茶
闻香、观色	将闻香杯和品茗杯进行翻转，将闻香杯里茶汤倒入品茗杯中，品饮前先细细闻一下杯中浓郁的茶香 右手用"三龙护鼎"的手法端起茶杯，并仔细欣赏乌龙茶清澈艳丽的汤色
品饮	小口品啜，慢慢回味
谢客	为宾客及时续水，整理茶桌上茶具，感谢宾客光临

表8-15 铁观音行茶法（双杯法）行茶法范例

程序	操作流程
备具、入场、布具	备具、端茶盘入座，布具位置要摆置合适、美观
行鞠躬礼或注目礼	坐在座位上行鞠躬礼或注目礼，示意行茶正式开始
取茶叶、赏茶	拿取茶叶罐，从茶叶罐中取适量铁观音至茶荷中备用。用茶荷向客人展示，并讲解铁观音的产地、干茶外形与色泽，并请客人仔细观看茶叶或品闻干茶香。赏茶：铁观音茶外形条索肥壮、圆整、身骨重实，色泽沙绿油润
温壶，投茶	提壶注水温壶，然后投茶入壶，可在投茶前将茶道组中的茶滤放在壶口上，有利于扩大壶口，茶叶准确投入紫砂壶或小瓷壶中，乌龙茶投茶也被形象称之为"乌龙入宫"。通常，投茶量为小壶的1/3至1/2，实际冲泡中根据客人的口味，可适当投合适茶量
摇香、润茶	借助烫壶的余热，将壶内茶叶轻轻摇动，用热气将茶叶香气烘托出来，这时也可以请客人再次品闻茶香。采用"悬壶高冲"或"低斟"注水方式，右手提壶，用内旋法向壶内注入1/4～1/3容量的开水、摇香、将茶芽叶温润舒展，也利于使冲泡的茶汤浓淡均匀
温盅、温杯	用润茶茶汤进行温盅、温闻香杯及品茗杯
正式冲泡：注水、刮沫、淋壶	右手提壶，用手腕之力逆时针向紫砂壶或小瓷壶中缓缓注入开水。乌龙茶建议用水水温为95～100℃左右。提壶时，右手持提梁壶，左手可虚托，并注水。若使用茶盘行茶，水可溢出壶口。注完水后，可用壶盖旋转一周，轻轻刮去茶壶壶口表面的泡沫。盖上壶盖后，可再次逆时针方向注水进行淋壶，提升壶的温度。刮沫动作也常被称为"春风拂面"，淋壶动作也常被称为"壶外追香"
出汤、分汤、匀汤	将公道杯里茶汤分别注入闻香杯至七分满处，该动作也可以不断流，被称为"关公巡城"；之后，依次再分别滴注茶汤入闻香杯内至八分满，该动作也被称为"韩信点兵"
将品茗杯倒扣在闻香杯上	用右手拿取品茗杯倒扣在闻香杯上，该动作也被称为"旋转乾坤"

续表

程序	操作流程
将品闻对杯翻转，放在杯托上	将品闻对杯拿到胸前，并放在杯托上。用右手的食指和中指夹住闻香杯身，拇指扣住品茗杯杯底，翻转并放置胸前合适位置，并平行于身体，然后左手接住，放在杯托上，该动作也被成为"物换星移"
奉茶	左手托茶盘，注视客人并行注目礼，行鞠躬礼，女性以蹲姿进行奉茶，蹲姿做好后，将奉茶盘平移至左侧合适位置，右手轻握碗托，将茶奉送到宾客面前，平放在茶桌上，右手掌心向上，做出"请"的手势，向宾客行点头礼，邀请来宾用茶。之后恢复站姿，一般应稍稍欠身或者退后一步，再次行鞠躬礼，依次进行奉茶后退回座位
闻香、观汤色、品饮	双手搓动闻香杯，翻转并闻香，用三龙护鼎方式端杯进行管汤色及品滋味。冲泡后的优质铁观音茶汤色金黄、香气浓郁，有天然馥郁兰花香，滋味醇厚回甘，与客人分享铁观音茶品质特点
致谢、收具、清理茶桌桌面、退场	品饮后可以静坐回味30秒左右，让茶香停留在口中，激发品饮者的感悟和遐思，然后坐在茶桌前行鞠躬礼，收具，清洁茶桌桌面，退场

表8-16　乌龙茶行茶法（双杯法）参考评分标准

序号	项目	分值(%)	要求和评分标准	扣分点
1	礼仪仪表仪容20分	10	发型及手部、腕部装饰，仪表仪态整体状况	姿态松懈，扣2分 形象缺乏精气神，扣2分 视线不集中或低视或仰视，扣2分 手部或腕部装饰不符合规范，扣2分 发型不整齐、不规范，扣2分 其他不规范因素扣分
		10	动作、手势、站立姿势端正大方。站姿手部姿态、入座方式与动作。操作中手部姿态具有艺术性，手腕与手指等配合娴熟、和谐	手部姿态具有艺术性，扣2分 手指与手腕配合娴熟性，扣1分 入座方式中有明显多余动作，扣2分 姿态摇摆，扣1分 站立手势操作不恰当，扣3分 其他不规范因素扣分
2	茶席布置5分	5	备具布具有序、合理	茶具排列杂乱、不整齐，扣2分 茶具摆放位置不恰当、不美观，扣1分 备具布具不熟练，扣2分
3	行茶操作55分	15	乌龙茶行茶法操作流程符合规范。冲泡时，冲水量及时间把握合理。悬壶高冲注水优美、自然、准确	泡茶顺序颠倒或遗漏一处扣5分，两处及以上扣9~10分 茶叶用量及水量不均衡不一致，扣3分 茶叶掉落，扣2分 注水水流控制不好，扣5分 其他不规范因素扣分
		15	操作动作适度，手法连绵、轻柔，顺畅，过程完整。取放物品时，手部姿态美观，四指并拢且拇指内扣	动作不连贯，扣3分 操作过程中水洒出来，扣2分 杯具翻倒，扣5分 器具碰撞发出声音，扣2分 手部姿态不美观或拇指翘起，扣3分 其他不规范因素扣分
		10分	重点动作：刮沫、淋壶、"关公巡城""韩信点兵""旋转乾坤""物换星移"等协调性、娴熟性	淋壶动作不规范，扣2分 "关公巡城"动作不规范，扣2分 "韩信点兵"动作不规范或娴熟，出现失误，扣2分 "旋转乾坤"动作不规范或娴熟，扣2分 "物换星移"动作不规范或娴熟，扣2分 其他不规范因素扣分
		10	奉茶及退回座位姿态及姿势自然、大方得体	奉茶时将奉茶盘放置茶桌上，扣2分 未行伸掌礼，扣2分 脚步混乱，扣2分 不注重礼貌用语，扣2分 其他不规范因素扣分

续表

序号	项目	分值(%)	要求和评分标准	扣分点
3	行茶操作 55分	5	品茶后回味动作自然、恰到好处，收具及卫生整洁	收具不规范、收具动作仓促，出现失误，扣1分 回味动作衔接仓促，扣1分 茶桌不够整洁，扣1分 茶具没有放到指定归放位置，扣2分
4	茶汤质量 20分	12	茶的色、香、味、形表达充分	每一项表达不充分，扣2分 汤色差异明显，扣2分 水温不适宜，扣2分 其他不规范因素扣分
		8	茶水比适量，用水量一致	四碗茶汤水位不一致，扣2分 茶水比不合适，扣2分 茶汤过量或过少，扣2分 其他不规范因素扣分

 考核指南

操作技能部分

1. 按照乌龙茶行茶法用具准备规范进行器具准备，并参照其操作规范要求及评分标准进行训练。

2. 结合泡茶技巧三要素进行乌龙茶泡茶训练，乌龙茶冲泡建议与参考：

【茶具】主冲泡器具为紫砂壶或小壶

【茶水比】1：20～30

【水温】建议尝试温度为95～100℃，建议进行山泉水、矿泉水、自来水等进行茶汤滋味辨别，了解冲泡乌龙茶适宜用水情况

【茶叶选择】铁观音、凤凰单丛、武夷岩茶、漳平水仙

【汤色】以橙黄或橙红明亮为佳，以浑浊、发暗等为差

【香气】以花一样的清香为主、或香气馥郁、或锐则浓长为佳，以茶香平淡、有青草气等为差

【滋味】以滋味醇厚、耐冲泡为佳，以寡淡、苦涩等为差

第九节　黑茶行茶准备（小壶）

视频：普洱茶黑茶行茶准备及行茶法演示

　　茶圣陆羽在《茶经》中要求茶人身体力行"精行俭德"，后世崇奉者以拟人化的方法更将其投射到了茶品上。黑茶有着其他茶类不具备的陈化性或后发酵特质，好的黑茶可以随着时光流逝不断转化及升华其内质。

　　在黑茶中，普洱茶是被广泛接受与喜爱的茶品。古老的茶树在遥远边地或雨林中倔犟地生存了下来，制成的同一款茶随着陈化时间的不同，可以发生诸多妙曼的滋味，并且在这个转化过程中可柔可刚，化苦回甘，醇厚润滑。有时人生变化像极了普洱茶或黑茶，并且待我们老去的时候也都希望自己沉淀下的是岁月菁华，恰如品饮一款老茶。一款真正有

底蕴的普洱茶或黑茶有着丰富的生命力，是历久弥新的。从一片叶子到一饼茶，不管是在最好的年纪，还在日益老去的日子，它静心沉淀，不急不躁，用尽生命最后的力量，为愿意读懂它的人献上一份美好及厚重的馈赠。

冲泡一款上好的普洱老茶或是黑茶老茶，仿若待芳华褪去，待时光沉淀，沸水润泽后，便能唤醒前尘往事，让人忍不住再续一杯，听听昨日的故事！也许正如我们的人生，明知有一天岁月不可追，芳华不再，我们就这样即使散落天涯，带着记忆，凭借着根深叶茂，带着老骥伏枥志在千里的美好夙愿与淡定从容地慢慢老去。

在茶的品质特点与寓意中，普洱茶或黑茶常常被茶人比拟为人到老年的状态。余秋雨在《关于年龄》中写道：老年是如诗的年岁，只有到了老年，沉重的人生使命已经卸除，生活的甘苦也已了然，万丈红尘已移到远处，宁静下来了的周际环境和逐渐放慢了的生命节奏，构成了一种总结性、归纳性的轻微和声，诗的意境也出现了。因此，普洱茶或黑茶在冲泡的时候，要求冲泡人在姿态及操作动作中体现出顿悟或淡定超然、喜乐而平静美好的状态。

在冲泡普洱茶壶或黑茶的时候，除了常用盖碗之外，也往往选择用小壶进行冲泡，并常采用淋壶或是低斟的注水方式。

一、备具和准备用品

冲泡黑茶（小壶）行茶法主要选择器具用品为：黑茶（普洱熟茶、生茶 5 克左右）、茶盘（或茶船）、提梁壶、品茗杯、杯托、紫砂壶或小瓷壶、茶叶罐、茶荷、茶道组、茶巾、奉茶盘、桌布。黑茶行茶法基本需要的参考用具及数量等如下：

表 8-17　黑茶行茶法冲泡所需用具用品

分类	茶具名称	规格	单套数量
桌椅	茶艺台、凳	茶艺桌：高 75cm× 长 120cm× 宽 60cm 茶艺凳：高 45cm	1
小壶 主冲泡器	茶盘（或茶船）	建议参考尺寸 46cm×29cm ；	1
	黑色提梁壶	容量：800ml	1
	品茗杯	紫砂、瓷质材质均可，需与闻香杯配套	3
	杯托	长度：10.5cm 宽度：5.5cm	4
	紫砂壶或瓷质小壶	容量：150ml	1
	茶叶罐	高度：11cm 直径：6cm	1
	茶荷	紫砂、竹制材质均可	1
	茶道组	可选择茶道组或茶匙与匙枕	1
	茶巾	30cm×30cm	1
	奉茶盘	33cm×22 cm	1
	桌布	2m×1.6m	1
茶叶	黑茶	按 5 克准备茶叶用量	5
装饰	装饰插花	可以是瓶花，也可以是盘花、碗花等	1

二、布具

在黑茶行茶布具中，首先要在茶桌桌面上摆放好茶盘，然后开始摆放器具，注意从右向左，从上向下，依次将乌龙茶行茶用具摆置到相应的位置，为正式行茶做准备。以茶盘为中心，右边依次摆放好黑色侧把壶（提梁壶）、黑陶水碗（水盂），茶盘左边摆放好茶叶罐、奉茶盘、茶荷；茶盘左下方摆放好茶匙与匙枕，茶盘正下方摆放好茶巾。茶盘上方位置摆放好品茗杯，下方位置摆放公道杯、紫砂壶或小瓷壶，最后整理好所有器具位置，令其美观、便于操作。

三、基本手法与仪表仪态、姿势参考与借鉴

第一，茶具摆放。茶具摆放要整洁、有序，基本操作时要求做到对称均衡，方便操作，布局合理、美观，同时注重层次感，要有线条的变化，尽量不要有遮挡。如果存在遮挡，尽量要按由低到高的顺序摆放，将低矮的茶具放在客人视线的最前方。为了表达对客人的尊重，茶具上的图案要正向主宾，壶嘴也不宜对着客人。

第二，步骤。需直角转弯，转弯时需双脚并拢，之后向右转弯90度，面向品茗者。

第三，撬茶、剥茶。黑茶中也常见各种紧茶型，通常以饼状或砖状居多，需要进行撬茶后再进行冲泡，需右手拿着茶针或茶刀进行撬茶，左手按在包装纸上，借此来压住并固定茶饼或茶砖，在撬茶进行剥茶时，按住茶的那只手一定要避开撬茶器具剥茶起来的活动范围，避免弄伤自己。同时，尽量要顺着茶叶在压制时条索呈现的主要方向一层层地剥离，这样也可以保持茶饼或茶砖等叶片的完整性。

第四，洗茶。黑茶是后发酵茶，常用具有透气性包装纸包裹茶饼或茶砖等。因此，在投入茶叶后，需进行洗茶环节，以冲掉轻微浮尘。洗茶环节也有润茶或温润泡功能，有利于茶叶舒展和茶汁的浸出。

第五，正式冲泡时，因要求适当高温为好，大多采用低斟方式。

四、基本要求建议与参考

第一，用100℃热水冲泡黑茶有利于茶汤香气纯正，滋味醇厚。啜吸茶汤可以品味茶汤状况，所谓的"啜吸"指的是在喝茶时做出一个吸气的动作，小口、快速地将茶汤吸入口腔内，之后在口腔内用舌头轻轻进行搅拌及摇晃，让茶汤与味蕾进行充分接触，而且这个动作的幅度不能太小，通常需要发出声音。啜吸这个动作的冲击力比较强，可以更好地激发出茶汤里的味道，可以在刹那间品尝到茶叶里的滋味。在品饮茶汤时，稍微延长茶汤在唇齿间停留的时间，细细品味，就能充分感受茶叶的苦、甘、醇等多种滋味以及茶汤品质状况。

第二，紫砂壶的投黑茶量可依据口味浓淡而设计，一般为5克左右即可。普洱茶依据制作方法可分为生茶与熟茶。除此之外，依外形分还有呈扁平圆盘状的饼茶，其中七子饼每块净重375克，每七个为一筒，每桶重2500克；窝窝头状沱茶通常每个净重为100～250克不等；迷你型小沱茶每个净重为2～5克；便于运输的长方形或正方形砖茶以250～1000克居多；金瓜贡茶从100克到数百斤都有；压制成紧压条形的千两茶，最小的条茶也有100斤左右，等等。在冲泡中，若采用的是紧压茶，则需要用茶刀或茶针撬茶。

第三，在烫壶后，马上投入茶叶，将壶内茶叶轻轻摇动，可借助烫壶的余热，用热气将茶叶香气烘托出来之后再进行温润泡。温润泡的茶汤倒入公道杯，用于烫杯，第一道浸泡可将茶叶投入后迅速将茶汤倒出，然后可根据茶品具体品质特性，依次延长浸泡时间。

练习时，可以尝试随着冲泡次数增加而采取延长 15 秒、25 秒、30 秒、40 秒等，浸泡时间过长或过短都不利于茶香散发。茶汤的滋味品质要通过试验，最终确定好自己的茶品浸泡适宜时间。

第四，一般黑茶冲泡可续水十几次，有的茶品冲泡次数更多。黑茶有补充膳食营养、解油腻、降脂和减肥等功效，比如：普洱茶内含有大量酚酸和一定量的他汀类化合物，能降低、抑制体内胆固醇和甘油三酯含量的上升，有效促进脂类化合物排出，改善毛细血管壁的弹性等。因此，在行茶过程中也可以向客人介绍其茶品饮用功效。另外，黑茶具有非常悠久的历史与文化，在行茶中也可以适当给宾客进行介绍，增加其品饮兴趣。

 考核指南

> **操作技能部分**
> 1. 熟练黑茶（小壶）行茶法操作台布置及备具、布具。
> 2. 进行黑茶行茶法操作前基本动作分解练习，为完整进行黑茶行茶法做准备。

第十节　黑茶行茶法演示（小壶）

黑茶适宜用高温来唤醒茶叶及浸出内含物质，较适宜用壁厚、茶肚比较大的紫砂壶进行冲泡。相对较细嫩的黑茶可选择小壶或盖碗进行冲泡，但是对于甚为紧实的紧茶黑茶来说，用开水有时难以浸出茶汁，饮用时须将紧压茶捣碎，放在锅里或壶里不断搅拌进行烹煮。

针对不同地区、不同民族、不同习俗等，黑茶品饮方式也会有所不同，尤其在少数民族地区，大多在烹煮的时候还加佐料，采用调饮方式进行饮用。新疆牧民们总是喜欢饮用新疆监制的茯砖黑茶、牛奶或羊奶制作奶茶，其做法是将砖茶捣碎，投入铜锅或水锅里煮，茶汤烧好后，加入鲜奶，沸时还不时用勺扬汤，直到茶乳充分交融。除去茶叶后，也有在其中再加入盐，或放一些酥油、羊油或马油等。另外，青海地区也喜欢用湖南茯砖茶、鲜牛奶、茶卡盐湖的盐及黄油等进行熬煮制作奶茶，或者在茶壶里投入一小撮茯砖茶，加入桂圆、枸杞、核桃仁、瓜子仁以及驱寒和温的生姜粉、麻辣的花椒等进行烹煮，当茶汤变成赤红色时，掠去茶叶，再加上盐和鲜奶，用筷子搅动让牛奶完全融入茶汤中。哈萨克族则喜欢将茶汤和开水分别烧好，各放在茶壶里。喝奶茶时，先将鲜奶和奶皮子放在碗里，再倒上浓茶，最后再用开水冲淡，天气冷的时候，在奶茶里还会放一些白胡椒面。蒙古族认为只有当器、茶、奶、盐、温五者协调恰到好处，才能熬制成咸香奶茶，其中拿着木勺，根据火候不停地扬撒奶茶是制作关键，操作者也务必时刻注意观察茶汤，进行适当增减调味。蒙古族奶茶制作常用湖北老青砖或是四川砖茶，其制作方式是将茶熬成棕红色时加入适量的炒米、奶豆腐或稀奶油等，再用小火熬，当水再次沸腾时，用漏勺捞出茶叶和炒米等，掺入鲜奶，慢慢扬起八九次后，再放入黄油和奶皮子，同时加入盐巴，等到整锅咸奶茶沸腾了，才可盛入碗中待饮。除此之外，也有人喜欢用湖南其他黑茶茶品或云南普洱茶等来制作奶茶。

一、黑茶行茶法主要操作程序

在实践中，通常黑茶（小壶）行茶法主要参考步骤为：备具→备水→布具→赏茶→温壶→置茶→洗茶→温润泡（润茶）→烫杯→注水低斟→刮沫、淋壶→出汤→赏汤→分汤→奉茶→收具。完整的黑茶行茶法参考流程为：上场→放盘→入座→布具→行鞠躬礼或注目礼→取茶→赏茶→温紫砂壶或小瓷壶→置茶→摇香→洗茶→润茶→摇香→温盅及温杯→注水→冲泡（淋壶、刮沫）→赏汤→分汤→奉茶→品茶→行鞠躬礼致谢→收具→退场。

二、黑茶行茶过程中动作要点讲解

第一，撬茶、赏茶。用黑茶刀撬茶时要顺着茶叶条索纹路，倾斜下茶刀或茶针将整个茶撬取下来就好；赏茶时，闻手里茶荷茶香要专注，并发自内心地观赏、品味，并充分地感受茶之美好。

第二，洗茶。在冲泡普洱茶或黑茶时，一定要记住有洗茶环节，即投茶到主冲泡器后，冲入沸水在短时间内浸润茶叶，之后将茶汤倒掉，弃之不做他用。这是因为黑茶保存时一般使用透气包装，所以茶体上难免有轻微浮尘，洗茶的目的就是洗去浮尘。

第三，"春风拂面"和"壶外追香"。"春风拂面"即刮沫，"壶外追香"即淋壶。黑茶在正式冲泡时，"春风拂面"和"壶外追香"动作的目的与冲泡乌龙茶时一致。"春风拂面"的作用就是刮去冲泡时产生的白沫，白沫里通常含有茶皂素，含有微量毒性但不至于对身体产生不利影响，因此有时行茶不刮沫也可以。"壶外追香"作用是为了提高泡茶温度，尤其在天冷或冲泡茶环境温度比较低时行茶，这一冲泡环节就显得格外重要。因为不管是乌龙茶还是黑茶，使用的制茶原料通常比较粗老，采用较高的温度浸泡才有利于茶香的散发。

第四，分汤和注水。乌龙茶和黑茶都比较强调低斟热饮，尤其在天冷或冲泡茶环境温度比较低时，尽量不要用"凤凰三点头"或悬壶高冲注水方式，可选用悬壶低冲方式。

第五，解说。用优美语言与适当语气、语调、语音表达品饮茶美好意境，或解说茶品品质特点、相关茶文化内涵及特色等，增加品饮趣味与共鸣。

三、黑茶行茶基本操作规范

中国品饮茶注重品茗环境，以及"景、情、味"三者的有机结合，从而产生最佳的心境和精神状态。因此，茶艺师务必布置好品饮环境，进行适宜茶器选择，使之具有一定观赏美感。在行茶中，每一个操作环节、每一个动作都要用心对待，使其呈现出追求人与茶、人与自然、自己与他人，以及茶与自己的和谐关系状态。另外，在行茶中也可借助一些美的语言表达来介绍关于茶品品质特点、茶文化等知识，从而增加品饮趣味。

表 8-18　黑茶行茶法（小壶）基本操作规范

程序	操作规范
备具、布具、赏茶	净手并按规范将茶具美观、整齐地摆放在茶盘内，准备好泡茶用水 双手捧取茶叶罐，用茶匙将茶叶轻轻拨入茶荷，若是紧压茶，则用茶刀或茶针撬开茶品，取适量茶叶放入茶荷 双手捧握茶荷，向来宾介绍茶叶类别名称及特性，请来宾欣赏
温壶、投茶、摇香	右手提壶向紫砂壶中注入 1/2 容量的开水烫洗茶壶 将壶中的开水依次注入公道杯和品茗杯里，最后再倒入茶盘或水盂内 将茶荷中的茶叶用茶匙轻轻拨入紫砂壶中 用摇香动作摇动茶壶，用烫壶使壶内热气激发茶香
洗茶	注水、洗茶
润茶、烫盅及杯	注水、润茶（温润泡）并烫盅、烫杯
冲泡（刮沫、淋壶）	用悬壶低冲的手法冲入紫砂壶，再逆时针转一圈至满，并轻轻刮去表面泛起的泡沫，然后根据温度情况也可以进一步淋壶 把紫砂壶里泡好的茶汤倒入放有过滤网的公道杯内 将公道杯内的茶汤依次低斟入各品茗中
奉茶	茶奉送到宾客面前，平放在茶桌上，右手掌心向上，做出"请"的手势，邀请来宾用茶
品饮	观汤色、闻香及品滋味，同时向宾客解说茶品品质特点、品饮意境与特色等

表 8-19　普洱熟茶行茶法（小壶）行茶法范例

程序	操作流程
备具、入场、布具	备具、端茶盘入座，布具位置要摆置合适、美观
行鞠躬礼或注目礼	坐在座位上行鞠躬礼或注目礼，示意行茶正式开始
初展容颜（取茶叶、赏茶）	普洱茶有着悠久的历史，有着独特的制作工艺。这款普洱熟茶来自云南普洱市，选用大叶种晒青毛茶为原料，并经渥堆而成，条索紧结色泽褐红
孟臣静心（温壶）	静心蓄锐，提升壶内温度利于茶香散发
古木流芳（投茶、摇香）	普洱茶缓缓进入壶中，犹如久别的游子回到思念的故土，融入其中，乐在其中
洗净沧桑（洗茶）	因普洱茶经过多年的陈化，轻轻唤醒它的沉睡
玉泉高致（润茶）	普洱茶来自崇山峻岭，经历岁月磨砺，依然不断焕发着生机与力量
涤尽凡尘（温盅、温杯）	涤尽凡尘心自清，品茶的过程也是茶人澡雪自己心灵的过程，烹茶涤器更重要的是澡雪茶人的灵魂
风吹浮云 山环水抱（注水、刮沫、淋壶）	用壶盖轻轻刮去壶口泛起的白沫，使茶汤更加洁净，用淋壶增加温度，不断激发茶香
瓯里蕴香（浸泡）	人生有许多风景，最美的无过风中的等待，泡茶的过程也是相似的道理，冲泡时间太短，色香味难以显示，太久则会熟汤失味
仙颜尽显（出汤、分汤）	茶倒七分满，留三分为人情，斟茶时每杯要浓淡一致、多少均等
敬奉香茗（奉茶）	麻姑是传说中的仙女，她得道后常用仙泉煮茶待客，喝了这茶后便更加幸福，借助这道程序也祝大家快乐如意
时光倒转 品味历史（闻香、观汤色、品滋味）	这杯普洱熟茶汤色红浓明亮，表面上有一层淡淡的薄雾，乳白朦胧，令人浮想联翩；普洱茶的香气和汤色随着冲泡次数的增加也在不断变化，会把你带回到逝去的岁月，让你感受到沧海桑田的变化。普洱茶的陈香、陈韵和茶气、滋味在你口中慢慢弥漫，你一定能品悟出历史的厚重，感悟到逝者如斯的道理
自斟乐无穷（致谢、收具、清理茶桌桌面、退场）	请大家慢慢品味这独特的陈香

表 8-20　黑茶茶行茶法（小壶）参考评分标准

序号	项目	分值(%)	要求和评分标准	扣分点
1	礼仪仪表仪容10分	10	动作、手势、站立姿势端正大方。站姿手部姿态、入座方式与动作。操作中手部姿态具有艺术性，手腕与手指等配合娴熟、和谐	手部姿态不具有艺术性，扣2分 手指与手腕配合不具娴熟性，扣1分 入座方式中有明显多余动作，扣2分 姿态摇摆，扣1分 站立手势操作不恰当，扣3分 其他不规范因素扣分
2	茶席布置5分	5	备具、布具有序、合理	茶具排列杂乱、不整齐，扣2分 茶具摆放位置不恰当、不美观，扣1分 备具布具不熟练，扣2分
3	行茶操作65分	15	黑茶行茶法操作流程符合规范。冲泡时，冲水量及时间把握合理。悬壶低冲注水优美、自然、准确	泡茶顺序颠倒或遗漏一处扣5分，两处及以上扣9分或10分 茶叶用量及水量不均衡、不一致，扣3分 茶叶掉落，扣2分 注水水流控制不好，扣5分 其他不规范因素扣分
		15	操作动作适度，手法连绵、轻柔、顺畅，过程完整。取放物品时，手部姿态美观，四指并拢且拇指内扣	动作不连贯，扣3分 操作过程中水洒出来，扣2分 杯具翻倒，扣5分 器具碰撞发出声音，扣2分 手部姿态不美观或拇指翘起，扣3分 其他不规范因素扣分
		10分	重点动作：刮沫、淋壶、撬茶剥茶等动作娴熟；行走具有美感	刮沫动作不规范，扣2分 淋壶动作不规范，扣3分 撬茶动作不规范或娴熟，扣3分 行走动作不规范或娴熟，扣2分 其他不规范因素扣分
		10分	解说：语音、语调、语气、节奏	语音、语调不规范，扣2分 语气不规范，扣3分 节奏不规范，扣5分 其他不规范因素扣分
		10	奉茶及退回座位的姿态及姿势自然、大方得体	奉茶时将奉茶盘放置茶桌上，扣2分 未行伸掌礼，扣2分 脚步混乱，扣2分 不注重礼貌用语，扣2分 其他不规范因素扣分
		5	品茶后回味动作自然、恰到好处，收具及卫生整洁	收具不规范、收具动作仓促、出现失误，扣1分 回味动作衔接仓促，扣1分 茶桌不够整洁，扣1分 茶具没有放到指定归放位置，扣2分
4	茶汤质量20分	12	茶的色、香、味、形表达充分	每一项表达不充分，扣2分 汤色差异明显，扣2分 水温不适宜，扣2分 其他不规范因素扣分
		8	茶水比适量，用水量一致	四碗茶汤水位不一致，扣2分 茶水比不合适，扣2分 茶汤过量或过少，扣2分 其他不规范因素扣分

 考核指南

操作技能部分

1. 按照黑茶行茶法用具准备规范进行器具准备，并参照其操作规范要求及评分标准进行训练。

2. 结合泡茶技巧三要素进行黑茶泡茶训练，黑茶冲泡建议与参考：

【茶具】主冲泡器为紫砂壶

【茶水比】1：30

【水温】建议尝试区间 100℃左右，老茶可煮

【茶叶选择】普洱茶、广西六堡茶、湖南天尖、湖南茯砖、湖南黑砖

【冲泡方法】一定要用 100℃的沸水，才能将黑茶的茶味完全泡出

【汤色】以橙黄或如琥珀、明亮，或汤色红亮等为佳

【香气】以松烟香，或陈香馥郁，香气饱满等为佳

【滋味】以醇和、回甘等为佳

第九章　品鉴茶汤与饮茶体验

视频：行茶解说
与营销

视频：品鉴茶汤
与饮茶体验

◎ **学习目标**

1. 品茶角度与方法等相关知识。

2. 饮茶体验与方法等相关知识。

3. 茶文化美学空间与茶汤品鉴内在关系等相关知识。

4. 行茶解说要点及表达等相关知识。

5. 中国行茶解说撰写等相关知识。

6. 茶叶营销与推广方法等相关知识。

对于品茶人而言，茶之妙有三：一色，二香，三味。一片小小的茶叶里，脉络中隐藏着 700 多种物质。喝茶弄清楚这些物质，仅需品鉴个中滋味，找到自己喜欢的香气，以及体验茶汤的丰富滋味所带来的美妙遐思。不同香气、滋味的背后，体现的是制茶师们在茶叶制作过程中独特的艺术与技艺拿捏，茶香及滋味也与茶树品种、产地、土壤、制茶工艺等有密切关系。因此，需要爱茶人用一生的时间去探寻。当茶汤滑过舌尖、喉间的时候，才会更分明地理解茶总是被比拟成自然精灵的原因所在。

优质的茶叶香是有层次之分的，茶香一般分为五个层次：水飘香、香入水、水含香、水生香、水即香。香气浓郁多变，充分体现在干茶香、盖香、落水香、叶底香上。对于刚刚开始喝茶的人来说，往往是被茶香征服，这是对茶的认同，也是茶"以香夺人"的魅力。人们喜欢用各种优美的词语或诗句形容品饮茶时的曼妙，比如，爱茶人常用"疏影横斜水清浅，暗香浮动月黄昏"来描述初闻冷泡乌龙茶香气的惊艳之感。

啜饮几缕茶汤，抿入，让气流带着茶汤，与唇齿之间的每一处缝隙碰撞。茶汤入口时，不要着急下咽，而是吸气使茶汤在口腔中翻滚流动，让茶汤与味蕾充分接触，这样更能精确地品悟出奇妙的香味和余韵。茶叶的滋味是一种涩、苦、鲜、甜的协调综合体，不同强度的组合形成了变化万千、各具特色的滋味风格。在茶中加入各色佐料也别有一番滋味，从宋代到清代添放的一般是核桃、松子、芝麻、榛子、杏仁、榄仁、菱米、栗子、莲肉、新笋等。除清饮一杯茶外，中国民族地区也有自己独特的品饮方式，一些汉族地区也有很多不一样的茶俗。

品饮茶是中国的待客之道，也是自我消遣的休闲方式。在品茶时，不仅单纯品尝味道，重要的还有领悟，感悟并超越自我的格局与境界，进而调整与升华心境，感受生命与生活的本相。"茶"字通常被解读成人在草木间，中国茶美学境界深幽恬明，品茶审美的过程是茶人修养身心的过程，也是茶与心灵的对话。当下的茶文化已经逐渐成为日常生活美学艺术，让我们在体悟唐、宋、明品茶鼎盛时期的风华雅致的同时，也体验着世界其他地区品茶方式的精神与气质。现代茶融合了传统与时尚，形成一种创新的现代独特茶生活美学特色，并借由空间、茶、器、茶点、琴舞、歌乐、插花、焚香等多种组合形式呈现。与此同时，茶馆、茶文化美学空间等也不断惊艳呈现，儒释道精神也各有韵味与特色，空间艺术陈设氛围与情调让人有着一种无法言喻的心灵共鸣，也成为一种重要的身心栖息的诗意所在。茶会和茶雅集也逐渐成为当今社会一个重要的文化活动，为茶文化活动与品茶体验创造了无限美的可能。冲泡茶的过程，表现了茶人的气质神韵美，协调统一的整体美、节奏美，以及对比调和、多样丰富之美等。在不断创新与演绎里，"向美而生"也日益成为茶人们品鉴茶汤的人生追求之一。

当下，在休闲与旅游业不断成熟发展的今天，从茶会、茶雅集活动，逐渐扩展创新，形成了特色茶镇、茶庄园和特色茶区等，满足了爱茶之人对茶的热爱与探寻。茶不再是简单的一方天地，而是呈现出一个广阔无垠的世界。因此，茶旅也成为当前一个崭新的活动方式，同时也为产茶地的经济与文化发展带来无限积极的推动力。

第一节　品鉴茶汤基本方法

在中国茶文化历史上，早在杜育《荈赋》中就已经开始对品饮茶美学加以描述了，让我们得以体会那个时代的茶汤品鉴之美。优质的茶产于云雾缭绕的高山或青翠盘旋的山谷之中，土壤丰腴滋润，令人神往。冲泡过程也充满趣味，煮茶用水、器、火的选择也是一种情趣，在艺术化的闲适环境里，有着茶人烂熟于手、铭刻于心、不役于形，令人叹为观止的手法美学与精湛技艺。在优雅、规范、平静以及和谐里，品鉴茶汤既体会着做人的美学，也品味着茶汤的美味、精神与审美境界。

一、茶汤品鉴基本要素

品茶讲究审茶、观茶、品茶三道程序。在冲泡茶前能分辨出茶叶本身的状况，从而确定水温、注水、水质，以及所采用的技艺手法与技术核心要点等。在品鉴茶汤时，重在品尝其香气、滋味、醇厚度、汤色、叶底、余韵等综合风味带给我们的美好。品尝时，用舌轻轻在口腔里搅动，分辨是否有苦、涩、平和、平淡或烟、陈、霉等拙劣味道的存在，或是干涩锁喉等不舒服的口腔感觉。然后，充分感受含量较高且嫩度丰富的果胶所带来的滑润如丝的醇厚质感，体会鲜、甘甜、浓醇、生津、收敛性的水果调性所带来的酸，以及花或蜜甜香等的独特风味，并仔细体味其中或是山韵、音韵、岩韵，甚至焦糖、巧克力或是香料等令人着迷的韵味。有些茶汤喝下去会满口生津、馥郁持久，有些是芬香沁人心脾，有些回味甘甜、余韵悠长，有些香味轻扬、丝丝如兰似桂，有些是香味低敛、如蜜似果，有些滋味霸气、荡气回肠，有些则是绵柔、温润似玉，等等。

在实践中，茶汤的品鉴需要用一定的专业术语进行描述，这样有助于我们将品饮感官认知程度、体验感知程度、思想艺术体悟能力、精神共鸣等密切联系在一起，从而具有可比较性、交流性与衡量评价性。通常可以借助《GB/T 14487—2017 茶叶感官审评术语》及咖啡或红酒风味轮盘表述方式进行描述，但品鉴具有一定的个人主观性，对于茶或茶汤的接受阈值也会有所差异，茶汤风味描述也难免会出现不一致情况。茶汤风味与品质状况通常可以从干茶外形、色泽、匀整度、匀净度，以及冲泡后茶汤汤色、香气、滋味、叶底这些要素进行描述，同时也可借用具象的、画面感的、生活意境化的描述词汇、诗句等表述出来，进而可以更增添我们的品饮茶的乐趣。因此，这也需要进行日常茶汤品鉴系统学习、训练、记录累积，进而在更多知识、经验与技能技术的基础上，较为清晰地感知并使用正确术语去表述不同茶汤的汤色、滋味、香气，以及其中最细微的差异，并最终让冲泡技艺不断提升、品鉴技能不断精进。

在共同茶汤分享中，运用茶叶感官评审术语可以将品饮茶汤所带来意境、乐趣，以及其所衍生或引发的意味、意象等充分融合在一起，最终在一杯茶汤里使寻香、辨味、体悟美好成为可能。茶汤汤色通常呈现为绿、黄、红不同色系，并具体呈现为清、澈、明、亮、净、鲜、嫩、艳、深、浓、暗、浊等状态；香气也有高、长、郁、锐、浓、幽之别，具体呈现为花香、果香、蜜香、蜜饯香、木香、药香、香料等；滋味也有醇、厚、浓、纯、平、和、淡、寡，甚至异杂味等。

二、行茶品鉴解说撰写与表达

在茶汤品鉴实践中，将品鉴术语，具象的、画面感的、生活意境化的描述词汇、诗句，品饮茶汤所带来意境、乐趣，以及其所衍生或引发的意味、意象等有机连接在一起，构成了系统而具有审美性的行茶与品鉴解说与表达。行茶品鉴解说与表达使整个饮茶过程具有了一定的美学意境，并成为审美的一种外在艺术化表现形式。另外，行茶品鉴解说虽不一定是品饮茶过程中必然的行为要求，但的确可以通过它帮助品茶人理解其中意蕴与要点，甚至有助于茶产业营销与推广活动取得更好的效果。因此，行茶品鉴解说既可以视为一种茶文化的推广与普及、交流的重要方式之一，也可以视为重要的茶品与茶文化营销方式之一。

行茶品鉴解说体现着冲泡与品饮者的环境、意境、修养、情绪之美，也体现着趣味生活与精神交流。撰写解说词时，要根据泡茶环境与情境等对每个环节具体分别进行表达，也可用文字细腻描述出泡茶人与品茶人之间的互动方式与情境，以及彼此间的共鸣与分享等。在行茶品鉴解说撰写与表达中，需将整个冲泡流程与步骤分解成不同角度、不同环节等，并按照一定的逻辑形成相应的程序步骤。每个步骤或程序也可以根据实际操作用途与作用，根据设计的茶文化氛围与意境表达，将动作或程序进行文化意味的创意表达，进而激发品饮者互动体验与内心美好精神享受。

实践中，通常行茶品鉴解说大体可以分为以下三个部分：首先是行茶前准备说明部分，主要包括选择用具用器（包括独特器具用途说明、摆放方式等）、水（包括水质、取水、煮水方式、水温等）、环境氛围或意境营造（比如香、花、纱幔、亭阁等）等说明。其次是行茶过程中操作流程与方式部分，根据所冲泡茶的特性及科学泡茶方法要求，进行专业冲泡程序分解，进而设计合理有效的冲水方式与操作动作姿态与方式，以及泡茶人思想状态与具象表达等。最后是品鉴与行茶结束部分，主要是品茶与奉茶具体体现方法与形式，其中也需合理设置品茶、奉茶与添茶，以及最后的分享交流等环节。在实践中，上述三个行茶品鉴过程中的环节或程序步骤可根据情境与实际需要进行详尽或简约设计安排，但务必要突出重点环节。

冲泡茶过程中，茶艺师泡茶的肢体动作、环境氛围等是一种无声的语言，它们在符合科学泡茶的环节与步骤设计基础上，借助具有丰富象征意义的符号语言等，向品饮者传递着一种品饮与茶汤品鉴的审美境界。此外，音乐和适时优美的冲泡茶解说借助音韵、意象的有声激发，同时营造并传递着审美的意味与意蕴。因此，冲泡茶过程中蕴含着审美机制的作用与生成，是视觉、味觉、嗅觉等的感官享受，它源于美好的生活状态，也是一种富有创新、探索设计意味的演绎性与观赏性的艺术创作活动。在这个过程中，泡茶人或旁白将撰写好的解说词优美地传达给品饮者也尤为重要，通过解说与表达给其观赏、品鉴的要旨指引，能令其在充分调动全部的审美感觉后，经过感知、体味、领悟等一系列心灵活动，最终内化为一种精神愉悦。冲泡茶解说与表达也是一种听觉享受过程，在动静欣赏和品鉴之间，借助品饮者的心灵感受及情绪体验，最终超越茶汤带来的物质感受，进而达到哲理与人文境界。

在解说词撰写与表达中，针对茶品的介绍要能够让品饮者对某款茶品相关的一些产品属性、品质特点和冲泡品饮等内容有一定的了解或认知，从而达到接纳或沟通交流目的，进而获得某种共鸣。泡茶品鉴解说过程中，当然少不了茶艺师对应的动作、语言以及内心精神的体现，通过表达过程中每一个细节上的动作、语言运用和神情等，来传递茶品、茶汤品鉴等与被品饮者体验之间可能存在的某种关联。茶品冲泡与品鉴过程也是一个良性互动过程，重在沟通与交流、分享，茶艺师要逐渐形成自己独特的表达风格与韵味，在解说中务必要注意语言陈述逻辑、语音、语调及语速的把握，也要注意表情、目光眼神、笑容等肢体语言的有效配合，尽可能让人有一种美的享受。

从实践角度看，行茶品鉴解说撰写与表达也可视为茶文化与茶产业一种具体的体验营销方式，在"场景式"与"体验性"营销理念背景之下，我们也可以这样说，茶艺师是茶文化和茶产业最好的代言人与推广使者。因此，行茶解说与表达、茶文化氛围营造能力等，也是茶艺师重要的职业技能与素养要求之一。在实践中，一个好的行茶解说与表达撰写也是基于市场营销视角分析基础之上的，一个优秀的行茶解说与表达本身也是一种具有市场影响力、渲染力、针对性的营销宣传。

因此，在茶文化与茶产业实践中，我们不仅要基于营销学 4P 理论，即产品（product）、价格（price）、渠道（place）、促销（promotion），或是 4C 理论，即消费者（customer）、成本（cost）、便利（convenience）和沟通（communication），以及其他营销理论等进行推广与销售，也要借助行茶、品鉴茶汤等文化体验层面与市场建立一个良好的沟通和体验场景，从而获得理想的营销效果与效率。在实践中，通过富有特色和吸引力的行茶演绎、场景布置，以及与品饮茶文化相配套的茶、器、茶点、茶用品等组合，形成具有竞争力的有机组合销售模式体验场景，也会最终实现共同推广营销的目的与良好的经济效益。在这个意义上，各种茶馆、茶会所等场所以及茶雅集、茶会、茶宴等活动脱颖而出，最终形成了茶文化和茶产业的新型卖场和体验场。

三、行茶品鉴解说撰写范例

（一）君山银针行茶品鉴解说撰写范例

君山银针行茶品鉴过程中操作流程与方法主要体现为：入座—净手—赏水—拨茶—赏茶、温杯烫具—投茶—注水—浸泡—赏汤—奉茶—品鉴茶汤—谢客、退场。具体解说词撰写为：

恭请上座——入座：请茶友们入座，非常感谢大家欣赏。

芙蓉出水——净手：冲泡君山银针前，先要用清澈的泉水清洗双手。芙蓉出水，指的是茶艺师的纤纤玉指。

生火煮泉——赏水煮水：冲泡君山银针茶使用的是山间清澈甘甜的泉水。

银针出山——拨茶：使用茶匙量取少许君山银针茶放到茶荷上，以供各位宾客鉴赏。

银盘献瑞、湘妃洒泪——赏茶并介绍茶叶传说：邀请各位茶友宾客欣赏君山银针茶，其成品茶芽头苗壮，茶身满布毫毛，色泽鲜亮，形细如针。鉴赏君山银针干茶的同时，向大家简单介绍此茶的传说。

雾锁洞庭——温杯烫具：玻璃杯中的热气形成一团云雾，仿似君山岛上长年云雾缭绕的景象。

金玉满堂——投茶：量取大约5克君山银针茶，投入各个水晶玻璃杯中，金黄油亮的茶芽缓缓落入杯底，寓意祝福诸位茶友家庭幸福、生活甜美、金玉满堂。

汽蒸云梦——注水：采用"凤凰三点头"的方法，往玻璃杯里注水至七分满。此时玻璃杯上方的浓浓热气，犹如汽蒸云梦般唯美。

风平浪静——浸泡：观赏冲泡后茶汤变化的美好状态。

雀舌含珠、列队迎宾——欣赏：当沸水冲入玻璃杯后，君山银针茶芽叶舒展。君山银针茶芽吸水后产生气泡，微微张开的茶芽，形似雀鸟之舌。舒展后的君山银针，芽尖冲向水面，悬空竖立，表示欢迎各位茶友的到来。

敬奉佳茗——奉茶：敬献给各位来宾，邀请大家嗅闻、品尝。

白鹤飞天、仙女下凡、三起三落、春笋出土、林海涛声——观汤色及赏茶汤：一股蒸汽从杯中升起，犹如一群白鹤升上天空。汤色黄艳明亮，茶芽充分吸水后，徐徐下沉，恰似穿着艳丽黄衫的天女，漫天飞舞衣袖在散花，又犹如仙女下凡般姿态优美。君山银针茶芽沉入杯底，瞬间变化，忽升忽降，三起三落。当君山银针沉入杯底，这是冲泡君山银针最有观赏价值的一道景观，其茶芽竖立杯底，如雨后刚刚出土的春笋。轻摇玻璃杯，君山银针茶芽随之摆动，"林海涛声"隐约可见。

玉液凝香——闻香：手捧玻璃杯，鼻子凑近嗅闻君山银针茶汤玉液清纯的茶香。

三啜甘露——品滋味：小口品啜君山银针茶茶汤，分三次品尝，细细感受茶的醇厚、甘甜、鲜爽滋味，回味无穷。

尽杯谢茶——谢客、退场：茶汤饮毕，谢过各位来宾朋友。

（二）碧螺春行茶品鉴解说撰写范例

"洞庭无处不飞翠，碧螺春香万里醉。"烟波浩渺的太湖包孕吴越，太湖洞庭山所产的碧螺春集吴越山水的灵气和精华于一身，是中国历史上的贡茶。碧螺春也是中国十大名茶之一，现在就请各位嘉宾来欣赏并品啜碧螺春，接下来请欣赏碧螺春行茶演绎。

焚香通灵：茶须静品，香能通灵，首先点燃这支香，平静我们的内心，以便用空明虚静之心，去体悟这碧螺春中所蕴含的自然美妙。

仙子沐浴：今天我们选用玻璃杯来进行泡茶，晶莹剔透的玻璃杯好比是冰清玉洁的仙子，"仙子沐浴"即注水准备烫杯，以更好地激发茶香。

玉壶含烟：冲泡鲜嫩碧螺春最好用80℃左右的热水，在烫洗了茶杯之后，壶口蒸汽氤氲，所以这道程序称为"玉壶含烟"。

碧螺亮相："碧螺亮相"即请大家传着鉴赏干茶。碧螺春有"四绝"——形美、色艳、香浓、味醇，制作一斤特级碧螺春需采摘大约七万个嫩芽，干茶外形条索纤细、卷曲成螺、满身披毫、银白隐翠，多像民间故事中娇巧可爱且羞答答的田螺姑娘。

雨涨秋池：唐代李商隐的名句"巴山夜雨涨秋池"是个很美的意境，"雨涨秋池"即向玻璃杯中注水，水只宜注到七分满，留下三分钟情。

飞雪沉江：行茶中采用上投法，用茶匙将茶荷里的碧螺春茶依次拨到已冲了水的玻璃杯中去。满身披毫、银白隐翠的碧螺春如雪花纷纷扬扬飘落到杯中，吸收水分后即向下沉，瞬时间白云翻滚，雪花翻飞，甚是好看。

春染碧水：请鉴赏茶汤，碧螺春沉入水中后，杯中的热水溶解了茶里的营养物质，茶汤逐渐变为绿色，整个玻璃杯立刻洋溢起春天的青翠气息。

绿云飘香：请闻香，碧绿的茶芽、碧绿的茶水，在杯中如绿云翻滚，氤氲的蒸汽使得茶香四溢，清香袭人。

初尝玉液：再请品鉴滋味，品饮碧螺春需分三次感受，应趁热连续细品，头一口如尝玄玉之膏，云华之液，感到色淡、香幽、汤味鲜雅。

再啜琼浆：二啜感到茶汤更绿、茶香更浓、滋味更醇，并逐渐开始感到了舌本回甘，满口生津。

三品醍醐：醍醐即奶酪，在佛教典籍中用醍醐来形容最玄妙的"法味"。品第三口茶时，太湖春天的气息已经开始萦绕在我们的唇齿之间，也令人仿若看到洞庭山盎然的生机，人生的百味也不禁在心中翻荡，引发我们思考与感悟。

神游三山：古人讲茶要静品、茶要慢品、茶要细品。唐代诗人卢仝在传诵千古的《七碗茶歌》中写："五碗肌骨清，六碗通仙灵，七碗吃不得也，唯觉两腋习习清风生。"品过茶汤后，请各位嘉宾继续慢慢地自斟细品，静心去体会七碗茶之后"清风生两腋，飘然几欲仙。神游三山去，何似在人间"的绝妙感受。

（三）铁观音行茶品鉴解说撰写范例

各位嘉宾好，今天我们所用的茶叶是产自福建安溪的铁观音，素有"绿叶镶红边、七泡有余香"的美誉。另外，制作该款茶叶的茶树生长环境得天独厚，采制技术十分精湛，是一款难得的品饮佳品。下面请大家静下心来和我们共享茶艺的温馨和怡悦，其中工夫茶茶艺表演过程中也请各位嘉宾与我们密切配合，共同完成。

孔雀开屏：借助孔雀开屏这道程序，向大家介绍今天泡茶所用的精美工夫茶具。摆在我们面前的茶盘称之为"茶海"；这是泡茶用的紫砂壶；这是公道杯、闻香杯、品茗杯、茶道组合。

叶嘉酬宾："叶嘉"是苏东坡对茶叶的美称，叶嘉酬宾就是请大家鉴赏乌龙茶的外观形状。

大彬沐淋：大彬是明代制作紫砂壶的一代宗师，他所制作的紫砂壶被人称为大彬壶。大彬沐淋，就是用开水浇烫茶壶，其目的是洗壶并提高壶温。

乌龙入宫：乌龙入宫就是用茶匙将茶叶从茶荷内拨入壶内。

乌龙入海：用头一泡冲出的茶汤直接注入茶海，准备烫杯，因为茶汤呈琥珀色，从壶口流向茶海好像蛟龙入海，所以称之为乌龙入海。

再注甘露：再注甘露在这里喻为茶海茶汤入品茗杯、闻香杯，进行烫杯。

高山流水："高冲水，低斟茶"。高山流水即将开水壶提高，向紫砂壶内冲水，使壶内的茶叶随水浪翻滚。

春风拂面：春风拂面是用壶盖轻轻刮去茶汤表面泛起的白色泡沫。

壶外追香：为保持壶内壶外温度一致，在刮沫之后，还要用开水浇淋壶的外部，这样内外加温，有利于茶香的散发，称为壶外追香。

祥龙行雨：将壶中的茶汤快速而均匀地依次注入闻香杯，称为"祥龙行雨"，取其"甘霖普降"的吉祥之意。

凤凰点头：当壶中茶汤所剩不多时，应将巡回快速斟茶改为点斟，这时茶艺表演者的手势一高一低，有节奏地点斟茶水，形象地称之为"凤凰点头"，象征着向嘉宾行礼致敬。

龙凤呈祥：闻香杯斟满茶后，将品茗杯倒扣过来，盖在闻香杯上，称为"龙凤呈祥"。

鲤鱼翻身：把扣合的杯子翻转过来，称之为"鲤鱼翻身"。中国古代鲤鱼翻身跃过龙门可化龙升天而去，我们借助这道程序祝福在座的各位嘉宾家庭和睦，事业发达。

鉴赏汤色：鉴赏汤色是请大家用右手将闻香杯慢慢地提起来，注意观察杯中的茶汤是否呈清亮艳丽的琥珀色。

喜闻高香：喜闻高香即请大家闻一闻杯底留香。

三龙护鼎：三龙护鼎是请大家用拇指、食指夹杯，中指托住杯底，三根手指头喻为三龙，茶杯如鼎，像这样的端杯姿势称为三龙护鼎。

初品奇茗：初品奇茗是品茶三品中的头一品，品茶讲究三口为品，让我们共品这杯茶，祝在座各位身体健康、万事如意！

（四）西湖龙井行茶品鉴解说撰写范例

初识仙姿：龙井茶外形扁平光滑，有色翠、香郁、味醇、形美"四绝"之盛誉。优质的龙井茶，通常以清明节前采制的为最好，称为明前茶。除此之外，还有谷雨茶等。明代田艺衡曾有"烹煎黄金芽，不取谷雨后"之说。

再赏甘霖："龙井茶、虎跑水"为杭州西湖双绝，冲泡龙井茶必用虎跑水，如此才能茶水交融，相得益彰。虎跑泉的泉水是从砂岩、石英砂中渗出的。将硬币轻轻置于盛满虎跑泉水的赏泉杯中，硬币置于水上而不沉，水面高于杯口而不外溢，表明该水的水分子密度高、表面张力大、碳酸钙含量低。请来宾品赏这佳泉。

静心备具：冲泡高档绿茶要用透明无花的玻璃杯，以便更好地欣赏茶叶在水中上下翻飞、翩翩起舞的仙姿，观赏碧绿的汤色、细嫩的茸毫，领略清新的茶香，冲泡龙井茶更应如此。现在，将水注入要用的玻璃杯中，增加杯温，茶是圣洁之物，泡茶人要有一颗圣洁的心。

悉心置茶："茶滋于水，水借于器。"茶与水的比例适宜，冲泡出来的茶才能展现茶性，又充分展示茶的特色。一般说来，绿茶茶叶与水的比例为 1∶50，即 100 容量的杯子放入 2 克茶叶。将茶叶从茶仓中轻轻取出，每杯用茶 2～3 克，置茶时心态要平静，茶叶勿掉落在杯外。敬茶、惜茶是茶人应有的修养。

温润茶芽：采用"回旋斟水法"向杯中注水少许，以 1/4 杯为宜，温润的目是浸润茶芽，使干茶吸水舒展，为将要进行的冲泡打好基础。

悬壶高冲：温润的茶芽已经散发出一缕清香，这时高提水壶，让水直泻而下，接着利用手腕的力量，上下提拉注水，反复三次，让茶叶在水中翻动。这一冲泡方法称为"凤凰三点头"。凤凰三点头不仅是泡茶本身的需要，显示冲泡者的优美姿态，更是中国传统礼仪的体现。三点头像是对客人鞠躬行礼，是对客人表示敬意，同时也表达了对茶的敬意。

甘露敬宾：客来敬茶是中国的传统习俗，将自己精心泡制的清茶与朋友们共赏，别有一番欢愉，让我们共同领略这大自然所赐予的绿色精英。

辨香识韵：评定一杯茶的优劣，必从色、形、香、味入手。龙井茶是茶中珍品，其色澄清碧绿，其形一旗一枪，交相辉映，上下沉浮。通常采摘茶叶时，只采嫩芽称"莲心"；一芽一叶，叶似旗、芽似枪，则和"旗枪"广芽两叶，叶形卷曲，形似雀舌，故称"雀舌"。闻其香，则是香气清新醇厚，浓烈之感，细品慢暇，体会齿颊留芳、甘泽润喉的感觉。

再悟茶语：绿茶大多冲泡 3 次左右，能确保色香味最佳。因此，当客人杯中的茶水见少时，要及时为客人添注热水。龙井茶初识时会感清淡，需细细体会，慢慢领悟。品赏龙井茶，像是观赏一件艺术品，透过玻璃杯，看着上下沉浮的毛毫，看着碧绿的清汤，看着娇嫩的茶芽，龙井茶仿佛是一曲春天的歌、一幅春天的画、一首春天的诗，让人置身在一派浓浓的春色里，生机盎然，心旷神怡。

相约再见：鲁迅先生说过"有好茶喝，会喝好茶，是一种清福"。今天，我们大家相聚在此共饮清茶也是一种缘分。"一杯春露暂留客，两腋清风几欲仙"，愿有缘再次相聚，谢谢大家。

（五）白毫银针行茶品鉴解说撰写范例

焚香礼圣，净气凝神：在白茶茶艺表演开始之前，点燃一炷香，以示对唐代撰写《茶经》的"茶圣"陆羽的崇敬和怀念之情。

白毫银针，芳华初展：此款白毫银针是白茶中的极品，干茶茶芽上全身满披白毫，外形壮硕。

流云佛月，烫具清尘：白茶的冲泡以选用玻璃杯或瓷壶为佳，此次行茶之所以选用玻璃杯，是因为它不仅能够有效地保留白茶的原汁原味，同时还可以清晰地观察到茶叶在冲泡过程中的微妙变化。用沸腾的水"温杯"，是为了让茶叶的内含物能更快地浸出。

静心置茶，纤手播芳：置茶要用心，不仅要看杯的大小，同时也应该考虑到饮者的喜好。有些人比较偏爱香高浓醇的白茶茶汤，那么可投茶量为 7～8 克，若品饮者喜欢茶汤之清醇，则可适当减少置茶量。

雨润白毫，匀香待芳：白毫银针因其外表披满白毫，所以在进行茶叶冲泡时称作"雨润白毫"。先向茶杯中注入适量沸水，目的是温润茶芽，轻轻摇晃，叫作"匀香"，以便茶叶在冲泡过程中能够迅速释放出茶香。

乳泉甘美，甘露源清：好茶应用好水冲，山间乳泉是泡茶较好的水源之一，这是因为乳泉中含有微量的矿物质。温润茶芽之后，采用悬壶高冲之法，观察白毫银针茶在杯中翩翩起舞、上下翻滚的样子，正如仙女下凡，壮观美丽，并加快有效成分的漫出，白毫银针在水中亭亭玉立的美姿，也可以让我们尽收眼底。

捧杯奉茶，玉女献珍：茶来自云雾山中，是得天地之灵气的一种灵物，能够带给人间最美好的感受。一杯白茶在手，万千烦恼皆休。

春风拂面，白茶品香：白茶汤色黄绿清澈，滋味清淡回甘，很值得品尝，但饮茶不宜大口饮用，而是要小口啜饮，使茶汤在舌间来回滚动，充分与味蕾接触，使茶人产生一种不可言喻的香醇喜悦之感。它的甘甜、清冽可以让人们感受到自然之美。

 考核指南

基本知识部分考核检验

1. 请简述行茶品鉴解说价值及艺术表达主要体现在哪些方面。
2. 请简述行茶品鉴解说要点及表达撰写的主要技巧是什么。
3. 请简述在泡茶品茗实践中，我国对于饮品鉴赏的角度主要体现在哪些方面。

操作技能部分

1. 针对品茗鉴赏角度，设计一个品茗情境，并讨论要在实践中获得较好的品饮感受与体验，关键的设计要素主要体现在哪些方面？
2. 按照泡茶技巧三要素及品鉴茶汤技能评分标准，自行针对一款茶品进行冲泡训练，并指出自己冲泡技术中还需要改进的地方。
3. 参考行茶品鉴解说词撰写范例，针对碧螺春、白牡丹、武夷岩茶、祁门红茶行茶程序设计，创作出一个行茶品鉴解说词文本，并指出该行茶品鉴解说词主要分为哪几个部分，每个部分解说词环节是如何设置的，给该解说词的每一个环节步骤设计一个具有文学艺术性及美学分享性的4字概括性描述用词。最后，请参考行茶品鉴技能评分标准，进行解说词撰写与表达训练。

表 9-1　行茶品鉴技能评分标准

序号	项目	分值	要求和评分标准	扣分点
1	仪容仪表礼仪 5分	2	形象自然得体，表情具有亲和力	妆容不当，扣2分 神态木讷或交流过多，扣2分 表情不自然或缺乏亲和力，扣2分
		3	仪态端正，优雅大方	未行礼，扣1分 姿态不端正，扣2分 手势夸张、做作或生硬，扣2分 其他不规范因素，扣1分
2	品饮环境营造 10分	3	茶具选配合理，位置摆放正确	茶具材质选配欠合理，扣1分 茶具材质选配不合理，扣3分 茶具色系选配欠缺当，扣1分 茶具色系选配不恰当，扣3分 茶具摆放杂乱，扣2分 少选或多选茶具，扣1分
		7	品饮氛围适宜	环境音乐不协调，扣1分 整体色彩搭配欠合理，扣3分 装饰物搭配不合理，扣2分 其他不合理因素，扣1分
3	冲泡操作规范 20分	13	程序契合茶理，冲泡要素把握恰当	泡茶顺序颠倒或遗漏一处，扣2分，两处及以上扣5分 冲泡水温不适宜，扣2分 茶叶掉落在外面，扣1分 投茶量过多、过少或不均衡，扣1分 冲泡时间不到位，扣2分
		5	冲泡手法娴熟自然	冲泡过程不连贯，扣2分 水洒出茶具外，扣1分 茶器具翻倒扣或多次碰出声音，扣1分 其他不规范操作，扣1分
		2	收具规范，有条理	收具缺乏条理，扣1分 收具有遗漏，扣1分
4	茶汤品饮质量 15分	10	茶汤色、香、味表达充分	茶汤色泽表达不充分或差异明显，扣2分 茶香气呈现不充分，扣2分 茶汤滋味表达不充分或差异明显，扣2分
		5	茶汤适量、温度适宜	奉茶量差异明显，过量或过少，各扣2分 茶汤温度不适宜，扣2分 冲泡后茶汤量过多或过少，扣1分
5	茶汤品鉴 20分	15	茶品鉴合理	茶叶干茶外形、色泽，冲泡后汤色、香气、滋味、术语运用不准确，每处扣2分
		5	具象的、画面感的、生活意境化的描述词汇、诗句等综合品鉴表达恰当	表达词语不准确，每个不恰当表述扣0.5分 其他不合理因素扣1分
6	行茶解说 30分	15	行茶解说文本撰写艺术性、科学性、文学性等	艺术性欠缺、文本撰写不合理或缺乏科学性、文学性欠缺，每处最多扣5分
		15	表达审美性	语音、语调、语气、节奏等欠缺，扣2分 肢体与语言表达配合不和谐，扣5分 表情、神态、目光等欠缺，扣5分 解说引发品饮意境、趣味等欠缺，扣3分

第二节　提升饮茶体验基本方法

中国茶文化自唐代就开创了品茶风雅美学之端，宋代达到巅峰，明清品茶儒释道的高远意境追求对后世影响颇为深远。中国人品饮茶早已不仅仅是一种乐趣，也不局限于注重茶叶的色泽、香味、滋味与形态本身，而更注重一种心境与意境，其外延早已经衍生为是一种蕴含内心平静的审美情趣。在宋代社会，人们便已经开始讲究日常生活"四艺"，透过嗅觉、味觉、触觉与视觉品味日常生活，即焚香、点茶、挂画，将日常生活提升至艺术层面，最终提升内在的素养与格局。明代文人对饮茶也是高标准、严要求。明代品饮茶的特色之一就是不仅追求茶原有的本真香气和滋味，而且更强调品茶时自然环境的选择和审美情趣的营造，开始对境、景、时、人、物、事等诸多方面有更多的规定，也开始向人心的本质回归及精致化的文人品饮茶追求转变，尤其体现在对茶器选择与制作方面。与此同时，明代文人和精英阶层开始出现具有审美趣味、专门品饮茶的茶寮，使其在品饮茶时得以从这个喧闹的社会生活中抽身而出，为后世各具品饮文化特色的茶馆的出现奠定了坚实的社会基础。由此可见，茶馆是提升饮茶体验一个重要的空间场所，茶馆也因面对受众的文化程度不同，其氛围特色及消费方式等也出现不同分野。

明清之后，茶馆逐渐普及，多有茶馆、茶楼、茶肆、茶坊、茶亭、茶寮、茶社、茶室、茶屋等称谓，主要有以下几个空间构成部分：迎宾台、收银台、陈设装饰区、货品陈列或销售区、办公室、储物或贮藏间、产品加工处理间、出品区、卫生间、景观区域、自助或食品服务区，以及其他空间（如大厅的公共消费空间、包厢的私密消费空间、逃生通道与消防区）等构成，有的还设置茶艺或其他观看节目表演台，等等；另外，通常也会在公共消费空间中依据情况会分设散座、厅座、卡座等。茶馆装饰风格基本有仿古式、园林式、室内庭院式、民俗式、戏曲茶楼式，或运用现代设计理念与创意进行的各具特色茶馆装饰风格实践，并借由茶、器、艺、人、空间等整合形成一种茶品饮体验的氛围与意境。

空间环境对品茶状态与茶汤品质所能达的境界起着不可或缺的作用，儒释道精神气质也是借由空间及氛围来呈现的。随着社会物质、文化生活的提升，中国品饮茶的风雅追求也不断成为一种客观精神需求的潮流与趋势，以茶馆为代表的品饮茶空间越发需要具有别有风味且独特动人的特征，茶客对品茗赏茶的空间和环境的精神与审美承载具象能力的要求也越来越高。发现并进行优雅而缓慢的茶事生活，在茶汤品鉴与品饮中获得身体与心灵的自我升华，也着力体现在品饮茶体验空间中。从茶汤到器，从器到席，从席到空间，茶道中茶汤的香、味、色，每一种延伸，越发驱使品饮茶空间逐渐向茶文化日常美学空间转化，在茶汤茶事生活中已经开始形成一门茶美学的端倪，一个充满意蕴的茶空间会成为人们对一个地方茶文化的深厚记忆。在实践中，对茶的挑剔、对器的偏好、对席的执着，进而到对茶空间的探索，我们在不断地让品茗超越味蕾的感觉。

由此可见，茶文化美学空间设计与创意主要由设计构思、空间布局、光影组合、基本材质、装饰景观这五个部分组成并相辅相成。在实践中，可以通过一定艺术创作手法与临摹范本进行演绎和创造，比如可以借用东方园林中障景、夹景、借景、漏景、框景等造园手法创作出属于哲品的茶空间。茶文化美学空间的体会不仅是唇齿与身体感官的体会，它更是一种综合的认知与精神体会，最终实现一种人、茶、器的融合，把人的法则、器物的美和茶的品性进行一个深度的自然融合，进而达到身心满足与境界提升。

除此之外，茶会与雅集活动也有助于品饮茶体验的提升。中国文人除了重视身心、精神、气质外，也非常重视娱乐性与游艺性，历来喜欢在各种名目下进行游山玩水、诗酒唱和、书画遣兴和文艺品鉴等活动，吟诗作文、琴、棋、书、画、茶、酒、香、花等雅文化是氛围营造不可或缺的重要元素。因此，其间也会喜欢穿插各种雅事，诸如吟诗、观海、听涛、垂钓、作画、抱琴、挂画、焚香、瓶供、品茗等。同时，这种所谓的"或十日一会，或月一寻盟"的聚会方式也被后人称为"雅集"，类似于如今的"沙龙"。在中国历史上，比较著名的十大雅集为：邺下雅集、金谷园雅集、兰亭雅集、竟陵八友雅集、琉璃堂雅集、香山雅集、滕王阁雅集、玉山雅集、西园雅集、竹林七贤雅集。

茶雅集就是将雅集方式引入品饮茶活动中所形成的一种群体共同品茗的独特活动方式，有的甚至在这个过程中还形成一种仪式、规范。茶会与茶雅集因其风雅、审美艺术性以及深度身心体验性等，已经成为一个重要的饮茶体验载体与方式，对当代饮茶风尚也有着重要的影响。茶会兴于唐盛于宋，茶会也从寺庙走向民间。在日本、韩国等地，随着茶的输入和茶文化的发展也逐渐发展出各具特色的茶会。在我国，台湾有无我茶会，西藏有酥油茶茶会，南京有赏鸟茶会，等等。

茶会、茶雅集都是围绕着"茶"的主题，茶人聚集在一起共同探讨和品赏茶的美感、身心与信仰之道。一场茶会和茶雅集的策划实施就如同中国一句古语，"夫运筹帷幄之中，决胜千里之外"，周密细致的策划是茶会的灵魂。因此，在茶会和茶雅集前期，主办者务必要深入系统地进行逻辑设计，在后期则需要踏踏实实地依据逻辑设计主线逐一落实所有的具体实施步骤，主要包括活动可行性分析与策划开展、场地选择、环境氛围布置、器物服装准备、人员组织与协调、流程安排、资金落实、安全事项保障、应急处理等。活动中，务必进行分工负责，安排专人对具体的项目跟进、落实并及时沟通，策划主办人务必对突发状况有足够的判断能力与处理能力。

在实践中，办好一场茶会有以下几点建议：首先，茶会与茶雅集活动设计要紧扣主题，整个活动务必扣紧"茶"这个灵魂眼，所有策划都应该围绕这个主题进行，在追求形式美的同时一定要有朴素而丰富的内涵。其次，忌喧宾夺主。茶会与茶雅集不是一场器物展演或者装置艺术的秀场，茶脉、哲思、文脉、诗意、氛围、境界等务必有机融合与衔接。再次，注意细节把控。只有细腻而深入心灵的演绎才能引发共鸣，茶会或茶雅集的主题务必落实在细节之中，这也对整个策划的科学性、专业性、清晰性与整体能力有着较高要求。例如，茶会的主题与季节、风俗是否吻合，茶会中所冲泡的茶品是否适合嘉宾的品饮习惯，所配的茶点是否应季，司茶人的服饰和发型是否合乎仪规，等等。这些都是策划者必须考虑的。最后，要认真协调与执行。办好一个茶会或茶雅集一定是团队通力合作才能很好地完成的，完美的执行力是落实阶段的重要保障。除此之外，对参与者的整体行动把控也非常重要，不容忽视。整个活动是由主办者与参与者双方共同完成的，事茶人和饮茶者都需各自遵守一定的纪律与礼仪，才可以让一场茶事活动在有序、优雅的氛围中得以实现。因此，在茶会最初的邀请阶段，就要明确告知茶会的宗旨、要求，并在茶会开始前再次提醒、告知。只有让所有组织者与参与者都能彼此理解并形成默契，才能最终共同达到对茶之美的尽情体验。因此，从这个意义上看，茶会与茶雅集也可视为是茶人在践行中完善自我的一个重要途径。

在茶会与茶雅集中，通常音乐与演奏、插花、焚香与挂画是常见而富有审美趣味的内容。

一、品茗时欣赏音乐与演奏

音乐与演奏会把自然美与人文美以音符、节奏、声音等方式对品饮人进行心灵渗透与感染，起到"内化至心"效果，古人就有品茗聆乐的习惯。一杯香茗，伴随着天外之音，引人沉醉，可让人获得涤人心魄的至美享受。喝茶时听着琴曲，可以帮助人静心，进而达到心外无物的境界。因此，音乐可以营造品茗意境，不同心境与意境下应播放不同旋律与曲调的音乐。

音乐会促发品饮出不同的茶味，获得独特的品饮体验，并升华这种品饮茶体验。其中，古琴之声虚静深远，在夜深人静时最能让人产生共鸣并获得心灵感悟。比如，《忆故人》比较适合品饮醇厚而有张力的茶气，让人在感怀沉浮人世的同时也对未来充满向往；《良宵引》很适合花好月圆、岁月精美的茶境；《潇湘水云》可涤荡心胸，在自然中飞舞，让人不禁对山川感怀；《鸥鹭忘机》充满生趣和怡然自得况味，也能让人有禅茶一味的感悟；《高山流水》韵味隽永，让人有一种心灵回归与栖息的和谐安顿之感；《碣石调幽兰》的旋律可让人有心神清幽回荡之意境；《醉渔唱晚》悠然自得的曲调让人不禁对日出而作、日落而息的平凡岁月充满留恋；《欸乃》音调悠扬让人产生寄情山水烟霞之向往；《酒狂》流畅而富有激情的旋律也平添几分豪放旷达之意；《阳关三叠》音调淳朴且情真意切，令人不禁产生珍惜当下之感。

因此，在品茶中深邃、韵味悠长的音乐或是演奏很容易激发意境或审美畅然感，若是再增添一些音效，诸如山泉、飞瀑、溪流声；落雨、浪涌、风吹声；虫鸣、钟声、鼓声、蛙叫、蝉吟等，更是锦上添花。

二、品茗时欣赏插花

插花是一门造型艺术，它通过对花卉独具匠心的设计与手法来表达一种意境，让人得以体验一种生命的真实与灿烂。无疑，在品茗中欣赏插花可获得心灵共鸣与感悟，从而提升品饮体验。插花艺术本身在花材选择、色彩、构图造型、内涵意境、理论和技艺等方面，均具有较为深远的审美意义。插花艺术通过线条、颜色、形态和质感的和谐统一，以求达到"静、雅、美、真、和"的意境，必然也会为整个品饮茶氛围增添无限美的韵味。

中国早在南北朝时期之前就有簪花佩花习俗，后因佛前供花而让以器皿插花形式广泛流行。佛教中有以花做的比喻，花开代表了布施、持戒的精神；花籽深埋土中、出土后耐受风霜雨雪及任蜂蝶采蜜，则是代表了忍耐的精神；努力展现最美的姿态及花谢后结籽以生生不息，则是代表了精进的精神；其宁静、祥和的气质代表的是禅定的境界；形、色、香千变万化是代表着蕴涵奇妙的智慧。一个人懂得欣赏花的美并能获得人生的启示，是一种明心见性的修行。随着佛教逐渐演变为日常化生活，家宅供佛也让供花仪式进入世俗家中。唐代欧阳詹的《春盘赋》、五代南唐张翊所撰《花经·九品九命》表达了那个时期人们在花卉审美上的理性思考，也影响到后世插花活动中的择花与搭配。在宋代，插花已成为整个社会的生活时尚，并已经出现了干果插枝样式。从宋代开始，不管是大家闺秀的闺房、富贵人家的庭院，还是出家人的案头、士大夫的书房，都有瓶插的鲜花，将生活空间点缀得意趣盎然。于是，探索插花中一些技术问题的解决也成了一个重要内容。明代是中国插花艺术史上的关键性转折时期，并且达到了非常成熟且完善的顶峰时代，插花完成了从自然之美向艺术之美的升华。明代张谦德撰写的《瓶花谱》、袁宏道撰写的《瓶史》是对国内外有巨大影响的插花理论和程式样式研究成果。同时，专门的插花器具创造也开始不断深入，清代的沈复发明了现在经常用的"剑山"的最早雏形。

现有中国史料中并没有"茶席插花"这种专有术语或固定说法，也没有看到在品茗中专门与插花进行有机结合且系统构建的史料记载。茶席插花通常被认为是在爱茶、习茶过程中，中国台湾和大陆茶人逐渐将插花和品茗结合到一起，并有效地将二者结合在一个茶席之上。日本插花称为"花道"，日本花道诞生于中世纪，成熟于江户时代，茶室插花在思想与实践方面相对来说也比较丰富、系统，并且通常认为插花艺术的本质就在于表现生命短暂而艳美的鲜花在凋谢时的心境，也能表现小中见大的微妙，借此领悟大自然的美，从中也可以感受到佛、神和人之间的关系，还能感受到过去、现在和未来的时空关系。嵯峨御流插花派的掌门人吉田泰已的著作《花道美学》中指出：日本花道形成于中世纪，并且佛教与花道也戚戚相关，同时深受中国影响。日本的壁龛也是茶室的一个重要组成部分，壁龛也是所谓的"床之间"，前身是"佛间"，即家中供佛的场所，壁龛最早供放神龛，后逐渐演变成悬挂条幅、画及摆放工艺品等，最常见的是摆放一些书画、烛台和插花。事实上，日本是非常注重佛教的国家，在江户时代兴起的儒学才让信奉佛教的社会风气得到了一些缓解。日本茶室的壁龛里通常摆放不可或缺的挂画，但插花也非常重要。嵯峨御流插花派的掌门人吉田泰已认为，这盆毫不起眼的插花对于这间屋子来说，是任何东西都不能替代的存在，起着让人适应和亲近这间屋子的催化作用。吉田泰已也认为优秀的插花作品都表现得非常寂静，稍不留意就很容易被忽略。

三、品茗时焚香闻香

中国的香文化在唐朝时已经趋于完备，而鼎盛时期则是在宋朝。闻香品茗自古就是文人不可或缺的内容，文人雅士在品茶、读书或是聚会时都喜焚香，香和茶的结合共同构成生活美学与境界，琴、茶、花、香由感官到心灵也蕴含着中国经典哲学思想、美学思想和生活理想。

焚香所用的香料一般是从动物或植物中提取的，采用不同的配比和工艺加工而成。香料根据选材和配比不同，有各种不同的香型，可在不同的场合焚熏，常用的香料有檀香、苏合、沉香、杜衡、麝香、丁香、伽南香、龙涎香等。古人品茗时注重对焚香香品的选择，有线香、香粒、塔香、香丸、香球、香饼或是香的散末等，有时焚香需要借助炭火之力或添加香料以保证香气的持久，对焚香的要求是无烟而香味悠长。通常饮浓茶时会选择味道较浓的香品，反之饮淡茶时会焚淡香品。冬天，香味沉重会给人以温暖的感觉，夏季有淡淡的似花非花的香味，则给人一种凉爽恬静之感，因而春冬季节在大空间里通常会选择味道浓重的香品，夏秋两季小空间时则选择淡香品。在焚香时，也非常注重茶与香的搭配。例如，微甜的沉香常与品饮普洱、乌龙茶搭配；芬芳馥郁，气味温暖细腻、醇厚圆润的檀香常与品饮冻顶乌龙茶、红茶搭配；等等。

四、品茗时欣赏茶挂

挂画是宋代"点茶、插花、焚香、挂画"四艺之一。宋代所挂之画，或是诗词字画，或是山水画、花鸟画等，意境追求清远高旷，正合隐逸雅致之风尚，在户外山林中也时常悬挂。茶挂也叫挂物、挂轴，茶挂往往被视为茶事中的第一道具，是文化与艺术、哲学、审美的一种综合表现形式，于无声处阐述着耐人寻味或是直抵人心的启示，可于人物、山川、花鸟等题材中产生令人不禁会轻叩生命的价值，也有添雅升韵之妙意。同时，缘于挂物本有的文化艺术价值外，在茶会中茶挂也示意茶会的主题，体现茶人的用意、胸怀、信念、素养等。茶室、茶会或茶雅集中悬挂字画具有主客同修，以穷诸茶道究竟、通达要妙的旨归，通常以墨迹为最佳。在实践中，张挂的字画宜少不宜多，应重点突出，可因季节、时辰、主题、色调、光线、茶室的结构、宾主具体的需要，以及不同的情境审慎用心地选择挂物，并传递出茶人的审美和意图，这无疑也会提升品饮茶体验。

 考核指南

基本知识部分考核检验

1. 请查找资料，收集分析一个优秀的茶文化美学空间，并指出其优点或不足，并进一步分析未来某一个地区茶文化美学空间的发展趋势。

2. 请小组就上述茶文化美学空间设计案例的设计角度与思维、茶文化消费特色与效果呈现、消费吸引力及影响等方面，进行深入评价，并探讨分享各自小组观点。

3. 请简述茶会举办要点。

4. 请简述茶会雅集的主要特点及表现形式。

操作技能部分

1. 请根据给定的 $200m^2$ 空间面积大小，自行创意设计一个茶室，并说明其经营风格、产品供给方式，以及手绘出空间功能规划布局。

2. 请参照以下茶会举办形式，完善下述内容，并设计一个完整的六月赏荷茶会或茶雅集。

夏日赏荷茶汤鉴赏会

本次茶会举办的缘由：六月是荷花盛开的季节，池塘里处处是袅娜雅致的碧叶与荷花。带上茶，让我们以天地为席，与自然之色融为一体，汲泉烹茗，品佳茗芬芳，赏清荷流韵。本次特邀月湖茶院主人为席主，希望茶友们能一同欢聚于月湖之畔，透过芬芳的茶和亭亭玉立的荷，觉察六月季节的美好。同时，让自己的心灵也明心见性并感悟当下的静美，让一杯清茶带来内心宁静的回归。

【茶会时间】2022 年 6 月 30 日（周日）15：00 — 17：00，其中 14：45 之前可自行赏荷，15：00 茶会准时举行，请务必于 14：45 前签到并入席。

【茶会地点】浙江宁波月湖公园。

【茶会流程】

一｜自行赏荷 签到 入席

二 | 净手 净心

三 | 白茶、绿茶、红茶三款今年新茶力作鉴赏

四 | 古琴弹奏 茶汤分享

五 | 插花欣赏 茶食分享

六 | 吟诵欣赏 茶点分享

七 | 特邀资深茶人对茶汤冲泡进行点评

八 | 茶人分享心得

九 | 合影留念

【茶会人员】

席主为月湖茶院主人，并由十位茶会志愿者协助组织及实施茶会各项活动；茶客人为报名参加此次茶雅集的爱茶人。

【席位费】100 元 / 位。

【茶会须知】

● 席主将设计主题茶席与茶席花，布置营造茶会氛围，并以荷花为意境基调呈现茶雅集的品茗氛围。同时，席主将主持茶会，准备所需的全部用品用具，并负责全面流程实施。席主及茶雅集志愿者会提前 30 分钟完成茶雅集准备工作，并做好茶客人引导与接待工作，请来宾务必遵守相关茶雅集活动纪律。

● 茶客人着装宜简洁素雅，请穿茶人服参与活动。烦请勿喷抹浓郁香水，可自备专属品茗杯。请提前 30 分钟到场，静候盛会。

【温馨提示】

● 席位仅限 15 位（茶客人数），以成功缴费报名并收到消息通知为准。为确保活动顺利进行，请您在报名成功后务必准时出席，非特殊原因不宜临时缺席，感谢您的理解！

【详情地址】宁波月湖公园位于宁波市白月湖大道南 5 号。附近公交：月湖站，公交车有 20 路、101 路等；自驾开车：自驾请将车停在停车场（月湖大道南月湖公园停车场）。

【报名截止时间】6 月 27 日中午 12 点整。

【报名方式】0574-8156 3112，联系人：李倩。

3. 请参照下述《伴茶空间》茶文化美学空间设计师的设计思路范例，探讨茶美学空间未来发展趋势及特点。（参见《李天蜀：基于美学价值的空间语义 —— 评析上城设计新作《伴茶空间》一文）

在成都上城设计事务所设计总监李天蜀看来，任何一种类型的空间的最终呈现，必定伴随着业主对空间中内容的期盼与希冀，也带着设计师对生活的理解，传达出设计师对"设计"的理解和定义。每一个优秀的空间里都有着语言、修辞，向居于其间的人传达出设计师对生活与美、内容与形式的态度和立场，既是喃喃自语，也是娓娓道来，不卑不亢。因此，任何一种消费空间都将用自己的话语，或"折射"，或"抵抗"我们耳熟能详的生活方式。我们看待消费空间的角度和语境，任何一种都是消费形式"指认"的态度或行为，也代表个体面对生活时的立场，特别是面对熟悉又陌生的消费空间的"场所态度"，更是如此。

步入位于天府二街旁的南华路上的"伴茶空间"，在时尚和艺术的概念包裹下，它传达出设计师对当代时尚与传统关于交往的场所的理解：在当代生活的话语中，传统交往空间也有多种可能性。传统交往是当代个体生活中的奢侈消费，特别是在信息工具日趋发达的今天，更多的交往方式呈现出跨时空状态，这时面对面的交往一定带有迫不及待的情感诱因，如果环境氛围贴切和美妙，不仅能加速情感的交融，还可以让交往的过程和内容更具质感与质量。作为消费空间，美学价值的建构决定了它在当代生活中的立场和姿态，构筑了消费者与空间对话的话语基础，也决定了它在市场的位势，正如福柯所说：话语即权力。在"伴茶空间"中，设计师用自己的社会美学价值判断，介入我们熟悉的茶厅空间，使熟悉环境陌生化、时尚化，增强了空间营造者和业主的话语力度，茶饮消费被弱化，退隐到媒介层面，业主可以将自己对当地日常生活的理解，填充进空间的消费片段之中，让空间在交往的语境中多了一分可能性。这时，消费内容是茶、咖啡还是白水已经不重要了，为当代社会提供一种交流的场所，才是空间的"能指"。

李天蜀认为"伴茶空间"用阿玛尼品牌惯用的色彩体系和造型元素，将酒店的交往方式填充到传统的茶厅空间之中，这仅仅是一种空间修辞手法。他们在深刻研究并洞悉了人在茶厅中的交往方式后，提出以人的"心理—年龄距离"为主旨的消费组团方式。"伴茶空间"作为高端茶厅的代表，人与人之间的尺度显得尤为重要。黑川雅之曾经说过：所谓人与人之间的间隔，不单是人与人之间的距离，也是相互间的在意、关怀和感应。在这里，设计师让安静的、心理距离较远的交往行为位于空间的中央，喧闹的、心理距离相对较近的组团置于四周，使空间变得更符合当代，有年轻的意味，让视觉、嗅觉、听觉永远置于静谧、可控的维度，让消费体验趋于完美，以此弥合了空间形式和内容之间的缝隙。并且，设计师采用简化、合理的交通尺度和拓扑关系，使消费空间动现"轻松"和"易达"，提升了消费体验的"纯度"。

上城设计在"伴茶空间"的营造中，大胆地用静谧取代喧嚣，用时尚构筑新传统，对当代的面对面交往，从心理、视觉到行为都有自己的理解与独到的观点。一走进"伴茶空间"，立刻便会被它沉着的、极具当代性和艺术特质的入口所吸引，极具仪式感的、对称性的通道，仿如在由天而降的红铜管阵列和静谧的水池间，开辟出一条充满神性、通往值得期待的未知之境的"驰道"，简洁的石材屏风犹如空间的底色，横亘在前方，在屏风中间，设计师留出一道缝隙，整个入口空间的气韵方向将人向内拉，变成迎接姿态。

绕过屏风进入主体空间，叙事话语开始在总体氛围一致的语境中发生转义。在大厅的中央区域出现一个巨大的水景，设计师用"漂浮"和"枯山水"结合的方式，再现了一个宁静的、艺术化的"冥想空间"。这时，再抬眼看石质屏风，它已在不知不觉中转化为水景的背景，一枝绿枝从静谧的水平面下，穿越漂浮在水平面上的石质平台，以傲然的姿态伫立于背景之前，没有陪伴与对称，孤寂而生机盎然。"伴茶空间"用雅致的、以高级灰为主体的界面，辅以红铜隔断，极具简约和高贵的意味。弥合天地间单调之气的罩灯高低错落，气质静谧，这显然是在设计师熟谙的形式手法包裹下的对空间的探索。

第十章　现代泡茶美学与技术

◎ **学习目标**

1. 茶席内涵解读等相关知识。
2. 茶席构成要素及评判要求等相关知识与技术。
3. 茶艺表演方法及规范等相关知识与技术。
4. 茶艺表演与商业推广实践结合等相关技术。
5. 茶席、茶艺表演设计主要元素及方法等相关知识与技术。
6. 茶席、茶艺表演设计撰写及实施等相关知识与技术。

　　随着茶文化普及与泡茶品茗活动的深入开展，"茶席"一词越来越被人们所熟悉。品茶，不仅是品味茶汤的好坏，也是在洞悉和欣赏其中所孕育的内在美学法则，因境而起，借由文人雅茗中人、茶、器、物、境这几个元素，通过不同的摆布，最终构建出一个茶席意境空间。茶席之美在于人与茶、器与物之间的交融映照，能让品饮者沉浸其中而使境界得以升华。借由茶席的诗情画意，茶汤的色彩、香气、滋味、气韵等可以舒缓平静内心，从而真切地用心去感受茶汤的美妙及"人生百味寓其中"的所悟，让我们的精神、身心得以安顿栖息，进而也提高了我们品饮的境界，以及获得中正淡和的审美体验。

　　近年来，伴随着人们对泡茶与品茗的热爱与追寻越加炽烈，茶艺表演也越加频繁地走向大众的视野。可能很多朋友会好奇地问：为什么要有茶艺表演呢？茶艺表演规范该是什么样的呢？这是两个非常好的问题，弄清这两个问题，一方面有利于我们正确看待茶艺表演，另外一方面在我们进行茶艺表演的时候能恰当完美地处理各方面要素，进而实现我们茶艺表演的目的。首先，要想解读如何正确看待茶艺表演这个问题，我们就要了解三个概念，即表演艺术、仪式与体验。恰当体现茶文化精神与气质的茶艺表演具有非常重要的价值与意义，这也是在深入了解茶文化知识与技能基础上的深刻洞察与思考的体现，否则背离这些要旨的茶艺表演等，都需要茶人们审慎确认与选择。纵观当下的茶艺表演实践，设计与演绎还是局限于茶话剧类型，如何体现与凸显我们中国茶艺独特特色，这也是茶人们未来思考与突破的重要所在。

　　茶席与茶艺表演之间存在着内在的密切联系，这是爱茶人习茶过程中应该注意的问题。其中，茶席席面设计主要是构建一个和谐的品饮茶微环境，通过视、听、味、触、嗅觉的综合感觉，直接影响品饮茶体验与共鸣。茶艺编创包括主题设计、茶席设计、文本或脚本设计、互动交流设计、步骤与程式设计等环节，茶席设计是茶艺编演的环节之一，不能以偏概全，要注意与其他环节的分界与协作。茶席设计是局部，它要服务于茶艺编演的整体。静止的、孤立的茶席是没有价值和意义的，它只有和谐融入茶艺表演之中才能彰显其价值和意义。所以，茶席设计必须围绕茶艺表演而进行，脱离茶艺的茶席就是器物的堆积，毫无生命力。

第一节　茶席解读及规范

席的本义是指用芦苇、竹篾、蒲草等编成的坐卧垫具，如竹席、草席、苇席、篾席等，可卷而收起，"席"又引申为坐位、席位、坐席，后又引申为酒席、宴席、桌席。在我国唐宋以及之前，文人雅士大都喜欢在一方席上坐卧，在山水间吟诗、作画、品茶等，在中国古代茶文化的文献中基本未见"茶席"一词，但可以确定的共识为茶席是从酒席、宴席演化而来。茶席称谓在日本、韩国的茶事活动中出现较多，茶席在韩国一般是指为喝茶而设的席，茶席在日本有时也包括茶室、茶屋。

一、茶席内涵及规范

在中国，基本认为"茶席"一词首先出现在台湾，继之传播到大陆，从而也掀起对其关注、接纳与实践、探讨之热。相关研究人员纷纷提出自己的观点与论断，童启庆主编的《影像中国茶道》中写道："茶席是泡茶、喝茶的地方，包括泡茶的操作场所、客人的坐席及所需气氛的环境布置。"蔡荣章主编的《茶席·茶会》中阐述为："茶席是为表现茶道之美或茶道精神而规划的一个场所。"静清和在《茶席窥美》中认为，茶席是为品茗构建的一个人、茶、器、物、境结合的茶道美学空间，它以茶汤为灵魂，以茶具为主体，在特定的空间形态中，与其他的艺术形式相结合，共同构成的具有独立主题，并有所表达的艺术组合。周新华主编的《茶席设计》一书中指出："茶席是茶文化空间的一种，是有独立主题的，最为精致的、浓缩了茶文化菁华的一个美妙的茶文化空间。"目前，对于茶文化所涉及的各种称谓与专用术语探究越来越深入、透彻，基本认为席不同于室、环境、空间概念，茶席只是茶室、品茗环境、品茗空间的一部分，并且是其中核心及必不可少的部分。因此也可以这样说，茶席是指在一定空间里布置陈设的具备完善品饮茶功能的美学组合体，它也是最小品饮茶体验与意境构成单元。

因此，"茶席"具有狭义与广义内容。"茶席"从狭义来说，是指"泡茶席"，即泡茶时摆放茶具的席面，主要包括了茶、器、水、火、台，或者说是指泡茶和喝茶的茶台及周围微空间。从广义来说，泡茶席、茶室、茶屋、茶馆等全部空间都包括在"茶席"之中，即在品饮茶时所营造出的氛围状态与格调特色的空间，包括由庭院、建筑空间、人、器、水、火、景观、光影、音乐与声音、字画、香、花、茶等元素组成的综合氛围与意境体验。

在日常实践中，一般来说茶具的摆放要布局合理、美观，注重层次感及视觉协调性。

茶席摆放也可视为一种平面及立体构图艺术，摆放茶具要有序、左右平衡、前后关照，器物之间的距离远近要适宜、对称，整体平衡，将茶具按前低后高的原则进行摆放，尽量不要有视线遮挡。炉与壶有时会摆放在茶席隐蔽的下方角落，或置在低于茶桌的几凳上。若是席地摆放茶席，则炉壶席地而放，或为操作方便，也可将精美的小炉壶立在茶席上，或再进一步搭配炉屏进行装饰。茶席上水壶壶嘴不能对着客人，而茶具上的图案要正向客人，摆放整齐。茶席设计摆放要符合人体工学原理，使茶艺师泡茶时动作流畅，并且泡茶出汤、分茶至茶杯等运行轨迹与路线最好不要出现交叉、重复或跨越茶席上的其他器具动作，而要有灵动、舒缓、柔美的线条，这样操作起来利于观感与美感。

通常根据泡茶用具摆放方位，茶席有"左手席"与"右手席"结构式称谓，这由哪个手来完成向主泡器内注水而定的。简单地讲，若左手手持煮水器，向主冲泡器内进行注水动作，这个茶席被称为"左手席"。反之，右手手持煮水器向主冲泡器内进行注水，则被称为"右手席"。若采取左手席的摆放方式，最好公道杯放在与主泡器呈45度角的右外上侧，盛弃水的水盂放置在茶席右侧的合理位置，这样也便于操作，但若是更好地贯彻干湿区域分离理念，那么就要选择放在左手壶的下方，不过操作公道杯再倒弃水的时候，就要做公道杯左右手换手动作。至于采用何种摆放方式，也可以根据自己的偏好或习惯，在不同情境下采用合适的摆放方式。在实践中，各茶席摆放方式及思想出发点尚存在各种说辞与理念，并没有严格的固定模式与规定，这也有待于我们茶人不断累积经验并进行辨析、探究、选择与确定。

在实践中，茶席摆放结构方式主要有中心结构式、多元结构式两种类型。所谓中心结构式就是指以茶席有限的铺垫平面中心为结构核心点，结构的核心往往以茶具及作为茶具核心的主冲泡器来表现，茶炉若被置于铺垫的右前或右后位，在大的对角点左前位也会同样放置相对大的器物进行对称或平衡，如插花等，这样便可基本取得大小、结构比例的和谐，如图10-1所示。其他各器物及背景、插花、焚香、相关工艺品等均围绕结构核心，按照适于科学及审美行茶动作开展来进行相应摆放。所谓多元结构式是指打破茶席中心结构，而在茶席铺垫范围内按流线式、散落式，或其他自由有机的创意结构样式进行茶具及其他器物摆放。流线式在器物摆置上主要是按从头到尾以流线方式进行有机创意摆放，大都是在基础茶席铺垫之上，由其他凸显视觉吸引力的铺垫按一定创意设计成流线进行铺陈后，茶器及其他器物沿着这个流线按内在逻辑进行一定有机摆放，外在则呈现自由审美状态。散落式的主要特征一般表现为在基础茶席铺垫基础上，其他凸显视觉吸引力的铺垫以自由散落状态铺陈其上，如将花瓣或富有个性的树叶、卵石等不经意地散落在基础茶席铺垫之上，其不规则摆放，或高低层次错落有致，则外在好似呈现天女散花或落英缤纷状态，可表闲适自由之心，但其内在依然有一定的设计逻辑与机理。

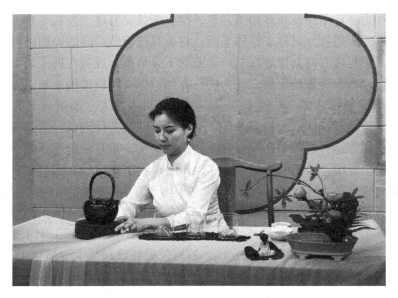

图 10-1 茶席

二、茶席的特性

在茶席特性分析与探讨中，以茶人池宗宪、王迎新为代表的茶席探究人士等，近年来在相关研究著作中对此有非常透彻的讲解与剖析。茶席在实践中具有的特性主要表现在审美美学特性、精神娱乐性以及身心互动性上。

茶席是以茶为主体，茶器为载体，并结合插花、品香、茶器、空间等的一种综合日常生活美学，它在冲泡、品饮时不仅有空间、场所及台面实际功能，又富有浓厚人文色彩的美学欣赏价值，茶席是世俗生活与精神生活的分野之门，在于有限空间的无限延伸，透过茶席之美方得精神修炼。

池宗宪认为，茶人将茶席的美感地带，视为茶人自我静观的写照，从选用茶器时考量形制、釉色到烧结细节，必须心领神会后才选用为茶器，再经由茶席构出浑然进入一场茶席场域的妙境。茶席作为具有审美美学特性，在一定程度上可以视之为一种装置艺术，但不是单纯刻意地"摆"，而是用心地去"布"，器具之间不是缺乏逻辑与意义的罗列展示，而是彼此有着气韵流动的相互映照，是为了让我们更风雅地去喝茶，并获得身心体验与感悟。由此可见，茶席之美是视觉和心灵的碰撞，也是表现茶文化精神而设计、布置的一个空间认知。

目前，在实践中也常常借用欣赏山水画或其他视觉艺术作品、音乐与诗歌文学意境描述等的角度来设计一个茶席，以求获得其中审美与共鸣。在实践中，茶席是实用且美的艺术，处理好二者关系才能真正体验或者感受到茶席艺术魅力。茶席是有思想、有表达、有美学内涵与表现的品饮茶艺组合表达方式，并且在茶席空间里的所有载体与构件，都要服从和衬托于茶这个主体，而不能喧宾夺主。在实践中，摆设茶席的趣味在于能透过茶席美学的界面，可延展到对现实生活美感的追求及境界的升华。因此，茶席体现了一定的茶器、装饰摆放规则与秩序，学习茶席摆设过程也是体现茶文化日常生活美学的一个重要方式，这个过程也需要将品饮茶的情调、艺术的趣味糅进审美的观照中来，进而透过体验外相而获得足具叙述能力的茶境感受。

另外，茶席摆设中也必然体现着合理与周密的逻辑关系和茶主人心意与匠心所在。比如茶席的大小、空间功能规划与布局，陈设与氛围烘托状态，泡茶人与品茶人的空间设置、舒适度与人体工程学相契合程度，茶席整体色彩色调，茶器搭配协调度与舒适度，茶器摆放与操作程序步骤合理性等。同时，茶席中也具有哲学层面的思想蕴意，其中蕴含着关于生命、力量、勇气、生活、平凡、执着、从容、恬静、智慧等正向积极的证悟，从而使欣赏茶席本身就存在理解、共鸣、感悟与顿悟的过程。也正因为观赏体验茶席过程中所引发的观想、思考及辨析等动态精神行为，继而引发为茶席所带来的一种"精神娱乐性"。在欣赏茶席过程中，务必要依靠和调动我们的感觉和知觉，去细细体会与品味，减少影响眼、耳、鼻、舌、身、意的敏锐与精准的干扰因素，在身心放松、恬静、从容与愉悦状态下，才能得到更好精神娱乐体验。

王迎新曾说，一位从来没有接触过茶，或对饮茶只有简单了解的人，才会觉得它只不过是生活里的可有可无。但是在某个明媚而触动心灵的美好茶席上进行品茗时，在某个不经意瞬间，品茶人也会因茶席所营造的茶境而心生欣赏之心，也会对顺喉而下的茶汤产生莫名的感官沉醉之感。茶席主人的心意、精致的茶器、经过茶农辛勤的手制作出来的茶叶、茶叶从茶青到杯里的茶汤等，都会触发我们内心某种感动与共鸣，进而生发出对美好事物欣赏与热爱之心。池宗宪也指出，可以从茶席这片小天地窥视茶人的文化素养与用心。茶席中有茶主人的个人意念，还必须靠茶主人的理性与创造力实践茶席间存在着人与器的对话。茶席成之在人，相辅相成则是茶器。造型与布局耐人寻味，或以一壶一盏体味平淡而山高水深文化的况味，或壶杯相映同赏其色，又可玩其形制，心灵呼应茶器才能品出茶器的滋味。因此，只有对茶席表现始终充满热情和怀抱梦想，才能在方寸之间掌握人与器的"对话"。茶席上的茶器摆设看起来像是一种参道，凝聚精气神韵，壶不单是壶，它在茶席上闪亮光辉，其隐含的制作者的用心感染着茶人，而杯子的形制与材质更强烈彰显茶器制作者渴望杯成形后，可以豁然地成为茶人终身伴侣的强烈愿望，即使它只是在品茗时短暂使用。茶席上选用的器具有颜色、温度、重量感、质感、深度等区分，蕴含着茶人的一种精神，象征着茶人不同的心境与对茶的诠释，在每次摆设茶席时，彰显引领与宾客对话和强烈引领宾客的心。

值得我们注意的是，茶席之美有留白与疏密虚实之关系，给人以此处无声胜有声之感，正如绘画与书法艺术最终促发着茶席意境的整体生成，由实入虚、虚中含实，茶席产生纷呈迭出的象外之象审美意境，这也是欣赏茶席构图的非常重要的内容。茶席空间尺度中隐含着设计理念与逻辑的线索，也体现了茶席主人的匠心独具与素养功力，从而也让茶席充满了无限耐人寻味的感怀意味。

 考核指南

基本知识部分考核检验

1. 请简述茶席内涵及特性。

2. 请找出一个优秀的茶席设计作品，并分析探讨其优点及具体表现。

操作技能部分

请根据范例，进行茶席摆放训练，使之布局合理、美观，注重层次感及视觉协调性，并说明摆放逻辑与原因。

第二节　茶席构成要素及评判要求

茶艺是一门综合的艺术，是品饮茶艺术化的表现形式，具体体现在茶席中。因此，在实践中"茶席设计""茶席艺术"等问题也越来越成为一个探讨与构建的内容。茶席兼具功能性与艺术性特征，有时也会出现仅仅要求其艺术性创新一面，但大多还是以二者有机统一兼备为要求进行设计。茶席无论以技术还是艺术视角出现，均需以服务品饮茶体验与效果为目的进行策划设计，都需要有内在思想、感情等具体针对性所指内容，外在表现为材料、质感、色彩、造型、结构、线条、风格等，并借助一定设计元素、创意理念、主题构思、实施技巧等，使茶境与氛围、环境营造最终得以呈现。

从古代中国品饮茶开始，茶、器、水、火、人等选择基本都内涵着"比、拟、兴"文学手法以及"意、象、气"文辞审美，其对风骨、意蕴、趣味、妙悟、神思等追求也建立在基于对空间意境追求之上。在这个意义上，茶席也可视为一种具有叙述性内在逻辑的文本创作，以及外在为平面或立体化的品饮茶氛围或环境艺术设计。茶席既体现了设计者对茶事认知客观状况，也体现了其感性主观体验与判断，并以艺术化意境、意象来影响品饮者内在精神。在这个意义上也可以认为茶席是一种独特的品饮茶造型艺术、装置艺术或道具布置艺术，让实践中的茶会与茶雅集以互动小剧场形式得以进行成为可能。同时，为了引发品饮茶集体共鸣，也常常将品饮茶符号元素与仪式感意味程式融入其中，进一步强化精神艺术化在茶席中的体现。比如，日本茶道茶室中幽暗的光影、插花、挂画等，英国下午茶中闪亮的银制品饮茶器具、音乐、茶点、侍者、鲜花等。

由此可见，在行茶过程中，借以具象化表达的茶席让主客双方均可获得视觉、味觉、嗅觉等感官及心灵上的美好享受。茶席基本的氛围营造内容在于具有视觉影响效果的照明艺术、具有听觉影响力的音乐与演奏、具有嗅觉影响动力的焚香、具有触觉影响力的茶具、具有味蕾影响力的茶点，以及具有综合感官影响的背景与装饰几个方面。在茶席确定主题指引及合理整体布局规范下，选择切合主题的元素来进行搭配，以绘画、书法、剧场演绎等的艺术规律与技术技巧进行茶席的细节摆置。因此，茶席的构成要素主要体现在以下几个方面：茶、茶器具、铺垫、插花、音乐、光影照明、焚香、挂画、茶食茶点、装饰工艺品、背景。其中，茶席基本配置为茶、茶器具、铺垫、插花、音乐；茶席深化体验配置为光影照明、焚香、挂画、茶食茶点、装饰工艺品与背景。

一、茶品

茶品是茶席主题设计的灵魂，也是设计思想得以开展的基础，是构成茶席设计的主要线索与依据，需要根据茶席策划设计思想及主题情境而选择合适的冲泡茶品。比如，在反映岁月静好、清幽闲适、浪漫或季节主旨下的命题，我们可以选择的茶品是四川碧潭飘雪或是白茶中的白牡丹茶；若反映冬天迎风傲雪、勇敢坚毅等主题，则可选择九曲红梅茶；若反映女孩子娇媚或生活惬意舒适感，则可选择妃子笑茶品；等等。

二、茶器具

茶器具不仅是茶席核心元素，是不可或缺的主角，在整个茶席布局中处于最显著的位置。同时，茶器具也是茶席线条与造型艺术表现的重要部分，其色泽光润、材质、手感、色彩、大小等要根据茶席主题与氛围意境来进行精心选择。茶器具组合及位置是茶席布置摆放的首要核心，茶器具选择与组合务必以服务品饮茶为中心，茶席中主辅器具元素务必选用合适主题且与之配套或具和谐性，这样才能使艺术化氛围与主题契合度更加匹配。茶器选择与组合务必呈现专业性，尤其在已经具有特定品饮茶内涵与明确固定茶器具表现的品饮茶席设计上，这一点尤为重要，比如云南白族三道茶茶器具组合、蒙古族奶茶茶器具组合、回族八宝茶茶具组合、潮汕工夫茶茶具组合、仿宋点茶茶具组合、日本抹茶茶道或煎茶茶道茶具组合、韩国茶礼器具组合、英国下午茶茶器具组合、唐代煎茶茶器组合等，切忌出现不符合茶俗或品饮茶方式的茶器具。如果茶席主题及意境中有要表现深沉的思量与内心矛盾、最终豁然开朗状态，可以使用黑陶茶器；如果要表现岁月或时光给予人的感悟与收获主题，则可以使用透着包浆润泽的品质精良紫砂小壶。

除此之外，茶具在茶席上摆设艺术效果也需要格外关注，注意每个茶器具摆布的位置、方向、大小、前后、高矮、上下、左右的排列状况等，使其具有节奏、反复、对称、均匀、和谐、平衡等美感，并使之与品饮茶氛围、环境、主客双方服饰色泽等呈现审美呼应等。

三、铺垫

茶席铺垫是指冲泡茶及品饮茶台面上整体或局部茶器具及装饰物件摆放下的铺垫物，其中茶席台面整体铺垫物可视为基础铺垫，局部特色或各式凸显铺垫可视为氛围铺垫。基础铺垫通常为一层，氛围铺垫层数、尺寸大小、铺设手法可根据主题与意境设计需要而定。茶席铺垫大小、色彩及铺设手法基本确定了席面氛围与意境基调，比如淡雅、悠闲、恬静、厚重、青涩、萧瑟、孤寂等，其材质与肌理等也奠定了茶席内在情感与思想逻辑。在实践中，通常会根据泡茶台本身材质、色彩、造型与主题或其他装饰物、茶器具色调契合程度，进行茶席台氛围环境营造的铺垫设计与选择，也可直接利用原有茶台本身特殊适合的肌理、纹理与色彩等，而无须茶席基础铺垫。常用的其他各类铺垫材质为布、丝、绸、缎、葛、麻、幔、树叶、石头、花草、铜铁、纸张、竹木、织物等。

除此之外，茶席铺垫还有其他功用，比如不直接触地面以保持器物的清洁，提高高度使器物取用方便或利于视觉观看，避免烫坏桌面或方便品饮人取拿等；借助铺垫组合色彩、肌理、材质与空间围合所营造的视觉体验氛围等，从心理角度去影响品饮茶精神及情绪和行为等身心状态，这也是茶席设计在仪式化品饮中需格外关注的重要内容之一。在实践中，茶席铺垫手法通常有平铺、叠铺、立体铺等。

所谓平铺，是茶席中基础铺垫铺陈常用手法，即用一块正方形或长方形铺垫，或平、或斜、或对称、或不对称样式覆盖在茶席台面上，最终效果可以是台面四边刚刚遮茶台边沿，平铺满或部分遮掩，或是四面垂下且整体覆盖垂沿满铺或不完全垂沿铺设，或茶台两侧呈现不对称覆盖且垂下尺寸大小不等，或倾斜覆盖等。在实践中，有时在正面或侧面垂沿下缀上一排流苏或其他垂挂，更显其独特艺术美感。基础铺垫的平铺是氛围营造的基础，与器物的质地、色彩、纹饰等都能完美匹配，同时也可以有遮掩或修饰其本身茶台面不足与瑕疵的效果。

叠铺是指在基础铺垫平铺的基础上，叠加两层或多层富有层次感与视觉冲击力的铺垫铺陈手法，可由多种形状、尺寸大小的铺垫叠铺在一起，从而组成某种叠铺视觉造型或图案，比如对角铺、三角铺、流线铺、散落铺等。在实践中，叠铺也有聚焦或导引视觉效果，不断将品饮感官体验吸引到核心和焦点摆放器物及其位置中。

立体铺常用在茶席立体氛围环境营造上，通过创造一种沉浸式品饮茶体验方式，深度提升品饮茶体验。立体铺是指在立体空间围合或背景氛围铺垫铺陈之前，先在茶席周围或特定位置固定一些支撑物，然后将铺垫铺陈在支撑物上，以构成某种特殊物境、心境或意境的效果，如荷塘之中品茗意境、稻田里品茗自然物象，或是窟、帐等具象品茗空间，等等。在立体铺中，铺垫的质地、色彩等务必与主题环境氛围营造相契合，才能更好营造出理想的物象效果。在实践中，茶席立体铺表现面积可大可小，可根据人数及氛围设计特色而定。

四、插花

在日常茶席设计中，氛围营造主要或最普遍采用的手法与途径便是插花。经过历代不断完善，插花艺术不单纯是适情的表达，尤其是源于宋代理学的理念化常使用于插花作品中，插花作品往往藏有设计者的意图与逻辑，以象征的手法实现以物为表、以意为里的精神表达，并具体呈现在其线条、色彩、肌理、元素搭配与造型之上。通常插花作品中选用的花材为松、柏、竹、梅、兰、桂、山茶、水仙等，不着花的枝叶也在取材范围，在色彩、线条、脉络、结构、造型上体现着人的精神之所在。茶席上的插花均以自然的鲜花、叶草、根果等为材料，通过一定的技术手法体现特定的线条和造型来体现茶席主旨与精神，从而对茶席主题起到画龙点睛的作用，但不可喧宾夺主，需将品饮者视线始终集中在茶席核心之上。茶席中，常见的插花形式为直立式、倾斜式、悬挂式和平卧式四种，可呈现朴实、秀雅、简洁、淡泊、繁盛、充盈、力量、勇气、向上、精致、珍惜当下、向死而生等精神气韵。在实践中，茶席插花选择应注意尽可能达到以少胜多效果，并且以素雅为主，但也要根据茶席主题与理念设计而呈现出充实活泼、点缀色彩、虚实相宜、高低错落、疏密有致、上轻下重、上散下聚、繁简适当、色彩和谐等视觉效果。

五、音乐

音乐在茶席设计中也有至关重要作用，音乐的声音、韵律、节奏、旋律、音量等都可对人心理有不同的影响，在听觉角度可起渲染氛围效果，并触及品饮茶者心境而使体验意境生成，比如可促进产生恬淡、宁静、愉悦、自在、放松、情感涌动、超脱、抽离等心理与意象效果。在茶席中，音乐通常可用于背景氛围营造或特定茶席创意主题渲染两个层面。其中，茶席中的背景音乐以舒缓、轻柔、温暖、愉悦等曲调为主，其音量的控制也非常重要，而主题特定音乐则要精心设计与演绎，可以是有词文的音乐，也可是无词文形式。

六、光影照明

光线是通过明暗与光影等来影响或满足视觉对空间、色彩、质感、造型等要素的感知，并激发心理、情感、情绪等，从而可进行深度审美。因此，在茶席中，照明不仅仅是提供光线与亮度的基本需要，也更侧重营造出与所要表达主旨匹配的艺术氛围与格调。茶席照明通常根据空间、季节、时间与品饮茶对象不同，选择一般照明、局部照明与混合照明等不同形式。其中，照明的亮度、光影和色调十分重要，也使茶席最终呈现出类似舞美一样效果的艺术设计表达方式。在实践中，茶席上尽可能不要用太明亮的光影，避免显现器物粗糙物象的视觉感受，品茗场所的光线应柔和、温馨，能令人感到舒适、放松、安详、恬静、愉悦等。

七、焚香

在茶席环境中进行焚香，气味弥漫于茶席四周，可以让人获得嗅觉上的美好享受。香料的种类繁多，在茶席中使用的香料一般以自然香料为主，香料选择应与季节、空间、茶品、氛围等相适宜。若在茶席中摆放香炉，尤其是起氛围营造作用的、较大且精美的香炉，在茶席摆放中应注意把握不喧宾夺主原则，其香也需与茶香契合，不可影响茶味。

八、画挂

茶席中的画挂是指以挂轴的形式悬挂在茶席背景中的书与画的统称，一般以字为多，通常采用为篆、隶、草、楷、行等书法作品，也可字、画结合，常以中国山水画、水墨画为主，也可根据茶席主题选择适宜画挂。茶席画挂主要是与茶事相关联的内容，也常用以表达某种境界、哲理、感悟、季节、心情、情绪、品行、信念等。茶席中画挂采取的形式有单条、屏条、对联、横批、扇面等，在一个茶席中选用的画挂数量要适宜。

九、茶食茶点

茶食茶点即佐茶的食物，茶席中的茶食茶点主要特征是分量少、体积小、制作精细以及样式清雅。同时，也常选用小而容易入口的食物，以便显现主客食用时的趣味、优雅与品味。茶点可以是蜜饯、果蔬、各式糕点等，从茶食茶点的供应及种类往往可看出茶主人的心意安排。在茶席设计中，茶食茶点品选择与搭配也要与主题、茶品、氛围等相契合，也要注重盛器的形状、大小、材质、肌理、造型、色彩搭配和谐性，并要摆置在距离品饮者适宜的位置，以方便品饮者取拿。在茶席实践中，也可专门增加茶宴等。

十、装饰工艺品

装饰工艺品具有记忆或情感等迁移作用，在氛围营造、陪衬、烘托中也起到非常重要的作用。意境空间中不可或缺的点明、深化主题及彰显理念的装饰物，也是茶席设计中的一个重要元素。在茶席设计与布局摆放中，其数量不须多，恰到好处即可。在实践中，通常可摆置于茶席之上的左前方、右前方；若是不在茶席之上，则可摆置在茶席两侧或前侧，但通常与泡茶台有合理距离，与泡茶台正中心或两侧中心要有所偏离，并且视线观感要和谐；若在泡茶台与背景之间的位置，也要位置恰当，处理好背景、冲泡台、品饮者与装饰工艺品之间的位置关系。同时，要明确装饰工艺品务必服务于茶席主旨，其质地、造型、色彩、线条、尺寸等方面也需与整个茶席有机融合搭配，避免目的不明、衬托不准确，或杂多，或彼此存在淹没与冲突等问题，也要避免因大小尺寸等问题而导致的小而不显，或大而突兀及视线遮掩等现象。

十一、背景

背景起到茶席空间视线体验界定作用，可以进行一面、两面、三面、四面围合意境氛围营造，也可以包含地面在内的五面，或包含顶棚在内的六个空间界面均进行统一设计来营造意境氛围，也可以形成多个空间，并通过建筑"灰空间"进行过渡连接，形成有机可转换的体验多空间整体，从而使整个茶席更具有仪式感意味。在实践中，茶席背景可以直接借助自然山水、池塘、田野、河流、沙漠等空间，也可借助人文意境空间，比如寺庙、四合院、老宅院、园林、街巷等进行氛围营造，可以在室内或舞台空间中用布幔、纱幔、帐篷、洞窟、竹条、花木、流水、砂石或其他围合材料进行背景设计，从而通过人造品饮茶空间创设茶席意境。在这个意义上也可以认为，茶席设计是一种特殊的舞台与剧场设计，品饮人既是茶席的宾客，也是舞台与剧场的观众，在主客泡茶品饮互动中，在对品茶精神的审美中，获得一种饮茶身心体验的升华、超越与共鸣。另外，茶席背景在某种程度上起着视觉阻隔和牵引聚焦作用，使品饮茶者能专注于茶席与冲泡过程。简单的一面茶席背景的形式在实践中也是丰富多样，通常放在茶席正后方，有布幔、彩绘、喷绘、写真、竹子、假山、盆景或是 LED 屏幕播放等。

由此可见，实践中的茶席创新创意设计可令品饮者在品饮茶过程中获得味觉、视觉、嗅觉等感官深度综合沉浸体验，也可获得精神与心灵的全面体验满足、震撼与升华，最终达到茶境，这是茶席设计真正美的价值与意义所在，即透过外相体验而直抵内在心灵。在这个意义上，我们也可以认为茶席设计源于哲思与审美而高于生活，在浑然一体、触及人心的茶境里让品饮者身心得以丰富与深刻。在茶席设计实践中，须首先确定好主题，然后有目的地选择好元素，之后就是体现茶文化掌握功力的"排兵布阵"了，通过将空间、茶具、铺垫、光影、装饰等所有元素有机协调及完整地呈现，最终完成了茶席的布置。另外，茶席设计也具有无限创意的可能，创意取材也是丰富多彩的，针对不同设计目标与品饮茶受众，可以是时尚与传统式样，也可以中式、东方式或西式，甚至是剧场与舞台先锋理念的品饮茶体验实践，但不管其形式如何，探究并实现品饮茶最终精神要旨则是衡量一个茶席设计的核心标准。

在实践中，针对茶席设计方面已经初步形成了一些评价标准要点，进而为茶席实践提供了重要的借鉴与参考。茶席设计评判参考标准主要包括以下几个方面：主题挖掘与深化方面，其主要评价参考点为主题鲜明、创意构思新颖巧妙，富有内涵，有艺术性及个性、形式创新性等；茶席基本要素配置方面，其主要评价参考点为搭配合理性、完备性、协调性、艺术巧妙性、实用性，以及与主题契合性等；色彩色调搭配方面，其主要评价参考点为配色美观、协调、合理等；在茶席深化体验元素方面，其主要评价参考点为搭配完美，渲染主题富有感染力等；在茶席设计文字陈述方面，其主要评价参考点为文字阐述准确性、深度性，语言用词表达优美、凝练，字数等。在练习中，茶席设计要点可参考表10-1。

表 10-1　茶席设计评分标准参考

序号	项目	分值	要求和评分标准	扣分点
1	主题挖掘与深化	25	主题鲜明、创意构思新颖巧妙、富有内涵、有艺术性及个性、形式创新性等	主题内容从鲜明、内涵、创意构思角度评判，占7分，可整体评价酌情扣分；主题艺术性、个性与设计目标契合度评判，占8分，可整体评价酌情扣分；主题逻辑性评判，占5分，可整体评价酌情扣分；主题创新形式评判，占5分，可整体评价酌情扣分
2	茶席基本要素配置	25	搭配合理性、完备性、协调性、艺术巧妙性、实用性，以及与主题契合性等	茶叶与茶具搭配评判，占5分；茶具与铺垫搭配评判，占5分；音乐与主题搭配评判，占5分；插花与铺垫搭配评判，占5分；整体评价酌情扣分，占5分
3	色彩色调搭配	10	配色美观、协调、合理等	茶席整体色彩搭配，美观、协调、合理性评判，占5分；茶席整体色调、质地、肌理搭配协调性、合理性评判，占5分
4	茶席深化体验元素	28	搭配完美，渲染主题富有感染力等	茶席深度体验元素与主题搭配、映衬、协调、契合度评判，占10分，可整体评价酌情扣分；茶席深度体验元素使用数量与表现点评判，占10分，可整体评价酌情扣分；茶席深度体验元素渲染主题富有感染力程度评判，占8分
5	茶席设计文字陈述	12	茶席文字阐述准确性、深度性，语言用词表达优美、凝练，字数等	设计陈述内容上，文字表述准确性、深度性评判，占4分；语言用词优美、凝练程度评判，占4分；字数与表述内容完备程度评判，占4分

 考核指南

操作技能部分

1. 请根据茶席设计评分标准，设计一个茶席作品，并评价设计的茶席要素呈现方式与特点，以及整体美学与操作功能性效果。

2. 参见下面茶席设计撰写范例，请探讨下设计中有哪些优点和哪些不足。

茶席设计范例："一岁一枯荣"茶席设计

设计背景：以元代白朴撰写的《天净沙·秋》为创作意境与思想切入点——

孤村落日残霞，

轻烟老树寒鸦，

一点飞鸿影下。

青山绿水，

白草红叶黄花。

茶席设计主旨：一场茶事，完成一次诉说。一张茶席，成全一份深情。茶席，在茶人眼里已不再陌生，它让品茶变得高雅有情调！《天净沙·秋》是元代曲作家白朴创作的一首写景散曲，作者通过撷取十二种景物，描绘出一幅景色从萧瑟、寂寥到明朗、清丽的秋景图。这是一首描写当时社会的抒情曲，写出了诗人由冷寂惆怅之感到开朗希望的情怀。"青山绿水，白草红叶黄花"作为曲文的结束语，这两句用了"青""绿""白""红""黄"五种颜色，而且"白草红叶黄花"这三种颜色，是交杂在"青山绿水"两种颜色之中；"青山绿水"是广大的图景，"白草红叶黄花"是细微的图景，如此交杂相错，于是原本寂寞萧瑟的秋景，突然变得五颜六色而多彩多姿。因此，想起一岁一枯荣，并从中顿悟。人在挫折或低谷开始时，有些许的萧瑟之意，然而只要理解生活的本真，怀着坚定美好的溯源，一定会克服困难，终究是会获得赏心悦目的韵味无穷的人生。

茶席命名：一岁一枯荣。

茶叶：选用武夷岩茶中的铁罗汉。铁罗汉茶的品质特征是外形条索紧结，色泽绿褐鲜润，冲泡后汤色橙黄明亮，叶片红绿相间，典型的叶片有绿叶红镶边之美感。铁罗汉茶品质最突出之处是香气馥郁，有兰花香，香高而持久、岩韵明显。

选择原因分析：茶品名称及品质特点符合本茶席设计主旨和表现思想。

茶具：选用紫砂器具。

配乐：古琴曲《太极》。

服饰：主泡人身穿白色长棉麻袍，围黑色棉麻质围巾。

妆容：净素。

背景与工艺品：LED 屏幕播放与《天净沙·秋》诗歌意境相似的视频营造氛围，品茗空间灯光呈现暖暗效果，并有从上方照射下来的、茶席尺寸大小的、环绕主泡人的明亮聚光灯，凸显氛围。茶席周边摆放芦苇丛、篱笆等装饰物，并在茶席边摆放由石榴、菊花、枫树枝条等插成的大竹篾花篮，其前方撒一些白色砂石，并放一对白鹤或大雁工艺品。

行茶解说与品鉴词：

秋，不由让人联想到云淡风轻，严寒将至，万物将进入冬藏与萧瑟；这也让人不由得联想到思念与忧愁，但也是内心深度思考的季节！这日新月异的城市，似乎匆忙得让人感觉不到她的脉搏和足迹，像跑得太快的躯体，而灵魂被抛在了后面。可生活本不应该这样疾步如飞，我们需要放慢脚步，需要聆听内心的声音，重新找回活力四射的朝气与生命动力。在这样安静的午后，还是会对这熟悉而陌生的季节有所感怀！此时给自己沏上一杯暖茶，点一缕清香，在这清新简单的蓝白茶席间，伴着这悠扬婉转的古琴声，不禁让自己心情顿时舒畅！在这微微的氛围里，有些微微的醉意！自然界的冬春交替，往往会比较反复，但是冬天过去了，春天还会远吗？唐代白居易的《赋得古原草送别》说得好："离离原上草，一岁一枯荣。野火烧不尽，春风吹又生。远芳侵古道，晴翠接荒城。"也许是一层层经历和历练叠加了我的坚强，我可以感受云淡风轻。也许是放下了许许多多，身边不再有更多仓促匆忙的理由。我可以在这个萧瑟的秋天感受一份宁静和恬然！

结束语：在这个庞杂的世界里，让浮躁的内心静一静，让疲惫的身躯歇一歇吧！寻一个角落，沏上一壶暖茶，然后持一持心事，叙一叙亲情、爱情、友情，让心灵深处得到安宁！然而，你会发觉：茶如此甚好，换种活法，世界原来如此美好！

视频：茶艺表演
规范及演示

第三节　茶艺表演解读及规范

从注重茶席设计过渡到推动茶艺表演，也是一个自然内在的升华发展过程，茶艺表演是泡茶与品饮茶过程中一种流程艺术化的展示形式。茶艺表演从中国古代开始就一直没有形成品饮茶的主流形式，这是中国文化与社会特点决定的，但是在唐代开始也出现了以常伯熊为代表的茶人在品饮茶中将泡茶程式进行规范润色，并将适当的表演演绎性融入其中，对中国茶文化审美发展奠定了重要基础。陆羽在《茶经》中对常伯熊的茶艺过程也有过肯定性借鉴，从而使品饮茶开始越发讲究选茗、取水、置具、烹煮、品茗等各个环节，并制定了一整套烹饮茶流程。在宋代，水丹青、斗茶、点茶本身也带有展示比较内容，在清明的茶雅集与茶会中也将艺术审美性融入其中，从而使中国茶文化自正式发端起就带有浓厚的艺术形式和丰富的内涵，也为茶文化发展奠定了坚实的基础。从这个意义上我们也可以认为，中国品饮茶过程中是带有技艺演绎内容的，并且也对其他国家或地区的品饮茶文化产生深远影响，使其都带有一定演绎或展示意味。

茶艺表演成为一种需要是近30年的事情，在20世纪70年代，中国的茶人提出"茶艺"概念后，也让大家重新开始认真回顾与理解中国茶文化本身及其价值，这也是中国经济、社会与文化发展下茶文化复兴的重要表现之一。茶艺表演深受中国茶人品饮茶美学探究、日本茶道与韩国茶礼的交流影响。同时，茶艺表演也逐渐成为实践中国茶文化普及推广的重要方式之一，在茶产业与茶文化营销及品牌形象等发展中也发挥了重要作用。在实践中，尤其在茶会、茶雅集、茶文化节等推动下，对茶艺表演研究的关注与推动也在进一步加强。

在现代中国品饮茶实践发展中，我们茶人不断思考并探究着唐代煎茶精神与流程、宋代"四艺"雅事、明代意境风雅、古代雅集风范与趣味、日本茶道仪式感与追求、韩国茶礼要旨与形式，以及我国现代泡茶方式创新手法与演示等诸多文化内容，从而在冲泡茶过程中不断进行着借鉴与融合，并通过创意创新来促进茶艺表演发展。从总体发展状况看，还存在百家争鸣与群芳争艳阶段，在未来茶艺表演理论与实践层面还有待进一步探讨、思考、探究，形成更具中国本真独特特色的茶文化特征，在茶艺表演实践中切实做到去伪存真，避免过度功利化、商业化、偏颇误读或错误性传承与创新泛化等现象，从而也可以更好地引领与指导实践。同时，在这个过程中，我们也更需要具有审慎、开放与科学的态度，让我们中国茶文化发展在世界茶文化舞台中得以绽放灿烂光芒。

一、茶艺表演内涵及特点

茶艺表演作为茶文化精神的载体之一，已经逐渐发展成为一种品饮茶独特表演艺术形式，也得到爱茶人极大的关注。这也进一步验证了这一论断，即茶艺是茶道的基础及必要条件，茶道以茶艺为载体；茶艺可以独立于茶道而存在，但茶道需依存于茶艺。

茶艺表演是通过各种茶叶冲泡技艺的形象演示，科学且艺术地展示泡饮过程，使人们在精心营造的优雅环境氛围中，得到美的享受和情操的熏陶。这个过程也是茶艺师展示茶艺技巧、方法和品饮艺术的一种方式，使品饮者在获得感官浅层次享受的同时，也进入艺术审美的深层次。茶艺表演不能仅仅拘泥于技术、技巧，否则不能展示其本身内在价值。在实践中，茶艺表演需要恰当运用选茶、辨水、选具、涤器、投茶等方法、技巧，沏泡出一壶好茶汤，也构成整个茶艺表演的基础。学习沏泡技艺是茶艺表演的基本功。茶艺师应经常接触茶、品尝茶，通过实践不断提升茶叶、茶汤品质的好坏辨别能力，完善选水、用水、水温、投茶量、浸泡时间、冲泡方法等技术，并能经常加以练习，这对成为优秀出色的茶艺表演人员是非常重要的，在这个意义上也可以认为，茶艺表演人员也必是专业茶艺师与评茶员。在茶艺表演实践中，也应避免出现过于强调其表演性，或是表演痕迹太重，甚至为追求吸引眼球的浮夸而偏离茶文化精神的表演动作。茶艺表演不单纯是简单的艺术表演，而应体现茶汤自然、风雅的韵味，符合其内在规范与要求以及茶文化本身的特征与特质。

在实践中，茶艺表演除了从历史与传统、现代与创新、东方与西方等角度进行切入创作外，也可从茶道、茶礼与茶俗、茶技等角度进行挖掘与展示，而其中的每一项都有各自的侧重点，并且具有不同的内在精神要求。茶艺表演若侧重茶道性，则应侧重氛围环境营造和意境修养，从而最终能激发品饮人心性，有利于提高境界与身心完善；茶礼、茶俗演示若侧重世俗层面品饮茶习俗与信仰观念等，则其中蕴含着独特地域风物、民俗与民风，具有多姿多彩的特点；茶艺表演若从茶技入手，则着力于制茶、泡茶、饮茶的技艺、技巧，享受体悟茶汤等技术层面，这也是茶艺演绎人员经年不断地进行系统而刻苦训练的结果，也是其不断修身和内省，最终达到专心一意、人器合一、人茶同心的结果。因此，当茶艺师在认真严谨的训练中切实实现从"量变到质变"转化，以及"技艺"升华之后，才会真正达到从"技"到"道"的超越，这样才最终实现茶艺表演者本人能真正享受到创新创造的自由和精神的愉悦，而且也会令品饮者在整个品饮茶过程中、从茶艺表演者自然、质朴的操作中体悟到感人至深的美与精神力量。在茶艺表演的过程中，茶艺师也要把泡茶与所有茶席要素完美融合在一起，共同生发出一个完美的茶境，在主客双方共同分享一杯好喝的茶汤的基础上，实现茶艺表演最高的境界。

二、中国当代社会茶艺表演主要类型

目前我国茶艺表演大都属于现代创新创意性茶艺表演，在某种程度上也反映出我国茶文化发展还有待进一步深度系统发展，也说明我国的茶文化目前还处于复兴阶段，还需要我们众多茶人的共同努力才能在世界茶文化交流中再现辉煌。因此，对于茶艺表演的类型划分目前尚无统一标准，一般可采用以演绎身份为主体划分，以茶品为主体划分，或以饮茶器具、冲泡方式、表现形式、地域、时期等进行划分。

（一）按演绎身份为主体划分的茶艺表演类型

以演绎身份为主体进行划分，即茶艺表演以参与茶事活动的茶人的身份不同进行分类。这样可分为宫廷茶艺表演、文士茶艺表演、民俗或其他国家（地区）茶艺表演和宗教茶艺表演四大类型。

1. 宫廷茶艺表演

宫廷茶艺表演主要是对我国古代帝王为敬神祭祖或宴赐群臣等进行品饮茶活动而进行

的艺术再现，或其他展示宫廷生活的品饮茶表演类型。其中，比较常见的茶艺表演有唐代的清明茶宴、唐德宗时期的东亭茶宴、宋代宋徽宗文会图，以及清代乾隆皇帝的千叟茶宴等。宫廷茶艺表演的特点是场面宏大、礼仪端庄、茶具严谨、宫廷气韵突出。

2. 文士茶艺表演

文士茶艺表演主要是对历代儒士们品饮茶风雅的艺术再现，其中比较常见的茶艺表演有陆羽煎茶、卢仝品饮茶、吴门四才子品饮茶等茶艺演绎。文士茶艺表演的特点是文化内涵厚重，品茗时注重意境，茶具精巧典雅，表现形式多样，侧重心境与精神修为，常和清谈、赏花、玩月、抚琴、吟诗、联句、鉴赏古董字画等结合，观赏后可获得怡情悦心、修身养性之真趣。

3. 民俗或其他国家（地区）茶艺表演

我国有 56 个民族，各民族对茶虽有共同的爱好，却有着不同的品茶习俗，就是汉族内部也是千里不同风，百里不同俗。在长期的茶事实践中，不少地域都创造出了有独特韵味的民俗茶艺，如藏族的酥油茶、蒙古的奶茶、白族的三道茶、侗族的打油茶、土家族的擂茶、纳西族的"龙虎斗"以及傣族和拉祜族的竹筒香茶等。民俗茶艺表演的特点是具有独特地域风情，形式多姿多彩，不拘一格，具有深厚茶文化历史底蕴。另外，近年来在茶艺表演中也常进行日本抹茶道、日本煎茶道、韩国茶礼以及印度、埃及或土耳其等国家或地区喝茶方式的演绎。

4. 宗教茶艺表演

在我国佛教和道教中，僧人、道士们常以茶礼佛，以茶祭神、道，在日常修行中也会以茶待客、以茶修身等。因此，也形成了各具特色的茶艺表演形式，目前流传较广的有禅茶茶艺表演、径山茶宴茶艺表演和太极茶艺表演等。宗教茶艺表演的特点是特别讲究宗教礼仪，体现宗教特征，气氛肃穆，阐释禅茶一味，或修身养性，或以茶释道等。

除此之外，在宗教茶艺表演基础上，还系统结合中国佛教、道教诸如调身、调心、调息、调食、调睡眠、打坐、入境等功法，使人们在修习宗教茶艺表演的同时，进一步深化以茶养身、以道养心，实现养生强体、延年益寿的目的。同时，还根据不同的花、果、香料、草药的性味特点，调制出各色养生茶。

（二）按茶品为主体划分的茶艺表演类型

以茶品为主体来划分茶艺表演类型，即根据我国茶叶制作方式进行茶艺表演类型划分，主要分为绿茶茶艺表演、红茶茶艺表演、乌龙茶（青茶）茶艺表演、黄茶茶艺表演、白茶茶艺表演、黑茶茶艺表演以及花茶茶艺表演和紧压茶茶艺表演类型等。

（三）按饮茶器具划分茶艺表演类型

以主冲泡器具类型进行茶艺表演类型划分，可分为壶泡法茶艺表演、盖碗茶艺表演、玻璃杯茶艺表演以及碗泡茶艺表演等。

（四）按冲泡方式划分茶艺表演类型

以冲泡方式划分茶艺表演类型，主要可分为煎茶法茶艺表演、点茶法茶艺表演、瀹饮法茶艺表演、冷饮法茶艺表演、调饮法茶艺表演等。

（五）按表现性质形式划分茶艺表演类型

根据茶艺表演的表现性质形式可分为待客型茶艺表演、经营型茶艺表演两类。

1. 待客型茶艺表演

待客型茶艺表演是专门满足茶客，特别为其宾客定制的专场茶艺表演，从而丰富并满足其以茶待客需求，使之在一同参与赏茶、鉴水、品茗、审美等品饮茶活动中，共同分享茶文化艺术魅力。

2. 经营性茶艺表演

这种茶艺表演的最终目的是促进茶叶、茶服、茶点、茶具等销售，以及树立茶企品牌形象与认知等，是茶厂、茶庄、茶馆、茶企等在经营推广中常使用的方式。

（六）按地域来划分茶艺表演类型

这种茶艺表演是在挖掘特定地域茶文化特色及品饮茶特点而进行的演绎，如老北京茶韵茶艺表演、杭州宋韵茶都茶艺表演、岭南工夫茶茶艺表演等。

（七）按时期来划分茶艺表演类型

这种茶艺表演是按体现特定时间轴跨度来划分演绎品饮茶的类型，可以分为唐代茶艺表演、宋代茶艺表演、明代茶艺表演、清代茶艺表演、民国茶艺表演、现代茶艺表演等。

三、茶艺表演设计形式

茶艺表演设计形式通常包括了以下几种类型：单人表演形式、多人表演形式、站式表演、坐式表演以及跪式表演。

（一）单人表演形式

在茶席上，通常由一个茶艺师在泡茶过程中融入艺术肢体语汇表达的茶艺表演完成整个冲泡过程，泡茶技术的高低也是由单个茶艺师独自来体现。在实践中，因为此种类型茶席与茶艺表演设计形式要求全部演绎过程都需由个人来完成，所以在表演前，必须将不便单人在表演过程中所能完成的事情全部预先做完，或者在设计中转化成可以单独完成的内容等。单人表演形式从动态表演氛围来看，虽然不比多人具有舞台饱满性，却是最能显示茶艺师功力的一种表演形式，且单人表演形式又相对比较容易获得观众或品饮者的焦点关注。

（二）多人表演形式

茶艺多人表演形式又可以分为两类：一是由一人作为主泡，第二人至多人作为副泡形式；二是采用多人同时泡茶形式。多人表演形式显然会因为人多势强而使表演氛围较好，并且也具有较强的舞台张力与饱满感效果。在实践中，多人表演常表现出来的效果欠缺往往在于人员的诠释演绎搭配和谐上，较为容易出现的现象是没有将主泡与副泡的表演融为一体，缺乏一种有机协调或完整感，这也是茶艺表演创作艺术编排不足的一种表现。在演绎中，多人表演形式也可以通过一位茶艺师充当主泡，其他人员充当辅助或副泡，借助一定的情境、氛围营造等形式去诠释演绎，从而提升演绎的丰满度与观看体验。其中，多位茶艺师整齐的泡茶动作比较适用于大型的茶文化活动，但也往往容易出现因严格地按照音乐的节奏去追求动作的整齐性，而不可避免地给观赏者一种较强的表演痕迹的感觉。

（三）站式表演

茶艺站式表演指在表演区舍弃座椅的一种演绎形式。站式表演增加了演绎者肢体语言活动范围，可强化在多人表演形式中与他人交流互动的效果，更多地发挥肢体语言的变化程度。同时，站式表演还能在茶席前自如地调整与茶席的距离，使泡茶语言的运用更方便、更自然。但站式表演因表演的时间长，往往容易产生疲劳，影响最佳表演状态持续的时长。站式表演需要在实践中关注茶席高度问题，避免出现因操作高度等问题而影响演绎者造型的效果问题。

（四）坐式表演

坐式表演是指坐在茶席前的凳或椅上进行的表演形式。坐式表演虽然肢体语言表现范围受到一定的限制，但坐式表演不容易疲劳，有利于表演上的全神贯注。但在进行坐式表演时，坐椅与茶席之间的距离不容随意调整，太远或太近都容易影响姿态的完美。因此，在表演中需要茶艺师及时准确地调整好凳或椅与茶席之间的最佳距离。

（五）跪式表演

茶艺跪式表演一般用于使用席、毯、布、矮长条桌等泡茶或品饮茶情形，所有茶器均摆在较低铺垫或矮桌之上，表演别有韵味。在实践中，由于现代人不常跪式生活，偶尔长跪表演，突然起身奉茶时，常会腿脚麻木、站立不稳；跪坐时，也有可能出现脚踩裙摆而摔倒的情况。因此，茶艺师需要进行一定的训练并且需要借助一定的技巧方可做得更好，比如前者可预先放一块柔软的垫子使膝盖跪在垫子上，后者则在跪坐前稍稍提起裙摆。另外，跪式表演已经固定了身体位置，操作过程中不方便进行大幅度的身体移动，因此，茶艺师需要在跪坐之前及时调整好身体与操作器皿之间的距离，凡需要使用的器具，在表演前应放置在跪坐后双手能方便拿取的范围之内，且演绎前务必进行试取，以确保已经调整到最佳肢体伸展距离范围内。

四、茶艺表演的主要基本要求

（一）茶艺表演形象要求

茶艺表演不同于一般的表演，茶艺表演不仅表现一种文化精神，还要表达出清淡、明净、恬静、自然的意境。因此，茶艺表演者的形象要求不仅是在外表，还要注重内在的"精、气、神"。茶艺师在表演时动作要到位，过程要完整，不断加强自身的茶文化修养，要用身体姿态和动作等来表现出内在气质，比如坐姿、站姿、走姿、冲泡动作、面部表情等，这些都可以体现出一个茶艺师的气质。同时，也要细致体会与揣摩内在茶境的韵味，在演绎中要呈现出自然和谐、从容优雅、意境悠远况味。在实践中，茶艺师要细腻地将自己的思想与情感等融合在表演中的每一个步骤细节中，以高超的技艺把握茶性与全部冲泡茶要素，在冲泡出一杯可口茶汤及将茶品的特色冲泡出来的同时，把茶艺表演的真谛一并表达出来。茶艺师在表演时也要加强和观众或品饮茶者之间的互动与交流，这也是茶艺表演的重要组成部分，从而也避免使茶艺表演仅局限于体现其表。另外，茶艺师的动作、手势、体态、姿态、表情、服饰等都要与茶席与茶艺表演主题统一。

（二）茶艺表演与茶席有机统一要求

茶席是茶艺表演的重要组成部分，茶席与茶艺表演有着内在共同主题，在设计时要将二者有机统一起来。从这个角度也可以认为，茶席是茶艺表演环境氛围营造的外在表现，茶艺表演是茶席内在精神要旨的动态呈现。在茶艺表演中，演绎茶席的内在逻辑与思想是借助茶艺师操作才得以最终传达的，茶艺师是茶艺表演与茶席设计的灵魂体现者。因此，茶艺师务必要在表演前深刻理解茶席与茶艺表演设计的理念与要点，在表演过程中将其与氛围营造融为一体，在浑然一体的演绎中，将品饮茶氛围进一步升华，并通过激发品饮者感官直接体验，促发其实现精神跳脱与超越，最终获得良好的品饮茶体验。

（三）茶艺表演过程中服饰要求

茶艺表演要根据不同的表演情境来设计及确定服饰，服饰要和表演的主题、氛围营造背景相协调，并且要注意服饰的色调与整体协调，凸显茶艺师形象，使之成为演绎视线的焦点。

（四）茶艺表演中位置、顺序、动作要求

茶艺表演中的位置、顺序、动作主要包括主泡、副泡的位置，出场、进场的顺序，行走的路线，行走的动作，敬茶、奉茶的顺序、动作，客人的位置，器物进出的顺序，摆放的位置，器物移动的顺序及路线，等等。人们往往注意移动的目的地，却忽视了移动的过程，而这一过程正是茶艺表演与一般品茶的明显区别之一。这些位置、顺序、动作都以遵循合理性、科学性原则，符合美学原理，遵循茶文化内在精神以及符合中国传统文化等为前提。

（五）茶艺表演动作美、神韵美要求

"韵"是表演之美的最高境界，可以理解为传神、余韵、意境等，动作美和神韵美构成了茶艺表演的基本要求，也是茶艺表演所要带给观众或品饮者最美享受的前提或必要条件。因此，在这个意义上可以说娴熟纯青的技术才是产生茶艺表演美感的基础。在日常冲泡茶训练中，茶艺师要不断地严格要求自己，精益求精地进行训练，才能把茶艺表演不断地提高、升华。在茶艺表演时展示的是茶艺师美的肢体语言，要做到心与意的有机配合，也必然要求茶艺师动作规范、细腻、到位，尤其在冲泡时要注重对细节的把握，只有动作的规范、准确、到位才更会给观赏者或品饮者带来美的享受。

茶艺表演如图 10-2 所示。

图 10-2　茶艺表演

考核指南

基本知识部分考核检验

1. 请简述茶艺表演所包括的主要内容及要素。
2. 请简述茶艺表演当前的主要评价指标及要点。
3. 请简述茶艺表演的主要内涵、类型及技术要求。

操作技能部分

1. 请参照一个确定的茶艺表演类型，结合当前茶艺表演主要评价指标及要点，并将茶艺表演技术要素尽量体现在操作其中，设计一个茶艺表演节目。

2. 参见下面茶艺表演设计撰写范例，请探讨下设计中有哪些优点和哪些不足。

茶艺表演范例：茶中江南

【表演方式】多人茶席与茶艺表演类型、跪坐形式。

【表演人数】1人主泡，2人副泡。

【音乐】演奏音乐——《琵琶语》。

【器具】青瓷，1个盖碗、5个品茗杯、1个公道杯、1个水盂、1个烧水壶、1个盛水器、1个火炉、装饰若干等（对称摆放茶具）。

【茶叶】碧螺春。

【背景、工艺品】LED屏幕播放营造江南秀美茶烟氤氲氛围，桃花树两棵，不时有微风吹落花瓣。

【茶席】以天青色、白色和绿色棉麻铺垫，在一株桃花树下长铺，形成一种纵深感。茶席炭火炉边用竹篱笆略围绕，营造一种江南烟火美感。

【服饰】主泡着朱红和白色为主的汉服；副泡着翠绿色和粉色、天青色汉服。

【副泡解说】(站在茶席桃树最外斜后方,解说时可在桃花树、茶席边自由行走,丰满舞台)西塞山前白鹭飞,桃花流水鳜鱼肥。青箬笠,绿蓑衣,斜风细雨不须归。

江南是人们内心深处最诗意的地方,江南的水是清的,清澈似镜;江南的雨是美的,滴若甘露,阵若惊鸿,串若雁阵;江南的茶是翠绿的,芬芳悠长,江南的茶新鲜得能让你仿若听到山岙白云间燕雀的鸣叫;水墨江南,让人不由追求身心的宁和。

今天我们为大家演绎的茶艺表演主题是茶中江南——请欣赏。

【副泡解说开头语】主泡与另外一副泡款步走向茶席,并在舞台中间给品茗者致意,然后来到茶席,跪坐,坐定(副泡跪坐在主泡一侧,协助主泡泡茶),开始翻杯,或掀盖碗碗盖等。

闲梦江南梅熟日:在江南绵绵的雨季里,如烟的荷塘在雨中沐浴,淡淡的炊烟在雨中升起,烟雨沉醉,初夏的夜晚里,蛙声阵阵说丰年。

轻涛松下烹溪月,含露梅边煮岭云(注水)。

流云拂月(温盏烫杯):泡茶也是心性唤醒的过程,每个茶人心中都有一方清雅净土,可容花木,可纳雅音。不同凡尘,忙里偷闲!

高山流水(注水1/3)。

慧心悟茶香(赏茶):洞庭无处不飞翠,碧螺茶香万里醉,春染碧水,江南美。(主泡将茶荷交给副泡,副泡分享给品茗人,然后副泡将茶荷归至主泡处)。

绿羽仙姿(投茶):研一池清波碧水,蘸一笔花红柳绿。茶亦醉人何必酒,人生如白驹过隙、此去经年,淋湿了诗心,醉美了柔情,水与茶相濡、相融、相互激赏,达成曼妙真味,进而带来心灵的满足与安逸。

一语春香(摇香):一个人在喝茶时有一种单纯的心,活在当下,脱了欲望与俗情的束缚,在茶里就有了禅心。(主泡和副泡相互分享,并感受茶香之美。)

雨润如酥(三点头,注水):细数着江南四季,春风沉醉轻舞飞扬。巷陌里的青石板,一条条清流婉转于白墙黛瓦间,春披一蓑烟雨,夏看十里荷花,秋赏三秋桂子,冬钓一江寒雪。茶里江南的美总是充满温情灵气的,正如喜欢茶汤里那种淡到极致的美,恰似眼前的江南不急不躁,不温不火,款步有声,舒缓有序,一湾浅笑,万千深情,尘烟几许,浅思淡行。

物我两忘(赏汤):人的最高境界不是花满枝头,天晴月圆,而是月未圆,花未全开,光而不耀;品茶也是相似的道理,满身披毫、银白隐翠的碧螺春如绿云翻滚,氤氲的茶烟使得茶香四溢,清香袭人。正如禅诗所云:春有百花秋有月,夏有凉风冬有雪;若无闲事挂心头,便是人间好时节。

三品醍醐,神游三山:一片茶,一个人,透过杯中茶叶看人生,苦中有甘,甜中藏涩。茶汁幽香四溢,齿颊留香,细品人生的五味,便获得释然、超脱,欣欣然也。

【敬奉香茗】主泡奉茶,副泡协助。

结束语:人生如茶,沉时坦然,浮时淡然,拿得起放得下。三餐的五谷,人生的百味,都在茶中化作浓淡。在这美好的江南之夜,希望我们所有的嘉宾和朋友都能在这一杯茶的时光里感受到这样的心境:于时光深处,静看花开花落,虽历尽沧桑,仍含笑一腔温暖如初,感谢大家的欣赏,谢谢。

视频: 茶席与茶
艺表演设计

第四节　茶艺表演设计与撰写

　　茶艺表演设计就是以品饮茶表演活动为目的的一种特殊艺术创作行为，也可将茶艺表演看成是一种茶文化装置和行为艺术，并传达创设者的一种思想与意图，一种充满互动交流与对话的茶文化传递方式。因此，需要有计划地进行设计，并运用相关知识、创意、协调、技术和资源等创作出好的茶艺表演作品。在实践中，茶席与茶艺表演设计存在一体化、有机衔接的特征，并统一在特定茶艺表演主题及整体设计统领之下。茶席设计是局部，它要服务于茶艺编演的整体，并要呼应茶艺表演主题，茶席与茶艺表演是相辅相成的。茶艺表演编创首先要明确其设计目标，针对其满足受众实际茶文化功能价值或是其他商业价值等进行策划，主要包括主题设计、茶席设计、文本或脚本设计、互动交流设计、步骤与程式设计等环节。茶席设计是茶艺演示的先声，设计出一个优秀的茶席是茶艺演示的良好开端，茶席设计不能与茶艺表演主题脱节，也务必要注意与其他环节的分界与协作，茶席设计只有融入茶艺表演之中才能彰显其价值和意义。所以，茶席设计贯穿于茶艺演示的开始、中间和结束，茶席设计也能第一时间反映茶艺编演者的艺术匠心、艺术素养、审美境界。

一、我国茶艺表演主要设计内容

　　根据茶艺表演中所涉及的内容，实践中的茶艺表演设计通常需要包括以下方面。

（一）茶艺表演主题

　　主题思想与逻辑是茶艺表演的关键，设计茶席与茶艺表演，首先要确定主题，并且首先从设计茶席主题开始，才有助于茶席各个部分之间的统一与协调。通常，茶艺表演主题可选择季节、心情、信念、情感、节日、特定日子、关系、历史底蕴、文化背景、社会发展、时代浪潮、文学作品、人物、事件等为切入点，进而提炼和升华主题。主题命名与文学或艺术作品命名有着异曲同工方式，也需要格外斟酌，好的茶艺表演作品命名往往有着匠心独具、提纲挈领、画龙点睛或是锦上添花的作用，可引起品饮者的兴趣或精神共鸣。

（二）茶席选择与布置

　　茶席选择与布置关乎整个茶艺表演的艺术格调、情境设置、氛围、意境，茶席设计务必围绕茶艺表演设计主旨、逻辑脉络、演绎情境设置而展开，并充分发挥创新、创意与实施能力。在实践中，茶席元素选择时要注重与主题氛围营造呼应，合理进行道具选择，注意音乐所营造的主题艺术气氛以及旋律、节拍与泡茶肢体语言协调搭配度，音响大小与照明光影效果也需恰到好处。

（三）茶艺演绎人员服饰选择

　　茶艺表演人员服饰选择应与主题设置的时代背景、意境等相契合，注意与茶席色调和谐，并能凸显主泡者。

（四）演绎人员具体操作内容及人数

可分为主泡、副泡及其他辅助氛围演绎人员，其中副泡又可以分为负责端茶具、协助主泡奉茶和解说，或配合主泡进行泡茶等，注意表情神态设计、肢体语言协调、人员搭配和谐等。

（五）茶艺表演流程或程序

主要为泡茶流程、步骤、环节与具体动作细节展示，也包括主泡与助泡等动作配合设计。

（六）行茶解说与品鉴词

文本艺术性及表达方式要符合主题与意境设计，并要注重泡茶动作、解说与整个演绎流程程序的完美结合。

其中，主题、茶席、茶艺师、行茶解说与品鉴词、冲泡程序等共同作用，进而生发并升华了品饮茶意境营造，从而带领品饮者或观赏者进入品饮茶体验世界。

二、茶席与茶艺表演设计文案撰写

茶席与茶艺表演设计文案是一种文字表达方式，主要通过文字解读或阐明某一特定设计主题、设计构思及表现方式、实现要素与创意载体等，从而便于品饮者理解、演绎组织与实施、实现表演目标等。在实践中，茶艺表演设计文案有自己特定的表述方式及结构，最好采取图文结合表述形式，也可根据特定具体需要与状况调整陈述内容与表达方式。茶艺表演设计文案一般由以下内容构成：标题、主题阐述或设计理念、结构说明、结构中各因素的用意、结构图示、动态演示程序介绍、奉茶礼仪语、结束语、版权与设计使用权限等。当然，其中环节可以根据具体演绎设计要求等情况有所调整和变化。

（一）茶艺表演设计命名

指茶艺表演文案所提炼的最能反映其主题思想与设计宗旨的标题，也就是茶艺表演的命名。

（二）茶艺表演设计理念阐述或茶席主旨说明

茶艺表演是茶文化范畴一个特殊艺术创作作品，融汇了设计者的主观观念与信仰等。为方便欣赏者理解，主题阐述务必鲜明，文字具有高度概括性和准确性，在字里行间清晰地表达出设计主题思想与设计来源。

（三）茶艺表演展示空间设计结构及茶席元素摆置结构说明

包括茶艺表演展示空间构成及功能划分使用情况，在茶席设计中所涉及的各要素及其组成、摆置位置与方式以及欲意达到的感官或共鸣效果等进行文字说明。这部分的作用主要表现在以下两个方面：其一，方便摆置，使器物摆放有依据；其二，解读其中的摆置奥妙，以阐释主题，并对器物选择有一个评判依据。

（四）茶席摆置结构中各因素选择及采用用意

即对结构中各器物选择、制作的用意表达清楚。不要求面面俱到，但对特别用意之物需要突出说明。

（五）茶席结构完整示意图

以线条画勾勒出茶席中各器物的摆放位置。如条件允许，还可画透视图，也可使用实景照片。

（六）涉及茶艺表演动态演示程序介绍

主要包括选择冲泡茶品及用意，冲泡过程各环节或步骤的称谓或名称、动作内容及用意。因此，这部分也可以视为进一步创作行茶解说的依据或基础，为行茶解说词最终创作完成奠定坚实基础。

（七）涉及茶艺表演部分奉茶礼仪语

即奉茶给品茗者时所使用的礼仪语言。这部分也为行茶奉茶环节程序设计提供了依据与参考。

（八）涉及茶艺表演结束语

即茶席设计文案中全文总结性的文字，其内容部分也可以包括个人的愿望及一些需要特别表达的说明。

（九）茶艺表演作品版权与设计使用归属权限等

可根据作品版权与使用归属权等情况进行相应说明。

三、茶席与茶艺表演范例

（一）范例一：最忆四明山瀑布仙茗美

【冲泡茶品】四明山瀑布仙茗。

【冲泡人员】主泡：1 人；第一副泡：1 人；辅助演绎副泡：3 人；服务副泡茶艺师：2 人。

【茶艺表演舞台设置】LED 屏幕用于渲染营造氛围（传说中丹丘子与虞洪邂逅之缘），意图表达历史背景氛围营造的摆置，所需演绎中涉及泡茶相关用品用具等。

【茶艺表演目的】宁波 ×××× 茶业公司推广活动。

【表演过程】首先一个副泡先出场，并在台上煮茶，摆放好相应的器具（本次最忆四明山瀑布仙茗美茶艺表演副泡使用煮茶器具）；所在位置：舞台一角，主泡台前侧面，用炭火煮水，扇子扇火，如图 10-3 所示。

舞台下两位副泡茶艺师泡茶进行服务，一位奉茶招待观众；茶桌两张、椅子两把。

图 10-3 《最忆四明山瀑布仙茗美》茶艺表演（1）

表演开始由解说人员进行解说，并引导表演进度或节奏。

（解说内容）余姚茶叶久负盛名，早在唐朝以前，余姚就是名茶之乡。余姚种茶自然条件优越，四明山地处浙东沿海，海拔在 500 米左右，给茶叶生长带来了得天独厚的气候条件。满山遍坡的茶树，犹如翠龙蜿蜒，与青山秀水为伴，以清风明月为侣，采日月之灵气，得天地之精华，成为优质无公害名茶。黄宗羲有诗写道："炒青已至更阑后，犹似新分瀑布泉。"

（***扮演丹丘子，***扮演虞洪，同时担任两位副泡）据古籍记载，汉代有一位叫虞洪的余姚人入四明山采茗，途遇仙人，被赠以瀑布岭上的大茗，这就是现在的名茶瀑布仙茗前身。四明山的幽美仙境，频频茶事，与道教渊源之深。四明山上茶事之早，有多个版本的史料和传说。在一个版本的史料中记载，传说中的丹丘子在山中培育成片大茗，他能种茶却逊于煮茶。在东汉永嘉年间，丹丘子在山中遇到余姚人虞洪，他对虞洪说："闻子善具饮，常思见慧。山中有大茗，可以相给。"意思是说，听说你很会煮茶、品茶，常常想见你，希望能够得到你烹煮的好茶汤。你也可以到这一带山中去采摘大茶树叶。虞洪按照丹丘子所指，到山里把一芽四五叶的嫩梢叶从大茶树上采下来，放在火上烘烤成黄绿色，然后放进壶里煮烹。由于虞洪在焙茶上精于下功夫，烹煮火候、时刻恰到好处，他制作的茶叶汤汁提神解渴又清香鲜爽，给丹丘子以美好的享受，从此传之弥远，《神异记》有文字记述。如图 10-4 所示。

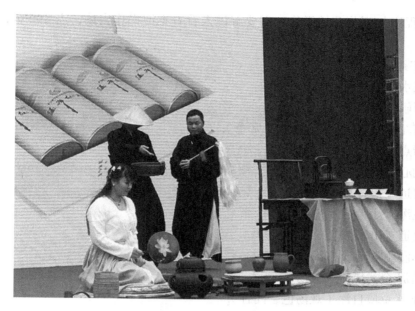

图 10-4 《最忆四明山瀑布仙茗美》茶艺表演（2）

（主泡及第一副泡出场如图 10-5 所示。）

图 10-5 《最忆四明山瀑布仙茗美》茶艺表演（3）

丹丘子修炼饮茶，由凡人成仙。诗僧皎然也有诗：丹丘羽人轻玉食，采茶饮之生双翼。浙江名牌战略推进委员会 2013 年认定余姚瀑布仙茗为浙江名牌产品称号。

（首先赏茶，第一副泡展示四明山瀑布仙茗，给主泡看。）四明山瀑布仙茗早芽精品，茶外形紧直浑圆，色泽嫩绿，香气清高，滋味鲜爽，汤色嫩绿明亮，叶底嫩匀成朵。

（冲泡程序与环节开始操作，需要解说人看着主泡操作去读，需要配合，如图 10-6 所示。）

心驰宏宇，物我两忘；

淡瀑飞水（注水）；

蕊珠万斛（温杯）；

烟岚窈窕 仙茗兰芷 四明甘露（赏茶）；

仙人指点（投茶）；

甘露润心（润茶）；

四明观道（摇香）；

化安飞瀑（注水）；

狮王悟道（出汤）；

春露弥漫（赏汤）；

神人共赏 余韵风流（分汤）；

天机舒展 意境自深（观汤色、闻香）；

春风啜茗 天人合一（品滋味）。

四明山瀑布仙茗茶浴云霞雾霭，色、香、味俱佳，含有较多的茶多酚、茶氨酸、芳香物、维生素、适量咖啡碱，不仅有解乏提神、止渴之功，同时对康养身心也具有较好的作用，充分彰显了余姚瀑布仙茗的茶品特色，让广大消费者在赏茶、品茶、养生的过程中，充分领略余姚茶文化的品位和魅力，同时在促进余姚特色农业转型发展中起到了引领作用，期待未来四明山瀑布仙茗的美好发展，让瀑布仙茗香飘四海，走进千家万户，为爱茶喜茶的朋友们带来一杯茶芬芳的幸福与喜乐！

图 10-6 《最忆四明山瀑布仙茗美》茶艺表演（4）

（二）范例二：海上丝绸之路上我可爱的家乡——慈溪

【表演方式】多人茶席与茶艺表演类型。

【表演人数】2 名或若干名教师（主泡 1 名，弹琴教师 1 名或若干），学生大约 7 名。

【音乐】演奏音乐——《问茶》（袁东方版本），陈伟标《太极》。

【器具】青瓷，2个盖碗、6个品茗杯、2个公道杯、2个水盂、1个烧水壶、1个盛水器、1个火炉、1把扇子、装饰若干等（对称摆放茶具）。

【茶叶】瀑布仙茗茶。

【表演特色】融入实验小学英语特色。

【背景】LED屏幕可播放视频或PPT，根据解说词内容制作。

【出场】舞台一侧：茶席后主泡老师，旁边一个助泡女学生；弹琴教师，旁边站有1名舞蹈功底好的女学生，拿着一把油纸伞。

舞台另外一侧：

学生1（实验小学）用英语说："大家好，欢迎来到慈溪***实验小学，听说你们是来看运河和青瓷的？"

美国学生2用英语说："是的，我听说唐代的文人雅士喜欢饮茶，越窑青瓷能完美地烘托出茶汤。"

印度学生3用英语说："美丽的青瓷出自慈溪。"

日本学生4和西班牙学生5一起用英语说："我们很想亲眼看看，所以我们来到这里。"

学生1（实验小学）用英语说："好，那我们一同去看看吧！"

【备注】此时弹奏一些节奏轻缓的曲子，比如陈伟标的《太极》，弹琴老师旁边的学生在陶醉欣赏；茶席边女学生扮作寻访山泉、装运山泉，主泡老师为壶里盛水，然后做好泡茶准备。

【推进】学生1（实验小学）指着远方，其他小朋友跟随着四处张望，用中文说：

"慈溪因治南有溪，东汉董黯'母慈子孝'传说而得名。

早在秦代，慈溪名士徐福就东渡日本，

'唐涂宋地'又塑造了慈溪人开拓进取的性格。

正因如此，才造就誉有'圆似月魂堕，轻如云魄起'的越窑青瓷胎骨、

'九秋风露越窑开，夺得千峰翠色来'的釉色，

晶莹润泽，又恰似宁静湖水一般，清澈碧绿，

法门寺出土的秘色瓷又不禁为越窑青瓷增添无限神奇与想象。

慈溪上林湖为名副其实的唐宋瓷都。"

【正式冲泡】音乐:《问茶》。

【翻盖特别动作展示，其他按照盖碗绿茶操作流程操作】翻杯展示茶具——用茶针进行盖碗翻盖操作——洗杯净具（主泡和助泡注意互动）；弹琴教师边上的女孩子放下油纸伞开始跳舞，宁静而悠长仿似青瓷精灵，展现其美，并与主泡边上女孩子互动。

【泡茶之美展现】在实验小学学生带领下，5名学生围观泡茶并显现惊奇和陶醉之情，自由表现，站位自由，并合理填补舞台。

助泡：

"清宫迎佳人——投茶；

甘露润莲心——润茶摇香；

凤凰三点头——注水；

碧玉沉清江——看一眼后，出汤至公道杯；

慧心悟茶香——赏汤；

淡中品滋味——目品、鼻品和口品；

敬奉香茗——奉茶。"

【台下奉茶】主泡和助泡。

学生1（实验小学）说，其他学生配合动作和表情，弹琴者依旧弹奏。

"我的家乡慈溪靠近一片浩瀚的海，

还有一条始建于春秋时期的浙东运河。

上联钱塘江，京杭大运河；下通姚江和三江口。

历史空间呈现西联江淮，东出大洋；转运南北，港通天下之势。

运河文化与海上丝绸之路文化在此交汇、叠压，

从曹娥江、姚江交界至镇海甬江出海口，沿大运河宁波段主航道，余姚、慈溪、鄞州、镇海四大古县城一字排开。

（英语）看，那是慈溪，我的家乡。"

拿油纸伞学生用中文说：

"典籍、陶瓷、茶叶、丝绸、思想学说等由此走向海外。

慈溪先民在开辟海上丝绸之路历史过程中，创造了灿烂的物质文化啊，虽经千年沧桑，但至今影响深远。

千余年来，慈溪地区始终占风气之先，这与厚重的运河文化的积淀，加上海洋赋予开阔的胸怀息息相关。

芦苇荡漾，白鹭飞扬。迎晨曦，见海曙。

回望海上丝绸之路，历史风尘因水而生，因水而美，我们爱我们海上丝绸之路上可爱的家乡——慈溪。"

【奉茶后】回茶席，适当时间可收拾下茶具，然后等待说完解说词一同谢幕。

 考核指南

基本知识部分考核检验

1. 请简述茶席与茶艺表演设计文案的具体内容及要点。

2. 请简述茶席与茶席表演设计的主要构成要素及关键要点。

操作技能部分

1. 请查找资料，并根据茶艺表演设计主要要点，以"秋"为主题设计一个茶艺表演。

2. 请探讨以下茶席与茶艺表演范例，结合茶艺表演评分参考表，探讨范例茶艺表演设计撰写思路与文案范例中有哪些优点以及待完善的地方，并进一步给出完善修改方案。

范例：茶席（茶艺表演）设计文案——《宁静致远》

茶席主题：宁静致远

设计理念：

在纷繁复杂的尘世间，拥有一份属于自己的宁静，实在是一种独特的享受。"非淡泊无以明志，非宁静无以致远"，出自诸葛亮《戒子篇》，时隔千年，历史的人和事早已随时间远逝。默诵这一名句，仍然感到清新澄澈，沏一杯香茗，让疲惫的身心在宁静中放松。我们将锦江悠悠碧波引入茶席设计，两岸行行绿柳植入茶艺表演，借锦江两岸的碧波柳影表现茶性的宁静自然，这也体现出成都茶人身心转恬泰、烟景弥淡泊的生活方式和精神状态。

器具选择及用意：

器具主要选择竹制、紫砂与青瓷材质，以代表崇尚自然简单的理念，使用天然竹质双层长方形茶盘、茶道组、奉茶盘、茶荷，以及成套越窑青瓷茶具、陶制炉壶，这也体现了茶人生活的恬淡与心灵的自然。

布局方式：

采用传统中心结构式。竹质长方形茶盘置于茶席正中，成套越窑青瓷茶具整齐摆放其上，右置紫砂炉壶、青竹茶道组、竹制茶荷，左置青竹奉茶盘，两个青瓷小碟盛放的茶点摆放在客人面前。

铺垫采用叠铺式，大幅明海蓝色台布平铺至地，上斜覆白色拖地轻纱，再覆以宽墨绿色、窄翠绿色两条长条形茶旗，象征江水澄澈千里，在平淡中执着地奔流，以彰显主题。

茶点两碟，皆是与品饮铁观音相宜的酸甜味茶食。

背景是大幅水墨春色图，配以悠扬的古曲，萦绕席间，正是"锦江春色来天地，柳下忘言对青茶。尘心洗尽兴难尽，红炉煮茗日影斜"。

茶品选择及冲泡方法：

本茶席所选用的茶品是安溪铁观音，整个冲泡程序主要分为：温具、赏茶、投茶、冲水、刮沫、出汤、奉茶、品茶等。

《宁静致远》行茶解说与品鉴词：

锦江春色来天地，柳下忘言对青茶。尘心洗尽兴难尽，红炉煮茗日影斜。

有朋远来，不亦乐乎，客来奉茶，不亦乐乎。请让我用乌龙茶茶艺为各位嘉宾奉上一壶味醇鲜爽、香韵悠长的铁观音，和大家一起分享这天府茶国的悠悠茶香。

温壶烫盏——烹来灵泉浅勺斟，待客须是净玉杯。

叶嘉酬宾——美如观音重如铁，此茶因名"铁观音"。

观音入宫——观音轻移佛心莲，恰似绿柳照影来。

悬壶高冲——高山流水觅知音，兰香半吐空谷幽。

重洗仙颜——飞泉流云琴瑟鸣，情化甘露仙颜开。

春风拂面——春风大雅能容物，秋水文章不染尘。

茶人宁静淡泊，须有云水气度与清茶精神，不为名利所累，不为繁华所诱，从从容容，宠辱不惊。

祥龙行雨——观音出海祥云起，云龙行雨点水香。

敬奉香茗——一杯香茗酬知己，重逢还忆铁观音。

鉴赏佳茗

奉茶语：

茶已泡好，现敬奉给列位嘉宾品鉴。一杯香茗酬知己，重逢还忆铁观音，祝列位身体康健，万事如意。

目品——赏心悦目黄金汤。

鼻品——天然馥郁兰桂香。

口品——喉底回甘观音韵。

愿今天的茶艺表演和这蓉城的无边春色给各位嘉宾带来愉快，留下美好的品茶回忆。

表 10-2　茶艺表演参考评分标准

序号	项目	分值(%)	要求和评分标准	扣分点
1	主题命名、设计理念、逻辑、设计合理性30分	10	（1）主题命名提炼、精练情况 （2）主题设计理念有思想性 （3）主题命名与设计理念契合程度 （4）理念逻辑与表述	主题命名不合适，扣2分 主题设计理念思想性不足，扣3分 主题命名与设计理念契合程度不足，扣2分 设计理念逻辑与表述不足，扣3分
		10	（1）茶席设计元素选择及构成 （2）茶席设置创新性 （3）茶席与主题理念吻合度 （4）茶席对茶艺表演氛围烘托度	茶席设计元素及构成选择不合适，扣3分 茶席设置创新性不足，扣2分 茶席与主题理念吻合度不足，扣2分 茶席与茶艺表演氛围契合度不足，扣3分
		10	（1）演绎人员服饰契合度 （2）仪表仪态契合度 （3）流程与环节设计契合度 （4）全部演绎人员配合协调性	服饰契合度不足，扣2分 仪表仪态契合度不足，扣3分 流程与环节设计契合度不足，扣2分 演绎人员配合协调性不足，扣3分
2	茶艺表演25分	12	（1）泡茶手法细腻、流畅性 （2）表演具有较强艺术感染力 （3）泡茶操作动作合理性、科学性	泡茶手法不标准，扣4分 表演艺术感染力不足，扣4分 泡茶操作动作合理性与科学性不足，扣4分
		6	冲泡程序过程完整性、流畅性	过程不流畅、不完整，扣6分
		7	泡茶中坐、站、立、行走、端茶盘、奉茶、敬茶姿态	每个动作姿态不标准，扣1分
3	茶汤质量25分	15	茶汤色、香、味表达充分	色、香、味表达不充分，每个扣5分
		10	茶汤适量，温度适宜	不适量，扣5分 温度不适宜，扣5分
4	行茶解说与品鉴文本撰写及表达15分	15	撰写规范与完整度 文本语言表达优美、流畅度 解说过程语音、语调、语气与表达节奏适宜性	文本撰写规范与完整度不足，扣5分 文本语言表达不规范，扣5分 解说不规范，扣5分
5	时间5分	5	在15分钟内完成茶艺表演	超过时间，扣5分

参考资料

【1】 牟杰 . 评茶员（初级 / 中级 / 高级）[M]. 北京：中国轻工业出版社，2018.

【2】 劳动和社会保障部中国就业培训技术指导中心组织 . 茶艺师（基础知识）国家职业资格培训教程 [M]. 北京：中国劳动社会保障出版社，2004.

【3】 徐晓村 . 茶文化学（第三版）[M]. 北京：首都经济贸易大学出版社，2009.

【4】 朱自振，沈冬梅，增勤 . 中国古代茶书集成 [M]. 上海：上海文化出版社出版，2022.

【5】 江用文，童启庆 . 茶艺技师培训教材 [M]. 北京：金盾出版社，2008.

【6】 安徽农学院 . 制茶学（第二版）[M]. 北京：中国农业出版社，1989.

【7】 骆耀平 . 茶树栽培学（第五版）[M]. 北京：中国农业出版社，2015.

【8】 周巨根，朱永兴 . 茶学概论 [M]. 北京：中国中医药出版社，2019.

【9】 张星海，冉茂垠 . 黄茶加工与审评检验 [M]. 北京：化学工业出版社，2015.

【10】 张星海，何仁聘 . 红茶加工与审评检验 [M]. 北京：化学工业出版社，2015.

【11】 张星海，方芳 . 绿茶加工与审评检验 [M]. 北京：化学工业出版社，2015.

【12】 鲁成银 . 茶叶审评与检验技术 [M]. 北京：中央广播电视大学出版社，2009.

【13】 杨亚军 . 评茶员培训教材 [M]. 北京：金盾出版社，2009.

【14】 苏兴茂 . 中国乌龙茶 [M]. 厦门：厦门大学出版社，2010.

【15】 公益社团法人日本茶业中央会，NPO 法人日本茶专业指导员协会 . 日本茶图鉴 [M]. 张华英，译 . 北京：光明日报出版社，2015.

【16】 罗龙新 . 寻茶斯里兰卡 [M]. 武汉：华中科技大学出版社，2018.

【17】 秋宓 . 苹果树下的下午茶 [M]. 上海：上海三联出版社，2019.

【18】 株式会社主妇之友社 . 红茶品鉴大全 [M]. 张蓓蓓，译 . 沈阳：辽宁科学技术出版社，2009.

【19】 周作明 . 茶艺 [M]. 北京：高等教育出版社，2010.

【20】 张莉颖 . 茶艺基础 [M]. 上海：上海文化出版社，2009.

【21】 丁以寿，蔡荣章 . 中国茶艺 [M]. 合肥：安徽教育出版社，2019.

【22】 周爱东，郭雅敏 . 茶艺赏析 [M]. 北京：中国纺织出版社，2008.

【23】 张涛，范宗建 . 茶艺基础 [M]. 桂林：广西师范大学出版社，2022.

【24】 朱红樱 . 中国茶艺文化 [M]. 北京：中国农业出版社，2018.

【25】 周智修 . 习茶精要详解 [M]. 北京：中国农业出版社，2018.

【26】张楠宁 . 茶艺 [M]. 北京：高等教育出版社，2012.

【27】中国历代主要制茶方式概览 [EB/OL].(2014–03–19)[2022–03–27] .https://www.puercn. com/czs/cybk/56212.html.

【28】唐代茶器：法门寺出土的帝王重器 [EB/OL].(2018–04–11)[2022–03–03].https://www. sohu.com/a/227951435_203755.

【29】中 国 茶 具 的 演 变 [EB/OL].(2018–01–15)[2022–03–30].http://www.360doc.com/conte nt/18/0115/00/33945099_721979335.shtml.

【30】太湖边上这座贡茶院，原来已有 1200 年历史，是中国茶文化的圣地 [EB/OL].(2018– 08–22)[2022–03–31].https://www.sohu.com/a/249325174_405899.

【31】日本传统茶室：对意境的极致追求 [EB/OL].(2017–07–20)[2022–03–25]. https://www. sohu.com/a/158542352_99926623.

【32】茶树植物学特征你了解多少？ [EB/OL].(2019–09–05)[2022–03–30] .https://www.sohu. com/a/338995018_274923.

【33】彩色茶树前景展望这么大，我不是最后一个知道的吧！ [EB/OL]. (2020–10–18)[2022– 03–30].https://www.sohu.com/a/425568519_825043.

【34】中 国 古 代 的 茶 税 [EB/OL].(2017–02–28)[2022–04–25]. http://tea.gog.cn/ system/2017/02/28/015452837.shtml.

【35】日本宇治：一座茶小镇的完整产业体系发展之路 [EB/OL].(2020–07–20)[2022–03–25] .https://xw.qq.com/cmsid/20200927A03B8F00.

【36】破废培训中心变禅意庭院——福建生活美学酒店 [EB/OL].(2018–11–25)[2022–03–25] .https://baijiahao.baidu.com/s?id=1618100730574194509&wfr=spider&for=pc.

【37】普洱茶小镇：智慧型绿色产业升级示范地 [EB/OL].(2019–11–05)[2022–03–25].http:// www.520axi.com/13714.html.

【38】浙江特色小镇龙坞茶镇规划设计 [EB/OL].(2018–01–12)[2022–03–25]. http://www.naic. org.cn/html/2018/zthd_0112/36546_4.html.

【39】普洱茶马古城旅游小镇：再现茶马古道的繁荣 [EB/OL].(2019–12–26)[2022–03–25]. https://m.thepaper.cn/baijiahao_5348812.

【40】从日本两大茶乡看中国茶产业小镇如何实现进阶发展 [EB/OL].[2022–03–25]. https:// wenku.baidu.com/view/bb4cc15927fff705cc1755270722192e453658a7.html.

【41】君 山 银 针 茶 艺 解 说 词 [EB/OL].(2019–08–06)[2022–03–25] . https://www.puercn.com/ huangcha/paofa/173338.html.

【42】碧 螺 春 茶 艺 解 说 词 [EB/OL].(2019–03–16)[2022–03–25]. https://www.chaliyi.com/ article/38182.html.

【43】铁 观 音 茶 艺 解 说 词 [EB/OL].(2021–11–25)[2022–03–25]. https://www.bilibili.com/read/ cv14151379.

【44】西湖龙井茶茶艺解说词 [EB/OL].(2021–03–29)[2020–04–25]. https://www.chayi5.com/ lvcha/longjing/373270_2.html.

【45】白毫银针茶艺解说词 [EB/OL].(2019–08–06)[2022–04–25].https://www.puercn.com/ baicha/bcpf/173350.html.

【46】东方美学中的茶空间：方寸一茶席，心游天地间 [EB/OL].(2018–05–04)[2022–04–25]. https://baijiahao.baidu.com/s?id=1599538981512174520&wfr=spider&for=pc.

【47】如何办好一场茶会？ [EB/OL].(2018–09–20)[2022–04–25]. https://www.sohu.com/a/255002590_245303.

【48】李天蜀：基于美学价值的空间语义 ——评析上城设计新作《伴茶空间》[EB/OL].(2017–04–18)[2022–04–25]. https://www.sohu.com/a/134873854_368756.

【49】茶席之美，尽在方寸之间 [EB/OL].(2020–11–20)[2022–04–25]. https://www.sohu.com/a/433272391_780432.

【50】《蜀兴主题茶艺《宁静致远》茶席设计文案 [EB/OL].[2022–04–25]. https://wenku.baidu.com/view/eb4995a26b0203d8ce2f0066f5335a8102d26688.html.

【51】茶席设计文案 [EB/OL].[2022–04–25]. https://wenku.baidu.com/view/b448b4ba92c69ec3d5bbfd0a79563c1ec4dad7e5.html.

【52】从远古到今日的茶 [EB/OL].(2018–06–15)[2022–03–25].https://m.sohu.com/a/236059582_673173/?pvid=000115_3w_a.

【53】唐代怎样蒸青茶饼？宋代怎样制作龙凤团茶？ [EB/OL].(2017–07–08)[2022–03–25]. https://m.sohu.com/a/155025073_173027/?pvid=000115_3w_a.

【54】1分钟，带你踏遍5000年茶史！ [EB/OL].[2022–03–25]. https://new.qq.com/rain/a/20210312A09DEF00.

【55】茶叶起源与历史—唐代的人怎样煎茶 [EB/OL].(2017–07–11)[2022–03–26].https://www.sohu.com/na/156300436_173027.

【56】"金可有茶不可得" ——宋代皇家专用的北苑龙凤团茶 [EB/OL].(2015–04–23)[2022–03–26].https://www.bazhantang.net/2015/04/1991.

【57】茶具里的唐宋风骚 [EB/OL].[2022–03–26].http://www.dili360.com/ch/article/p574bdb9c88c8e99.htm.

【58】静谧–茶席之故事（一）[EB/OL].（2016–10–24）[2022–03–26].https://www.jianshu.com/p/dde08748c9df?tdsourcetag=s_pcqq_aiomsg.

【59】《天净沙·秋》原文及赏析 [EB/OL].（2021–08–16）[2022–03–26].https://www.ruiwen.com/qu/3952172.html

【60】国外红茶等级标准是什么 [EB/OL].（2018–01–17）[2022–03–26].http://zhidao.baidu.com/special/view?id=c49a5a24626975510400.

【61】古代与现代制茶工艺有何区别？ 1分钟读懂六大茶类工艺历史演变 [EB/OL].（2021–01–14）[2022–03–26].https://baijiahao.baidu.com/s?id=1688850199257829514&wfr=spider&for=pc.

【62】茶叶和树叶如何区分 [EB/OL].（2019–03–30）[2022–03–29].https://www.jianshu.com/p/b4974868a4ad.

【63】如何优雅的喝一杯英式下午茶 [EB/OL].[2022–03–29].https://www.chayu.com/zt/ysxwc/.

【64】萌哒哒的日本和果子 [EB/OL].[2022–03–29].https://www.19lou.com/creampic-fid-9-t-11241408497562126-p-11261408497562173-nodigest-all-dateline.html.

【65】一场风雅宋代茶道背后的收藏美学 [EB/OL]. （2019-02-20）[2022-03-29].https://xtea.
　　　rednet.cn/content/2019/02/20/5089200.html.

【66】日本茶道背后的茶筅与制作工艺 [EB/OL]. （2018-06-12）[2022-03-29].https://www.
　　　sohu.com/a/235411914_440917.

【67】喝过很多种茶，您真正认识茶树吗？ [EB/OL].[2022-03-27].https://new.qq.com/rain/
　　　a/20220325A029J400.